Der Kreisel

Der Kreisel

Seine Theorie und seine Anwendungen

Von

Dr. R. Grammel
ord. Professor an der Technischen Hochschule Stuttgart

Mit 131 Abbildungen

Springer Fachmedien Wiesbaden GmbH

1920

© Springer Fachmedien Wiesbaden 1920
Ursprünglich erschienen bei Friedr. Vieweg & Sohn, Braunschweig, Germany 1920
Softcover reprint of the hardcover 1st edition 1920

ISBN 978-3-663-19847-5   ISBN 978-3-663-20184-7 (eBook)
DOI 10.1007/978-3-663-20184-7

Vorwort.

Dieses Buch ist entstanden aus Vorlesungen, die der Verfasser an der Technischen Hochschule Danzig und an der Universität Halle wiederholt gehalten hat. Jene Vorlesungen mußten, der verschiedenartigen Zuhörerschaft sich anpassend, an beiden Orten ein verschiedenes Gepräge tragen: der Mathematiker und Physiker wird hauptsächlich vom abstrakten Erkenntnistrieb geleitet, der Ingenieur sieht mehr auf die konkrete Nützlichkeit. Der große Reiz des Gegenstandes aber liegt beim Kreisel unzweifelhaft in der Verbindung von Theorie und Praxis; und diese Verknüpfung, welche auch immer den gemeinsamen Leitgedanken jener Vorlesungen bildete, will das vorliegende Buch so harmonisch, als es nur möglich war, ausdrücken und darstellen.

Ein solches Programm umfaßt zwei Aufgaben: erstens die theoretischen Entwickelungen unmittelbar anschaulich und begrifflich einfach zu formen; zweitens alle praktischen Anwendungen auf eine sichere Grundlage zu stellen, also stets anzugeben, an welcher Stelle der allgemeinen Theorie sie abzweigen. Die zweite Aufgabe ist leicht, die erste dagegen schwer und nur dadurch zu lösen, daß man jeden undurchsichtigen Formalismus zu vermeiden trachtet. Auf mich hat stets einen tiefen Eindruck die kristallklare Darstellungsweise gemacht, deren sich W. Thomson und P. G. Tait in ihrem Treatise on Natural Philosophy bedienen, um nahezu ohne Rechnung und doch ohne Weitschweifigkeit auf die schwierigsten dynamischen Fragen quantitativ genaue Antworten zu geben. Die Formel kann in der reinen Mathematik einen hohen Selbstzweck haben; in der Mechanik ist sie lediglich ein scharfgeschliffenes Werkzeug, und sie soll nie zum Automaten werden, der, taktmäßig ablaufend, am Schluß ein zwar vielleicht richtiges, aber schemenhaftes Ergebnis zum Vorschein bringt, welches dann erst wieder mit Fleisch und Blut gefüllt werden muß. Ganz abgesehen davon, daß die meisten Denkfehler in der Mechanik durch solchen Formalismus entstehen, ist der Erkenntnistrieb nur dann einigermaßen befriedigt, wenn jede Formel selber sagt, was sie bedeutet und warum sie da ist, wenn also in keinem Augenblick der Zusammenhang der Formel mit dem mechanischen Geschehen verloren geht. Wer ein feines Gefühl für die Ökonomie der Gedanken hat, verlangt allerdings noch weit mehr, als daß von der Wurzel bis zum Gipfel Begriff an Begriff sich lückenlos reihe; er fordert, daß der Aufwand das Ergebnis lohne, daß der Weg entweder der kürzeste oder der schönste sei. Die blinde Formel verführt manchmal zu bequemen Umwegen. Einfache Tatsachen aber müssen sich auch auf einfache Weise erklären lassen, sonst ist die Erklärung noch nicht richtig im strengsten Sinne.

Es ließe sich die Behauptung wagen, daß die Lehre vom Kreisel in fast allen ihren Teilen etwas Einfaches ist; und so habe ich versucht, sie auch in möglichst einfacher Form darzustellen, ohne irgendwo an Strenge nachzugeben. Daß zur Erreichung dieses Zieles die Vektoren als die klarsten Symbole der Mechanik beizuziehen waren, versteht sich von selbst für jeden, der die soeben ausgesprochenen Grundsätze billigt. Er wird vielleicht nur das tadeln, daß ich nach langem Schwanken schließlich doch darauf verzichtet habe, auch die Affinoren (Tensoren) zu verwenden. Sie hätten in der Tat an einzelnen Punkten die begriffliche Klarheit der Entwickelungen erhöht, aber doch, wie der Kenner bemerkt, nur an so wenigen Stellen des Buches, daß es sich kaum gelohnt hätte, die Lehre von den Affinoren deswegen aufzurollen. Denn daß man sie heute nur bei recht wenigen Lesern voraussetzen darf, ist leider unbestreitbar. Zur Vorsicht werden darum in der Einleitung auch die einfachen vektoriellen Rechenregeln abgeleitet, die späterhin zu benutzen sind, so daß selbst der Leser, der den Vektoren bis jetzt noch fremd oder ablehnend gegenübersteht, sich in dem Buche zurechtfinden kann. Diese Ableitung ließ sich leicht verbinden mit einem kurzen Gang durch die elementare Kinematik und Dynamik, deren Grundgesetze dann weiterhin als bekannt angesehen werden. In der Bezeichnung der Vektoren bin ich nur sehr ungerne von der meistgebräuchlichen Schreibweise (Fraktur) abgewichen. Weil jedoch die in der Lehre vom Kreisel wichtigsten Vektoren die axiale Natur von Winkelgeschwindigkeiten besitzen und man für diese an die griechischen Buchstaben sich gewöhnt hat, und weil eine scharfe Unterscheidung zwischen den polaren und axialen Vektoren auch schon für das Auge nötig ist, so schien es zweckmäßig, die ersteren durch lateinische, die letzteren durch griechische Buchstaben darzustellen, wobei der Fettdruck den Vektorcharakter anzeigen soll.

Die Fachausdrücke der Mechanik sind einer Reform stark bedürftig. So häufige Wörter wie Winkelgeschwindigkeit, Impulsmoment, kinetische Energie usw. sind zu lang für die einfachen Begriffe, die sie benennen. Drehschnelle zu sagen (nach dem Vorgange von R. Mehmke und A. Stodola) habe ich nicht gewagt; doch scheint sich Wucht statt kinetische Energie mehr und mehr durchzusetzen. Statt Impulsmoment möge Schwung vorgeschlagen sein, insofern dieser Begriff genau das bedeutet, was man im täglichen Leben immer schon so bezeichnet hat [das Wort Drall möchte lieber dem Ergebnis einer Drillung (Torsion) vorbehalten bleiben]. Auch für Trägheitsmoment müßte man ein kürzeres Wort erfinden.

Es wird nicht nötig sein, ausführlich aufzuzählen, wo die Entwickelungen dieses Buches neu sind. Die schönen Poinsotschen Erkenntnisse dürften in § 1 wohl auf ihre durchsichtigste Form gebracht sein, wozu auch der synthetische Beweis für die ellipsoidische Gestalt der Poinsotfläche gehört an Stelle des gebräuchlichen, doch etwas umständlichen analytischen. Das Programm des Buches verbot, solche Untersuchungen aufzunehmen, die, obwohl sie sich an den Kreisel angeschlossen haben, doch einen mehr mathematischen Charakter tragen (man findet sie unübertrefflich klar in dem Buche von F. Klein und A. Sommerfeld, Über die Theorie des Kreisels, dargestellt), so z. B. die Theorie der konjugierten Poinsotbewegungen, die Diskussion der auftretenden elliptischen und hyperelliptischen Integrale und Funktionen, die analytischen Ansätze der Bewegung des unsymmetrischen schweren Kreisels. Solche Ausführungen hätten den Umfang des ersten Teiles zu stark belastet und so das Gleichgewicht zwischen beiden Teilen gestört; und sie hätten sicherlich gerade den Leser ermüdet oder abgeschreckt, für den das Buch bestimmt ist. Dem gleichen Grundsatze mußten auch im zweiten Teile einige analytische Schößlinge geopfert werden, deren Wert in keinem Verhältnis zu ihrer Üppigkeit steht; dafür sind aber gerade die modernsten Anwendungen des

Kreisels gebührend zu Wort gekommen. Der Leser übrigens, der von vornherein hauptsächlich die Anwendungen kennen zu lernen wünscht, mag sich mit den Rechnungen von §5 und §§.9 bis 13 zunächst nicht allzulange aufhalten, sondern sie erst später, wenn er das Bedürfnis dazu hat, genauer durchgehen. Im zweiten Teile stehen §14, §17 und §21 für sich, die übrigen sind untereinander ziemlich stark verkettet.

Der literarische Anhang will weder die geschichtliche Entwickelung schildern noch irgendwelche Vollständigkeit erstreben, sondern nur diejenigen Schriften angeben, die der Leser zuerst zu Rate ziehen sollte, wenn er in irgendein Sonderproblem tiefer eindringen will; deswegen sind einerseits die neuesten Arbeiten aufgezählt, andererseits von den älteren diejenigen, von denen auch heute noch eine starke Wirkung ausstrahlt.

Bei der Herstellung der Abbildungen bin ich in dankenswerter Weise von Fräulein cand. math. E. Rother unterstützt worden, welche auch eine Korrektur mitgelesen hat. Das Namen- und Sachverzeichnis ist von meiner Frau zusammengestellt. Dem Verlagshause schulde ich Dank für das große Entgegenkommen bei allen meinen Wünschen.

Stuttgart, im Mai 1920.

R. Grammel.

Inhaltsverzeichnis.

Zweiter Teil.

Die Anwendungen des Kreisels.

Erster Abschnitt.   Die Kreiselwirkungen bei Radsätzen.

Zweiter Abschnitt.   Mittelbare Stabilisatoren.

Dritter Abschnitt.   Unmittelbare Stabilisatoren.

Erster Teil

Die Theorie des Kreisels

Einleitung.

1. Der Begriff des Kreisels. Die ausgezeichneten Merkmale aller stofflichen Massen sind Anziehungsvermögen und Trägheit, zwei Eigenschaften, die, wie man mit Grund vermutet, auf das engste miteinander zusammenhängen. Die erste äußert sich auf der Erde als das Gewicht jedes Körpers, die zweite als sein Bestreben, in dem jeweiligen Zustande der Bewegung (die Ruhe mit eingeschlossen) zu beharren, sowohl was die Größe, wie auch was die Richtung der Geschwindigkeit jedes seiner Teile betrifft. Das an sich untätige Beharrungsvermögen kann scheinbar tätige Formen annehmen, sobald es sich bei der Bewegung um eine Drehung handelt, und tritt dann teils in der Fliehkraft zutage, teils in den uns ungewohnteren und darum fast wunderbar vorkommenden Wirkungen an sogenannten Kreiseln. Der eigenartige Reiz des tanzenden Kinderkreisels besteht geradezu in dem fortwährenden Kampfe zwischen den beiden Grundeigenschaften des Stoffes, nämlich der Schwere, die den Kreisel umzuwerfen trachtet, und dem Beharrungsvermögen, das sich dem Umfallen in eigentümlicher Weise widersetzt. Besonders deutlich kann man den schwankenden Verlauf des Kampfes bei dem nur mäßig stark angetriebenen Kreisel verfolgen.

Neben den sonderbaren Bewegungserscheinungen, die wir an kreiselnden Körpern wahrnehmen, treten uns nicht minder verblüffende Kraftäußerungen entgegen, sobald wir versuchen, die Drehachse eines solchen Körpers gewaltsam in eine neue Lage zu bringen; wir bemerken einen Widerstand, der über das beim ruhenden Körper gewöhnliche Maß außerordentlich weit hinausgehen kann und dem Kreisel oft den Vergleich mit einem störrischen Tiere, aber auch das nicht ganz berechtigte Lob vollkommener Unnachgiebigkeit gegenüber störenden Einflüssen eingetragen hat.

Für eine allgemeine Untersuchung dieser nicht nur theoretisch bemerkenswerten, sondern auch praktisch ungemein fruchtbaren Trägheitswirkungen erscheint es unerläßlich, zuerst den Begriff des Kreisels klar abzugrenzen. Wir verstehen künftighin unter einem Kreisel einen beliebig gestalteten starren Körper, der in irgendeinem seiner Punkte, dem Stützpunkte, so festgehalten wird, daß er sich um diesen Punkt noch irgendwie drehen kann. Ob sich der Körper rasch dreht, wie bei den üblichen Kreiselversuchen, oder nur langsam, ist für unsere Begriffsbestimmung gleichgültig. Ebenso schließt das Festhalten des Stützpunktes die Möglichkeit nicht aus, daß dieser Punkt geradlinig mit gleichbleibender Geschwindigkeit bewegt wird. Denn nach den Grundgesetzen der Mechanik ist in einem so geführten System der Ablauf der Bewegungserscheinungen derselbe wie in einem ruhenden. Tatsächlich nehmen die Stützpunkte aller irdischen Kreisel an der Bewegung der Erde teil und durchschreiten dabei in erster Annäherung gleichförmig geradlinige Bahnen. Die äußerst schwache Krümmung, die diese Bahnen in Wirklichkeit doch besitzen, kann freilich schon hinreichen, die Bewegung besonders fein gearbeiteter Kreisel merklich zu beeinflussen; es gelingt aber auch in diesem Falle leicht, den Stützpunkt nachträglich wieder auf Ruhe zu transformieren.

Von den äußeren Kräften, die auf einen Kreisel einwirken, ist die bei weitem wichtigste die Schwerkraft. Man nennt deswegen den Kreisel schlechtweg kräftefrei oder schwer, je nachdem sein Schwerpunkt in den Stützpunkt fällt oder nicht, je nachdem also die Schwerkraft durch den Stützdruck ausgeglichen wird oder nicht, wobei man von weiteren Kräften absieht, soweit nicht ausdrücklich das Gegenteil gesagt ist. Wir werden die Kreisel späterhin nach dynamischen Merkmalen weiter einteilen und brauchen hier nur noch hinzuzufügen, daß (im Unterschied zu dem nunmehr begrifflich bestimmten Kreisel) der eingangs erwähnte, auf wagerechter Unterlage tanzende Körper Spielkreisel genannt werden soll; seine praktische Bedeutung ist übrigens nur gering.

Zur Vorbereitung unserer eigentlichen Entwickelungen bedürfen wir zunächst einiger Sätze aus der elementaren Mechanik.

2. Kinematische Grundlagen. Die Bewegung eines kleinen stofflichen Teilchens, eines sogenannten Massenpunktes, beurteilt man häufig mit Vorteil von einem Bezugspunkt O aus (Abb. 1), indem man von O aus nach der augenblicklichen Lage P des Massenpunktes eine gerichtete und darum mit einem Pfeil versehene Strecke $\boldsymbol{r}$ zieht. Man nennt den Fahrstrahl (Radiusvektor) $\boldsymbol{r}$ einen polaren Vektor, und wir wollen ihn (wie künftig alle gerichteten Größen) durch Fettdruck hervorheben und seinen absoluten Betrag, d. h. seine Länge ohne Rücksicht auf Richtung und Lage, mit r bezeichnen. Der zeitliche Verlauf der Bewegung ist bestimmt, sobald der zugehörige Vektor $\boldsymbol{r}$ in jedem Augenblicke bekannt ist.

Gleichfalls ein Vektor ist die Geschwindigkeit v unseres Massenpunktes. Insofern Geschwindigkeit die Strecke bedeutet, die der Punkt in der Zeiteinheit zurücklegen würde, wenn er seinen augenblicklichen Bewegungszustand geradlinig und gleichförmig fortsetzte, so wird der Vektor v als eine Pfeilstrecke von der Länge v in der Richtung der augenblicklichen Bahntangente aufzutragen sein (Abb. 1).

Wird unserem Massenpunkte außer der Geschwindigkeit v noch eine zweite Geschwindigkeit w auferlegt, indem beispielsweise das ganze System mit dieser Geschwindigkeit w fortbewegt wird, so erhält man seine resultierende Geschwindigkeit u als geometrische Summe von v und w (Abb. 2), und man drückt dies in der Formel

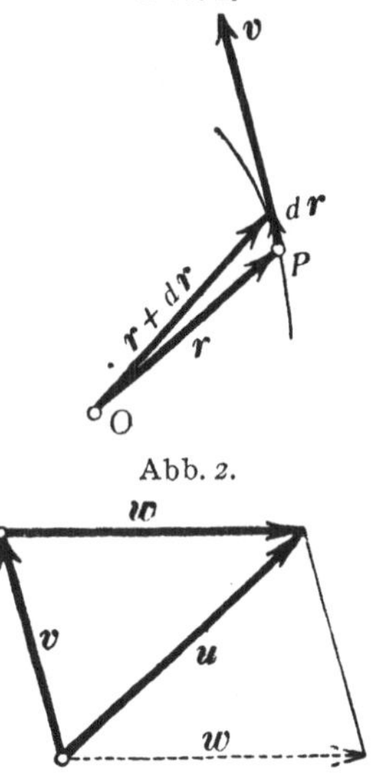

Abb. 1.

Abb. 2.

$$u = v + w$$

aus. In derselben Weise addieren sich alle gleichartigen Vektoren, und da man die Konstruktion auch auffassen kann als Diagonalenbildung in einem aus den Vektoren v und w aufgebauten Parallelogramm, so heißt man diese geometrische Addition auch die Parallelogrammregel.

Um den Zusammenhang zwischen den beiden Vektoren r und v festzustellen, beobachten wir zwei aufeinanderfolgende Lagen von r. Liegt zwischen beiden das Zeitelement dt, so werden sie sich auch nur um ein vektorielles Element dr unterscheiden können, und dieses ist zufolge der soeben ausgesprochenen Additionsregel wesensgleich mit dem in der Zeit dt zurückgelegten Linienelement der Bahn unseres Massenpunktes (Abb. 1), hat also die Richtung der Geschwindigkeit v und den Betrag

$$dr = v\,dt.$$

Diesen Sachverhalt pflegt man durch die Vektorgleichung

$$(1) \qquad v = \frac{dr}{dt}$$

darzustellen. Wir werden allgemein bei einem beliebigen Vektor a den Ausdruck da/dt die Geschwindigkeit von a heißen; sie ist ebenfalls ein Vektor, dessen Richtung aber mit derjenigen von a nicht übereinzustimmen braucht. Insbesondere heißt die Geschwindigkeit dv/dt des Geschwindigkeitsvektors selbst die Beschleunigung des Punktes P.

Es gibt noch eine zweite, für uns sehr wichtige Art von gerichteten Größen. Ein starrer Körper möge sich mit der Winkelgeschwindigkeit ω um eine Achse drehen. Man stellt diese Drehung ebenfalls durch eine gerichtete Strecke dar, nämlich eine solche, die in der Drehachse liegt, die Länge ω hat, und deren Pfeil zusammen mit dem Drehsinn eine Rechtsschraube bildet; Pfeil und Drehsinn hängen also miteinander zusammen wie die schiebende und die drehende Bewegung, die das rechte Handgelenk dessen ausübt, der den Korkzieher in eine Flasche treibt. Der so definierte Drehvektor ω (als Vektor wieder durch fetteren Druck vor seinem absoluten Betrag ausgezeichnet) heißt ein axialer. Axiale Vektoren von mannigfacher Bedeutung beherrschen die Lehre vom Kreisel vollständig; sie sollen künftig immer durch kleine oder große griechische Buchstaben dargestellt sein. Wir werden alsbald beweisen, daß auch für diese Vektoren dieselbe grundlegende Additionsregel gilt, wie bei den polaren Vektoren.

Von welchem Punkte der Achse aus wir den Vektor ω ziehen, ist gleichgültig; es möge von dem Bezugspunkt O aus geschehen. Ein beliebiger Punkt P des sich drehenden Körpers soll den Achsenabstand r_1 haben und seiner augenblicklichen Lage nach wieder durch den Fahrstrahl r von O nach P gekennzeichnet sein, der mit der Achse, genauer mit dem Vektor ω den Winkel α bildet (Abb. 3). Dann hängt die Umfangsgeschwindigkeit v des Punktes P mit der Winkelgeschwindigkeit ω des starren Körpers zusammen durch die Beziehung

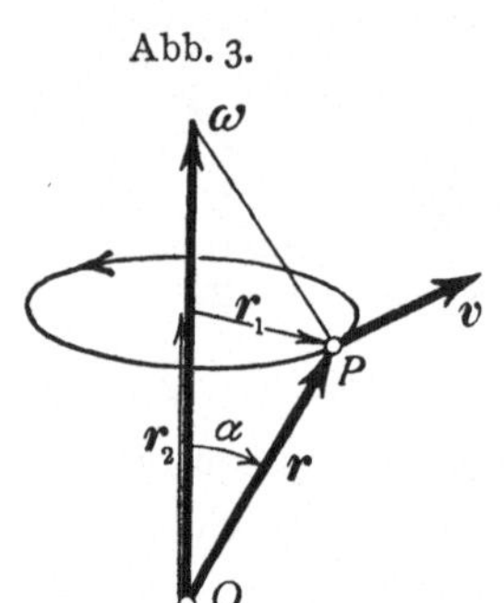

Abb. 3.

$$v = \omega r_1 = \omega r \sin \alpha.$$

Hier steht auf der rechten Seite der doppelte Inhalt des aus den Vektoren ω und r gebildeten Dreiecks, und es ist üblich geworden, dieses durch ω und r seiner Größe und Lage nach vollständig bestimmte Dreieck als das vektorielle Produkt von ω und r zu bezeichnen und durch eine gerichtete Strecke (nämlich eben v) darzustellen, deren Betrag gleich dem doppelten Dreiecksinhalt ist, und deren Richtung auf der Dreiecksebene in solchem Sinne senkrecht steht, daß der Richtungspfeil und diejenige Drehung α, welche den Vektor ω auf kürzestem Wege in die Richtung des Vektors r bringt, zusammen wieder eine Rechtsschraube bilden. In welchem Punkte des Dreiecks der Produktvektor, den man $[\omega r]$ zu schreiben pflegt, aufgetragen wird, ist meistens ohne Belang, jedenfalls aber stimmt er der Richtung und Größe nach mit v überein, und sonach drückt sich die gesuchte Beziehung zwischen v und ω in der Vektorgleichung

$$(2) \qquad v = [\omega\, r]$$

aus, wobei

$$(3) \qquad |[\omega\, r]| = \omega\, r \sin \alpha$$

der absolute Betrag des Vektorproduktes ist.

Wird unserem starren Körper außerdem gleichzeitig noch eine zweite Drehung ω_1 auferlegt, deren Drehachse ebenfalls durch O gehen mag, so setzen sich die beiden Drehungen ω und ω_1 zu einer einzigen ω' zusammen, deren Vektor durch geometrische Addition von ω und ω_1 nach der Parallelogrammregel erhalten wird (Abb. 4). Um dies einzusehen, zeigen wir erstens, daß unter dem Einfluß der beiden Drehungen ω und ω_1 irgendein Punkt der Achse ω' und also diese Achse selbst in Ruhe bleibt. In der Tat besitzt beispielsweise der Endpunkt des Vektors ω' nach (2) die beiden Geschwindigkeiten $[\omega\, \omega']$ und $[\omega_1\, \omega']$ von entgegengesetzter Richtung und gleichen Beträgen (nämlich gleich dem Parallelogramminhalt); der Endpunkt von ω' bleibt also in Ruhe. Die Achse des Vektors ω' ist demnach die resultierende Drehachse. Um zu zeigen, daß auch der Betrag von ω' die richtige Größe hat, genügt es, wenn wir zweitens nachweisen, daß irgendein Punkt außerhalb der

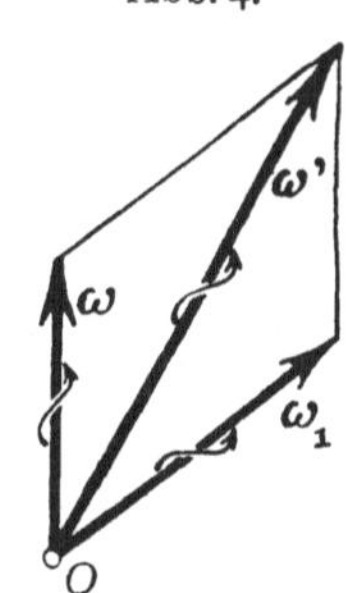

Abb. 4.

Achse ω' durch die Drehung ω' dieselbe Geschwindigkeit erlangt, wie durch die beiden Drehungen ω und ω_1 zusammen. Wir wählen beispielsweise den Endpunkt des Vektors ω selbst. Seine Geschwindigkeit, herrührend von ω, ist Null, von ω_1 dagegen gleich $[\omega_1\, \omega]$, andererseits von ω' gleich $[\omega'\, \omega]$; und diese Vektorprodukte sind wieder sowohl der Richtung wie dem Betrage nach gleich.

Ein beliebiger anderer Punkt des starren Körpers mit dem Fahrstrahl r hat die Geschwindigkeit $[\omega'\, r]$, die sich aber auch aus den von ω und ω_1 herrührenden Teilgeschwindigkeiten $[\omega\, r]$ und $[\omega_1\, r]$ geometrisch zusammensetzt. Infolgedessen ist

$$[\omega'\, r] \equiv [(\omega + \omega_1)\, r] = [\omega\, r] + [\omega_1\, r],$$

eine Beziehung, die man als das distributive Gesetz bezeichnet.

Damit ist einerseits gezeigt, wie die gleichzeitige Drehung eines starren Körpers um zwei verschiedene, aber sich schneidende Achsen durch eine einzige resultierende Drehung ersetzt werden kann. Andererseits ist jetzt bewiesen, daß sich auch axiale Vektoren nach der Parallelogrammregel addieren, und daß für vektorielle Produkte das distributive Gesetz gilt.

Veranlassen wir unseren starren Körper außer seiner Drehung ω zu einer fortschreitenden Bewegung v_0, an der alle seine Punkte und auch der Bezugspunkt O gleichmäßig teilnehmen, so ist die resultierende Geschwindigkeit irgendeines seiner Punkte offenbar

$$(4) \qquad v = v_0 + [\omega\, r].$$

Diese anschauliche Formel ist noch einer anderen Deutung fähig. Ersetzen wir nämlich den starren Körper durch ein starres, aber allenthalben durchdringliches Gerüst, das sich mit der Winkelgeschwindigkeit ω dreht, und bewegt sich in diesem Gerüst ein Massenpunkt mit der Geschwindigkeit v_0 relativ zum Gerüst, so setzt sich seine resultierende Geschwindigkeit v offensichtlich aus der Relativgeschwindigkeit v_0 und der Gerüstgeschwindigkeit $[\omega\, r]$ zusammen, und es gilt wiederum die Formel (4).

Nun ist klar, daß diese Überlegung keineswegs auf den Vektor r und seine Geschwindigkeit $v = d\,r/dt$ beschränkt ist. Denn wir können doch jeden beliebigen anderen (polaren oder axialen) Vektor a für einen Augenblick als Fahrstrahl von einem Bezugspunkt O nach einem gedachten Massenpunkt P deuten, dessen Geschwindigkeit $d\,a/dt$ ist. Wenn dann $d'a/dt$ seine Geschwindigkeit relativ zu dem sich drehenden Gerüst vorstellt, so gilt

$$(5) \qquad \frac{d\,a}{d\,t} = \frac{d'\,a}{d\,t} + [\omega\, a].$$

Diese Formel mag so in Worte gefaßt werden: Die Änderungsgeschwindigkeit eines Vektors a ist die geometrische Summe aus der relativen Änderungsgeschwindigkeit, beurteilt von einem sich mit der Winkelgeschwindigkeit ω drehenden Gerüst, und aus der „Gerüstgeschwindigkeit" $[\omega\, a]$ des Vektors a.

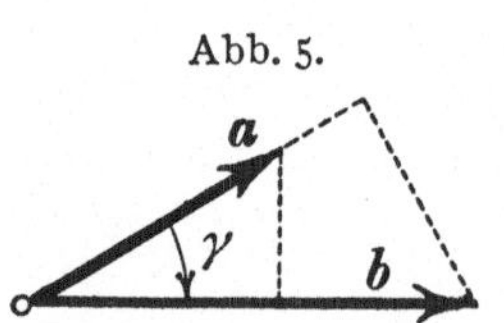

Abb. 5.

Es kommt häufig vor, daß man einen Vektor a auf die Richtung eines vom gleichen Anfangspunkt ausgehenden zweiten Vektors b projizieren und dann noch mit dessen Betrag b multiplizieren soll. Das Ergebnis dieser doppelten Operation ist eine Zahlengröße, ein Skalar, und wird als das skalare Produkt der Vektoren a und b bezeichnet und in der Form geschrieben

$$(6) \qquad a\,b = a\,b\cos\gamma,$$

wo γ den Projektionswinkel mißt (Abb. 5).

Es ist wichtig, das vektorielle und das skalare Produkt hinsichtlich der Vertauschbarkeit der beiden Faktoren miteinander zu vergleichen. Der Definition zufolge haben die beiden Vektoren $[a\,b]$ und $[b\,a]$

zwar denselben Betrag $ab \sin\gamma$, aber entgegengesetzte Richtung. Man pflegt eine solche Richtungsumkehr durch ein negatives Vorzeichen auszudrücken und schreibt also

$$(7) \qquad [\boldsymbol{b}\,\boldsymbol{a}] = -[\boldsymbol{a}\,\boldsymbol{b}].$$

Im Gegensatz hierzu folgt aus (6)

$$(8) \qquad \boldsymbol{b}\,\boldsymbol{a} = \boldsymbol{a}\,\boldsymbol{b}.$$

Ferner: das vektorielle Produkt zweier Vektoren verschwindet, wenn diese gleich oder entgegengesetzt gerichtet sind; das skalare Produkt zweier Vektoren verschwindet, wenn diese aufeinander senkrecht stehen. Denn im ersten Fall ist $\sin\gamma = 0$, im zweiten $\cos\gamma = 0$. Insbesondere ist

$$(9) \qquad [\boldsymbol{a}\,\boldsymbol{a}] = 0,$$

$$(10) \qquad \boldsymbol{a}\,\boldsymbol{a} = \boldsymbol{a}^2 = a^2.$$

Wir wollen jetzt das vektorielle Produkt $[\boldsymbol{a}\,\boldsymbol{b}]$ auf die Richtung eines Vektors $\boldsymbol{c}$ projizieren, d. h. die Komponente $[\boldsymbol{a}\,\boldsymbol{b}]_c$ von $[\boldsymbol{a}\,\boldsymbol{b}]$ auf die Richtung $\boldsymbol{c}$ bilden. Um uns bequem ausdrücken zu können, ziehen wir ein rechtwinkliges Gerüst x, y, z (Abb. 6) zu Hilfe und lassen die Richtung $\boldsymbol{c}$ in die positive x-Achse fallen. Dann bedeutet der Ausdruck $[\boldsymbol{a}\,\boldsymbol{b}]_c$ einerseits die Projektion des Vektors $[\boldsymbol{a}\,\boldsymbol{b}]$ auf die x-Achse, d. h. die x-Komponente $[\boldsymbol{a}\,\boldsymbol{b}]_x$ von $[\boldsymbol{a}\,\boldsymbol{b}]$; andererseits wird er durch den doppelten Inhalt der Projektion des Dreiecks $(\boldsymbol{a}\,\boldsymbol{b})$ auf die yz-Ebene ge-

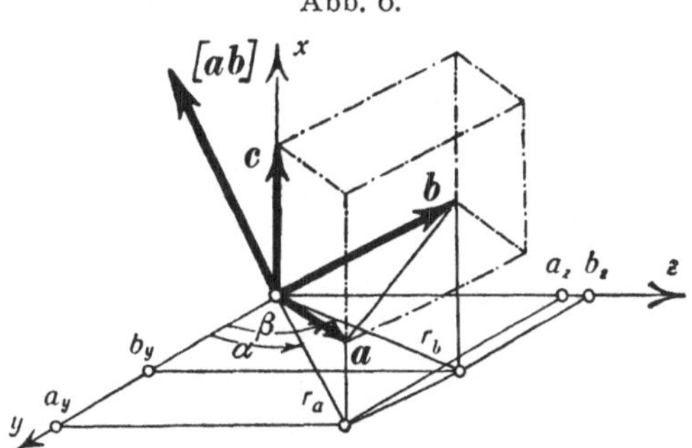

Abb. 6.

messen, da doch der Projektionswinkel, d. h. der Winkel zwischen der Ebene des Dreiecks $(\boldsymbol{a}\,\boldsymbol{b})$ und der yz-Ebene ebenso groß ist wie der Winkel, den die Normalen dieser beiden Ebenen miteinander einschließen, d. h. wie der Projektionswinkel zwischen den Vektoren $[\boldsymbol{a}\,\boldsymbol{b}]$ und $\boldsymbol{c}$. Die Projektionen der Vektoren $\boldsymbol{a}$ und $\boldsymbol{b}$ auf die yz-Ebene seien mit r_a und r_b bezeichnet, diejenigen auf die y- bzw. z-Achse, d. h. die y- bzw. z-Komponenten von $\boldsymbol{a}$ und $\boldsymbol{b}$, mit a_y, b_y bzw. a_z, b_z. Endlich seien α und β die Winkel der y-Achse mit r_a und r_b. Dann ist

$$a_y = r_a \cos\alpha, \qquad b_y = r_b \cos\beta,$$
$$a_z = r_a \sin\alpha, \qquad b_z = r_b \sin\beta,$$

und mithin der doppelte Inhalt des projizierten Dreiecks

$$2\,J = r_a r_b \sin(\beta - \alpha) = a_y b_z - a_z b_y.$$

Dies ist der gesuchte Ausdruck für die x-Komponente des vektoriellen Produktes $[ab]$. Indem wir zwei durch zyklische Vertauschung der Koordinaten x, y, z zu erhaltende weitere Formeln hinzufügen, haben wir insgesamt

$$(11) \qquad \begin{cases} [ab]_x = a_y b_z - a_z b_y, \\ [ab]_y = a_z b_x - a_x b_z, \\ [ab]_z = a_x b_y - a_y b_x. \end{cases}$$

Es ist nötig, zu betonen, daß die Vorzeichen der rechten Seiten davon abhängen, daß wir ein sogenanntes rechtshändiges Koordinatensystem zugrunde gelegt haben.

Wir wollen auch das skalare Produkt ab durch die Komponenten von a und b ausdrücken. Zu dem Zwecke betrachten wir für einen Augenblick die Komponenten von b als Vektoren in der Richtung der drei Koordinatenachsen und bezeichnen sie als solche mit b_x, b_y und b_z. Eine zweimalige Anwendung der Parallelogrammregel ergibt

$$b = b_x + b_y + b_z$$

und somit

$$ab = ab_x + ab_y + ab_z.$$

Dies ist einfach der Ausdruck des distributiven Gesetzes für das skalare Produkt. Die Gültigkeit dieses Gesetzes ist hier unmittelbar einleuchtend, insofern doch die Summe der Projektionen (der Vektoren b_x, b_y, b_z auf a) gleich der Projektion der geometrischen Summe (b auf a) ist.

Nun sind aber die Projektionen des Vektors a auf die Vektoren b_x, b_y, b_z, d. h. auf die Koordinatenachsen, gleich a_x, a_y, a_z, und daher formen sich die drei rechtsseitigen skalaren Produkte wie folgt um:

$$(12) \qquad ab = a_x b_x + a_y b_y + a_z b_z.$$

Ferner bilden wir das skalare Produkt aus $[ab]$ und dem Vektor c, nämlich $[ab]c$. Dieses hat eine einfache geometrische Bedeutung. Ergänzen wir nämlich die drei Vektoren a, b, c als Kanten zu einem Parallelflach (Abb. 6), so stellt $[ab]$ einen Vektor dar, dessen Größe gleich dem Inhalt des aus a und b gebildeten Basisparallelogramms ist, und dessen Richtung in die Höhe des Parallelflaches fällt. Die Projektion der dritten Kante c auf den Vektor $[ab]$ ist mithin längengleich mit dieser Höhe, und das Produkt $[ab]c$ bedeutet den Inhalt des Parallelflaches. Da dessen Kanten alle gleichberechtigt sind, so dürfen wir in dem Produkt die Faktoren a, b, c zyklisch vertauschen und haben die nützliche Formel

$$(13) \qquad [ab]c = [bc]a = [ca]b.$$

3. Dynamische Grundlagen. Der erste Grundbegriff der Dynamik ist die Kraft. Auch sie wird dargestellt durch einen polaren Vektor k, der in der Angriffslinie der Kraft liegt und bei einem starren Körper in dieser Linie beliebig verschoben werden kann. Die Zusammensetzung mehrerer Kräfte erfolgt nach der Parallelogrammregel.

Als (statisches) Moment einer Kraft k bezüglich eines Punktes O definieren wir den axialen Vektor

$$(14) \qquad \mu = [r\,k],$$

wobei r der Fahrstrahl von O nach dem Angriffspunkt A der Kraft ist (Abb. 7). Der Vektor μ möge im Punkte O auf der Ebene von r und k errichtet sein und bildet eine Rechtsschraube zusammen mit dem Sinne derjenigen Drehung, die die Kraft k an einem in O befestigten Körper einzuleiten bestrebt ist. Der absolute Betrag wird

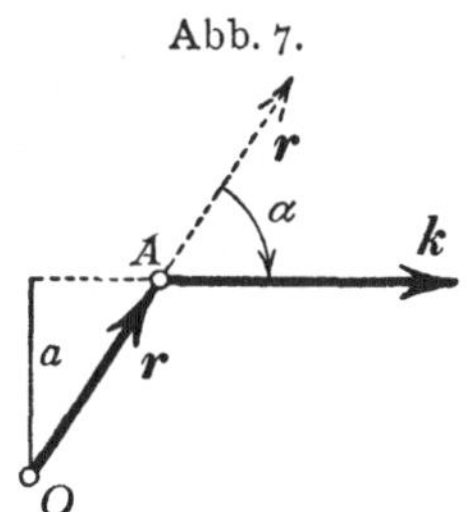

Abb. 7.

$$(15) \qquad \mu = k\,r\sin a = k\,a,$$

d. h. gleich dem Produkt aus der Kraft k und dem Lot a vom Bezugspunkt O auf die Angriffslinie. Dieses Lot heißt der Hebelarm der Kraft bezüglich O.

Das Moment eines Kräftepaares, d. h. des Inbegriffs zweier entgegengesetzt gleicher Kräfte k und $-k$ mit parallelen, aber verschiedenen Angriffslinien, ist bezüglich eines beliebigen Punktes O (Abb. 8)

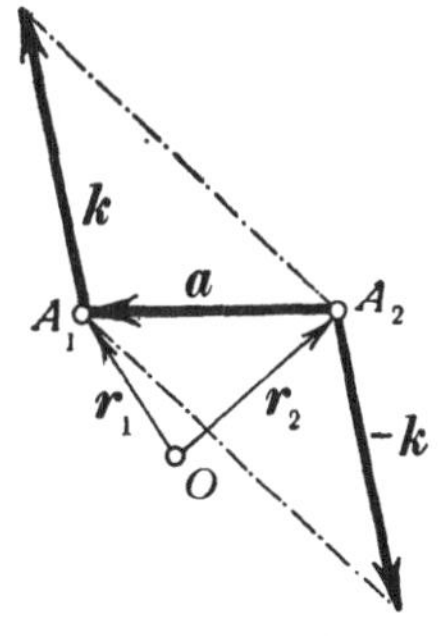

Abb. 8.

$$\mu = [r_1\,k] - [r_2\,k] = [(r_1 - r_2)\,k]$$

oder kurz

$$(16) \qquad \mu = [a\,k],$$

wobei r_1, r_2 und a die Fahrstrahlen von O nach den Angriffspunkten A_1 und A_2 der Kräfte k und $-k$, sowie von A_2 nach A_1 bedeuten. Das Moment eines Kräftepaares ist mithin unabhängig vom Bezugspunkt und seinem Betrag nach gleich dem Inhalt des aus den Kräften k und $-k$ als Basisstrecken gebildeten Parallelogramms.

Der zweite Grundbegriff der Dynamik ist der Impuls eines Massenpunktes; man versteht darunter den polaren Vektor

$$(17) \qquad i = m\,v,$$

wo m die Maßzahl der Masse, v aber der Vektor der Geschwindigkeit ist, mit welchem der Impuls richtungsgleich erscheint. Der Betrag

$$i = m\,v$$

heißt die Bewegungsgröße des Massenpunktes.

Und nun hängen die Kraft, die auf einen Massenpunkt wirkt, und der Impuls dieser Masse nach dem zuerst von J. Newton ausgesprochenen Grundgesetze der Dynamik in der Weise zusammen, daß die Kraft der Größe und Richtung nach gleich der Änderungsgeschwindigkeit des Impulses ist:

$$(18) \qquad k = \frac{d\,i}{d\,t}.$$

Trägt man die zu aufeinanderfolgenden Bahnpunkten gehörigen Impulse i und $i + d\,i$ des Vergleiches wegen von einem und demselben Punkte O aus auf (Abb. 9), so erkennt man, daß der Zuwachs $d\,i$ des Impulses sich in einen in die Richtung der Bahntangente fallenden Bestandteil $d\,i_1$ und in einen zum Krümmungsmittelpunkt M der Bahn weisenden Bestandteil $d\,i_2$ zerlegen läßt. Der erste bedeutet einen Zuwachs der Bewegungsgröße $m\,d\,v$, der sich in einer tangentialen Bahnbeschleunigung $d\,v/d\,t$ äußert. Der zweite, der offenbar die Richtung von i umlegt, bedeutet einen zentripetalen Zuwachs, der sich in einer zentripetalen Beschleunigung kundgibt. Der Betrag der zentripetalen Impulsgeschwindigkeit wird nach Abb. 9

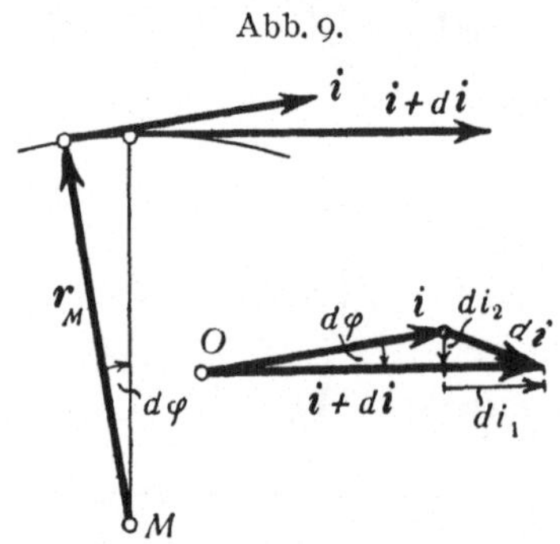

$$\frac{d\,i_2}{d\,t} = i\,\frac{d\,\varphi}{d\,t} = m\,v\,\omega,$$

falls ω die Winkelgeschwindigkeit ist, mit der sich der von M nach der Bahn hin gezogene Fahrstrahl r_M dreht. Dem zugehörigen zentripetalen Bestandteil $k_2 = d\,i_2/d\,t$ der Kraft setzt die Masse nach dem Grundgesetze der Gleichheit von Wirkung und Gegenwirkung einen zentrifugalen Trägheitswiderstand f entgegen, der gewöhnlich als Fliehkraft (Zentrifugalkraft) bezeichnet wird und wegen $v = r_M\omega$ durch den Vektor

$$(19) \qquad f = m\,\omega^2\,r_M$$

darzustellen sein wird.

Multiplizieren wir die Definitionsgleichung (17) des Impulses vektoriell mit dem von einem beliebigen Bezugspunkt nach der Masse m hin gezogenen Fahrstrahl r (vgl. Abb. 1, S. 5), so erscheint ein axialer Vektor, den man füglich als Impulsmoment bezeichnen wird, nämlich

$$(20) \qquad \vartheta = [r\,i] = m\,[r\,v].$$

Bildet man die Geschwindigkeit dieses Vektors, indem man nach der Zeit differentiiert und dabei beachtet, daß die Produktregel der Differentialrechnung unverändert auch für Vektoren gilt, so kommt wegen (1), (9) und (17)

$$\frac{d\,\vartheta}{d\,t} = m\,[v\,v] + m\,\left[r\,\frac{d\,v}{d\,t}\right] = \left[r\,\frac{d\,i}{d\,t}\right].$$

Dafür darf man aber zufolge der Newtonschen Grundgleichung (18) und vermittelst des Momentes (14) auch schreiben

$$(21) \qquad \mu = \frac{d\vartheta}{dt}.$$

Bezüglich irgend eines Punktes ist also das Moment der Kraft der Größe und Richtung nach gleich der Änderungsgeschwindigkeit des Impulsmomentes.

Multiplizieren wir ferner die Grundgleichung (18) skalar mit der Geschwindigkeit, so finden wir zufolge (17) leicht

$$(22) \qquad \boldsymbol{k}\boldsymbol{v} = \frac{d}{dt}(\tfrac{1}{2} m \boldsymbol{v}^2).$$

Hier steht links das Produkt aus der Geschwindigkeit in die Projektion der Kraft auf die Bahntangente; man nennt diesen Ausdruck die Leistung n der Kraft:

$$(23) \qquad n = \boldsymbol{k}\boldsymbol{v}.$$

Rechts tritt die sogenannte Bewegungsenergie

$$(24) \qquad e = \tfrac{1}{2} m v^2$$

der Masse m auf, und die Gleichung (22) drückt dann in der Form

$$(25) \qquad n = \frac{de}{dt}$$

das Energiegesetz aus: **die Leistung der Kraft** (von der natürlich etwaige Bewegungswiderstände abzurechnen sind) **ist gleich der Änderungsgeschwindigkeit der Bewegungsenergie.**

Wir gehen nunmehr von einem einzelnen Massenpunkt m zu einem aus beliebig vielen Massenpunkten $\varDelta m$ bestehenden System über, das wir kurz als einen Körper bezeichnen; der Körper braucht zunächst noch nicht starr zu sein.

Addieren wir die für die einzelnen Massenpunkte gültigen Grundgleichungen (18), so erscheint links die geometrische Summe

$$\boldsymbol{K} = \Sigma \boldsymbol{k}$$

aller **äußeren** Kräfte; denn die **inneren** Kräfte, die möglicherweise zwischen den einzelnen Massen wirken, kommen nach dem Grundsatz der Gleichheit von Wirkung und Gegenwirkung in der Summe immer paarweise mit entgegengesetzten Vorzeichen vor. Rechts tritt die ebenfalls geometrisch zu nehmende Summe der Impulse auf:

$$(26) \qquad \boldsymbol{J} = \Sigma \boldsymbol{i} = \Sigma \varDelta m \boldsymbol{v}.$$

Wir wollen den Vektor $\boldsymbol{J}$ den **Trieb** des Körpers nennen. Hiernach lautet dessen erste Bewegungsgleichung

$$(27) \qquad \boldsymbol{K} = \frac{d\boldsymbol{J}}{dt}.$$

Wir behandeln in gleicher Weise die Momentengleichung (21), führen das Gesamtmoment

$$M = \Sigma \, \mu$$

aller äußeren Kräfte sowie das gesamte Impulsmoment

$$(28) \qquad \Theta = \Sigma \, \vartheta$$

ein, welches der Schwung des Körpers heißen soll, und haben als zweite Bewegungsgleichung

$$(29) \qquad M = \frac{d\,\Theta}{d\,t}.$$

Mithin sind die äußere Gesamtkraft bzw. deren Moment der Größe und Richtung nach gleich der Änderungsgeschwindigkeit des Triebes bzw. des Schwunges des Körpers.

Für die Theorie des Kreisels, dessen Bewegungsformen in der Gleichung (29) enthalten sind, ist der Schwung der bei weitem wichtigste Begriff (häufig auch Drall, Drehimpuls oder einfach Impuls genannt).

Die wichtigste äußere Kraft ist die Schwere. Ist g der nach abwärts gerichtete Vektor der Fallbeschleunigung vom Betrag $g = 9{,}81$ m/sek², so ist die Schwere des Massenpunktes $\varDelta m$

$$k_0 = \varDelta m \, g$$

und das Gesamtmoment aller auf den Körper wirkenden Schwerkräfte

$$M_0 = \Sigma \, [r, \, \varDelta m \, g] = [\Sigma \, \varDelta m \, r, \, g],$$

wo das Komma als Trennungszeichen zwischen den beiden Vektoren gilt. Ist

$$m = \Sigma \, \varDelta m$$

die Gesamtmasse des Körpers, so bilden wir den geometrischen Mittelwert

$$(30) \qquad r_0 = \frac{\Sigma \, \varDelta m \, r}{m}$$

der Fahrstrahlen r aller Massen $\varDelta m$ und haben

$$(31) \qquad M_0 = m \, [r_0 \, g].$$

Man nennt den Endpunkt des Vektors r_0 den Schwerpunkt oder Massenmittelpunkt[1]) des Körpers. Legt man nachträglich den Bezugspunkt in den Schwerpunkt, so verschwindet mit r_0 auch M_0. Bezüglich des Schwerpunktes haben die Schwerkräfte kein Moment.

Der Massenmittelpunkt ist aber auch ein dynamisch ausgezeichneter Punkt des Körpers. Setzen wir diesen von jetzt ab als starr

---

[1]) Genau genommen, fällt der Schwerpunkt und der Massenmittelpunkt niemals streng zusammen, da doch die einzelnen Massenpunkte des Körpers verschiedene Abstände vom Erdmittelpunkte haben, also unter dem Einfluß verschieden großer Schwerebeschleunigungen g stehen. Doch ist der Abstand beider Punkte bei allen irdischen Körpern ganz unmerklich.

voraus, so dürfen wir seine Gesamtbewegung offenbar zerlegen in eine Bewegung v_0 des Massenmittelpunktes und eine Drehung ω um eine durch diesen Punkt gehende (möglicherweise von Augenblick zu Augenblick verschiedene) Achse. Alsdann ist nach (4)

$$(32) \qquad v = v_0 + [\omega\, r]$$

die Geschwindigkeit eines beliebigen Punktes mit dem Fahrstrahl r, und daraus berechnet sich der Trieb des starren Körpers zu

$$J = v_0 \, \Sigma\, \Delta m + [\omega\, \Sigma\, \Delta m\, r]$$

oder nach (30)

$$J = m\, v_0 + m\, [\omega\, r_0].$$

Da wir aber den Massenmittelpunkt wieder als Bezugspunkt genommen haben, so verschwindet mit r_0 das zweite Glied $m[\omega\, r_0]$, und es wird einfach

$$(33) \qquad J = m\, v_0.$$

Der Trieb eines starren Körpers berechnet sich so, wie wenn die ganze Masse im Massenmittelpunkt vereinigt wäre; die Drehung um den Massenmittelpunkt ist eine triebfreie Bewegung. Man pflegt diese Aussage den Schwerpunktssatz zu nennen und kann dann die erste Bewegungsgleichung auch in die Form bringen

$$(34) \qquad K = m\, \frac{d\, v_0}{d\, t};$$

sie beschreibt die Bewegung v_0 des Massenmittelpunktes so, als ob in ihm die ganze Masse und alle Kräfte vereinigt wären, wogegen dann die Drehung um diesen Punkt von der Schwunggleichung (29) beherrscht wird.

Summieren wir die Leistungen n aller äußeren Kräfte zur Gesamtleistung N, so kommt zufolge (23) und (32)

$$N = \Sigma\, k\, v = v_0\, \Sigma\, k + \Sigma\, [\omega\, r]\, k.$$

Den letzten Ausdruck formen wir nach (13) um in $\Sigma\, [r\, k]\, \omega$ und führen die Gesamtkraft und das Gesamtmoment ein:

$$(35) \qquad N = v_0\, K + \omega\, M.$$

Die Gesamtleistung aller Kräfte setzt sich also aus zwei Teilen zusammen; der erste Teil heißt die Fortschreitleistung und ist so zu berechnen, als ob alle Kräfte im Massenmittelpunkt angriffen; der zweite Teil heißt die Drehleistung. Ziehen wir die beiden Hauptgleichungen (34) und (29) bei, so formt sich die Leistung um in

$$(36) \qquad N = \frac{d}{d\, t}\, (\tfrac{1}{2}\, m\, v_0^2) + \omega\, \frac{d\, \Theta}{d\, t}.$$

Man heißt den Ausdruck

$$(37) \qquad E = \tfrac{1}{2}\, m\, v_0^2$$

die Energie der fortschreitenden Bewegung, kurz die Fortschreitwucht (auch Schwerpunktsenergie genannt). Gesetzt, daß es gelingt, auch das zweite Glied der rechten Seite von (36) als Differentialquotienten $d\,T/dt$ eines Ausdruckes T darzustellen, so werden wir T als die Energie der Drehbewegung, kurz also die Drehwucht des starren Körpers bezeichnen und haben dann

$$(38) \qquad N = \frac{d}{dt}(E + T).$$

Die Leistung der Kräfte ist gleich der Änderungsgeschwindigkeit der Fortschreit- und der Drehwucht.

Eine unserer wichtigsten Aufgaben wird sein, den expliziten Ausdruck für die Drehwucht T aufzusuchen.

Die Begriffe des Triebes und Schwunges, die wir hier überall in den Vordergrund gestellt haben, sind übrigens einer unmittelbar anschaulichen Deutung fähig. Schreibt man statt (18)

$$\boldsymbol{k}\,dt = d\boldsymbol{i}$$

und integriert dies über die kleine Zeit τ, die nötig sein mag, um die Masse m durch einen kurzen Stoß von der Ruhe auf die Geschwindigkeit $\boldsymbol{v}$ zu bringen, so wird die Größe des Stoßes üblicherweise durch das sogenannte Zeitintegral der Kraft, also durch

$$\int_0^\tau \boldsymbol{k}\,dt = \boldsymbol{i}$$

gemessen. Der Impuls ist daher derjenige Stoß, der die Masse m augenblicklich von der Ruhe auf ihren jetzigen Bewegungszustand bringt. Ihm gleich ist aber auch derjenige Stoß, den die Masse infolge ihrer Trägheit auf uns ausübt, wenn wir sie augenblicklich wieder zur Ruhe bringen.

Diese doppelte Deutung überträgt sich sofort auf Trieb und Schwung: Trieb und Schwung sind derjenige Schiebe- und Drehstoß, den man entweder auf den starren Körper ausüben muß, um ihn von der Ruhe augenblicklich auf seinen jetzigen Bewegungszustand zu bringen, oder den man von ihm erhält, wenn man seine Bewegung augenblicklich vernichten will.

Trieb und Schwung stellen hiernach einerseits den Bewegungsinhalt, andererseits ein anschauliches Maß der Trägheit eines starren Körpers hinsichtlich Fortschreit- und Drehbewegung dar. Die nunmehr im einzelnen zu untersuchende Bewegung eines solchen Körpers aber ist das Ergebnis des fortwährenden, durch die Grundgleichungen (27) und (29) geregelten Kampfes zwischen dem äußeren Zwang $(\boldsymbol{K}, \boldsymbol{M})$ und der inneren Trägheit $(\boldsymbol{J}, \boldsymbol{\Theta})$ der Körpermasse.

Erster Abschnitt.

Der kräftefreie Kreisel.

————

§ 1. Der unsymmetrische Kreisel.

1. Drehachse und Schwungachse. Ein kräftefreier Kreisel,
d. h. ein in seinem Schwerpunkt drehbar gestützter starrer Körper,
auf den außer der Schwerkraft und dem Stützdruck keinerlei Kräfte
wirken, ist dadurch ausgezeichnet, daß sein Schwung Θ der Größe
und Richtung nach unveränderlich ist. Denn die Änderungsgeschwindigkeit von Θ, nämlich nach Einl. (29) das Moment der
einzigen äußeren Kräfte, der Schwere und des Stützdrucks, verschwindet
bezüglich des Schwerpunkts. Damit wird der Schwung Θ zugleich
auch unabhängig vom Trieb J, und es ist deswegen gleichgültig, ob
der Stützdruck unveränderlich (und dann entgegengesetzt dem Kreiselgewicht) oder veränderlich ist, ob also der Schwerpunkt ruht oder
beliebig bewegt wird: beim kräftefreien Kreisel sind die Schwerpunktsbewegung und die durch den Schwung bestimmte
Drehung um den Schwerpunkt vollkommen unabhängig voneinander.

Diese Drehbewegung, die wir nunmehr zu beschreiben uns vor-
setzen, besteht in jedem Augenblick aus einer Winkelgeschwindig-
keit ω um eine durch den Vektor $\boldsymbol{\omega}$ veranschaulichte Drehachse durch
den Schwerpunkt. Es liegt nahe, zu fragen, ob auch $\boldsymbol{\omega}$ der Größe
und Richtung nach unveränderlich bleibt. Zur Beantwortung suchen
wir die Beziehung auf, die zwischen Θ und $\boldsymbol{\omega}$ bestehen muß. Ist $\boldsymbol{r}$
der vom Schwerpunkt aus gezogene Fahrstrahl des Massenpunktes Δm
des Kreisels, so gilt nach Einl. (28) und (20)

$$\Theta = \Sigma \, \Delta m \, [\boldsymbol{r} \, \boldsymbol{v}].$$

Wir zerlegen $\boldsymbol{r}$ in die Summe $\boldsymbol{r}_1 + \boldsymbol{r}_2$ zweier Fahrstrahlen (Abb. 3,
S. 6), von denen $\boldsymbol{r}_1$ auf der Drehachse $\boldsymbol{\omega}$ senkrecht steht, während $\boldsymbol{r}_2$
in diese Achse fällt. So kommt für den Schwung

$$\Theta = \Sigma \, \Delta m \, [\boldsymbol{r}_1 \, \boldsymbol{v}] + \Sigma \, \Delta m \, [\boldsymbol{r}_2 \, \boldsymbol{v}].$$

Nun führen wir vermöge $v = r_1 \omega$ die Winkelgeschwindigkeit ein.
Der Vektor $[\boldsymbol{r}_1 \, \boldsymbol{v}]$ hat nach der Definition des vektoriellen Produktes,

wie ein Blick auf Abb. 3 zeigt, die Richtung $\boldsymbol{\omega}$ und den Betrag $r_1 v = r_1^2 \omega$, kann also durch $\boldsymbol{\omega} \cdot r_1^2$ bezeichnet werden. Ebenso hat der Vektor $[\boldsymbol{r}_2 \boldsymbol{v}]$ die Richtung $-\boldsymbol{r}_1$ und den Betrag $r_1 r_2 \omega$, kann also als $-\boldsymbol{r}_1 \cdot \boldsymbol{\omega} \boldsymbol{r}_2$ geschrieben werden. Hiernach kommt die gesuchte Beziehung zwischen $\boldsymbol{\Theta}$ und $\boldsymbol{\omega}$ in der Form

$$(1) \qquad \boldsymbol{\Theta} = \boldsymbol{\omega} \cdot \Sigma \, \varDelta m \, r_1^2 - \Sigma \, \varDelta m \, \boldsymbol{r}_1 \cdot \boldsymbol{\omega} \boldsymbol{r}_2.$$

Das erste Glied der rechten Seite ist ein Vektor in der Richtung $\boldsymbol{\omega}$; der skalare Faktor $\Sigma \, \varDelta m \, r_1^2$ ist lediglich von der Massenverteilung abhängig. Das zweite Glied setzt sich aus lauter Vektoren zusammen, die wie $\boldsymbol{r}_1$ auf $\boldsymbol{\omega}$ senkrecht stehen, und dieses Glied verschwindet im allgemeinen nicht. Um das einzusehen, nehmen wir einen Kreisel von besonders einfacher Bauart, nämlich einen solchen, der nur aus zwei in den Endpunkten der beiden Fahrstrahlen $\boldsymbol{r}$ und $-\boldsymbol{r}$ gelegenen Massenpunkten $\varDelta m$ besteht. Man findet dann leicht, daß hier das zweite Glied gleich $-2 \, \varDelta m \, \boldsymbol{r}_1 \cdot \boldsymbol{\omega} \boldsymbol{r}_2$ wird, und dies stellt einen Vektor von der Richtung $-\boldsymbol{r}_1$ vor, der nicht verschwindet, solange $\boldsymbol{\omega}$ und $\boldsymbol{r}$ einen schiefen Winkel miteinander bilden; denn so lange ist weder r_1 noch r_2 noch das Produkt $\boldsymbol{\omega} \boldsymbol{r}_2$ Null. Aber dieser Vektor ist, im Gegensatz zu $\boldsymbol{\Theta}$, im allgemeinen auch nicht zeitlich unveränderlich. Denn in dem soeben berechneten Sonderfalle dreht sich der Vektor $\boldsymbol{r}_1$ mit der Winkelgeschwindigkeit $\boldsymbol{\omega}$, verändert also seine Richtung fortwährend. Damit die Differenz der beiden rechtsseitigen Glieder in (1) dennoch einen unveränderlichen Vektor $\boldsymbol{\Theta}$ ergibt, muß notwendig im allgemeinen auch das erste Glied, d. h. $\boldsymbol{\omega}$ sich zeitlich ändern. Unsere erste Erkenntnis besteht also darin: Die Drehachse eines kräftefreien Kreisels fällt im allgemeinen weder mit der Schwungachse zusammen, noch liegt sie still.

2. Drehwucht und Poinsotfläche. Wir fragen jetzt vor allem danach, wie die Drehachse im Körper und im Raume wandert. Die Antwort auf diese Frage wird sich leicht gewinnen lassen, sobald wir ein geeignetes Maß für die Drehwucht und für die Massenträgheit unseres Kreisels gefunden haben.

Der Ausdruck T für die Drehwucht war früher unberechnet geblieben; wir wollen ihn jetzt in $\boldsymbol{\Theta}$ und $\boldsymbol{\omega}$ ausdrücken. Die Drehwucht wird dem Kreisel durch den anfänglichen Drehstoß mitgegeben, und zwar durch die Gesamtleistung der am Stoß beteiligten Kräfte, falls wir von einem Schiebestoß auf den Schwerpunkt absehen. Dann aber gilt nach Einl. (38), (36), (35), (25) und (24)

$$(2) \qquad \frac{dT}{dt} = \boldsymbol{\omega} \frac{d\boldsymbol{\Theta}}{dt} = \boldsymbol{\omega} \boldsymbol{M} = N = \Sigma n = \frac{d}{dt}\left(\frac{1}{2} \, \Sigma \, \varDelta m \, v^2\right).$$

Aus dieser Gleichungskette, die ganz allgemein sowohl während des Stoßes wie auch nachher, wenn der Kreisel sich selbst überlassen bleibt, gültig ist, ziehen wir zwei Schlüsse.

Nach dem Stoße ist das Moment der äußeren Kräfte $M = 0$ und somit T unveränderlich. Bei der Bewegung des kräftefreien Kreisels ändert sich die Drehwucht nicht.

Da zu Beginn des Stoßes mit v auch T verschwindet, so ist in jedem Augenblicke

$$T = \tfrac{1}{2} \sum \varDelta m \, v^2$$

oder wegen $v = \omega \cdot r_1$

$$(3) \qquad T = \tfrac{1}{2} \omega^2 \cdot \sum \varDelta m \, r_1^2.$$

Genau denselben Ausdruck erhalten wir aber auch, wenn wir das skalare Produkt $\tfrac{1}{2} \omega \varTheta$ nach (1) bilden; denn das Produkt von ω in den zweiten rechtsseitigen Vektor von (1) verschwindet, da dieser als auf ω senkrecht stehend erkannt worden ist. Hiernach besteht zwischen Drehwucht, Schwung und Drehgeschwindigkeit für den kräftefreien Kreisel die grundlegende Beziehung

$$(4) \qquad \omega \varTheta = 2\,T.$$

Wegen einer späteren Anwendung betonen wir, daß diese Formel auch dann noch gilt, wenn nach dem Stoße das Moment M der äußeren Kräfte nicht verschwindet und also der Schwung $\varTheta$ sich dauernd ändert.

Wir greifen jetzt irgend eine Schwerpunktsachse heraus, halten sie fest und erteilen dem Kreisel um diese Achse einen Drehstoß, der ihm eine Drehwucht von bestimmtem Betrage T zuführt. (Es wird nützlich sein, zu bemerken, daß die Achse des Drehstoßes, d. h. des Schwunges im allgemeinen, auch jetzt nicht mit der festgehaltenen Drehachse zusammenfällt, da zu dem Drehstoß um diese Achse noch der Stoß hinzuzurechnen ist, den die beiden Lager, in welchen die Achse festgehalten wird, ihrerseits ausüben.) Ein anschauliches Maß für die Trägheit des Kreisels um diese Achse wird dann die Winkelgeschwindigkeit ω bilden, die dem Kreisel durch den Stoß erteilt worden ist. Denn je kleiner diese Trägheit ist, um so größer wird der durch einen Stoß von bestimmtem Energieinhalt T erzeugte Wert von ω sein und umgekehrt. Wir tragen den Vektor ω und ebenso den zum entgegengesetzt gleichen Stoß gehörenden $-\omega$ vom Schwerpunkt aus nach beiden Richtungen auf der Drehachse ab und wiederholen den Versuch für alle möglichen Schwerpunktsachsen immer von der Ruhe aus und mit Stößen vom gleichen Energieinhalt T, indem wir die jedesmal erreichte Winkelgeschwindigkeit $\pm\,\omega$ in gleicher Weise zur Darstellung bringen. Alsdann sind die Endpunkte aller Vektoren $\pm\,\omega$ auf einer Fläche, die offenbar ganz im Endlichen liegt, geschlossen ist und den Schwerpunkt zum Symmetriemittelpunkte hat. Diese mit dem Kreisel fest verbundene, von A. L. Cauchy entdeckte Fläche mag nach L. Poinsot, der zuerst ihre dynamische Bedeutung voll erkannte, die zur Drehwucht T gehörende Poinsotfläche heißen. Sie kennzeichnet die Massenträgheit und die Drehwucht des Kreisels vollständig.

Nunmehr suchen wir Aufschluß zu gewinnen über die genauere Gestalt der Poinsotfläche. Dabei spielt der in der Formel (3) für die Wucht auftretende Faktor

$$(5) \qquad D = \Sigma\, \Delta m\, r_1^2$$

eine wichtige Rolle; man nennt ihn nach L. Euler das Trägheitsmoment bezüglich der Achse ω. Die Drehwucht schreibt sich jetzt

$$(6) \qquad T = \tfrac{1}{2} D \omega^2,$$

ein Ausdruck, der von gleicher Bauart wie die Fortschreitwucht E in Einl. (37), S. 15, ist. Wie dort m die Trägheit des Körpers gegenüber fortschreitender Bewegung war, so ist hier D ein Maß für die Trägheit gegenüber der Drehbewegung. Die Länge der Fahrstrahlen ω der Poinsotfläche bestimmt sich nach (6) zu

$$(7) \qquad \omega = \sqrt{\frac{2\,T}{D}},$$

ist also umgekehrt proportional mit der Wurzel aus dem zugehörigen Trägheitsmoment. Zu einem kleinen Fahrstrahl der Poinsotfläche gehört ein großes Trägheitsmoment und umgekehrt.

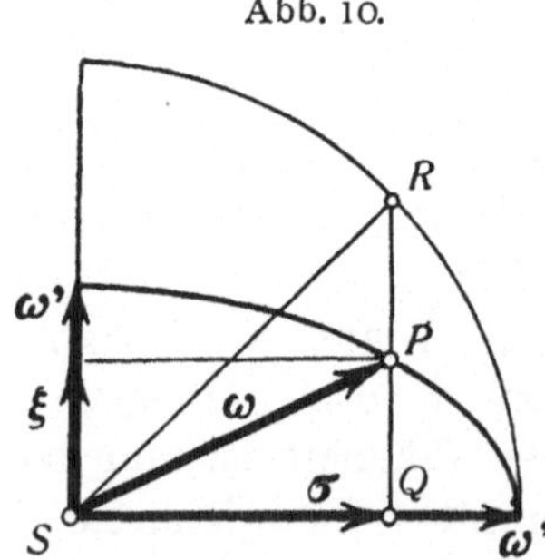

Abb. 10.

Unter diesen Fahrstrahlen muß es mindestens einen kleinsten ω' geben, der zum größten Trägheitsmoment, welches A heißen mag, gehört. Wir legen durch diesen Fahrstrahl ω' eine Ebene und wollen die Schnittkurve dieser Ebene mit der Poinsotfläche untersuchen. Innerhalb der Schnittebene sei ω'' der zu ω' senkrechte, ω aber ein beliebiger, nicht notwendig zwischen ω' und ω'' gelegener Fahrstrahl der Kurve (Abb. 10), und D und E seien die zu den Achsen ω und ω'' gehörigen Trägheitsmomente. Die Drehung ω können wir nach der Additionsregel der axialen Vektoren auch dadurch erzeugt denken, daß wir dem Kreisel gleichzeitig um die Achsen ω' und ω'' Winkelgeschwindigkeiten ξ und σ erteilen, deren geometrische Summe ω ist. Die in ξ und σ dem Kreisel mitgeteilten Einzeldrehwuchte sind nach (6) gleich $\tfrac{1}{2} A \xi^2$ und $\tfrac{1}{2} E \sigma^2$ und müssen zusammen wieder die ursprüngliche in ω steckende Drehwucht $\tfrac{1}{2} D \omega^2$ ergeben. Denn die Drehwucht ist nur abhängig vom augenblicklichen Bewegungszustand, nicht aber davon, wie dieser hervorgerufen worden ist. Hiernach gilt einerseits

$$(8) \qquad A\,\xi^2 + E\,\sigma^2 = D\,\omega^2 = 2\,T,$$

andererseits rein geometrisch

$$\xi^2 + \sigma^2 = \omega^2.$$

Zieht man die mit D multiplizierte zweite Gleichung von der ersten ab, so folgt

$$(A - D)\,\xi^2 + (E - D)\,\sigma^2 = 0.$$

Diese Gleichung wird befriedigt durch $A = D = E$; dann ist auch $\omega' = \omega = \omega''$ und, da der Fahrstrahl ω beliebig sein durfte, die Kurve ein Kreis. Sind aber die Trägheitsmomente A, D und E verschieden groß, so verlangt die Gleichung, daß die Ausdrücke $A - D$ und $E - D$ verschiedene Vorzeichen haben; denn nur dann können sie, mit positiven Zahlen ξ^2 und σ^2 multipliziert, die Summe Null besitzen. Da von vornherein A das größte Trägheitsmoment sein sollte, so folgt hieraus

$$A > D > E,$$

und dies besagt, daß in unserer Ebene E das kleinste Trägheitsmoment und ω'' der größte Fahrstrahl ist. Dasselbe Ergebnis gilt für alle anderen durch ω' gelegten Ebenen, deren größte Fahrstrahlen somit die zu ω' senkrechte Schwerpunktsebene erfüllen. Auch innerhalb dieser Normalebene wird, wie auf dieselbe Weise bewiesen würde, der Fahrstrahl des größten Trägheitsmomentes B auf demjenigen des kleinsten C senkrecht stehen, oder aber es müssen alle Fahrstrahlen dieser Ebene und alle Trägheitsmomente unter sich gleich sein.

Wir haben so drei ausgezeichnete Durchmesser der Poinsotfläche gefunden, die aufeinander senkrecht stehen; der eine von ihnen ist der kleinste, sein Trägheitsmoment das größte; der andere ist der größte, sein Trägheitsmoment das kleinste; der dritte und sein Trägheitsmoment stehen dazwischen. Man nennt diese drei von J. A. Segner entdeckten Achsen die Hauptträgheitsachsen oder kurz Hauptachsen und die zugehörigen Trägheitsmomente

$$A \geqq B \geqq C$$

die Hauptträgheitsmomente bezüglich des Stützpunktes. Die durch je zwei Hauptachsen gelegten Ebenen heißen die Hauptebenen.

Ist die in der zuerst betrachteten Schnittebene gelegene Kurve nicht von vornherein ein Kreis, so schlagen wir einen solchen vom Halbmesser ω'' (Abb. 10) um den Schwerpunkt, fällen vom Endpunkte P

des Fahrstrahls ω das Lot PQ auf den Fahrstrahl ω'' und verlängern das Lot rückwärts bis zum Schnitt R mit dem Kreise. Dann ist

$$\frac{\overline{QP^2}}{\overline{QR^2}} = \frac{\overline{QP^2}}{\overline{SR^2} - \overline{SQ^2}} = \frac{\xi^2}{\omega''^2 - \sigma^2}.$$

Gemäß (7) wird, wenn wir die veränderten Bezeichnungen berücksichtigen,

$$\omega''^2 = \frac{2T}{E},$$

da ω'' ein Fahrstrahl der zur Wucht T gehörenden Poinsotfläche ist; aus (8) folgt

$$\sigma^2 = \frac{2T}{E} - \frac{A}{E}\xi^2;$$

und somit kommt schließlich

$$\frac{QP}{QR} = \sqrt{\frac{E}{A}}.$$

Dies besagt aber, daß die Schnittkurve der Poinsotfläche mit unserer Ebene aus einem Kreis entsteht, wenn man dessen zu ω' parallele Sehnen alle in einem und demselben Verhältnis verkürzt: die Kurve ist also eine Ellipse, deren kleinster Durchmesser $2\,\omega'$ wird. Eine gleiche Überlegung ergibt, daß auch alle Schnittkurven mit den anderen durch ω' gelegten Ebenen ebensolche Ellipsen sind und nicht minder die Schnittkurve mit der auf ω' senkrechten Schwerpunktsebene. Damit ist die Poinsotfläche erkannt als ein Ellipsoid, dessen Hauptachsen die drei Hauptträgheitsachsen sind; die Halbachsen besitzen die Längen

$$\sqrt{\frac{2T}{C}}, \qquad \sqrt{\frac{2T}{B}}, \qquad \sqrt{\frac{2T}{A}}.$$

Das zur Wucht $T = \tfrac{1}{2}$ gehörende Poinsotellipsoid wird das Trägheitsellipsoid des Schwerpunktes genannt; seine Fahrstrahlen sind die reziproken Wurzeln der zugehörigen Trägheitsmomente.

Auf die Ausartungen dieses Ellipsoids, deren besonderste die Kugel sein wird, kommen wir später zu sprechen.

Der soeben entwickelte Beweis für die Ellipsoidgestalt ist übrigens unabhängig davon, daß der Mittelpunkt der Schwerpunkt sein sollte.

3. Das Poinsotsche Bild der Bewegung. Wir sind nun instand gesetzt, die Bewegung, wie sie der mit der Wucht T begabte Kreisel vollführen wird, in anschaulicher Weise zu schildern. Aus der Beziehung (4), die wir auch in der Form

$$(9) \qquad\qquad \omega\,\Theta\cos\varphi = 2\,T$$

schreiben mögen, schließen wir erstens, daß der Winkel φ zwischen den Vektoren ω und Θ immer ein spitzer ist; denn sowohl die

Wucht T als auch die absoluten Beträge ω und Θ sind wesentlich positive Zahlen. Zweitens schließen wir, daß die Projektion von ω auf die Richtung Θ, nämlich $\omega \cos \varphi$, während der ganzen Bewegung den unveränderlichen Betrag

$$(10) \qquad \varkappa = \frac{2\,T}{\Theta}$$

besitzt. Der Endpunkt des Drehvektors ω bewegt sich also einerseits dauernd in einer zum Schwungvektor Θ senkrechten Ebene, welche den Vektor Θ im Abstand $\varkappa$ vom Schwerpunkt schneidet. Weil Θ raumfest ist, so ist auch diese Ebene raumfest; man pflegt sie die invariable Ebene zu nennen.

Andererseits wandert der Endpunkt von ω immer auf dem im Kreisel festen Poinsotellipsoid. Denn dieses ist der Ort aller Endpunkte von ω, die zu der (unveränderlichen) Drehwucht T gehören.

Und drittens wollen wir zeigen, daß das Poinsotellipsoid die invariable Ebene stets im Endpunkt von ω berührt. Dazu ist offenbar der Nachweis erforderlich, daß das Ellipsoidflächenelement, das die Umgebung des Endpunktes von ω bildet, auf dem Schwungvektor Θ senkrecht steht. Dieses Flächenelement ist der Inbegriff aller Linienelemente $d\,\omega$, die vom Endpunkt von ω nach den Endpunkten der benachbarten und zur selben Drehwucht T gehörenden Drehvektoren hinführen. Auf einem dieser Linienelemente wird der Endpunkt von ω im nächsten Augenblicke vermutlich weiterwandern, die anderen Linienelemente würde er nur dann durchschreiten können, wenn der Schwung Θ ein wenig geändert würde — doch nicht beliebig geändert, sondern so, daß nach wie vor die Drehwucht gleich T bliebe. Der dazu erforderliche kleine Drehstoß $d\Theta$ muß nach (2) die Bedingung

$$(11) \qquad \omega\,d\Theta = d\,T = 0$$

erfüllen, also entweder Null sein oder auf ω senkrecht stehen. Hält man daneben die aus (4) durch Differentiation folgende Bedingung

$$\omega\,d\Theta + \Theta\,d\omega = 2\,d\,T,$$

so schließt man auf die ganz allgemein gültige Formel

$$(12) \qquad \Theta\,d\omega = \omega\,d\Theta,$$

die für eine Bewegung mit unveränderlicher Drehwucht nach (11) übergeht in

$$(13) \qquad \Theta\,d\omega = 0;$$

und weil das Verschwinden eines skalaren Produkts anzeigt, daß seine Faktoren aufeinander senkrecht stehen, so ist damit bewiesen, was zu beweisen war, nämlich daß alle Linienelemente $d\,\omega$, die auf dem Ellipsoid vom Endpunkt von $\boldsymbol{\omega}$ ausgehen, auf $\boldsymbol{\Theta}$ senkrecht stehen. Da dies auch die invariable Ebene tut, so berührt sie in der Tat das Ellipsoid in diesem Endpunkte, welcher der Pol der Bewegung genannt wird.

Weil die Drehachse $\boldsymbol{\omega}$, wie wir früher erkannt haben, im allgemeinen wandert, so muß auch das Ellipsoid die invariable Ebene im allgemeinen in immer neuen Punkten berühren, also auf dieser Ebene abrollen. Läge die Drehachse in der invariablen Ebene, so würde das Ellipsoid eine reine Rollbewegung auf dieser Ebene vollziehen; stünde die Drehachse dagegen auf der invariablen Ebene senkrecht, so würde das Ellipsoid auf ihr im Berührungspunkt eine reine Tanzbewegung ausführen. Da die Drehachse im allgemeinen schief auf der Ebene steht, so ist die wirkliche Bewegung im allgemeinen eine Verbindung von Rollen und Tanzen, die wir der Kürze halber ein Abrollen heißen mögen.

Irgend ein Gleiten kann dabei nicht stattfinden; denn weil die Bewegung des Kreisels in einer bloßen Drehung besteht, so ist derjenige Massenpunkt, der augenblicklich den Pol, d. h. den Berührungspunkt bildet, auch augenblicklich in Ruhe, gleichwie der Punkt, in welchem ein rollendes, aber nicht gleitendes Rad seine Unterlage berührt.

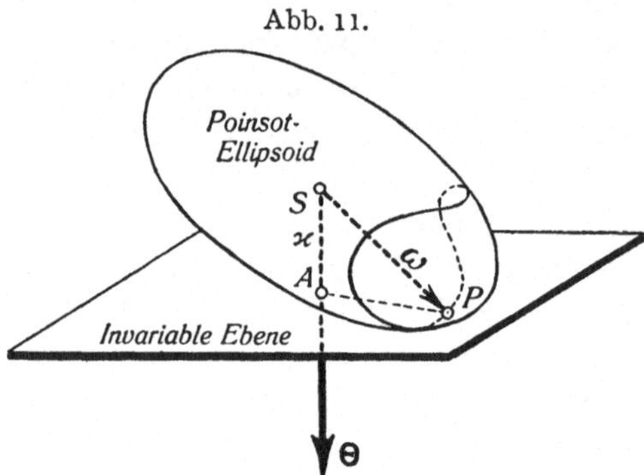

Nunmehr sind wir in der Lage, die Bewegung ihrem ganzen Verlaufe nach folgendermaßen zu beschreiben: **Ein kräftefreier Kreisel bewegt sich so, daß sein (zur Drehwucht T gehöriges, im Kreisel festes) Poinsotellipsoid bei festgehaltenem Mittelpunkt (Schwerpunkt) auf der (zum Schwungvektor $\boldsymbol{\Theta}$ senkrechten, im Raume festen) invariablen Ebene (mit dem Schwerpunktsabstand $\varkappa = 2\,T/\Theta$) ohne Gleiten abrollt, wobei die Drehgeschwindigkeit ihrer Achse, ihrer Größe und ihrem Sinne nach in jedem Augenblicke durch den vom Mittelpunkt zum Berührungspunkt gezogenen axialen Vektor $\boldsymbol{\omega}$ bestimmt ist.** (Abb. 11.)

Man nennt diese ohne weiteres ihrem räumlichen Verlauf nach vorstellbare Bewegung nach ihrem Entdecker die Poinsotbewegung. Das einzige, was an ihr vielleicht der vollen Anschaulichkeit ermangelt, ist der zeitliche Verlauf, also sagen wir die Geschwindigkeit, mit der beispielsweise der Pol auf der invariablen Ebene wandert.

Poinsot selbst und nach ihm andere haben Vorrichtungen ersonnen, die auch die Geschwindigkeit veranschaulichen. Diese Vorrichtungen sind aber, verglichen mit der soeben geschilderten Poinsotbewegung, begrifflich so verwickelt, daß wir darauf verzichten, sie zu beschreiben. Wir werden sowieso den zeitlichen Ablauf der Bewegung später noch rechnerisch untersuchen und begnügen uns hier mit dem Hinweis darauf, daß es unrichtig wäre, anzunehmen, daß der Fahrstrahl, den man in der invariablen Ebene vom Schwungvektor nach dem Pole ziehen kann, der Polstrahl (AP in Abb. 11), sich mit der Winkelgeschwindigkeit $\varkappa$ um die Schwungachse drehen würde; denn der Pol wandert doch auf dem Ellipsoid, seine Lage gibt also kein Maß für die Drehkomponente $\varkappa$ des Kreisels. Vielmehr ist die Wanderungsgeschwindigkeit des Polstrahles im allgemeinen ungleichförmig mit immer sich wiederholenden gleichen Perioden.

Als wichtiges Ergebnis buchen wir noch die Erkenntnis, daß zwei Kreisel mit gleichen Trägheitsellipsoiden der Schwerpunkte bei gleichen Anfangsstößen dieselbe Bewegung vollziehen, wie verschieden auch ihre Massenverteilung im einzelnen sein mag. Mit diesen Ellipsoiden haben wir uns zunächst zu beschäftigen.

§ 2. Die Trägheitsmomente.

1. Rechnerische Ermittelung des Trägheitsellipsoids. Das Trägheitsellipsoid eines Körpers bezüglich eines beliebigen Punktes, der nicht notwendig der Schwerpunkt zu sein braucht, ist nach seiner Größe, Gestalt und Lage im Körper bekannt, wenn man die Längen und Lagen seiner drei Halbachsen kennt; deren Längen sind gleich den reziproken Wurzeln aus den drei Hauptträgheitsmomenten A, B, C, und sie fallen der Lage nach mit den drei Hauptachsen des Körpers zusammen, d. h. mit der Achse des größten und des kleinsten Trägheitsmomentes und mit der auf beiden senkrechten Achse. Häufig lassen sich die Richtungen der Hauptachsen erraten. So sind bei allen irgendwie symmetrischen homogenen Körpern die Symmetrieachsen, soweit sie aufeinander senkrecht stehen, Hauptachsen. Auch bei Körpern von beliebiger Massenverteilung gibt es rechnerische Verfahren für die Bestimmung der Richtungen der Hauptachsen; sie sind aber recht verwickelt und zudem ohne praktischen Wert. Wir werden nachher angeben, wie man in manchen Fällen durch einen Drehversuch zum Ziele kommen kann. Inzwischen aber setzen wir die Richtungen der Hauptachsen als bekannt voraus.

Wir legen ein rechtwinkliges xyz-System in die Hauptachsen, bezeichnen die Abstände des Punktes x, y, z von den drei Achsen mit r_x, r_y und r_z, seinen Abstand vom Nullpunkt mit r und merken die Beziehungen an

$$(1) \qquad r_x^2 = y^2 + z^2, \qquad r_y^2 = z^2 + x^2, \qquad r_z^2 = x^2 + y^2,$$

$$(2) \qquad r^2 = x^2 + y^2 + z^2.$$

Man nennt Binetsche Trägheitsmomente die von J.P.M.Binet eingeführten Trägheitsmomente bezüglich der drei Hauptebenen, nämlich die Ausdrücke

$$(3) \qquad A_1 = \Sigma \Delta m\, x^2, \qquad B_1 = \Sigma \Delta m\, y^2, \qquad C_1 = \Sigma \Delta m\, z^2;$$

diese sind bei einfachen Körpern oft leicht zu berechnen. Die (axialen) Hauptträgheitsmomente andererseits sind nach § 1, (5), S. 20, dargestellt durch

$$(4) \qquad A = \Sigma \Delta m\, r_x^2, \qquad B = \Sigma \Delta m\, r_y^2, \qquad C = \Sigma \Delta m\, r_z^2$$

und ermitteln sich aus den Binetschen durch die nach (1) geltenden Gleichungen

$$(5) \qquad A = B_1 + C_1, \qquad B = C_1 + A_1, \qquad C = A_1 + B_1,$$

die noch zu den drei Beziehungen

$$(6) \qquad B - C = C_1 - B_1, \qquad C - A = A_1 - C_1, \qquad A - B = B_1 - A_1$$

Veranlassung geben. Endlich nennt man den Ausdruck

$$(7) \qquad R = \Sigma \Delta m\, r^2$$

das polare Trägheitsmoment, wofür nach (1) und (2) die Gleichung

$$(8) \qquad R = A_1 + B_1 + C_1 = \tfrac{1}{2}(A + B + C)$$

gilt.

Von den Beziehungen (5) und (8) macht man häufigen Gebrauch, wenn man die axialen Hauptträgheitsmomente berechnen will.

So findet man beispielsweise für einen homogenen Quader mit den Kantenlängen a, b und c, dessen Mittelpunkt im Nullpunkte liegt und dessen Seitenflächen parallel den Koordinatenebenen gerichtet sein müssen, mit der Massendichte ϱ und dem scheibenförmigen Massenelement (das alle Punkte gleichen Abstandes x von der yz-Ebene enthält und die Dicke dx besitzt)

$$d m = \varrho\, b\, c\, d x$$

das erste Binetsche Trägheitsmoment

$$A_1 = \int\limits_{-a/2}^{+a/2} x^2\, d m = \frac{1}{12} \varrho\, a^3 b\, c = m\, \frac{a^2}{12},$$

wo $m = \varrho\, a\, b\, c$ die ganze Masse bedeutet; ebenso

$$B_1 = m\, \frac{b^2}{12}, \qquad C_1 = m\, \frac{c^2}{12},$$

und daher nach (5)

$$(9) \qquad A = m\, \frac{b^2 + c^2}{12}, \qquad B = m\, \frac{c^2 + a^2}{12}, \qquad C = m\, \frac{a^2 + b^2}{12}.$$

Für einen homogenen Zylinder vom Halbmesser a und der Länge l, dessen Achse in der x-Achse und dessen Achsenmitte im Nullpunkt liegt, findet man zunächst mit einem zylinderschalenförmigen Massenelement (das alle Punkte gleichen Abstandes r_x von der x-Achse enthält und die Dicke $d r_x$ besitzt)

$$d m = 2 \pi \varrho l r_x d r_x$$

das axiale Hauptträgheitsmoment

$$(10) \qquad A = \int_0^a r_x^2 \, d m = \frac{\pi}{2} \varrho a^4 l = m \frac{a^2}{2}.$$

und daraus nach (5), da aus Symmetriegründen $B_1 = C_1$ ist,

$$B_1 = C_1 = \frac{A}{2} = m \frac{a^2}{4}.$$

Andererseits ist, genau wie beim Quader berechnet,

$$A_1 = m \frac{l^2}{12},$$

und mithin nach (5)

$$(11) \qquad B = C = m \frac{3 a^2 + l^2}{12}.$$

In entsprechender Weise findet man für eine um den Nullpunkt gelegte homogene Kugel vom Halbmesser a unter Verwendung eines kugelschalenförmigen Massenelementes zunächst das polare Trägheitsmoment

$$R = m \frac{3 a^2}{5},$$

und daher nach (8)

$$(12) \qquad A = B = C = \frac{2}{3} R = m \frac{2 a^2}{5}$$

und nach (5)

$$A_1 = B_1 = C_1 = \frac{A}{2} = m \frac{a^2}{5}.$$

Man kann hieraus ohne jede Rechnung nach dem Vorschlage von Hearn die Trägheitsmomente eines Ellipsoides von den Halbachsen a, b und c finden, wenn man diese in die Koordinatenachsen legt. Beachtet man nämlich, daß irgend eine Verschiebung der Massenteilchen parallel einer Hauptebene das Binetsche Trägheitsmoment bezüglich dieser Hauptebene ungeändert läßt, so stellt man fest, daß das homogene Ellipsoid, welches aus der homogenen Kugel durch gleichmäßige Zusammenziehung in der Richtung der y-Achse bis auf den Halbmesser b, in der Richtung der z-Achse bis auf den Halbmesser c entstanden ist, die Binetschen Trägheitsmomente

$$A_1 = m\frac{a^2}{5}, \qquad B_1 = m\frac{b^2}{5}, \qquad C_1 = m\frac{c^2}{5}$$

und mithin die axialen Hauptträgheitsmomente

$$(13) \qquad A = m\frac{b^2 + c^2}{5}, \quad B = m\frac{c^2 + a^2}{5}, \quad C = m\frac{a^2 + b^2}{5}$$

haben wird.

Es ist zur Verhütung eines naheliegenden Mißverständnisses nützlich, zu bemerken, daß das zugehörige Trägheitsellipsoid zum gegebenen Massenellipsoid keineswegs ähnlich, wenn auch ähnlich gelegen, ist. Denn die Halbachsen des Trägheitsellipsoids verhalten sich nach § 1, 2., S. 22, wie

$$\frac{1}{\sqrt{C}} : \frac{1}{\sqrt{B}} : \frac{1}{\sqrt{A}} = \frac{1}{\sqrt{a^2 + b^2}} : \frac{1}{\sqrt{c^2 + a^2}} : \frac{1}{\sqrt{b^2 + c^2}}.$$

Bringt man diese Proportion durch Multiplikation mit $b\sqrt{c^2 + a^2}$ auf die Gestalt

$$(14) \qquad\qquad cp : b : aq,$$

so wird

$$p^2 = \frac{1 + \dfrac{a^2}{c^2}}{1 + \dfrac{a^2}{b^2}}, \qquad q^2 = \frac{1 + \dfrac{c^2}{a^2}}{1 + \dfrac{c^2}{b^2}}.$$

Setzt man etwa voraus, daß

$$a < b < c$$

sei, so wird

$$\frac{a^2}{c^2} < \frac{a^2}{b^2}, \quad \frac{c^2}{a^2} > \frac{c^2}{b^2}$$

und daher

$$(15) \qquad\qquad p < 1, \qquad q > 1.$$

Durch geeignete Wahl der Masseneinheit kann man es sicherlich erreichen, daß die mittleren Halbachsen $1/\sqrt{B}$ und b des Trägheitsellipsoids und des Massenellipsoids sich auch der Länge nach decken. Dann ist nach (14) und (15) die größte Halbachse des Trägheitsellipsoids kleiner, die kleinste aber größer als die entsprechende des Massenellipsoids. Das Trägheitsellipsoid liegt hinsichtlich der Schlankheit zwischen dem Massenellipsoid und einer Kugel.

Während das Massenellipsoid jedes beliebige Achsenverhältnis haben kann, so sind die Hauptträgheitsmomente, welche das Achsenverhältnis des Trägheitsellipsoids irgend eines Körpers bestimmen, nach (5) an die Bedingungen gebunden

$$B + C - A = 2A_1, \quad C + A - B = 2B_1, \quad A + B - C = 2C_1,$$

wofür wir, da A_1, B_1 und C_1 positiv sind, auch die Ungleichungen

$$(16) \qquad B + C > A, \quad C + A > B, \quad A + B > C$$

schreiben können. Dieselben Ungleichungen müssen auch die Seitenlängen eines Dreiecks erfüllen, und daher können nur solche Ellipsoide Trägheitsellipsoide sein, deren reziproke Halbachsenquadrate man zu Seitenlängen eines Dreiecks nehmen darf.

In allen Fällen erscheint das Trägheitsmoment als Produkt der Gesamtmasse in das Quadrat einer Länge [vgl. die Formeln (9) bis (13)]. Diese Länge wird der Trägheitshalbmesser (Euler) oder Trägheitsarm (Poinsot) genannt. Die Hauptträgheitshalbmesser verhalten sich wie die reziproken Längen der Halbachsen des Trägheitsellipsoids.

2. Der Steinersche Satz. Ist D das Trägheitsmoment um irgendeine Schwerpunktsachse, D' aber dasjenige um eine dazu parallele Achse im Abstand a, wo a der von irgendeinem Punkte der D'-Achse zum nächstliegenden Punkt der D-Achse gezogene Fahrstrahl sein mag (Abb. 12), und hat der Punkt P mit der Masse $\varDelta m$ die Abstände r_1 und r'_1 von der D- und D'-Achse, so ist $r'_1 = r_1 + a$ und mithin

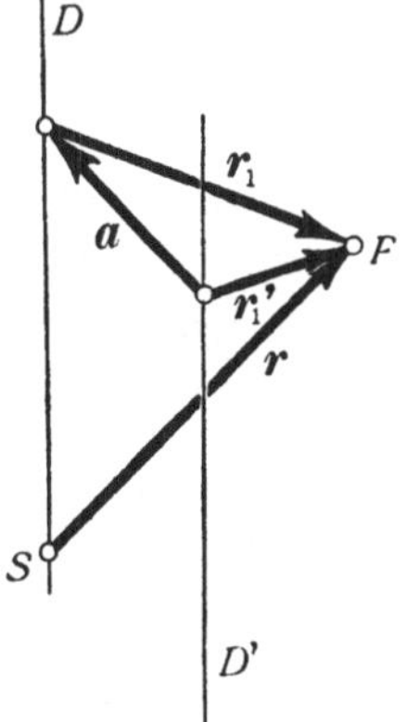

$$D' = \Sigma \varDelta m\, r_1'^2 = \Sigma \varDelta m\, r_1^2 + a^2 \Sigma \varDelta m + 2a \Sigma \varDelta m\, r_1$$

oder mit der Gesamtmasse m:

$$D' = D + ma^2 + 2a \Sigma \varDelta m\, r_1.$$

Im letzten Glied ist die geometrische Summe $\Sigma \varDelta m\, r_1$ jedenfalls ein zur D-Achse senkrechter Vektor, und zwar (da r_1 die zur D-Achse senkrechte Komponente des vom Schwerpunkt nach P gezogenen Fahrstrahles r bedeutet) die zur D-Achse senkrechte Komponente des für den Schwerpunkt als Bezugspunkt verschwindenden Vektors r_0 von Einl. (30), S. 14. Diese Komponente verschwindet natürlich, und es bleibt die von J. Steiner aufgefundene Beziehung

$$(17) \qquad D' = D + ma^2,$$

die ohne weiteres gestattet, vom Trägheitsmoment um eine Schwerpunktsachse zu demjenigen um eine parallele Achse überzugehen und umgekehrt. Weil ma^2 eine wesentlich positive Größe ist, so erkennt

man, daß die Trägheitsmomente um die Schwerpunktsachsen
immer kleiner sind als um die dazu parallelen Achsen; und
folglich ist das Trägheitsellipsoid eines beliebigen Punktes O
stets kleiner als das Trägheitsellipsoid des Schwerpunktes S,
mit dem es lediglich die Länge des Durchmessers OS gemeinsam hat.

Man macht von der Steinerschen Beziehung (17) namentlich dann
mit Vorteil Gebrauch, wenn der Körper sich aus einzelnen Teilen
zusammensetzt, deren Schwerpunkte samt den Trägheitsmomenten für
diese Schwerpunkte bekannt sind.

3. Versuchsmäßige Ermittelung des Trägheitsellipsoids. Bei
Körpern, wie sie in Wirklichkeit als Kreisel vorgelegt sind, ist
eine rechnerische Ermittelung der Trägheitsmomente nur selten genau
genug möglich. Setzen wir voraus, daß der Schwerpunkt, vielleicht
durch Auswiegen, schon bestimmt und die Hauptachsen bekannt
seien, so genügt es, den Körper um drei zu den Hauptachsen parallele
Achsen etwa in den Abständen a, b und c schwingen zu lassen und
die Schwingungsdauern festzustellen, um die Hauptträgheitsmomente
zu finden. Ist nämlich φ die Elongation der Schwingung um die
zur ersten Hauptachse A parallele Achse mit dem Trägheitsmoment A',
so ist der in die Richtung der Schwingungsachse fallende Schwung
wegen $\omega = d\varphi/dt$ gleich

$$A' \frac{d\varphi}{dt} = (A + m a^2) \frac{d\varphi}{dt},$$

wenn wir den Steinerschen Satz (17) zu Hilfe nehmen. Andererseits
ist das rückdrehende Moment der Schwere nach Einl. (15), S. 11,
gleich $-mga \sin \varphi$, so daß der Impulssatz Einl. (29), S. 14, für diese
Achse die Form

$$(A + m a^2) \frac{d^2 \varphi}{dt^2} + mga \sin \varphi = 0$$

annimmt, falls man von dämpfenden Kräften absehen darf. Vergleicht
man damit die Schwingungsformel eines mathematischen Pendels von
der Länge l

(18) $$l \frac{d^2 \varphi}{dt^2} + g \sin \varphi = 0,$$

so erkennt man, daß der Kreisel synchron mit einem solchen Pendel
von der Länge

$$l = \frac{A + m a^2}{m a}$$

schwingt und also für kleine Ausschläge die Schwingungsdauer

$$t_a = 2 \pi \sqrt{\frac{l}{g}} = 2 \pi \sqrt{\frac{A + m a^2}{m a g}}$$

besitzt, woraus die erste der drei folgenden Formeln zur Bestimmung der Hauptträgheitsmomente entspringt:

$$(19) \qquad \begin{cases} A = \dfrac{m\,a\,g\,t_a^2}{4\,\pi^2} - m\,a^2, \\[2ex] B = \dfrac{m\,a\,g\,t_b^2}{4\,\pi^2} - m\,b^2, \\[2ex] C = \dfrac{m\,a\,g\,t_c^2}{4\,\pi^2} - m\,c^2. \end{cases}$$

4. Ausartungen des Trägheitsellipsoids. Infolge ihrer häufigen Verwendung sind homogene achsensymmetrische Kreisel (Rotationskörper) von besonderer Wichtigkeit. Ihre Trägheitsellipsoide bezüglich aller Punkte der Symmetrieachse, die in diesem Falle die **Figurenachse** genannt wird, sind **Rotationsellipsoide um die Figurenachse**; sie schneiden aus dieser gleiche Stücke aus, und das wenigst schlanke von ihnen ist dasjenige des Schwerpunktes. Alle Äquatorachsen dieser Ellipsoide können als Hauptachsen angesehen werden und besitzen bei jedem Ellipsoid unter sich gleiche sogenannte **äquatoriale** Trägheitsmomente. Der Kreisel heißt ein **symmetrischer** für jeden auf der Figurenachse gelegenen Stützpunkt; das Trägheitsmoment um die Figurenachse nennen wir sein **axiales.**

Je weiter man sich auf der Figurenachse vom Schwerpunkt entfernt, um so schlanker wird nach dem Steinerschen Satze das zugehörige Trägheitsellipsoid. Ist dasjenige des Schwerpunktes ein **abgeplattetes** Rotationsellipsoid, so muß es demnach auf der Figurenachse zu beiden Seiten des Schwerpunktes je einen Punkt geben, dessen Trägheitsellipsoid eine **Kugel** ist. Der in diesem Punkte gestützte Kreisel heißt nach F. Klein und A. Sommerfeld ein **Kugelkreisel**, obwohl seine Gestalt keineswegs eine Kugel zu sein braucht. Seine sämtlichen Stützpunktsachsen haben dasselbe Trägheitsmoment. Ist A das Trägheitsmoment um die Figurenachse, B aber das äquatoriale Trägheitsmoment bezüglich des Schwerpunktes, so ist, unter der soeben gemachten Voraussetzung $A > B$, der Abstand s des Schwerpunktes von den Stützpunkten der beiden Kugelkreisel durch die aus (17) fließende Bedingung

$$B + m\,s^2 = A$$

zu

$$(20) \qquad s = \sqrt{\dfrac{A - B}{m}}$$

bestimmt.

Es ist möglich, daß auch bei unregelmäßiger Form und Massenverteilung des Kreisels das Trägheitsellipsoid bezüglich einzelner Punkte ein Rotationsellipsoid oder sogar eine Kugel wird. Auch in diesem Falle heißt der Kreisel, wenn er in jenem Punkte gestützt ist, ein **symmetrischer** oder ein **Kugelkreisel**. Der symmetrische wird außerdem **abgeplattet** oder **gestreckt** genannt, je nach der Gestalt des Trägheitsellipsoids. Die Symmetrieachse heißt auch hier **Figurenachse**, und man spricht jetzt von einer **dynamischen Symmetrie**.

Künftighin werden wir das Trägheitsellipsoid des Stützpunktes, also vorläufig immer noch des Schwerpunktes, als bekannt ansehen und brauchen uns dann um die Gestalt des Kreisels nicht mehr zu kümmern.

§ 3. Die Poinsotbewegung.

1. Der Beginn der Bewegung. Außer der Gestalt und Anfangslage des Trägheitsellipsoids des Schwerpunktes mag entweder die Größe und Achse der Anfangsgeschwindigkeit ω_0 oder des ursprünglichen Drehstoßes Θ gegeben sein. Wir wollen die zugehörige Poinsotbewegung aufsuchen.

Ist ω_0 gegeben, so konstruieren wir vor allem dasjenige Poinsotellipsoid, das durch den Endpunkt von ω_0, den Pol, hindurchgeht und zum Trägheitsellipsoid ähnlich und ähnlich gelegen ist. Sodann legen wir daran im Pol die Tangentialebene. Diese stellt die invariable Ebene vor, und das auf sie vom Schwerpunkt aus gefällte Lot gibt die Richtung des Schwungvektors Θ an, dessen Größe wir später bestimmen werden. Damit aber sind alle Elemente der zugehörigen Poinsotbewegung ermittelt.

Weniger einfach ist das Verfahren, wenn statt ω_0 der Drehstoß Θ gegeben ist. Liegt zunächst Θ in einer der drei Hauptachsen des Kreisels, so berührt offenbar die auf Θ senkrechte invariable Ebene das (seiner Größe nach noch unbekannte) Poinsotellipsoid in dem einen Endpunkte dieser Achse, und der Drehvektor ω liegt jetzt gleichfalls in dieser Achse: **Drehachse und Schwungachse fallen dann und nur dann zusammen, wenn die eine von beiden in einer Hauptachse liegt.** Die Bewegung als Ellipsoid ist nun ein reines Tanzen auf der Ebene.

Unter diesen Umständen verschwindet das zweite Glied der rechten Seite von § 1 (1), S. 18, welches ja einen zu ω senkrechten Vektor bedeutet, und es bleibt für jede Hauptachse mit dem Hauptträgheitsmoment D die Beziehung

$$\Theta = D\omega$$

übrig.

Wir werden künftighin häufig mit Vorteil ein im Kreisel festes rechtshändiges Koordinatensystem x, y, z benutzen, dessen Achsen in die Hauptträgheitsachsen fallen. Sind E, H, Z die Komponenten des Schwunges $\mathit{\Theta}$ in diesem System und ξ, η, ζ diejenigen des Drehvektors $\boldsymbol{\omega}$, so ist also

$$(1) \qquad \mathit{E} = A\xi, \qquad H = B\eta, \qquad Z = C\zeta.$$

In diese drei Komponenten denken wir uns $\mathit{\Theta}$ zerspalten, wenn der Schwung in keine Hauptachse fällt. Dann schneidet die durch den Endpunkt von $\mathit{\Theta}$ senkrecht zur x-Achse gelegte (in Abb. 13 schraffierte) Ebene aus dem Drehvektor $\boldsymbol{\omega}$ einen Vektor von der Länge $A\omega$ aus; denn die gemeinsame x-Komponente der Vektoren $\mathit{\Theta}$ und $A\boldsymbol{\omega}$ ist $\mathit{E} = A\xi$. Fügt man dieselbe Überlegung für die y- und z-Achse hinzu, so gewinnt man die Erkenntnis, daß die durch den Endpunkt von $\mathit{\Theta}$ parallel zu $\boldsymbol{\omega}$ gezogene Gerade die drei Hauptebenen in drei Punkten trifft, die von jenem Endpunkt die Abstände $A\omega$, $B\omega$ und $C\omega$ haben.

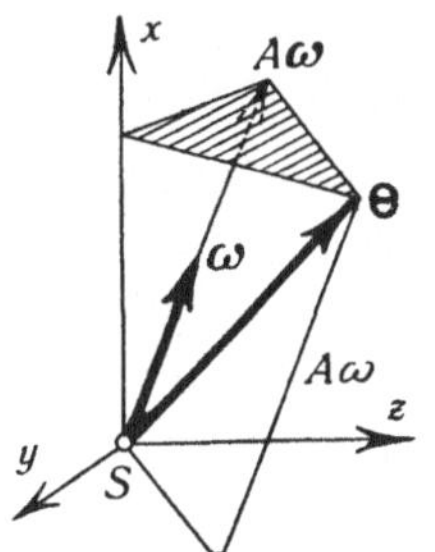

Hieraus folgt die Konstruktion des Drehvektors $\boldsymbol{\omega}$ aus dem Schwungvektor $\mathit{\Theta}$. Man legt durch den Endpunkt von $\mathit{\Theta}$ eine Gerade derart, daß, von diesem Punkt aus gerechnet, die drei Hauptebenen auf ihr Stücke abschneiden, die sich wie die drei Hauptträgheitsmomente verhalten, und zieht durch den Nullpunkt (Schwerpunkt) die Parallele zu dieser Geraden. Dann gibt derjenige Halbstrahl dieser Parallelen, welcher mit $\mathit{\Theta}$ einen spitzen Winkel bildet (§ 1, 3., S. 22), die Richtung des Drehvektors $\boldsymbol{\omega}$ an. Dessen Größe ist gleich einem jener Abschnitte geteilt durch das zugehörige Hauptträgheitsmoment. Ist auf diese Weise der Anfangswert $\boldsymbol{\omega}_0$ aus der Anfangslage des Trägheitsellipsoids gefunden, so sind das Poinsotellipsoid und die invariable Ebene und damit wieder alle noch fehlenden Elemente der Poinsotbewegung bestimmt.

Ebenso läßt sich jetzt auch, falls $\boldsymbol{\omega}_0$ gegeben ist, zu der bereits oben bestimmten Richtung von $\mathit{\Theta}$ noch dessen Größe ermitteln. Multipliziert man $\boldsymbol{\omega}_0$ mit einem der drei Hauptträgheitsmomente und legt durch den Endpunkt des so erhaltenen Vektors parallel zu der entsprechenden Hauptebene eine Ebene, so schneidet diese die Schwungachse im Endpunkte von $\mathit{\Theta}$.

Als zusammengehörig sind hier, wie sich das von selbst versteht, allemal eine Hauptachse und die zu ihr senkrechte Hauptebene bezeichnet.

2. Schwungellipsoid und Polkurven. Bei der Abrollung des Poinsotellipsoids auf der invariablen Ebene wandert der Pol, d. h. der Berührungspunkt, der zugleich Endpunkt des Drehvektors $\boldsymbol{\omega}$ ist, auf dem Ellipsoid, indem er darauf eine Kurve beschreibt, welche Polhodie (Polbahn) genannt wird. Für die Einteilung der verschiedenen Arten möglicher Poinsotbewegungen ist es nötig, die Gestalt dieser Kurve zu kennen.

Das Poinsotellipsoid war der geometrische Ort der Endpunkte aller Drehvektoren ω, die zu derselben Drehwucht T und allen möglichen Vektoren Θ gehören. Wir denken uns andererseits ohne Rücksicht auf die Drehwucht dem Kreisel nacheinander alle möglichen Drehstöße Θ von festem Betrage Θ, aber um alle möglichen Schwerpunktsachsen erteilt und jedesmal den zugehörigen Drehvektor ω entweder durch einen Versuch oder durch das vorhin angegebene Verfahren ermittelt. Die Endpunkte der so erhaltenen Vektoren ω liegen auf einer zweiten Fläche, und diese möge die Schwungfläche heißen. Nun sind die Komponenten von ω bezüglich der drei Hauptachsen nach (1) allemal im Verhältnis der Hauptträgheitsmomente kleiner als die Komponenten des zugehörigen Schwunges Θ. Dessen Endpunkt aber liegt auf einer Kugel vom Halbmesser Θ um den Schwerpunkt, und die gesuchte Schwungfläche geht daher aus dieser Kugel hervor, indem man sie in den Richtungen der Hauptachsen im Verhältnis der Hauptträgheitsmomente zusammenzieht. Die Schwungfläche ist ein Ellipsoid mit den Halbachsen

$$\frac{\Theta}{A}, \quad \frac{\Theta}{B}, \quad \frac{\Theta}{C},$$

sie liegt zum Poinsotellipsoid (also auch zum Trägheitsellipsoid) koaxial und ist natürlich im Kreisel fest.

Irgendeine bestimmte Poinsotbewegung geschieht mit unveränderlicher Drehwucht T und unveränderlichem Schwung Θ. Die zugehörigen Drehvektoren ω müssen also sowohl auf dem Poinsotellipsoid wie auch auf dem Schwungellipsoid liegen. Mithin ist die Polhodie der zu den Parametern T und Θ gehörenden Kreiselbewegung die Schnittkurve des Poinsotellipsoids T und des Schwungellipsoids Θ.

Die weitere Untersuchung dieser Kurven ist nun eine geometrische Aufgabe geworden, für deren Lösung wir

$$(2) \qquad\qquad A > B > C$$

voraussetzen wollen. Da sich die größte zur kleinsten Halbachse beim Poinsotellipsoid nach § 1, 2. (S. 22) wie $1/\sqrt{C} : 1/\sqrt{A}$, d. h. wie $\sqrt{A} : \sqrt{C}$, beim Schwungellipsoid aber wie $1/C : 1/A$, d. h. wie $A : C$ verhalten, und ebenso die größte zur mittleren beim Poinsotellipsoid wie $\sqrt{B} : \sqrt{C}$, beim Schwungellipsoid aber wie $B : C$, so ist das Schwungellipsoid allemal in jeder Hinsicht schlanker als das Poinsotellipsoid. Damit beide Ellipsoide sich schneiden, muß folglich die größte Achse des Schwungellipsoids mindestens so groß wie die größte des Poinsotellipsoids sein, und dessen kleinste mindestens ebenso groß wie die kleinste des Schwungellipsoids; d. h. es muß

$$\frac{\Theta}{C} \geqq \sqrt{\frac{2T}{C}}, \qquad \frac{\Theta}{A} \leqq \sqrt{\frac{2T}{A}}$$

sein, zwei Ungleichungen, die man, indem man sie mit C bzw. A multipliziert, in die Form

(3) $$2AT \geqq \Theta^2 \geqq 2CT$$

zusammenfassen kann. Nur solche Bewegungsparameter T und Θ sind zulässig, die diese Bedingung erfüllen, für die man ebensogut

(4) $$\frac{\Theta^2}{2C} \geqq T > \frac{\Theta^2}{2A}$$

schreiben mag.

Um die verschiedenen Gestalten dieser Schnittkurven zu finden, nehmen wir etwa das Poinsotellipsoid unveränderlich an und lassen das Schwungellipsoid stetig wachsen, wobei es sich ähnlich bleibt. Das kleinste Schwungellipsoid berührt das Poinsotellipsoid in den Endpunkten der großen Achse, und diese beiden Punkte bilden jetzt die ausgeartete Polhodie. Sobald das Schwungellipsoid größer wird, schneidet es aus dem Poinsotellipsoid eine Polhodiekurve aus, die aus zwei jene Endpunkte umschlingenden ovalartigen Raumkurven besteht, die wir die Polhodien erster Art nennen wollen [Abb. 14, wo der Deutlichkeit halber nur das Poinsotellipsoid gezeichnet ist; in Abb. 11 (S. 24) war das Abrollen des Poinsotellipsoids auf einer Polhodie erster Art angedeutet]. Die beiden Ovale nähern sich mehr und mehr und stoßen in den Endpunkten der mittleren Achsen in dem Augenblicke zusammen, da die mittleren Achsen beider Ellipsoide gleich groß geworden sind. Die Schnittkurve kann jetzt auch angesehen werden als aus zwei sich kreuzenden Ovalen bestehend und soll die trennende Polhodie heißen. Bei weiterer Vergrößerung des Schwungellipsoids erscheinen die Polhodien zweiter Art, die in zwei die Endpunkte der kleinsten Achse umschlingende räumliche Ovale zerfallen und schließlich auf diese Endpunkte selbst zusammenschrumpfen, wenn das Schwungellipsoid so groß als möglich geworden ist. Natürlich kann man, anstatt bei unveränderter Wucht die Größe

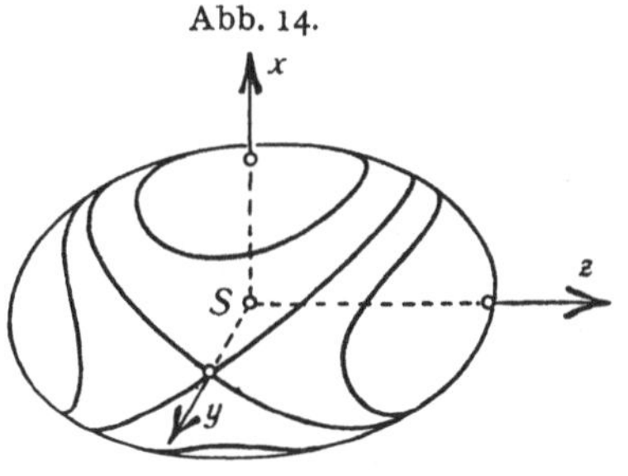
Abb. 14.

des Schwunges zu ändern, ebensogut bei festem Schwung die Wucht ihren ganzen Bereich durchschreiten lassen, indem man das Schwungellipsoid festhält und dafür das Poinsotellipsoid allmählich vergrößert. Es ist klar, daß man dabei dieselben Kurvenformen erhält. (In Abb. 14 vermag man sich ebensogut vorzustellen, daß das gezeichnete Ellipsoid das feste Schwungellipsoid sei, welches von einem weniger schlanken veränderlichen Poinsotellipsoid geschnitten wird.)

Die Polhodien sind geschlossene Raumkurven, die sich an jeder der drei Hauptebenen spiegeln. Die Länge des Fahrstrahls ω schwankt daher bei jeder Poinsotbewegung zwischen zwei

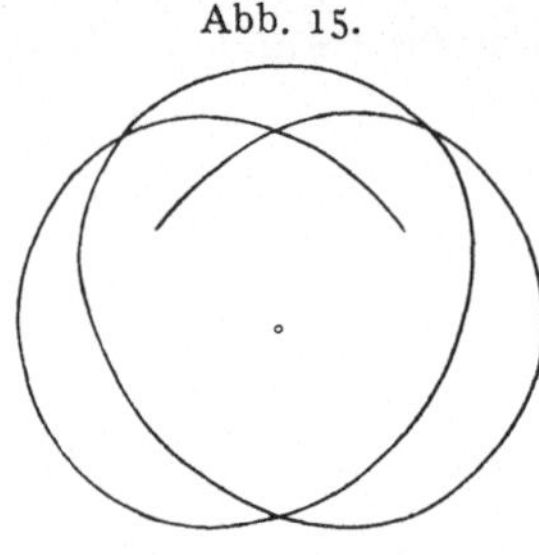

Abb. 15.

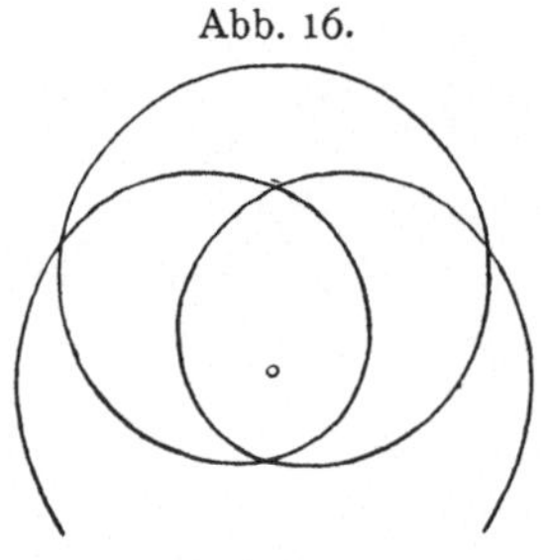

Abb. 16.

bestimmten Grenzen und ebenso auch die Länge des Polstrahls (AP in Abb. 11), da ja die Θ-Komponente von ω als unveränderlich erwiesen worden ist [§ 1 (10), S. 23].

Man nennt nun die Kurve, die der Pol in der invariablen Ebene beschreibt, die Herpolhodie (= Schlängelweg des Poles) und kann vorläufig über sie das Folgende aussagen: Die Herpolhodie schwankt mit immer sich wiederholenden Zügen zwischen zwei konzentrischen Kreisen der invariablen Ebene hin und her. (Abb. 15 zeigt eine Herpolhodie erster, Abb. 16 eine solche zweiter Art.) Diese Kurven sind im allgemeinen nicht geschlossen, wonach der Kreisel nicht mehr in seine Anfangslage zurückzukehren braucht. Im übrigen besitzen sie, im Gegensatz zu Poinsots ursprünglicher Meinung, auf die noch der Name Schlängelweg hinweist, keine Wendepunkte, sondern haben ihren Krümmungsmittelpunkt immer auf der Seite des Vektors Θ. Einen einfachen Beweis hierfür stellen wir auf später zurück.

Die Polhodie ist von der ersten oder zweiten Art, je nachdem die mittlere Achse des Poinsotellipsoids größer oder kleiner als die mittlere des Schwungellipsoids ist, d. h. je nachdem

$$\sqrt{\frac{2\,T}{B}} \gtrless \frac{\Theta}{B}$$

oder

(5) $$2\,B\,T \gtrless \Theta^2$$

ist. Man spricht im ersten Falle nach dem Vorschlage von F. Klein und A. Sommerfeld von einer epizykloidischen, im zweiten Falle von einer perizykloidischen Bewegung. Der Grund für diese Benennungen wird später ersichtlich werden.

Denkt man sich den Schwerpunkt durch Fahrstrahlen mit der Polhodie- und Herpolhodiekurve verbunden, so entstehen der Polhodie- und Herpolhodiekegel, und die Bewegung kann nachträglich auch aufgefaßt werden als das Abrollen des im Körper festen Polhodiekegels auf dem raumfesten Herpolhodiekegel.

3. Freie Achsen. Die Polhodie zieht sich auf den einen Durchstoßungspunkt der größten bzw. der kleinsten Hauptachse zusammen, d. h. der Kreisel dreht sich unablässig um die eine dieser Achsen, wenn sein ursprünglicher Drehvektor in sie fiel. Aber auch wenn er in der mittleren Hauptachse lag, so braucht man sich nur die Tangentialebene im Endpunkt der Achse errichtet zu denken, um einzusehen, daß keinerlei Grund vorhanden ist, weshalb das Ellipsoid nicht beliebig lange um diese Achse auf der Ebene sollte tanzen können. Zwar ist die Polhodie jetzt nicht punktförmig, aber sie besitzt dort einen Doppelpunkt, und der Pol wird schon darum beliebig lange daselbst liegen bleiben, weil er ohne einen neuen Anstoß keinen der vier von dort ausgehenden Kurvenzweige bevorzugen könnte.

Die drei Hauptachsen sind mithin permanente Drehachsen, und zwar offenbar die einzigen, die der Kreisel besitzt. Man nennt sie nach L. Euler auch freie Achsen, da sie zugleich die einzigen sind, um die der Kreisel frei sich drehen kann, ohne daß die Drehachse festgehalten wird.

Was allerdings die Stabilität der Drehung betrifft, so unterscheiden sich die drei Hauptachsen wesentlich. Dreht sich der Kreisel um die größte Achse und wird ein kleiner Stoß auf ihn ausgeübt, so ändert sich sowohl die Größe des Poinsotellipsoids wie des Schwungellipsoids ein wenig, so daß die bisher punktförmige Polhodie sich in eine Kurve auflöst, die den bisherigen Pol um so enger umschließt, je kleiner der zusätzliche Stoß war. Der neue Drehvektor ω bleibt dann wenigstens in unmittelbarer Nähe seiner ursprünglichen Lage, und dasselbe gilt offenbar auch von der größten Hauptachse selber: der kleine Stoß ruft ein kleines Erzittern des Kreisels hervor, ohne aber dessen Bewegung nennenswert zu verändern. Dieselbe Erscheinung zeigt sich bei der Drehung um die kleinste Hauptachse. Dreht sich der Kreisel dagegen um die mittlere Achse, so bringt der kleinste Stoß den Pol entweder in den epi- oder in den perizykloidischen Bereich, also auf Kurven, die zwar ganz nahe am ursprünglichen Pol vorbeigehen, hernach aber den Pol erheblich von seiner Anfangslage wegführen, so daß selbst der allerkleinste, in Wirklichkeit nie zu vermeidende Stoß die ursprüngliche Bewegung wesentlich abändert. Die Drehung um die größte und um die kleinste Hauptachse ist stabil, diejenige um die mittlere aber labil.

Diese Aussage ist jedoch nicht so aufzufassen, als gäbe es zwischen der Stabilität der größten und kleinsten und der Labilität der mittleren Achse keinen stetigen Übergang. Um den Grad der Stabilität abzuschätzen, ist es notwendig, die Gestalt der Polhodiekurven etwas genauer zu untersuchen. In dem schon früher benutzten körperfesten xyz-System lauten die Gleichungen des Poinsot- und des Schwungellipsoids im Hinblick auf die Längen ihrer Halbachsen

$$(6) \qquad A x^2 + B y^2 + C z^2 = 2\,T,$$

$$(7) \qquad A^2 x^2 + B^2 y^2 + C^2 z^2 = \Theta^2.$$

In diesen beiden Gleichungen kann man nach Belieben x, y, z durch ξ, η, ζ ersetzen; denn der Ellipsoidpunkt x, y, z ist ja ebensogut der Endpunkt eines Drehvektors $\boldsymbol{\omega}$ mit den Komponenten ξ, η, ζ. Dann aber stellen die Gleichungen einerseits die allgemeinen Ausdrücke der Drehwucht und des Schwunges vor, andererseits drücken sie einfach die zeitliche Unveränderlichkeit dieser Größen aus.

Um festzustellen, in welcher Gestalt sich die Polhodiekurven auf die drei Hauptebenen projizieren, oder (was dasselbe bedeutet) wie sie, je von einem sehr weit entfernten Punkte der drei Achsen betrachtet, aussehen, braucht man aus den beiden Gleichungen lediglich der Reihe nach x, y oder z zu entfernen, indem man etwa die erste der Reihe nach mit A, B oder C multipliziert und von der zweiten abzieht. So findet man

$$(8) \qquad B(A - B)y^2 + C(A - C)z^2 = 2\,AT - \Theta^2,$$

$$(9) \qquad C(B - C)z^2 - A(A - B)x^2 = 2\,BT - \Theta^2,$$

$$(10) \qquad A(A - C)x^2 + B(B - C)y^2 = \Theta^2 - 2\,CT.$$

Die erste und dritte dieser Gleichungen haben wegen (2) und (3) lauter positive Koeffizienten und stellen daher zwei Ellipsen von den Achsenverhältnissen

$$(11) \qquad s_1 = \sqrt{\frac{C(A - C)}{B(A - B)}}, \qquad s_2 = \sqrt{\frac{B(B - C)}{A(A - C)}}$$

dar. Als diese Ellipsen, oder wenigstens als Stücke von ihnen, erscheinen die Polhodiekurven, wenn man sie in der Richtung der x- oder z-Achse betrachtet. Man wird nun die Drehung um diese Hauptachsen nur dann noch als praktisch stabil bezeichnen, wenn die der punktförmigen Polhodie benachbarten ellipsenartigen Polhodien von nicht zu großer Exzentrizität sind, da sich sonst der ursprünglich ruhende Pol bei kleinen Stößen recht beträchtlich von seiner alten

Lage entfernen kann. Wir sehen darum das Verhältnis s_1 bzw. s_2 als Maß für die Stabilität der Drehung um die kleinste bzw. größte Hauptachse an. Die Stabilität nimmt ab, je weiter sich s_1 bzw. s_2 von der Einheit entfernen, und sie wird am größten, wenn der Kreisel symmetrisch bezüglich der Drehachse ist; denn dann wird $s_1 = 1$ bzw. $s_2 = 1$. Bei allen praktischen Anwendungen des Kreisels ist diese Tatsache von großer Wichtigkeit.

Schließlich zeigt die Gleichung (9), daß im Falle der trennenden Polhodie, d. h. nach (5) mit $2\,BT = \Theta^2$, die Kurve, in der y-Richtung betrachtet, als Streckenpaar

$$(12) \qquad x\sqrt{A(A-B)} = \pm\,z\sqrt{C(B-C)}$$

erscheint: die trennende Polhodie besteht aus zwei ebenen Kurven, die als Ellipsenschnitte Ellipsen sein müssen. Die Ebenen dieser Ellipsen gehen durch die y-Achse und bilden mit der x-Achse die Winkel δ, für die nach (12)

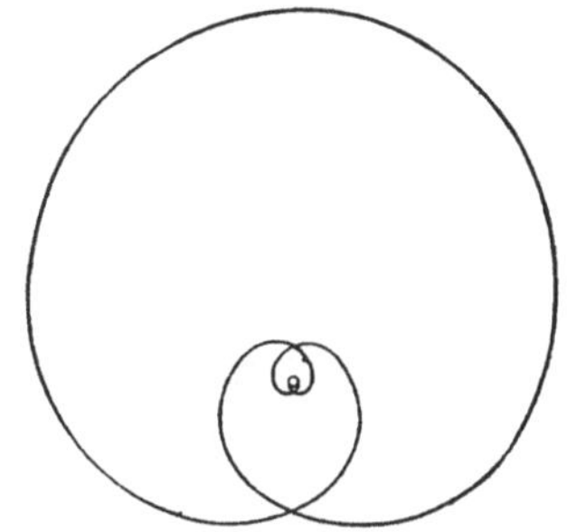

Abb. 17.

$$(13) \qquad \operatorname{tg} \delta = \frac{z}{x} = \pm\sqrt{\frac{A}{C}\,\frac{A-B}{B-C}}$$

gilt. Diese Ebenen trennen die epi- und die perizykloidischen Bereiche voneinander.

Man überlegt leicht, daß im Falle der trennenden Polhodie die zugehörige Herpolhodie eine Spirale sein wird, die den Durchstoßungspunkt der Schwungachse und der invariablen Ebene zum asymptotischen Punkte hat (Abb. 17). Wir wollen uns mit diesem Falle hier nicht länger aufhalten, beabsichtigen aber, später noch einmal darauf zurückzukommen.

Wir merken nur noch an, daß man bei einem unregelmäßig gestalteten Körper, wenn er allseitig drehbar im Schwerpunkt gestützt ist, die größte und kleinste Hauptachse versuchsmäßig als diejenigen Drehachsen ermitteln kann, um welche der Körper, in Drehung versetzt, stabil weiterläuft.

§ 4. Der symmetrische Kreisel.

1. Die reguläre Präzession. Wenn das Trägheitsellipsoid des Schwerpunktes und mit ihm auch das Poinsot- und das Schwungellipsoid Umdrehungskörper, der Kreisel also ein (dynamisch) symmetrischer ist, so sind die Elemente der Poinsotbewegung besonders einfach. Da sich zwei koaxiale Rotationsellipsoide allemal in zwei zur gemeinsamen Achse normalen Kreisen schneiden, so ist die Polhodie jetzt ein Kreis und der Polhodiekegel ein Kreiskegel geworden. Der Betrag ω der Drehgeschwindigkeit bleibt unverändert und ebenso der Abstand des Pols von der Schwungachse; hiernach ist die Herpolhodie ebenfalls ein Kreis und auch der Herpolhodiekegel ein Kreiskegel. Die Achse des Polhodiekegels ist die Figurenachse, diejenige des Herpolhodiekegels die Schwungachse. Rollt der Polhodiekegel auf

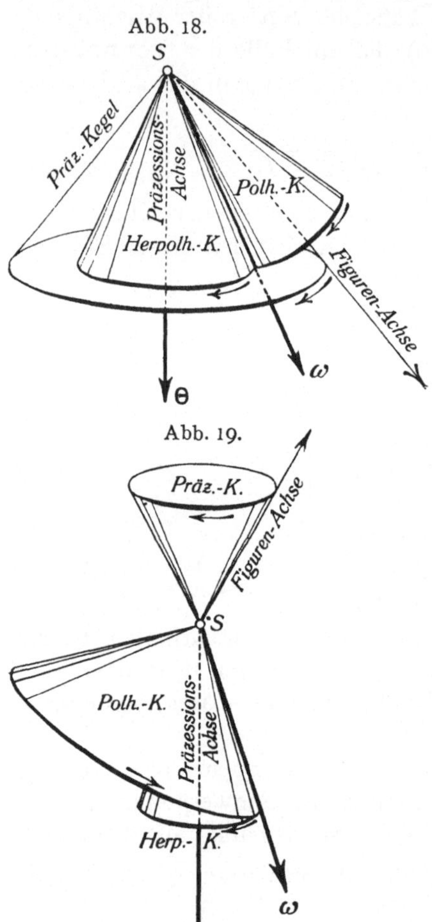

dem Herpolhodiekegel ab, so beschreibt auch die Figurenachse einen Kegel, den Präzessionskegel, dessen Achse ebenfalls der Schwungvektor ist (Abb. 18 u. 19). Die allgemeinste Bewegung des kräftefreien symmetrischen Kreisels besteht in einer gleichförmigen Drehung um die Figurenachse, welche mit unveränderlicher Geschwindigkeit einen Kreiskegel um die Schwungachse mit dem Drehsinn des Schwunges beschreibt.

Man nennt diese Bewegung eine reguläre Präzession, die Winkelgeschwindigkeit, mit der der Präzessionskegel beschrieben wird, die Präzessionsgeschwindigkeit μ, diejenige der Drehung um die Figurenachse die Eigendrehgeschwindigkeit ν.

Daß μ dieselbe Richtung wie Θ hat und nicht etwa die entgegengesetzte, folgt aus der in § 1, 3. (S. 22) festgestellten Tatsache, daß ω und Θ immer einen spitzen Winkel bilden. Von den beiden Halbstrahlen der Symmetrieachse wollen wir der Eindeutigkeit halber künftig denjenigen als Figurenachse bezeichnen, der die Richtung des Vektors ν hat.

Ferner liegen beim symmetrischen Kreisel die Schwungachse, die Drehachse und die Figurenachse in einer Ebene, der Präzessionsebene, die sich mit der Winkelgeschwindigkeit μ um die Schwungachse, die sogenannte Präzessionsachse, dreht und das Poinsotellipsoid in einer Ellipse, die invariable Ebene aber nach deren

Poltangente (dem Polstrahl) schneidet, welche senkrecht auf dem Schwungvektor steht (Abb. 20 und 21).

Auch hier haben wir wieder die epizykloidische und die perizykloidische Bewegung zu unterscheiden, je nachdem der Polhodiekreis die größte oder kleinste Hauptachse umschließt, je nachdem also das Ellipsoid ein gestrecktes oder abgeplattetes ist. Während beim unsymmetrischen Kreisel das epi- oder perizykloidische Gepräge der Bewegung vom Anfangsstoß abhängt, so kann der symmetrische gestreckte Kreisel nur eine epizykloidische, der symmetrische abgeplattete nur eine perizykloidische reguläre Präzession vollziehen. Epi- oder perizykloidisch aber ist die Bewegung, je nachdem (Abb. 20 u. 21) die Figurenachse mit dem Drehvektor einen spitzen oder stumpfen Winkel bildet. In beiden Fällen rollt (Abb. 18 u. 19) der Polhodiekegel auf dem Herpolhodiekegel von außen ab, aber bei der epizykloidischen Bewegung liegen beide Kegel nebeneinander, bei der perizykloidischen umschließt der Polhodiekegel den Herpolhodiekegel.

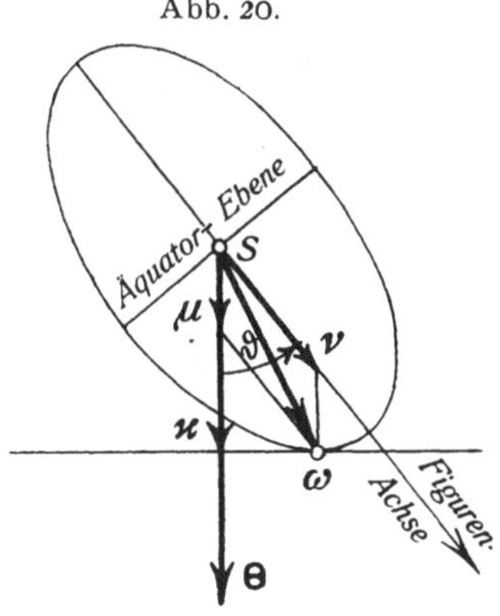
Abb. 20.

Denkt man sich den Polhodiekreis in die invariable Ebene hineingeklappt, so erklären sich die Benennungen daraus, daß irgendein mit dem Polhodiekreis verbundener Punkt beim Abrollen dieses Kreises auf dem Herpolhodiekreis eine Kurve beschreibt, die man Epi- bzw. Perizykloide heißt, je nachdem die Kreise nebeneinander liegen oder sich

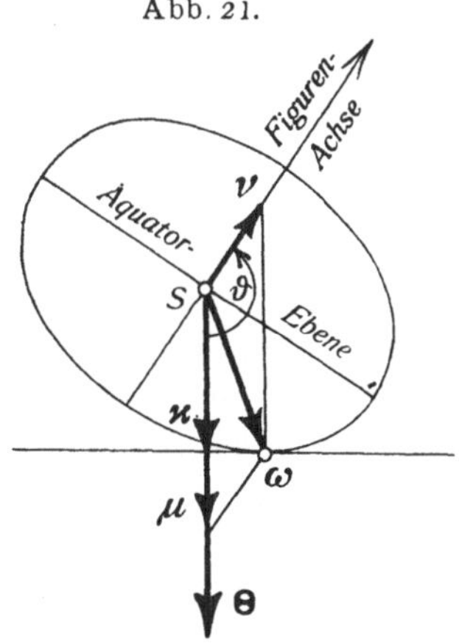
Abb. 21.

umschließen. Liegt der rollende Kreis innerhalb des festen, so spricht man von einer Hypozykloide, und demgemäß müßte man die Bewegung des Kreisels eine hypozykloidische nennen, wenn der Polhodiekegel auf dem Herpolhodiekegel von innen abrollen würde; der Polhodiekreis befände sich dann nicht auf derselben Seite der invariablen Ebene wie der Schwerpunkt. Da der Kreis zugleich auf dem Poinsotellipsoid liegt, so kann dieser Fall unmöglich vorkommen: die Bewegung des kräftefreien Kreisels ist niemals hypozykloidisch.

In der Richtung des Schwungvektors besehen, erfolgen die Präzessionsdrehung μ und die Eigendrehung ν bei der epizykloidischen Bewegung im selben Sinne, bei der perizykloidischen im entgegengesetzten. Man spricht im ersten Falle von einer vorschreitenden, im zweiten von einer rückläufigen Präzession; der gestreckte Kreisel bewegt sich vorschreitend, der abgeplattete rückläufig.

Die reguläre Präzession ist kinematisch durch die Drehgeschwindigkeiten μ und ν und durch den Winkel ϑ zwischen den Vektoren μ und ν bestimmt. Auch abgesehen von den hypozykloidischen Fällen ist nicht jede beliebige reguläre Präzession eine mögliche Bewegungsart des symmetrischen Kreisels. Vielmehr muß zwischen den Parametern ϑ, μ und ν eine gewisse Beziehung erfüllt sein, die wir jetzt aufsuchen werden.

Die Komponenten des Drehvektors $\boldsymbol{\omega}$ in der Figurenachse und in der Äquatorebene des Kreisels sind (Abb. 20 und 21)

$$(1) \qquad \xi = \mu \cos \vartheta + \nu,$$

$$(2) \qquad \eta = \mu \sin \vartheta,$$

und daher nach § 3 (1), S. 33, die Schwungkomponenten

$$(3) \qquad \varXi = A\,\xi = A\,(\mu \cos \vartheta + \nu),$$

$$(4) \qquad H = B\,\eta = B\,\mu \sin \vartheta.$$

Da andererseits

$$H = \varTheta \sin \vartheta$$

ist, so schließen wir zunächst auf die wichtige Tatsache

$$(5) \qquad \varTheta = B\,\mu,$$

die für den symmetrischen Kreisel bezeichnend ist: Der Schwungvektor ist gleich dem im Verhältnis des äquatorialen Trägheitsmomentes vergrößerten Präzessionsdrehvektor.

Weil ferner

$$\varXi = \varTheta \cos \vartheta$$

ist, so folgt aus (3) und (5)

$$A\,(\mu \cos \vartheta + \nu) = B\,\mu \cos \vartheta$$

oder

$$(6) \qquad A\,\nu = (B - A)\,\mu \cos \vartheta,$$

und dies ist die gesuchte Beziehung zwischen ϑ, μ und ν. Es ist keineswegs erstaunlich, daß diejenige Präzession, die für einen symmetrischen Kreisel dynamisch möglich erscheint, von seiner Massenverteilung (A, B) abhängt. Sehen wir etwa die Eigendrehung ν als fest gegeben an, so gehört zu jedem Wert der Präzessionsgeschwindigkeit μ eine bestimmte Neigung ϑ der Figurenachse. Insofern μ und ν positiv sind, schließt man aus (6), daß beim gestreckten $(B > A)$

Kreisel ϑ ein spitzer, beim abgeplatteten ($A > B$) ein stumpfer Winkel ist, woraus dann wieder der epi- bzw. perizykloidische Charakter der Bewegung folgt.

2. Freie Achsen. Im Grenzfalle können die Polhodiekreise auch hier auf Punkte, die Polhodiekegel also auf die Figurenachse zusammenschrumpfen, und man folgert dann ebenso wie früher, daß die Figurenachse sowohl beim gestreckten wie beim abgeplatteten Kreisel eine permanente stabile Drehachse ist.

Die trennende Polhodie bildet jetzt offenbar der Äquator, insofern sich das Poinsot- und das Schwungellipsoid bei gleichen „mittleren" Achsen als Rotationskörper im Äquator berühren. Daher ist jede äquatoriale Achse eine permanente Drehachse des Kreisels. Zwar schreitet der Pol auf der Äquatorpolhodie nur unendlich langsam fort, aber der geringste Stoß kann ihn auf einen benachbarten Polhodiekreis bringen, auf dem er dann mit endlicher Geschwindigkeit weiterläuft. Die Äquatorachsen sind instabile Drehachsen.

Nimmt der Kreisel Kugelsymmetrie an, so wird mit $A = B$ nach (6) $\nu = 0$, wonach die Vektoren $\boldsymbol{\omega}$ und $\boldsymbol{\mu}$ unter sich und also nach (5) auch mit $\boldsymbol{\Theta}$ der Richtung nach zusammenfallen. Die allgemeinste Bewegung eines kräftefreien Kugelkreisels besteht in einer gleichförmigen Drehung um die raumfeste Schwungachse, und jede Schwerpunktsachse ist offenbar eine stabile permanente Achse.

3. Dynamische Isotropie. Das Verhalten des kräftefreien symmetrischen Kreisels zeigt eine bemerkenswerte Ähnlichkeit mit dem optischen Verhalten der einachsigen Kristalle. Ersetzt man das Trägheitsellipsoid durch das sogenannte optische Elastizitätsellipsoid von A. J. Fresnel, so stimmen bei senkrechtem Einfall des Lichtes auf die Kristallfläche die Richtung des ordentlichen und des außerordentlichen Strahles überein mit dem Schwung- und dem Drehvektor, und daraus würde man leicht weitere Vergleiche zwischen den Gesetzen der Doppelbrechung und der Dynamik des symmetrischen Kreisels ziehen können, was die Konstruktion des außerordentlichen aus dem ordentlichen Strahl, das Zusammenfallen beider Strahlen in der optischen Achse, die der Figurenachse zugeordnet ist, anbetrifft usw. Dem unsymmetrischen Kreisel entspricht der zweiachsige Kristall allerdings nicht in so einfacher Weise. Dennoch werden wir als dynamische Isotropie das Zusammenfallen jeder Schwungachse mit ihrer Drehachse bezeichnen und dann sagen: Der unsymmetrische Kreisel ist doppelt anisotrop, der symmetrische einfach anisotrop, der Kugelkreisel allein ist isotrop.

§ 5. Analytische Behandlung des kräftefreien Kreisels.

1. Die Eulerschen Gleichungen und ihre Integrale. Die Poinsotsche Beschreibung der Bewegung eines kräftefreien Kreisels läßt zwar an Anschaulichkeit nichts zu wünschen übrig. Unsere Erkenntnis wäre aber unvollständig, wenn es nicht auch gelänge, diese Bewegung formelmäßig darzustellen, d. h. anzugeben, was für Funktionen der Zeit irgendein System von Parametern ist, welches die Lage des Kreisels im Raume eindeutig angibt. Diese Aufgabe erledigen wir in drei Schritten.

Zuerst suchen wir die Differentialgleichung auf, welche zwei aufeinanderfolgende Bewegungszustände des Kreisels miteinander verknüpft. Wir werden dabei einfach die Tatsache zum Ausdruck bringen müssen, daß der Schwungvektor $\boldsymbol{\Theta}$ weder seine Größe noch seine Richtung im Raume ändert. Nach Einl. (5), S. 8, würde sich die Änderungsgeschwindigkeit dieses Vektors zusammensetzen aus seiner Änderungsgeschwindigkeit $d'\boldsymbol{\Theta}/dt$, beurteilt vom bewegten Kreisel, und aus der Gerüstgeschwindigkeit $[\boldsymbol{\omega\Theta}]$, wo wieder $\boldsymbol{\omega}$ der Drehvektor des Kreisels ist. Daher lautet die dynamische Grundgleichung Einl. (29), S. 14, für die Drehung des Kreisels, wenn wir sie gleich für den allgemeinen Fall anschreiben, daß seine Bewegung durch irgendwelche äußere Momente $\boldsymbol{M}$ gestört würde,

$$(1) \qquad \frac{d'\boldsymbol{\Theta}}{dt} + [\boldsymbol{\omega\Theta}] = \boldsymbol{M}.$$

Diese Gleichung, die von Euler aufgefunden worden ist, stellt schon die gesuchte Differentialbeziehung dar. Ihre einfache Bedeutung wurde zuerst von P. Saint-Guilhem erkannt: die Gleichung drückt aus, daß das äußere Moment vektorgleich der Änderungsgeschwindigkeit des Schwunges ist, welch letztere kinematisch aus zwei mit der Drehung unmittelbar zusammenhängenden Teilen aufgebaut wird.

Nun stellen die Ausdrücke § 3 (1), S. 33, die Komponenten des Schwunges, beurteilt von dem im Kreisel festen xyz-System, dar. wonach

$$\frac{d\varXi}{dt} = A\frac{d\xi}{dt}, \quad \frac{dH}{dt} = B\frac{d\eta}{dt}, \quad \frac{dZ}{dt} = C\frac{d\zeta}{dt}$$

die Komponenten von $d'\boldsymbol{\Theta}/dt$ bedeuten. Ebenso sind nach Einl. (11), S. 10, die Ausdrücke

$$\eta Z - \zeta H = (C - B)\eta\zeta,$$
$$\zeta \varXi - \xi Z = (A - C)\zeta\xi,$$
$$\xi H - \eta \varXi = (B - A)\xi\eta$$

die Komponenten der Gerüstgeschwindigkeit $[\boldsymbol{\omega\Theta}]$ in dem System x,y,z. Wir stellen noch die für später wichtige Tatsache fest, daß die Komponente der Gerüstgeschwindigkeit bezüglich einer dynamischen Symmetrieachse verschwindet; denn in der Tat ist für $B = C$, d. h. für eine dynamisch-symmetrische x-Achse, die x-Komponente $[\boldsymbol{\omega}\,\boldsymbol{\Theta}]_x$ gleich Null.

Die Eulerschen Gleichungen lauten hiernach explizit

$$(2) \qquad \begin{cases} A \dfrac{d\xi}{dt} - (B - C)\,\eta\,\zeta = M_x, \\[2ex] B \dfrac{d\eta}{dt} - (C - A)\,\zeta\,\xi = M_y, \\[2ex] C \dfrac{d\zeta}{dt} - (A - B)\,\xi\,\eta = M_z. \end{cases}$$

Für den kräftefreien Kreisel zunächst haben wir $M_x = M_y = M_z = 0$ zu setzen.

Unser zweiter Schritt besteht darin, diese drei Gleichungen zu integrieren, d. h. drei hinreichend allgemeine Funktionen ξ, η, ζ der Zeit zu suchen, die, in die Gleichungen eingesetzt, diese befriedigen. Die Gleichungen verlangen, daß jede dieser drei Funktionen beim Differentiieren bis auf einen vorgeschriebenen Faktor in das Produkt der beiden anderen übergeht. Derartige Funktionen sind wohlbekannt, nämlich die von C. G. J. Jacobi untersuchten elliptischen Funktionen. Man erhält diese, wenn man die Abhängigkeit zwischen zwei Veränderlichen u und v, die durch das sogenannte elliptische Integral

$$(3) \qquad u = \int\limits_{0}^{v} \frac{dv}{\sqrt{1 - k^2 \sin^2 v}}$$

ausgedrückt ist, umkehrt, indem man die obere Grenze v als Funktion von u betrachtet (diese Umkehrung besagt einfach, daß man in den Tafeln, welche den zu jedem Argument v nach (3) zu berechnenden Zahlenwert u angeben, nachträglich u als das Argument ansehen soll). Damit das Integral stets einen reellen Betrag habe, muß die reelle konstante Zahl k, der sogenannte Modul, ein echter Bruch (mit Einschluß der Zahl 1) sein. Man pflegt zur Abkürzung zu setzen

$$(4) \qquad \sqrt{1 - k^2 \sin^2 v} = \Delta v$$

(gelesen delta v) und hat dann nach (3) $du = dv/\Delta v$ oder

$$\frac{dv}{du} = \Delta v.$$

Man nennt v die Amplitude von u

$$v = \operatorname{am} u,$$

und die Jacobischen Funktionen werden folgendermaßen definiert und bezeichnet:

$$(5) \qquad \begin{cases} \cos v = \operatorname{cn} u, \\ \sin v = \operatorname{sn} u, \\ \Delta v = \operatorname{dn} u. \end{cases}$$

(gelesen cosinus amplitudinis, sinus amplitudinis und delta amplitudinis von u). Sie sind offenbar Verallgemeinerungen der trigonometrischen Funktionen (in die sie mit $k = 0$ übergehen) und ergeben beim Differentiieren

$$(6)\qquad \begin{cases} \dfrac{d\,\mathrm{cn}\,u}{d\,u} = -\sin v\,\dfrac{d\,v}{d\,u} = -\,\mathrm{sn}\,u\,\mathrm{dn}\,u, \\[2mm] \dfrac{d\,\mathrm{sn}\,u}{d\,u} = \mathrm{dn}\,u\,\mathrm{cn}\,u, \\[2mm] \dfrac{d\,\mathrm{dn}\,u}{d\,u} = -\,k^2\,\mathrm{cn}\,u\,\mathrm{sn}\,u. \end{cases}$$

Diese Funktionen haben also in der Tat schon nahezu die durch die Eulerschen Gleichungen (2) geforderten Eigenschaften. Um noch den dort auftretenden Beiwerten gerecht zu werden, wird man erstens u nicht der Zeit t selbst gleichsetzen, sondern mit einer noch unbekannten Konstanten σ

$$(7)\qquad u = \sigma(t - t_0)$$

nehmen, wobei man den Anfangswert t_0 der Zeit noch beliebig zur Verfügung hat. Zweitens fügt man zu den drei Jacobischen Funktionen drei multiplikative Konstanten α, β, γ von den Dimensionen einer Winkelgeschwindigkeit und versucht somit den Ansatz

$$(8)\qquad \begin{cases} \xi = \alpha\,\mathrm{dn}\,\sigma(t - t_0), \\ \eta = \beta\,\mathrm{sn}\,\sigma(t - t_0), \\ \zeta = \gamma\,\mathrm{cn}\,\sigma(t - t_0), \end{cases}$$

wobei die Reihenfolge der Funktionen mit Rücksicht auf die späteren Realitätsverhältnisse gewählt ist. Beachtet man, daß beispielsweise nach (6) und (7)

$$\frac{d}{d\,t}\left[\mathrm{dn}\,\sigma(t - t_0)\right] = -\,\sigma k^2\,\mathrm{cn}\,\sigma(t - t_0)\,\mathrm{sn}\,\sigma(t - t_0)$$

wird, so findet man aus (2) die folgenden Bedingungsgleichungen für die Konstanten α, β, γ, σ und k:

$$(9)\qquad \frac{B - C}{A} = -\,k^2\frac{\alpha\,\sigma}{\beta\,\gamma},$$

$$(10)\qquad \frac{A - C}{B} = -\,\frac{\beta\,\sigma}{\gamma\,\alpha},$$

$$(11)\qquad \frac{A - B}{C} = -\,\frac{\gamma\,\sigma}{\alpha\,\beta},$$

zu denen noch die Vorschrift über die Anfangswerte der Drehkomponenten ξ, η, ζ hinzutritt.

Zur Zeit $t = t_0$ verschwindet nach (5), (7) und (8) mit u und v auch η, und ξ und ζ werden gleich α und γ; die Zeit t_0 ist also einer der Augenblicke, in denen der Drehvektor $\boldsymbol{\omega}$ in die Hauptebene xz fällt. Sehen wir für diesen Zeitpunkt überdies

$$(12) \qquad \xi_0 = \alpha, \quad \zeta_0 = \gamma$$

als gegeben an, so finden wir, indem wir die Gleichungen (10) und (11) miteinander multiplizieren und dividieren,

$$(13) \qquad \sigma^2 = \alpha^2 \frac{A-C}{B} \frac{A-B}{C},$$

$$(14) \qquad \beta^2 = \gamma^2 \frac{C}{B} \frac{A-C}{A-B},$$

und ebenso, indem wir (9) durch (10) dividieren und dabei (14) beachten,

$$(15) \qquad k^2 = \frac{\gamma^2}{\alpha^2} \frac{C}{A} \frac{B-C}{A-B}.$$

Hierdurch sind die noch übrigbleibenden Konstanten σ, β und k bestimmt.

Damit σ^2, β^2 und k^2 positiv, σ, β und k also reell seien, muß bei vorläufig verschiedenen Hauptträgheitsmomenten entweder

$$(16) \qquad A > B > C$$

oder

$$(17) \qquad A < B < C$$

sein. Während k überhaupt nur in der Form k^2 auftritt, richten sich die noch unbestimmten Vorzeichen von σ und β nach denjenigen der gegebenen Drehkomponenten α und γ. Und zwar ist nach (9) bis (11) **das Produkt $\beta\sigma$ vom gleichen oder entgegengesetzten Vorzeichen wie das Produkt $\alpha\gamma$, je nachdem die Rangordnung (17) oder (16) gilt.** Eine Mehrdeutigkeit für die allgemeinen Integrale (8) liegt aber keineswegs darin, daß nur das Vorzeichen des Produktes $\beta\sigma$, nicht aber seiner einzelnen Faktoren bestimmt ist; denn nach (4) und (5) sind cn und dn gerade Funktionen, also vom Vorzeichen von σ unabhängig, dagegen sn eine ungerade Funktion, und mithin ist für η nur das Vorzeichen des Produktes $\beta\sigma$ wesentlich.

Damit schließlich k^2 ein echter Bruch werde, muß nach (15) der absolute Betrag

$$(18) \qquad \left| \frac{\alpha}{\gamma} \right| \leqq \sqrt{\frac{A}{C} \frac{A-B}{B-C}}$$

sein. Hier steht nach § 3 (13), S. 39, rechts die Tangensfunktion des halben Winkels der Ebenen, welche die epi- und perizykloidischen Bereiche des Poinsotellipsoids voneinander scheiden. Da für die Rangordnung (16) die x-Achse als die kürzeste Hauptachse dem perizykloidischen Bereich angehört, so verlangt in diesem Falle die Bedingung (18) offenbar, daß die durch die Komponenten α, 0, γ bestimmte Anfangslage des Drehvektors $\boldsymbol{\omega}$ im perizykloidischen Bereich liegt, für die Rangordnung (17) aber im epizykloidischen. Mit anderen Worten: man muß die Bezeichnungen x und z für die größte oder kleinste Hauptachse so wählen, daß für den Bewegungsbeginn (a, γ) die Bedingung (18) erfüllt wird; alsdann ist die eingeleitete Bewegung epi- oder perizykloidisch, je nachdem die Rangordnung (17) oder (16) gilt, und die Funktionen (8) in Verbindung mit (12) bis (15) stellen die allgemeinen Integrale für die Komponenten ξ, η, ζ der Drehgeschwindigkeit ω dar. Ihre zahlenmäßige Berechnung ist dank den fertig vorliegenden Tafeln für die elliptischen Funktionen ohne weiteres möglich.

Unser dritter Schritt besteht vollends darin, daß wir aus der Drehgeschwindigkeit auf die Lage des Kreisels im Raume schließen.

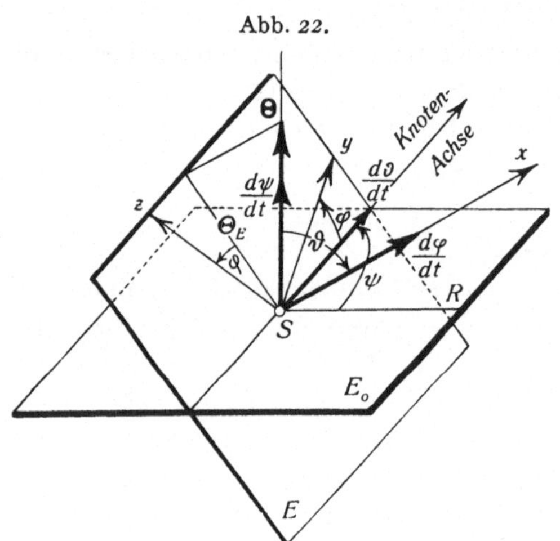

Abb. 22.

Man beschreibt diese Lage am sachgemäßesten durch drei Winkelgrößen, die sogenannten Eulerschen Winkel ϑ, φ und ψ, die wir wie folgt definieren (Abb. 22). Es sei E_0 die im Raum feste, auf dem Schwungvektor Θ senkrechte Ebene durch den Schwerpunkt S, und SR ein in dieser Ebene fester Fahrstrahl. Ferner sei E eine der drei Hauptebenen des Kreisels, und zwar wollen wir die erste bevorzugen; wir könnten aber ebensogut die zweite oder die dritte nehmen. Dann verstehen wir unter ϑ den Winkel zwischen dem Schwungvektor Θ und der positiven x-Achse, die auf E senkrecht steht; wir dürfen ϑ auf den Bereich zwischen 0 und 180° beschränken. Die Schnittgerade der raumfesten Ebene E_0 mit der körperfesten E heißt Knotenlinie, eine Bezeichnung, die der Astronomie entlehnt ist, wo sie benutzt wird, wenn E_0 die Ebene der Erdbahn, E die der Mondbahn bedeutet. In die Knotenlinie fällt der Vektor $d\vartheta/dt$, wenn wir ihn in der Pfeilrichtung einer zum Drehsinn ϑ gehörigen Rechtsschraube auftragen. Wir wollen dann Knotenachse insbesondere denjenigen Halbstrahl der Knotenlinie heißen, der den Vektor $d\vartheta/dt$ trägt, und verstehen unter φ und ψ die beiden Winkel, welche die Knotenachse einerseits mit der in E liegenden y-Achse und andererseits mit dem in E_0 festen Fahrstrahl SR bildet, und zwar soll der positive Sinn von φ und ψ so festgelegt sein, daß die Vektoren $d\varphi/dt$ und $d\psi/dt$ in die positive x-Achse und in die Richtung des Schwungvektors Θ fallen.

Dieser Vektor wirft auf die x-Achse die Komponente

$$(19) \qquad A\xi = \Theta \cos \vartheta,$$

auf die Ebene E, und zwar senkrecht zur Knotenachse, die Komponente $\Theta_E = \Theta \sin \vartheta$, und von da aus in die y- und z-Achse die Komponenten

$$(20) \qquad B\eta = \Theta \sin \vartheta \sin \varphi,$$

$$(21) \qquad C\zeta = \Theta \sin \vartheta \cos \varphi.$$

Aus (19) ergibt sich in Verbindung mit (8) für den zeitlichen Verlauf des Winkels ϑ

$$(22) \qquad \cos \vartheta = \frac{A\,\alpha}{\Theta}\,\mathrm{dn}\,\sigma(t-t_0),$$

und ebenso, indem man (20) durch (21) dividiert, für den Winkel φ

$$(23) \qquad \mathrm{tg}\,\varphi = \frac{B\beta}{C\gamma}\,\frac{\mathrm{sn}\,\sigma(t-t_0)}{\mathrm{cn}\,\sigma(t-t_0)};$$

dabei drückt sich noch der Schwung in seinen beiden Anfangskomponenten $A\alpha$ und $C\gamma$ durch

$$(24) \qquad \Theta^2 = A^2\alpha^2 + C^2\gamma^2$$

aus, so daß jetzt ϑ und φ vollständig ermittelt sind.

Um auch ψ zu finden, projizieren wir den Drehvektor $\boldsymbol{\omega}$ auf die Richtung von $\boldsymbol{\Theta}_E$. Diese Projektion hat einerseits den Wert $\eta \sin \varphi + \zeta \cos \varphi$, da die x-Komponente ξ, weil senkrecht auf $\boldsymbol{\Theta}_E$, keinen Beitrag liefert; andererseits ist sie einfach gleich der Projektion des Vektors $d\psi/dt$ auf die Ebene E, da die Vektoren $d\vartheta/dt$ und $d\varphi/dt$, weil senkrecht auf $\boldsymbol{\Theta}_E$, keine Beiträge liefern können. Also ist

$$\frac{d\psi}{dt} \sin \vartheta = \eta \sin \varphi + \zeta \cos \varphi$$

oder

$$(25) \qquad \frac{d\psi}{dt} = \eta\,\frac{\sin \varphi}{\sin \vartheta} + \zeta\,\frac{\cos \varphi}{\sin \vartheta}.$$

Man bildet nun leicht aus (19) bis (21) die Ausdrücke

$$\frac{\sin \vartheta \sin \varphi}{1-\cos^2 \vartheta} = \frac{\sin \varphi}{\sin \vartheta} = \frac{\Theta\,B\eta}{\Theta^2 - A^2\xi^2},$$

$$\frac{\sin \vartheta \cos \varphi}{1-\cos^2 \vartheta} = \frac{\cos \varphi}{\sin \vartheta} = \frac{\Theta\,C\zeta}{\Theta^2 - A^2\xi^2}$$

und hat damit statt (25)

$$(26) \qquad \frac{d\psi}{dt} = \Theta\,\frac{B\eta^2 + C\zeta^2}{\Theta^2 - A^2\xi^2}.$$

Die doppelte Drehwucht des Kreisels setzt sich nach § 3 (6), S. 38, einerseits aus den Anfangsgeschwindigkeiten α und γ, andererseits aus den allgemeinen Komponenten ξ, η, ζ in der Form

$$(27) \qquad 2\,T = A\,\alpha^2 + C\gamma^2 = A\,\xi^2 + B\eta^2 + C\zeta^2$$

zusammen, so daß man (26) etwas symmetrischer schreiben kann. Führt man gleich noch eine Integration über die Zeit aus, so kommt für den Winkel ψ, falls der Fahrstrahl SR die Lage der Knotenachse zur Zeit $t = t_0$ bildet,

$$(28) \qquad \psi = \Theta \int\limits_{t_0}^{t} \frac{2\,T - A\,\xi^2}{\Theta^2 - A^2\xi^2}\,d\,t.$$

Hierdurch ist auch der zeitliche Verlauf des Winkels ψ bestimmt. Auf die nicht ganz elementare Auswertung dieses Integrals, in dessen Integranden für ξ sein expliziter Ausdruck $\alpha\,\mathrm{dn}\,\sigma(t - t_0)$ einzuführen wäre, gehen wir nicht ein, da es sich um eine rein mathematische Angelegenheit handelt.

Die Untersuchung der Bewegungsform auf Grund der Gleichungen (22), (23) und (28) erübrigt sich, da das Ergebnis in der anschaulichen Beschreibung der Poinsotbewegung in § 1, 3., S. 24, bereits vorweggenommen worden ist.

Dagegen liefert es eine erwünschte Bestätigung der Formeln, wenn man sie noch auf den symmetrischen Kreisel anwendet, indem man $B = C$ setzt und die x-Achse zur Figurenachse wählt. Dann ist nach (15) $k = 0$, also nach (3) $u = v$ und nach (4) und (5)

$$\mathrm{cn}\,u = \cos u, \quad \mathrm{sn}\,u = \sin u, \quad \mathrm{dn}\,u = 1;$$

statt der elliptischen kommen also die trigonometrischen Funktionen. Ferner ist nach (14) $\beta^2 = \gamma^2$ und mithin nach (8)

$$\xi = \alpha,$$
$$\eta = \gamma \sin \sigma (t - t_0),$$
$$\zeta = \gamma \cos \sigma (t - t_0),$$

wobei nach (13)

$$\sigma^2 = \alpha^2 \left(\frac{A - B}{B}\right)^2$$

wird. Wir beschränken uns nicht im geringsten, wenn wir α und γ als positiv voraussetzen, da doch die Richtung der äquatorialen Hauptachse in der Äquatorebene E ganz beliebig sein kann. Dann aber ist nach der oben angegebenen Vorzeichenregel σ positiv beim gestreckten Kreisel ($A < B$), negativ beim abgeplatteten ($A > B$), also in beiden Fällen

$$\sigma = \alpha \frac{B - A}{B}.$$

Ferner wird nach (22)

$$(29) \qquad \cos\vartheta = \frac{A\,\alpha}{\Theta},$$

nach (23)

$$\operatorname{tg}\varphi = \operatorname{tg}\sigma\,(t - t_0),$$

also die Eigendrehgeschwindigkeit

$$(30) \qquad \nu = \frac{d\varphi}{dt} = \sigma = \alpha\frac{B-A}{B};$$

endlich nach (26) die Präzessionsgeschwindigkeit

$$\mu = \frac{d\psi}{dt} = \Theta\,\frac{B\gamma^2}{\Theta^2 - A^2\alpha^2},$$

wofür man mit Hilfe von (24) kürzer

$$(31) \qquad \mu = \frac{\Theta}{B}$$

schreiben darf.

Man ist in (31) wieder auf die wichtige Beziehung § 4 (5), S. 42, gelangt und bestätigt leicht, daß zufolge (29), (30) und (31) auch die Bedingung

$$A\nu = (B - A)\,\mu\cos\vartheta$$

gilt, auf die wir schon in § 4 (6) gekommen waren. Die Bewegung selbst ist infolge der Unveränderlichkeit der Werte von $\cos\vartheta$, ν und μ als reguläre Präzession anzusprechen.

2. Die Bewegung im Falle der trennenden Polhodie. Wir wollen die gefundenen Formeln dazu verwenden, über den in § 3 noch nicht vollständig geklärten Verlauf der Bewegung im Falle der trennenden Polhodie Aufschluß zu gewinnen. Da wir dabei unser Augenmerk namentlich auf die mittlere Hauptachse richten, so wird es zweckmäßig sein, die Ebene E mit der xz-Ebene zusammenfallen zu lassen und unter ϑ den Winkel zwischen dem Schwung Θ und der y-Achse zu verstehen. Wir haben dann lediglich in allen bisherigen Formeln die Ausdrücke A, α, ξ, dn gegen B, β, η, sn zu vertauschen und umgekehrt.

Tun wir dies in (28) und beachten, daß die Bewegung nach § 3 (5), S. 36, der Bedingung $\Theta^2 = 2\,B\,T$ gehorcht, so hebt sich der Integrand fort und es bleibt

$$(32) \qquad\qquad \psi = \frac{\Theta}{B}\,(t - t_0),$$

wonach sich die mittlere Achse gleichförmig mit der Geschwindigkeit

$$\mu = \frac{\Theta}{B}$$

um die Schwungachse dreht; der Schwung ist

$$\Theta = B\,\mu,$$

eine Formel, die sich mit der beim symmetrischen Kreisel gefundenen, § 4 (5), S. 42, vollständig deckt.

In (18) gilt jetzt das Gleichheitszeichen, und dann wird nach (15) $k^2 = 1$ und mithin nach (3) und (5)

$$u = \int\limits_0^v \frac{dv}{\cos v} = \frac{1}{2}\,ln\,\frac{1 + \sin v}{1 - \sin v} = \frac{1}{2}\,ln\,\frac{1 + sn\,u}{1 - sn\,u}$$

oder durch Umkehrung

$$sn\,u \equiv \frac{e^u - e^{-u}}{e^u + e^{-u}}\,.$$

Man pflegt die rechtsstehende Funktion, für die es ebenfalls Tafeln gibt, mit $\mathfrak{Tg}\,u$ (tangens hyperbolicus von u) zu bezeichnen und hat statt (22), wenn man der oben erwähnten Vertauschungen gedenkt,

$$\cos\vartheta = \frac{B\,\beta}{\Theta}\,\mathfrak{Tg}\,u.$$

Nehmen wir an, die Bewegung sei durch einen Drehstoß um die mittlere Achse eingeleitet worden, so müssen wir

$$\Theta = B\,\beta$$

setzen und haben mit Rücksicht auf (7)

$$(33) \qquad\qquad \cos\vartheta = \mathfrak{Tg}\,\sigma\,(t - t_0).$$

Die Funktion $\mathfrak{Tg}$ wächst von -1 bis $+1$, wenn das Argument von $-\infty$ bis $+\infty$ wandert (Abb. 23); und falls wir bei positivem β σ negativ wählen (positives σ entspräche dem umgekehrten Verlaufe), so nimmt der Winkel ϑ von $t = -\infty$ bis $t = +\infty$ unablässig zu: die mittlere Achse senkt sich bis in die Richtung $-\Theta$.

Verbinden wir zuletzt (32) mit (33), so zeigt sich, daß jeder Punkt der mittleren Achse auf einer Kugel um den Schwerpunkt (deren

Pole durch die Durchstoßungspunkte der Schwungachse gebildet werden) eine spiralige Kurve beschreibt, die sich um beide Pole unendlich oft herumwindet (Abb. 24). Eine kleine Rechnung, auf die wir aber verzichten, würde dartun, daß diese Spirale alle Meridiankreise der Kugel

Abb. 23.   Abb 24.

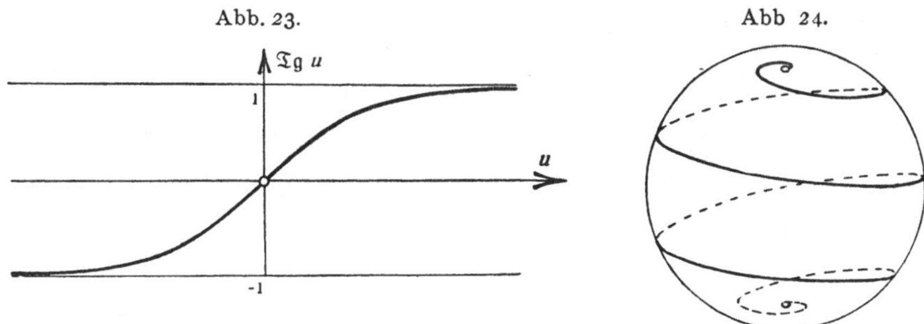

unter demselben Winkel trifft, der nur von den Hauptträgheitsmomenten abhängt: sie ist demnach eine sogenannte Loxodrome, eine Kurve also, wie sie auch in der Schiffahrt verwendet wird, wo es üblich ist, die Kurse aus lauter Stücken von Loxodromen zusammenzusetzen.

3. Die Herpolhodiekurven. Schließlich wollen wir zur Stütze einer früheren Behauptung (S. 36) einen einfachen Beweis dafür nachtragen, daß die Herpolhodiekurven niemals Spitzen oder Wendepunkte besitzen können.

Der Pol der Bewegung, d. h. der Endpunkt des Drehvektors $\boldsymbol{\omega}$, beschreibt diese Kurven in der invariablen Ebene. Er hat dabei eine Geschwindigkeit $\boldsymbol{v}$ und möglicherweise eine Beschleunigung $\boldsymbol{a} = d\boldsymbol{v}/dt$, für die wir nach Einl. (5) und (9), S. 8 und 9, setzen dürfen

$$(34) \qquad \boldsymbol{v} = \frac{d'\boldsymbol{\omega}}{dt} + [\boldsymbol{\omega}\,\boldsymbol{\omega}] = \frac{d'\boldsymbol{\omega}}{dt},$$

$$(35) \qquad \boldsymbol{a} = \frac{d'\boldsymbol{v}}{dt} + [\boldsymbol{\omega}\,\boldsymbol{v}].$$

An solchen Stellen nun, wo der Pol eine Spitze beschriebe, müßte seine Geschwindigkeit für einen Augenblick verschwinden; an den Wendepunkten aber müßte seine Beschleunigung entweder in Richtung der Bahn, d. h. der Geschwindigkeit fallen oder ebenfalls verschwinden. Wir zeigen leicht, daß beides unmöglich ist. Natürlich schließen wir hierbei den Fall des symmetrischen Kreisels sowie die Drehung um eine freie Achse aus.

Von den drei Komponenten von $\boldsymbol{\omega}$ sollen also nie zwei zugleich verschwinden, und es sei

$$(36) \qquad A > B > C.$$

Die Komponenten von v sind nach (34) $d\xi/dt$, $d\eta/dt$ und $d\zeta/dt$, also nach den Eulerschen Gleichungen (2) der Reihe nach gleich

$$(37) \quad v_x = \frac{B-C}{A}\,\eta\zeta, \qquad v_y = \frac{C-A}{B}\,\zeta\xi, \qquad v_z = \frac{A-B}{C}\,\xi\eta,$$

und somit in der Tat nie alle zugleich Null.

Weiter folgt aus (35) nach Einl. (11), S. 10, und mit Hilfe von (37)

$$a_x = \frac{B-C}{A}\left(\zeta\frac{d\eta}{dt}+\eta\frac{d\zeta}{dt}\right)+\frac{A-B}{C}\,\xi\eta^2+\frac{A-C}{B}\,\xi\zeta^2.$$

Setzt man hier noch einmal die Werte von $d\eta/dt$ und $d\zeta/dt$ aus den Eulerschen Gleichungen ein, so kommt nach einer kleinen Zwischenrechnung die erste der drei folgenden Formeln, aus der die beiden anderen durch zyklische Vertauschungen hervorgehen,

$$ABC\,a_x = \xi\,[B(A-B)(A+B-C)\eta^2 + C(A-C)(A+C-B)\zeta^2],$$
$$ABC\,a_y = \eta\,[C(B-C)(B+C-A)\zeta^2 + A(B-A)(B+A-C)\xi^2],$$
$$ABC\,a_z = \zeta\,[A(C-A)(C+A-B)\xi^2 + B(C-B)(C+B-A)\eta^2].$$

Nehmen wir noch die Bedingungen § 2, (16), S. 29, hinzu, wonach

$$(38) \quad B+C-A > 0, \quad C+A-B > 0, \quad A+B-C > 0$$

ist, so erweist sich die eckige Klammer in a_x als wesentlich positiv, in a_z aber als wesentlich negativ, und da von den drei Komponenten ξ, η und ζ nie zwei zugleich sollten verschwinden dürfen, so können auch a_x und a_z nicht gleichzeitig verschwinden: die Beschleunigung a ist also von Null verschieden. Sie kann aber auch niemals die gleiche Richtung wie die Geschwindigkeit v haben. Denn gesetzt, daß ξ, η, ζ sämtlich ungleich Null seien, so verhält sich dem Vorzeichen nach $v_x : v_z$ wie $\eta\zeta : \xi\eta$ oder bei positivem Wert des Produkts $\xi\eta\zeta$ wie $\xi : \zeta$, bei negativem wie $-\xi : -\zeta$. Hingegen verhalten sich die Vorzeichen von a_x und a_z wie diejenigen von ξ und $-\zeta$, und eine Proportion $v_x : v_z = a_x : a_z$, wie sie für gleichgerichtete Vektoren a und v bestehen müßte, ist daher unmöglich. Aber sie ist auch dann ausgeschlossen, wenn eine Komponente ξ oder η oder ζ verschwindet. Denn dann verschwindet auch die gleiche Komponente von a, aber nur die beiden anderen Komponenten von v.

Während also Spitzen der Berührungskurve ganz allgemein unmöglich sind, wenn ein Ellipsoid bei festgehaltenem Mittelpunkte auf einer festen Ebene ohne Gleiten abrollt, so ist, worauf zuerst W. Heß aufmerksam gemacht hat, das Nichtvorhandensein von Wendepunkten an die Bedingungen (38) gebunden, die für die Achsenverhältnisse derjenigen Ellipsoide kennzeichnend sind, welche überhaupt Trägheitsellipsoide vorstellen können.

Der Kreisel unter Zwang.

§ 6. Bewegung durch äußere Kräfte.

1. Die Verallgemeinerung der Poinsotbewegung. Nachdem die natürliche Bewegung eines kräftefreien Kreisels als Poinsotbewegung erkannt ist, schreiten wir dazu, festzustellen, wie sich diese Bewegung gegenüber äußeren Einwirkungen verhält. Solcher Einwirkungen gibt es zwei Arten. Entweder es werden von außen her bestimmte Kräfte auf den Kreisel ausgeübt, dann wird nach seiner neuen Bewegungsform gefragt sein, oder aber der Kreisel wird in vorgeschriebener Weise geführt, dann möchte man die Gegenwirkung seiner Massenträgheit kennen lernen. Zunächst haben wir es mit dem ersten Falle zu tun.

Da wir nach wie vor von einer Bewegung des Stützpunktes, der immer noch im Schwerpunkt liegt, absehen wollen, so brauchen wir nur von solchen Kräften zu reden, die als Kräftepaare von bestimmtem Moment M vorgelegt sind. Dann aber liefert uns die Grundgleichung aller Kreiselbewegungen Einl. (29), S. 14, nämlich

$$(1) \qquad \frac{d\,\Theta}{dt} = M,$$

in jedem Augenblick die Änderungsgeschwindigkeit des Schwungvektors Θ, vorausgesetzt, daß der zeitliche Verlauf des Momentvektors schon bekannt ist. Unter denselben Umständen kennen wir auch die Änderung der Drehwucht in jedem Augenblick, nämlich [vgl. § 1 (2), S. 18]:

$$(2) \qquad \frac{d\,T}{dt} = \omega\,M,$$

sobald die Drehgeschwindigkeit ω gefunden ist. Stellen wir uns vor, die stetige Einwirkung des Momentes M sei durch lauter unendlich kleine Einzelstöße ersetzt, so vollzieht der Kreisel in der unendlich kleinen Zwischenzeit dt zwischen zwei aufeinanderfolgenden Stößen das Element einer Poinsotbewegung, die zu den augenblicklichen Parametern Θ, T und $\boldsymbol{\omega}$ gehört. Der nächste Stoß verändert die Lage und Größe des Schwunges Θ und die Größe der Wucht T um je einen unendlich kleinen Betrag $\boldsymbol{M}dt$ bzw. $\omega\boldsymbol{M}dt$ und damit auch einerseits die Stellung der invariablen Ebene und ihre Entfernung $\varkappa = 2\,T/\Theta$ vom Schwerpunkt, andererseits die Größe des Poinsotellipsoids mit den Halbachsen $\sqrt{2\,T/A}$ usw. Das neue Poinsotellipsoid rollt dann auf der neuen invariablen Ebene weiter, bis nach einem weiteren Zeitteilchen dt der nächste Stoß $\boldsymbol{M}dt$ erfolgt, und so entsteht schließlich das Gesamtbild einer Bewegung, die wir uns wieder stetig vorzustellen haben, und die man als die Verallgemeinerung der Poinsotbewegung ansprechen wird.

Die Bewegung des Kreisels ist damit wieder anschaulich geschildert, wenigstens wird man sie sich Schritt für Schritt klar vorstellen können. In Wirklichkeit ist nun freilich in der Regel das Moment $\boldsymbol{M}$ nicht von vornherein gegeben, sondern seinerseits erst durch die augenblickliche Lage des Kreisels bestimmt, insofern die äußeren Kräfte meistens nicht an der im Kreisel wandernden Schwungachse, sondern an einer im Kreisel festen Stelle anzugreifen pflegen. Es ist ersichtlich, daß dies die rechnerische Behandlung der Bewegung sehr verwickelt gestalten muß. Eine formelmäßige Darstellung, die den Ablauf der Bewegung beherrscht, ist bisher überhaupt nur in wenigen Fällen gelungen, deren wichtigste wir weiterhin erörtern wollen.

2. Antrieb um die Schwungachse. Verhältnismäßig einfach kann die verallgemeinerte Poinsotbewegung ermittelt werden, wenn das äußere Moment $\boldsymbol{M}$ um die Schwungachse wirkt. Dann ändert sich nach (1) nur die Länge des Schwunges Θ, seine Richtung im Raum aber und ebenso die Stellung der invariablen Ebene bleiben unverändert. Wie nun der den Schwung erzeugende Anfangsstoß eine Drehung des Kreisels um die Achse $\boldsymbol{\omega}$ hervorgerufen hat, so wird auch jeder unendlich kleine Drehstoß $\boldsymbol{M}dt$, falls er um die Schwungachse wirkt, eine unendlich kleine Drehung um dieselbe Achse $\boldsymbol{\omega}$ zur Folge haben; und daraus geht hervor, daß das Moment $\boldsymbol{M}$, weil es in die Schwungachse fallen soll, immer nur eine Änderung des Drehvektors $\boldsymbol{\omega}$ in dessen eigener Richtung verursachen kann, ohne also die Lage des (sich ähnlich vergrößernden oder verkleinernden) Poinsotellipsoids gegenüber der Schwungachse zu verschieben. Mithin ändert ein Moment $\boldsymbol{M}$ um die Schwungachse die natürliche Poinsotbewegung ihrem räumlichen Ablaufe nach überhaupt nicht.

Ihr zeitlicher Verlauf ist durch den Abstand $\varkappa$ der invariablen Ebene vom Schwerpunkte bedingt. Wir wollen $\varkappa$ ausrechnen, indem wir auf die allgemein gültige Formel § 1 (12), S. 23,

$$\Theta\, d\omega = \omega\, d\Theta,$$

zurückgreifen, die wir zunächst auf andere Gestalt bringen. Da $\varkappa$ die Θ-Komponente des Drehvektors ω darstellt, so ist nach der Bedeutung der skalaren Produkte (vgl. Einl. S. 8) einerseits $\Theta\, d\omega = \Theta\, d\varkappa$. Weil ferner Θ sich nur in seiner eigenen Richtung ändert, so hat $d\Theta$ dieselbe Richtung wie Θ selbst, und daher ist andererseits $\omega\, d\Theta = \varkappa\, d\Theta$. Hiernach kommt

$$\Theta\, d\varkappa = \varkappa\, d\Theta$$

oder

$$\frac{d\Theta}{\Theta} = \frac{d\varkappa}{\varkappa},$$

und diese Differentialgleichung hat das allgemeine Integral

$$(3) \qquad \Theta = a\varkappa$$

mit der Integrationskonstanten a; man überzeugt sich davon leicht, indem man die Gleichung (3) zuerst logarithmiert und dann differentiiert. Da nun aber die Länge des Schwungvektors Θ nach (1) mit der Geschwindigkeit M wächst, so besagt die soeben gefundene Formel, daß auch die invariable Ebene mit einer zu M proportionalen Geschwindigkeit M/a sich in der Richtung der Schwungachse verschiebt. Damit ist auch der zeitliche Ablauf der verallgemeinerten Poinsotbewegung klargelegt, falls es noch gelingt, über den Proportionalitätsbeiwert a Aufschluß zu gewinnen.

Um a zu berechnen, ziehen wir die Gleichungen § 1 (4) und (6), S. 19 und 20, zu, die wir in

$$(4) \qquad \omega\Theta = D\omega^2$$

zusammenfassen können. Um anzudeuten, daß diese Gleichung für den Bewegungsbeginn gelten soll, wollen wir ω_0 und Θ_0 statt ω und Θ schreiben; D ist dann das Trägheitsmoment um die Achse ω_0, mit welcher die Drehung beginnt und die den Winkel φ_0 mit der Schwungachse bilden mag. Mit $\varkappa_0 = \omega_0 \cos\varphi_0$ kommt statt (4)

$$\varkappa_0 \Theta_0 = \frac{D\varkappa_0^2}{\cos^2\varphi_0}$$

oder

$$\Theta_0 = \frac{D\varkappa_0}{\cos^2\varphi_0},$$

so daß der Vergleich mit (3)

$$(5) \qquad a = \frac{D}{\cos^2\varphi_0}$$

ergibt. Legt man aber an das Trägheitsellipsoid in seiner Anfangslage eine Berührungsebene senkrecht zur Schwungachse, also parallel zur invariablen Ebene, so hat der vom Schwerpunkt nach dem Berührungspunkt gezogene Fahrstrahl zufolge der Definition des Trägheitsellipsoids (§ 1, 2., S. 27) die Länge $1/\sqrt{D}$, und folglich ist $\cos\varphi_0/\sqrt{D}$ der Abstand der Berührungsebene vom Schwerpunkt. Somit ist der Proportionalitätsbeiwert a gleich dem reziproken Quadrat des Abstandes des Stützpunktes von der raumfesten Berührungsebene, die senkrecht zur Schwungachse an das Trägheitsellipsoid gelegt werden kann.

Die nunmehr vollständig geschilderte Bewegung wird besonders einfach im Falle des symmetrischen Kreisels. Wir hatten in § 4, (5), S. 42, die wichtige Formel

$$(6) \qquad\qquad \Theta = B\mu$$

für einen solchen Kreisel gefunden und verbinden sie mit den schon gewonnenen Ergebnissen zu der Erkenntnis: Wirkt das Moment $\boldsymbol{M}$ um die Schwungachse (Präzessionsachse) eines symmetrischen Kreisels, so bleibt der Erzeugungswinkel ϑ des Präzessionskegels unverändert, die Präzessionsgeschwindigkeit μ aber und die Eigendrehgeschwindigkeit ν erleiden die Beschleunigungen

$$(7) \qquad\qquad \frac{d\mu}{dt} = \frac{M}{B},$$

$$(8) \qquad\qquad \frac{d\nu}{dt} = \frac{M}{B}\frac{B-A}{A}\cos\vartheta.$$

Die Beziehung (7) fließt aus (1) und (6), die Beziehung (8) aus (7) und der Präzessionsbedingung § 4 (6), S. 42.

Im bisherigen ist auch der Fall enthalten, daß der Schwung in einer Hauptachse liegt, daß der Kreisel also um eine freie Achse angetrieben wird, wie dies doch in der Regel zu geschehen pflegt. Ist D jetzt das zugehörige Hauptträgheitsmoment, so gehorcht die Drehgeschwindigkeit ω wegen $\Theta = D\omega$ nach (1) der Gleichung

$$(9) \qquad\qquad D\frac{d\omega}{dt} = M,$$

die mit (7) gleichlautend ist und beispielsweise bei unveränderlichem Antrieb $\boldsymbol{M}$ eine gleichmäßig beschleunigte Drehbewegung ausdrückt, wie sie aus der elementaren Dynamik wohlbekannt ist.

Die dynamische Isotropie des Kugelkreisels (§ 4, 3.) zeigt sich hier in ihrer ganzen Bedeutung, insofern jetzt jede Achse als freie Achse zählt. Man braucht beim Kugelkreisel lediglich die Wanderung des Endpunktes des Schwungvektors Θ mit der Geschwindigkeit $\boldsymbol{M}$ zu verfolgen (eine Aufgabe, die der Kinematik des Punktes zugehört). Die Drehachse fällt dann in jedem Augenblick in die so gefundene Schwungachse, und die Winkelgeschwindigkeit ist bei einem Trägheitsmoment A

$$\omega = \frac{\Theta}{A}.$$

3. Stoß auf eine freie Achse. Wir haben schon in § 3, 3. sowie in § 4, 2. darauf hingewiesen, daß die größte und kleinste Hauptachse eines unsymmetrischen sowie die Figurenachse eines symmetrischen Kreisels als stabile Achsen gegenüber schwachen Stößen auch nur wenig ihre Lage verändern. Wir wollen die Vorgänge bei einem solchen Stoße näher verfolgen, indem wir annehmen, daß auf die Hauptachse im Abstande c vom Stützpunkt (Abb. 25) ein Schlag von der Stoßstärke (vgl. Einl. S. 16) i ausgeführt werde. Dadurch wird dem Kreisel nach Einl. (20), S. 14, ein zusätzlicher Schwung $[c\,i]$ erteilt, der als Vektor auf der bisherigen Drehachse senkrecht steht und zu dem schon vorhandenen, in

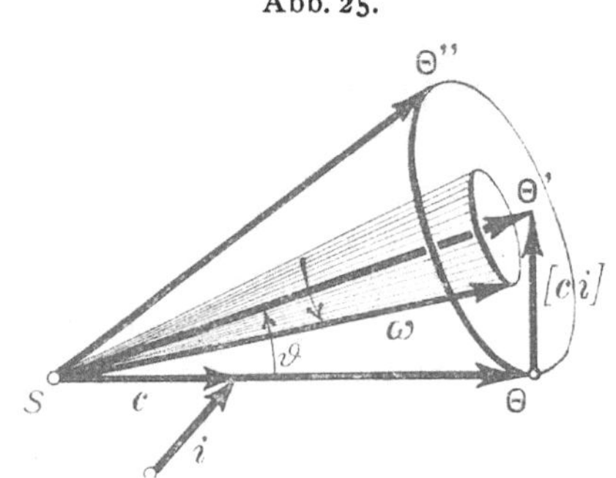

diese Achse fallenden Schwung Θ geometrisch zu addieren ist. Der Stoß verlegt mithin die Schwungachse abseits von der alten Drehachse in die neue Lage Θ', und von jetzt ab ist der Kreisel gezwungen, um den Schwung Θ' eine Poinsotbewegung zu vollziehen. Ist er insbesondere ein **symmetrischer**, so beschreibt also die Figurenachse nach dem Stoße einen Präzessionskegel mit dem Erzeugungswinkel

$$(10) \qquad \vartheta = \text{arctg} \frac{|[c\,i]|}{\Theta},$$

der mit der Stärke i des Stoßes wächst, und zwar beschreibt sie ihn gerade mit dem Drehsinn, der dem Stoß entspricht (Abb. 25).

Entgegen der weit verbreiteten Meinung, daß die Figurenachse dem Stoße senkrecht ausweiche, ist festzustellen, daß sie ihm zunächst durchaus nachgibt, dann freilich alsbald im Sinne der eingeleiteten Präzessionsbewegung umbiegt. Ihre Lage, die man namentlich bei schwachen Stößen, also engem Präzessionskegel, und bei ungenauer Beobachtung mit der Schwungachse gleichzusetzen in Versuchung kommt, erscheint allerdings im Mittel senkrecht gegen den Stoß verschoben. Diese Erscheinung wird gelegentlich als unnatürlich empfunden, offenbar lediglich deswegen, weil man gewohnt ist, den Stoß als **Kraft** von bestimmter **Richtung** anzusehen, während er doch, mit Einschluß der Gegenwirkung im Stützpunkt, ein Kräftepaar von bestimmtem Drehsinne darstellt. Beachtet man dies von vornherein, so verschwindet auch für das Gefühl sofort alles Ungereimte an dem Vorgang: der Drehstoß sucht dem Kreisel eine Zusatzdrehung um die Stoßachse $[ci]$ zu erteilen, und der Kreisel verhält sich durchaus vernünftig, indem er seine Bewegung dem anzupassen strebt.

Noch deutlicher wird dies, wenn man gleichzeitig überlegt, daß der Öffnungswinkel des Herpolhodiekegels immer kleiner ist als derjenige des Präzessionskegels (vgl Abb. 18 u. 19, S. 40). Da der Drehvektor $\boldsymbol{\omega}$ auf dem Herpolhodiekegel (in Abb. 25 durch die Schraffur angedeutet) liegt, so ist die Drehachse aus ihrer ursprünglichen Lage im Vektor $\boldsymbol{\Theta}$ in die neue Lage $\boldsymbol{\omega}$ genau in dem Sinne ausgewichen, wie es der zusätzlichen Drehung um die Achse des Stoßes entspricht; L. Foucault hat dafür den geeigneten Ausdruck gefunden, indem er von einem Bestreben des Kreisels spricht, seine Drehung in gleichstimmigen Parallelismus mit dem Drehsinn des Stoßes zu bringen.

Von praktischer Wichtigkeit ist namentlich noch die Erkenntnis, daß nach (10) der Präzessionskegel bei gleich starken Stößen $[ci]$ um so·enger bleibt, je größer der Betrag des ursprünglichen Schwunges $\boldsymbol{\Theta}$ war, d. h. je rascher der Kreisel anfänglich um seine Figurenachse umlief (vgl. Abb. 26, wo $\boldsymbol{\Theta}_1$ und $\boldsymbol{\Theta}_2$ zwei verschieden große Schwünge bedeuten, die durch denselben Drehstoß nach $\boldsymbol{\Theta}_1'$ und $\boldsymbol{\Theta}_2'$ verlegt werden).

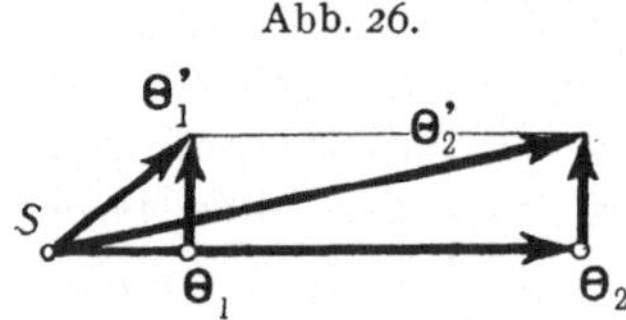

Abb. 26.

Daher kommt es, daß die so stark wie möglich angetriebenen Kreisel, mit denen man es gewöhnlich zu tun hat, selbst auf ziemlich heftige Stöße, die den Kreisel im Ruhezustande ganz erheblich auslenken würden, nur mit kleinen Erzitterungen antworten, die eben jene geschilderten Präzessionsumläufe sind. Man spricht dann von einer Art Steifigkeit der Figurenachse oder auch, da sie ihre Lage gegen alle äußeren Störungen in ungemein viel entschiedenerer Weise behauptet als im Ruhezustande, von einer Art Richtungssinn, und davon wird, wie wir sehen werden, bei zahlreichen Anwendungen des Kreisels Gebrauch gemacht.

Es muß aber gleich hier betont werden, daß es sich dabei gegenüber andauernden Störungen nur um eine zeitlich begrenzte Eigenschaft handeln kann. Selbst verhältnismäßig schwache Stöße von gleicher Beschaffenheit verlegen den Schwungvektor mit der Zeit so weit, daß weder er noch die um ihn umlaufende Figurenachse auch nur angenähert die alte Richtung anzugeben vermögen. Durch Steigerung des Schwunges wird der Zeitpunkt, bis zu dem eine merkliche Richtungsänderung eingetreten ist, lediglich hinausgeschoben.

4. Schneller Kreisel und pseudoreguläre Präzession. Wir behalten die Annahme bei, daß der Schwung des als symmetrisch vorausgesetzten Kreisels groß gegenüber den äußeren Störungen, der Präzessionskegel aber sehr eng sei. Dies hat zur Bedingung, daß der Kreisel ursprünglich stark und sehr angenähert um seine Figurenachse angetrieben wurde, und zur Folge, daß jedesmal eine große Zahl von Präzessionsumläufen erfolgt ist, ehe die Richtungsänderung der Schwungachse merklich geworden ist. Man spricht dann von einem **schnellen Kreisel.** Solche Kreisel sind es, die in den Anwendungen fast ausschließlich vorkommen und an die man überhaupt bei dem Worte Kreisel gemeinhin zuerst zu denken pflegt. Offenbar muß, damit der Kreisel als ein schneller anzusprechen ist, die Eigendrehgeschwindigkeit um so größer sein, je gestreckter das Trägheitsellipsoid aussieht. Denn bei einem sehr langgestreckten Ellipsoid weicht das Lot Θ auf eine nicht genau im Endpunkt der Figurenachse angelegte Tangentialebene (vgl. Abb. 20 u. 21, S. 41) schon erheblich von der Figurenachse ab, so daß der Präzessionskegel nicht mehr eng wäre.

Wir wollen uns vorstellen, daß der stetige Zwang, der die Umlagerung der Schwungachse zur Folge hat, wieder in lauter kleine Einzelstöße $i\,dt$ zerlegt würde, wenn dies nicht schon von vornherein der Fall war. Diese Einzelstöße sollen ihre Größe und Richtung nur allmählich ändern. Gehen wir von dem vorhin betrachteten Stoße als erstem aus, so wird viel davon abhängen, ob der nächstfolgende Stoß die Figurenachse gerade dann trifft, wenn sie auf ihrem Präzessionsumlauf wieder durch ihre alte Lage Θ (vgl. Abb. 25) hindurchgeht, oder dann, wenn sie in den gegenüberliegenden Fahrstrahl des Präzessionskegels fällt. Im ersten Falle wird der zweite, dem ersten annähernd gleiche Stoß die Öffnung des Präzessionskegels annähernd verdoppeln, im zweiten Falle aber ziemlich auf Null zusammenschrumpfen lassen, insofern jetzt der Vektor Θ' plötzlich nahezu in die augenblickliche Lage der Figurenachse hineingezogen wird. Unmittelbar nach dem zweiten Stoß ist also der Winkel der Figurenachse mit der Schwungachse Θ'' im ersten Falle nahezu gleich $2\,\vartheta$, im zweiten Falle nahezu gleich Null. Geschehen auch im weiteren Verlauf die Stöße — entsprechend dem ersten Falle — genau im Takte des Präzessionsumlaufs, so erweitert sich der Präzessionskegel mehr und mehr. Erfolgen die Stöße aber — dem zweiten Falle entsprechend — immer je nach einem halben Umlauf, so wird sich der Kegel abwechselnd erweitern und zusammenziehen; und ähnlich, wenn auch verwickelter, liegen die Verhältnisse, wenn die Stöße nach je einem Viertel- oder Achtelumlauf usw. eintreten. Und so wird man zugeben, daß auch bei einem ganz stetigen Zwang die erweiternden und die verengernden Elementarstöße sich wenigstens im allgemeinen so ausgleichen, daß der Präzessionskegel im Mittel seine kleine Öffnung dauernd beibehält. Wir wollen künftighin nur von einem solchen Zwang handeln, der diese Eigenschaft besitzt, also jedenfalls nicht im Takte der natürlichen Präzession des Kreisels pulsiert oder, wie man auch sagen könnte, nicht mit der Kreiselpräzession in Resonanz ist.

Unter dieser Voraussetzung bleiben die Schwungachse, die Figurenachse und auch die Drehachse des schnellen Kreisels dauernd ganz nahe beisammen, in vielen Fällen so nahe, daß man sie miteinander verwechseln darf, ohne einen erheblichen Fehler zu begehen. Ein Stoß, der in Wirklichkeit zumeist auf die Figurenachse ausgeübt wird, kann derart gerechnet werden, als treffe er die Schwungachse; und so ist ersichtlich, daß man, um die Bewegung des Kreisels in der ersten Annäherung zu erforschen, lediglich die Wanderung des Schwungvektors unter dem Einfluß von wohlbekannten Momenten zu verfolgen braucht.

Nach der Gleichung (2), S. 55, wird der Energieinhalt des Kreisels durch einen Zwang M, der auf der Drehachse senkrecht steht, nicht geändert. Das Moment M aber steht auf ω senkrecht, wenn die Kraft des Zwanges oder des Stoßes an der Drehachse selbst angreift, da dieses Moment nach Einl. S. 11 senkrecht steht auf dem Fahrstrahl vom Stützpunkt nach dem Angriffspunkt. Insofern wir die Figurenachse mit der Drehachse verwechseln dürfen, finden wir die merkwürdige Tatsache, daß Kräfte, die an der Figurenachse eines schnellen Kreisels angreifen, seine Drehwucht im allgemeinen nicht merklich zu ändern vermögen.

Damit muß aber die dem Energiezuwachs nach Einl. S. 15 gleiche Leistung der Kraft verschwinden, und da man nach Einl. (22) die Leistung erhält, indem man die Kraft mit der Projektion der Geschwindigkeit auf die Angriffslinie der Kraft multipliziert, so muß diese Geschwindigkeit auf der Richtung der Zwangskraft senkrecht stehen. Die Figurenachse eines schnellen Kreisels weicht mithin dem Zwang in erster Annäherung senkrecht aus.

Das scheinbar Ungereimte, das dieser Erscheinung anhaftet, löst sich wieder durch die Bemerkung auf, daß die Figurenachse bei genauerem Zusehen wenigstens im allgemeinen dem Stoße durchaus, wenn auch kaum merklich, nachgibt, und daß die Umlagerung der Schwungachse ganz verständlich wird, sobald man statt der Zwangskraft das Zwangsmoment als Urheber der Zusatzdrehung ansieht. Überhaupt wird man immer finden, daß die mannigfachen Schwierigkeiten, auf die man durch einseitige Bevorzugung der Figurenachse stößt, sich alsbald in ungezwungener Weise beheben, wenn man den Schwung als den für die Kreiselbewegung wichtigsten Begriff folgerichtig voranstellt.

Von besonderer Bedeutung ist hier der Fall, daß der Zwang, der auf einen schnellen Kreisel einwirkt, in einer Kraft von festem Betrage besteht, die immer am gleichen Punkte der Figurenachse angreift und diesen nach einem raumfesten Punkte O hinzieht, den wir uns etwa senkrecht unter dem Stützpunkt vorstellen mögen (Abb. 27). Die Bewegung des Kreisels läßt sich hier in erster Annäherung sehr einfach beschreiben. Ist c der Fahrstrahl vom Stützpunkt S nach dem Angriffspunkt der Kraft k und machen wir keinen Unterschied zwischen Figuren- und Schwungachse, so besteht der Zwang in einem Moment

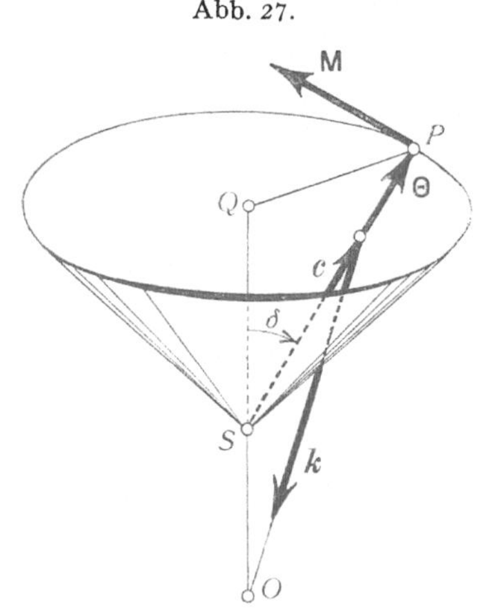

$$M = [c\,k]$$

von festem Betrag und senkrecht auf der durch c und k gelegten Ebene, also auch senkrecht auf der jeweiligen Lage des Vektors Θ und zudem wagerecht gerichtet. Das Moment M ändert demnach die Größe des Vektors Θ nicht. Fällt man vom Endpunkte P des Schwungvektors auf die Achse OS das Lot PQ und legt durch P die zu OS senkrechte Ebene, so liegt der Vektor M in dieser Ebene und steht auf dem Lot PQ senkrecht. Folglich führt er den Endpunkt P auf einem Kreise mit dem Halbmesser PQ und also den Schwungvektor selbst auf einem Kreiskegel mit gleichbleibender Geschwindigkeit um die Achse OS herum. Da sich die Figurenachse von der Schwungachse nicht merklich entfernen soll, so hat die Bewegung eine große Ähnlichkeit mit einer regulären Präzession, von der sie sich aber dynamisch scharf unterscheidet.

Bei genauerem Zusehen bewegt sich nämlich die Figurenachse überhaupt nicht auf einem Kreiskegel um die Achse OS, sondern sie umtanzt in raschen Präzessionsumläufen mit sehr engem Präzessionskegel die jeweilige Lage der Schwungachse; und auch diese wird sich keineswegs genau auf einem Kreiskegel und gleichförmig um die Achse OS drehen, da mit der schwankenden Figurenachse auch der Fahrstrahl c und folglich der Vektor M kleine, rasche Schwingungen macht. Man nennt diese Kreiselbewegung, die trotz ihres einfachen Aussehens recht verwickelt sein kann, nach dem Vorschlage von F. Klein und A. Sommerfeld eine pseudoreguläre Präzession, sobald man andeuten will, daß die kleinen Erzitterungen der Figurenachse in erster Annäherung unbeachtet bleiben sollen. Man könnte diese Erzitterungen als Präzessionen zweiter Ordnung bezeichnen und heißt sie gewöhnlich mit einem der Astronomie entlehnten Worte Nutationen; den Präzessionskegel zweiter Ordnung nennt man dann Nutationskegel. Sein Erzeugungswinkel ϑ ist nach unserer Voraussetzung sehr klein.

Erwägt man, daß M die Geschwindigkeit, Θ aber der Fahrstrahl des Punktes P ist, so gehorcht die Winkelgeschwindigkeit μ der pseudoregulären Präzession nach Einl. (2), S. 7, der Vektorgleichung

$$(11) \qquad M = [\mu\,\Theta],$$

wofür wir nach Einl. (3) mit dem Winkel δ zwischen der Präzessionsachse OSQ und der Schwungachse auch schreiben dürfen

$$M = \mu\,\Theta\sin\delta,$$

so daß die Präzessionsgeschwindigkeit

$$(12) \qquad \mu = \frac{M}{\Theta\sin\delta}$$

wird. Wir wollen die Nutationsgeschwindigkeit, d. h. die Winkelgeschwindigkeit, mit der sich die Figurenachse um die Schwungachse bewegt, mit μ' bezeichnen und haben dann nach (6), S. 58,

$$(13) \qquad \mu' = \frac{\Theta}{B}.$$

Die Präzessionsgeschwindigkeit wächst also mit dem Moment M und ist um so kleiner, je größer der Schwung gewählt wird. Die Nutationsgeschwindigkeit ist vom äußeren Moment unabhängig und wächst mit dem Schwung. Der Quotient

$$(14) \qquad n = \frac{\mu'}{\mu} = \frac{\Theta^2\sin\delta}{MB}$$

gibt offenbar die Anzahl der Nutationen an, die auf einen Präzessionsumlauf entfallen. Diese Zahl wächst mit dem Quadrat des Schwunges und ist um so kleiner, je stärker das äußere Moment ist. Wir können nachträglich den Begriff des schnellen Kreisels geradezu dahin verschärfen, daß n eine große Zahl, also Θ^2 groß gegen $MB/\sin\delta$ sein muß.

Da die Figurenachse um die gleichmäßig wandernde Schwungachse einen Kreiskegel beschreibt, so wird irgendeiner ihrer Punkte F', sagen wir etwa in der Entfernung eins vom Stützpunkt, auf der um den Stützpunkt gelegten Einheitskugel eine Kurve erzeugen, die man als sphärische Zykloide bezeichnen darf (Abb. 28). Man kann sich diese Kurve auch so entstanden denken, daß ein mit F fest verbundener kleiner Kreis K vom sphärischen Halbmesser ϱ (dies ist der Winkel, unter dem der Halbmesser vom Kugelmittelpunkt S aus erscheint) auf einem wagerechten Kugelkreise K' vom Halbmesser $\sin \delta$ ohne Gleiten abrollt, wobei sein Mittelpunkt A natürlich stets auf der Schwungachse liegt. Der Berührungspunkt beider Kreise hat die Winkelgeschwindigkeit μ, bewegt sich also mit der Geschwindigkeit $\mu \sin \delta$ auf dem Kreise K' weiter. Andererseits rollt der sphärische Mittelpunkt des Kreises K mit der Geschwindigkeit $\varrho \mu'$, und da die beiden Geschwindigkeiten bei kleinem ϱ angenähert als gleich zu gelten haben, so muß

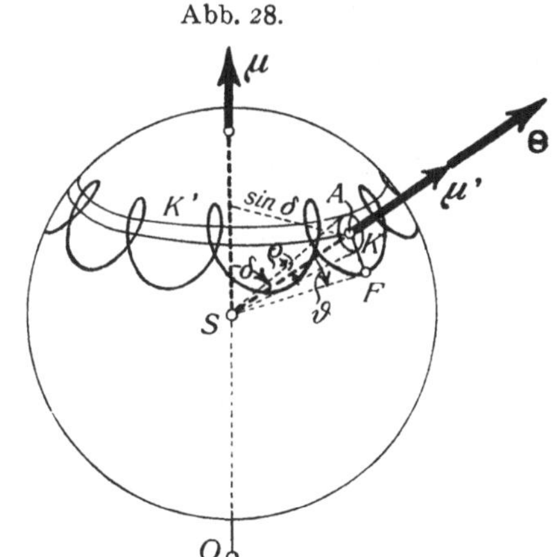

$$\varrho = \frac{\mu}{\mu'} \sin \delta$$

sein, wofür man nach (14) auch schreiben mag

$$(15) \qquad \varrho = \frac{MB}{\Theta^2}.$$

Die sphärische Zykloide ist verschlungen, gespitzt oder gestreckt, je nachdem der sphärische Abstand $A F$, d. h. der Öffnungswinkel ϑ des Nutationskegels größer, gleich oder kleiner als der soeben ermittelte Halbmesser ϱ ist.

Man überzeugt sich leicht davon, daß der Kreis K' oberhalb der Schwungachse liegt, wenn sich der Mittelpunkt O der anziehenden Kraft k unterhalb des Stützpunktes S befindet. Demnach sind auch die Schleifen oder Spitzen der sphärischen Zykloide nach aufwärts gerichtet, d. h. soweit als möglich in der entgegengesetzten Richtung der Kraft, welche die pseudoreguläre Präzession erzeugt und unterhält.

Wir wollen schließlich, um den grundsätzlichen Unterschied zwischen der regulären und der pseudoregulären Präzession noch heller zu beleuchten, die Voraussetzung fallen lassen, daß der Kreisel ein schneller sei. Dann kann der sphärische Halbmesser ϱ des rollenden Kreises auch größere Werte annehmen, für welche unsere Formeln allerdings nicht mehr gelten. Insbesondere ist es denkbar, daß ϱ genau gleich δ wird, wonach der Kreis K' auf einen Punkt zusammengeschrumpft ist, den oberen Durchstoßungspunkt der Präzessionsachse $O S$ durch die Kugel. Die sphärische Zykloide geht in einen wagerechten Kugelkreis über, der jedenfalls parallel ist zu demjenigen Kreis, den der Durchstoßungspunkt A der Schwungachse beschreibt: die Bewegung ist nunmehr eine reguläre Präzession geworden, aber eine ganz andere als es die natürliche Bewegung des ungestörten symmetrischen Kreisels war. Die jetzige reguläre Präzession ist ein besonderer Fall der unendlichen Mannigfaltigkeit von Bewegungen des einem Zwang unterworfenen symmetrischen Kreisels und erfordert eine eigene Untersuchung, zu der wir alsbald schreiten.

§ 7. Bewegung auf vorgeschriebener Bahn.

1. Die erzwungene reguläre Präzession. Es liegt sehr nahe, die Fragestellung umzukehren und nicht nach der Bewegung zu suchen, die durch ein gegebenes äußeres Moment M erzeugt wird, sondern nach demjenigen Moment zu fragen, welches aufgewendet werden muß, um den Kreisel zu einer irgendwie vorgeschriebenen Bewegung zu veranlassen, die von seiner natürlichen Poinsotbewegung

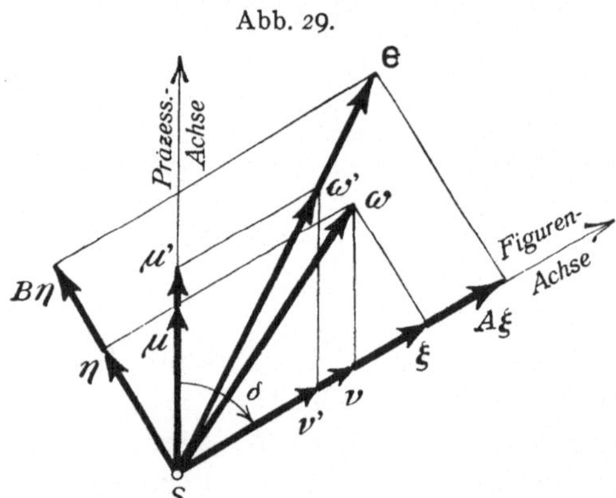

abweicht. Der einfachste und zugleich wichtigste Fall ist offenbar der, daß ein symmetrischer Kreisel zu einer regulären Präzession der vorhin erwähnten Art gezwungen wird.

Diese Bewegung setzt sich zusammen aus einer gleichförmigen Drehung der Figurenachse mit der Präzessionsgeschwindigkeit μ· um eine raumfeste Achse und aus der Eigendrehung ν des Kreisels um die Figurenachse, wobei diese einen Präzessionskegel mit dem Erzeugungswinkel δ beschreibt (Abb. 29). Die durch die Präzessionsachse und die Figurenachse, also durch die beiden Vektoren μ und ν gelegte Ebene heißt auch hier die Präzessionsebene. In ihr liegt die Drehachse ω als Resultante aus μ und ν. Der Vektor ω wirft nach der Figurenachse und nach der darauf senkrechten Äquatorebene des Kreisels die Drehkomponenten (vgl. § 4, S. 42)

$$\xi = \mu \cos \delta + \nu,$$
$$\eta = \mu \sin \delta,$$

und die zugehörigen Schwungkomponenten sind

(1) $$\Xi = A (\mu \cos \delta + \nu),$$
(2) $$H = B \mu \sin \delta.$$

Die hieraus gebildete Resultante Θ stellt bereits den ganzen Schwung dar, weil senkrecht zur Präzessionsebene keine Drehkomponente ζ und also auch keine dritte Schwungkomponente $Z = B\zeta$ vorhanden ist. Folglich liegen auch bei der erzwungenen regulären Präzession die Figurenachse, die Drehachse, die Präzessionsachse und die Schwungachse in einer Ebene, der Präzessionsebene; nur fällt jetzt die Schwungachse nicht mehr, wie bei der kräftefreien regulären Präzession, mit der Präzessionsachse zusammen.

Um das zur Unterhaltung dieser Bewegung erforderliche äußere Moment M zu berechnen, vergleichen wir unseren Kreisel mit einem Kugelkreisel. Der Kugelkreisel möge denselben Schwung Θ besitzen, und sein Trägheitsmoment sei gleich dem äquatorialen B des vorgelegten symmetrischen Kreisels. Wir nennen dann beide Kreisel homolog. Das Trägheitsellipsoid des homologen Kugelkreisels ist offensichtlich die größte bzw. kleinste ein-, bzw. umbeschriebene Kugel des Trägheitsellipsoids des anderen Kreisels, je nachdem dieser ein gestreckter oder abgeplatteter ist.

Die Drehachse des homologen Kugelkreisels ist wegen dessen dynamischer Isotropie die Schwungachse, und sein Drehvektor ω' gehorcht der Gleichung

$$(3) \qquad \Theta = B\,\omega'.$$

Er läßt sich ebensogut wie beim symmetrischen Kreisel in zwei Komponenten μ' und ν' von derselben Richtung wie μ und ν zerlegen (Abb. 29), aber irgendwelche kinematische Bedeutung kommt dieser Zerlegung nicht zu. Da beide Kreisel unablässig denselben Schwung Θ haben sollen, so ist auch bei beiden dasselbe Moment M aufzuwenden, um den Schwungvektor mit der Präzessionsgeschwindigkeit μ umzuführen. Für den Kugelkreisel kann dieses Moment leicht berechnet werden; es ist nämlich gleich der Geschwindigkeit, mit welcher der Endpunkt des Schwungvektors um die Präzessionsachse gedreht wird, oder nach (3) gleich der mit B multiplizierten Geschwindigkeit des Endpunktes von ω', die übereinstimmt mit der Geschwindigkeit des Endpunktes von ν'. Dieser Punkt aber besitzt den Fahrstrahl ν' und die Winkelgeschwindigkeit μ', so daß nach Einl. (2), S. 7, seine Geschwindigkeit durch das vektorielle Produkt $[\mu'\nu']$ der Größe und Richtung nach ausgedrückt wird. Hiernach ist

$$(4) \qquad M = B\,[\mu'\,\nu'].$$

Um diesen Ausdruck schließlich noch auf den homologen symmetrischen Kreisel umzuschreiben, haben wir nur noch μ' und ν' in μ und ν auszudrücken.

Da die beiden homologen Kreisel in Θ selbst übereinstimmen, so müssen sie auch dieselben Schwungkomponenten (1) und (2) besitzen, d. h. es muß für sie gelten

$$A (\mu \cos \delta + \nu) = B (\mu' \cos \delta + \nu'),$$
$$B \mu \sin \delta = B \mu' \sin \delta,$$

und daraus folgt zunächst

$$(5) \qquad\qquad \boldsymbol{\mu}' = \boldsymbol{\mu}$$

(was wir beim Entwurf von Abb. 29 noch nicht wissen konnten) und dann

$$B \nu' = A \nu + (A - B) \mu \cos \delta,$$

oder in Vektorform

$$(6) \qquad\qquad B \boldsymbol{\nu}' = \boldsymbol{\nu} \left\{ A + (A - B) \frac{\mu}{\nu} \cos \delta \right\}.$$

Mithin wird nach (4) das gesuchte Moment für den symmetrischen Kreisel

$$(7) \qquad\qquad \boldsymbol{M} = [\boldsymbol{\mu} \, \boldsymbol{\nu}] \left\{ A + (A - B) \frac{\mu}{\nu} \cos \delta \right\}.$$

Seine Richtung ist senkrecht auf der Präzessionsebene, sein Drehsinn stimmt überein mit dem Sinne der Drehung, durch welche die Präzessionsachse μ auf kürzestem Wege in die Figurenachse ν gebracht wurde, und sein Betrag ist nach Einl. (3), S. 7,

$$(8) \qquad\qquad M = \mu \sin \delta \left\{ A \nu + (A - B) \mu \cos \delta \right\},$$

hängt also von den Parametern μ, ν und δ der regulären Präzession ab.

Stimmt im besonderen die vom Kreisel geforderte Bewegung mit einer seiner natürlichen regulären Präzessionen überein, so bedarf es eines Momentes $\boldsymbol{M}$ überhaupt nicht, und in der Tat geht mit $\boldsymbol{M} = 0$ die Formel (8), abgesehen von dem sich heraushebenden Faktor $\mu \sin \delta$, in die Präzessionsbedingung § 4 (6), S. 42, über, wenn man berücksichtigt, daß nun δ dieselbe Bedeutung hat wie dort der Winkel ϑ.

Es ist zweckmäßig, auch hier den Begriff der Knotenachse (§ 5, S. 48) einzuführen und darunter den auf der Präzessionsachse μ und der Figurenachse ν senkrecht stehenden, also in der Äquatorebene des Kreisels liegenden Fahrstrahl zu verstehen, und zwar genauer denjenigen, der zusammen mit dem wachsenden Winkel δ eine Rechtsschraube darstellt. Das Moment $\boldsymbol{M}$ hat die Richtung der Knotenachse, es sucht mithin den Erzeugungswinkel δ der Präzession zu vergrößern.

Das scheinbar Unnatürliche besteht nun wieder darin, daß der Kreisel diesem Drang nicht einfach nachgibt, wie er es im Ruhezustande täte, sondern senkrecht dazu ausweicht. In Wirklichkeit aber zeigt sich sein durchaus vernünftiges Verhalten in dem Bestreben, seine Eigendrehung ν in gleichstimmigen Parallelismus mit dem Moment M zu bringen, indem sich seine Figurenachse alsbald gegen die Knotenachse zu neigen beginnt. Sie kommt ihr nur deswegen nicht näher, weil sich das Moment M selbst inzwischen im gleichen Sinne weitergedreht haben muß.

Die ganze Erscheinung erinnert an die Dynamik eines auf einem Kreise bewegten Massenpunktes. Eine solche Bewegung kann nur unterhalten werden durch eine nach dem Kreismittelpunkt gerichtete Kraft von ganz bestimmtem Betrag, den wir in Einl. (19), S. 12, ausgerechnet haben zu $m\omega^2 r$, wo r der Halbmesser des Kreises ist. Dieser Kraft scheint der Punkt senkrecht auszuweichen; in Wirklichkeit aber fängt er, ihr folgend, alsbald an, aus seiner natürlichen geraden, also tangentialen Bahn heraus nach dem Mittelpunkte zu fallen, dem er nur deswegen nicht näher kommt, weil sich die Kraft selbst inzwischen im gleichen Sinne weitergedreht haben muß.

Die Ähnlichkeit dieser erzwungenen Kreisbewegung mit der erzwungenen regulären Präzession geht aber noch viel weiter. Ebenso wie die nach dem Kreismittelpunkt gerichtete sogenannte Zentripetalkraft immer auf dem tangentialen Geschwindigkeitsvektor senkrecht steht und folglich nach Einl. (22) keine Leistung besitzt, so steht auch der Vektor M unablässig auf der in der Präzessionsebene liegenden Drehachse ω senkrecht und ist also nach Einl. (35), S. 15, leistungsfrei: **Das Moment M unterhält die reguläre Präzession, ohne den Energieinhalt des Kreisels zu ändern.**

Ferner: die Zentripetalkraft $m\omega^2 r$ reicht zwar hin, die Kreisbewegung zu unterhalten; sie ist aber keineswegs allein imstande, diese Bewegung einzuleiten. Vielmehr muß der zunächst ruhende Massenpunkt zuerst einen tangentialen Stoß von genau der Größe $m\omega r\ (=mv)$ erhalten haben, um unter dem Einfluß der Zentripetalkraft mit seiner Kreisbewegung zu beginnen. Ebenso muß auf den zunächst um seine Figurenachse mit der Winkelgeschwindigkeit ν umlaufenden Kreisel zuerst ein solcher Drehstoß ausgeübt werden, daß der anfänglich in die Figurenachse fallende Schwungvektor $\Theta_0 = A\nu$ in seine richtige Lage kommt. Der dazu erforderliche Drehstoß wirft nach (1) und (2) in die Figurenachse und auf den Äquator die Komponenten $A\mu\cos\delta$ und $B\mu\sin\delta$; er liegt in der Präzessionsebene, seine Achse steht mithin senkrecht auf dem Moment M, und ebenso verhalten sich ja auch die Richtungen der Zentripetalkraft und des Anfangsstoßes beim Massenpunkt. Es müssen also in beiden Fällen ganz bestimmte Vorbedingungen erfüllt sein, wenn die Zentralbewegung eine Kreisbewegung und die Kreiselbewegung eine reguläre Präzession

werden soll. Und wie nach Aufhören der Zentripetalkraft der Massenpunkt keineswegs zur Ruhe kommt, sondern geradlinig weitereilt, so
bleibt auch die Figurenachse des Kreisels keineswegs stehen, wenn
das Moment M verschwindet, sondern vollzieht von da an eine natürliche reguläre Präzession um die jetzt ruhende Schwungachse.

Nach dem Grundgesetz der Gleichheit von Wirkung und Gegenwirkung äußert sich die Trägheit des Massenpunktes während seiner
Bewegung in der Fliehkraft, die mit der Zentripetalkraft gleichen
Betrag, aber entgegengesetzte Richtung hat. Ebenso wird durch das
äußere Moment M im Kreisel ein genau entgegengesetztes K geweckt,
welches wir das Kreiselmoment heißen wollen (auch andere Bezeichnungen sind dafür im Gebrauch, so z. B. Deviationsmoment,
Kreiselwirkung, Gyralkraft). Dieses Moment ist es, welches man
als jene eigentümliche Störrigkeit des Kreisels fühlt, wenn man ihn
willkürlich bewegt. Daß man diese Widerspenstigkeit beim Kreisel
als ungewohnt empfindet, im Gegensatz zu der Fliehkraft, die doch
aus derselben Quelle fließt, das hat einen doppelten Grund: einerseits
sind unserem mechanischen Gefühl die verhältnismäßig selten vorkommenden Kreiselwirkungen überhaupt nicht so vertraut, wie die
an sich ebenso merkwürdige Fliehkraft, die ja noch auf das Kind
einen sehr eigenartigen Reiz auszuüben scheint; andererseits besitzen
wir physiologisch lediglich ein Gefühl für die in Zug oder Druck
sich äußernden Kräfte, keineswegs aber für die axiale Natur der
Kräftepaare, in welchen der Kreisel seine Massenträgheit äußert.

2. Das Kreiselmoment des symmetrischen Kreisels. In fast
allen Anwendungen des Kreisels spielt das Kreiselmoment K eine
ausschlaggebende Rolle, und somit ist die mit $K = - M$ aus (7)
folgende Formel

$$(9) \qquad K = [\nu\mu]\left\{ A + (A - B)\frac{\mu}{\nu}\cos\delta\right\}$$

die praktisch wichtigste der ganzen Kreiseltheorie.

Was zunächst die Richtung dieses Moments betrifft, so hält man
sich am besten an die Regel vom gleichstimmigen Parallelismus:
Während das Moment M die Figurenachse in seine eigene Richtung
zu ziehen strebt, so sucht das Gegenmoment K die Figurenachse mit der Präzessionsachse, d. h. die Achse der Eigendrehung ν mit der Achse der erzwungenen Drehung μ gleich-
stimmig zur Deckung zu bringen.

Unterwirft man also die Figurenachse zwangsmäßig der
Drehung μ, ohne für ein ausgleichendes Moment M zu sorgen,
so gibt der um die Figurenachse umlaufende Kreisel dem

Kreiselmoment K hemmungslos nach und stellt sich mehr oder weniger rasch mit seiner Figurenachse in die Achse der Zwangsdrehung μ ein. Das Gegenstück hierzu bildet wieder der Massenpunkt, der mit der Winkelgeschwindigkeit ω um einen festen Punkt herumgeführt wird, ohne daß für die zugehörige Zentripetalkraft gesorgt wäre (man stelle sich etwa vor, er liege in einer engen Röhre, die um den festen Punkt gedreht werde); dann gibt der Massenpunkt der Fliehkraft $m\omega^2 r$ ohne Hemmung nach.

Das Kreiselmoment K setzt sich aus zwei Teilen zusammen. Der erste

$$(10) \qquad K_1 = A\,[\boldsymbol{\nu}\boldsymbol{\mu}]$$

vom Betrage

$$(11) \qquad K_1 = A\,\mu\,\nu\,\sin\delta$$

heißt das Kreiselmoment im engeren Sinne; der zweite

$$(12) \qquad K_2 = (A - B)\,[\boldsymbol{\nu}\boldsymbol{\mu}]\,\frac{\mu}{\nu}\cos\delta$$

möge das Schleudermoment genannt werden und hat den Betrag

$$(13) \qquad K_2 = (A - B)\,\mu^2\,\sin\delta\,\cos\delta$$

und die gleiche oder entgegengesetzte Richtung wie der erste.

Der erste Bestandteil wächst gleichmäßig mit μ und ν und erreicht seinen Höchstwert

$$(14) \qquad K_0 = A\,\mu\,\nu,$$

wenn mit $\delta = 90^0$ die Präzessionsachse auf der Figurenachse senkrecht steht. Der zweite, von der Eigendrehung ν unabhängige Bestandteil verschwindet dann gerade; er wird aber auch gleich Null, wenn mit $A = B$ der Kreisel ein Kugelkreisel ist. Hiernach ist K_1 das für den Kugelkreisel kennzeichnende Kreiselmoment, wogegen K_2 den Zusatz für den symmetrischen (rotationsellipsoidischen) Kreisel bedeutet. Man nennt darum (nach einem Vorschlage von F. Klein und A. Sommerfeld) K_1 auch wohl den sphärischen, K_2 den ellipsoidischen Teil des Kreiselmoments.

Der ellipsoidische Bestandteil verschwindet also dann und nur dann, wenn die Präzessionsachse mit einer Hauptachse des Körpers zusammenfällt; er ist aber auch schon vorhanden, wenn die Eigendrehung ν des Kreisels und damit auch K_1 noch Null ist, und stellt dann einfach das Moment der Fliehkräfte dar, welches den der Drehung μ unterworfenen Körper um die Knotenachse umzukippen sucht, und zwar im Falle des gestreckten Kreisels mit $A < B$ in solchem Sinne, daß die Figurenachse quer zur Drehachse μ gestellt würde, im Falle des abgeplatteten Kreisels mit $A > B$, daß sie in die

Drehachse μ hereingezogen würde. Wir verzichten auf die ziemlich einfache Herleitung dieses Moments unmittelbar aus den Fliehkräften Einl. (19) der einzelnen Massenteilchen des Kreisels.

Ist der Kreisel insbesondere ein schneller, d. h. ist die Eigendrehung ν rasch gegenüber der Präzession μ, so daß man μ^2 als klein gegen das Produkt $\mu\nu$ ansehen darf, so ist der ellipsoidische Teil des Kreiselmoments gegenüber dem sphärischen nach (11) und (13) zu vernachlässigen, und man hat einfach

$$(15) \qquad\qquad K = A\,[\nu\,\mu].$$

Diese Formel weist mit $\Theta = A\nu$ wieder auf die Beziehung § 6 (11), S. 64, zurück, deren einfache dynamische Bedeutung schon früher erörtert worden ist. In diesem Falle sind auch die zur Einleitung der regulären Präzession nötigen Drehstöße $A\mu\cos\delta$ und $B\mu\sin\delta$ vernachlässigbar klein gegenüber dem Eigenschwung $\Theta = A\nu$. Fehlen sie, wie dies die Regel ist, ganz, so ist statt der regulären eine pseudoreguläre Präzession zu erwarten (§ 6, 4.). Die eigenartige Verkoppelung der vier Achsen Θ, μ, K und M kann dann kurz so ausgesprochen werden

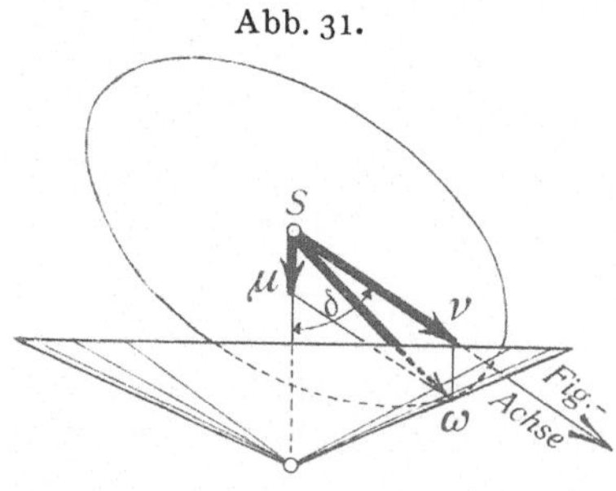

(Abb. 30): Auf ein Moment M antwortet der schnelle Kreisel durch eine Drehung μ; eine Drehung μ weckt in ihm ein Moment K.

3. Der Kurvenkreisel. Es mag nützlich sein, die erzwungene reguläre Präzession vom Standpunkt der verallgemeinerten Poinsotbewegung aus zu betrachten. Da der Energieinhalt, d. h. die Drehwucht des Kreisels, unverändert bleibt, wie vorhin festgestellt worden

Abb. 31.

ist, so behält das rotationsymmetrische Poinsotellipsoid bei der ganzen Bewegung seine Größe bei. Legt man um die Präzessionsachse einen Kreiskegel, der das Poinsotellipsoid berührt, und läßt man dieses dann auf dem Kegel gleichmäßig und ohne Gleiten abrollen, so beschreibt der Kreisel eine erzwungene reguläre Präzession (Abb. 31, wo wir, um den Vergleich mit Abb. 20 zu erleichtern, die an sich willkürliche Richtung des Präzessionsvektors μ gegen Abb. 28 bis 30 umgekehrt haben). Die Präzession geht in die kräftefreie über, wenn der Kegel in eine Ebene ausartet. Da diese die frühere invariable Ebene ist, so wollen wir den Kegel als invariablen Kegel bezeichnen. Indem man den

Erzeugungswinkel des invariablen Kegels ändert oder, was auf dasselbe hinausläuft, die Lage seiner Spitze auf der Präzessionsachse verschiebt, kann man offenbar alle möglichen regulären Präzessionen um diese Achse wiedergeben. Das Kreiselmoment erscheint nun als Moment der Druckkraft, die das im Kreisel feste Poinsotellipsoid auf den invariablen Kegel ausübt.

Bezeichnet man auf dem Ellipsoid und ebenso auf dem invariablen Kegel die Kreisbahnen, welche der Berührungspunkt, der Pol, durchläuft, so erhält man die Polhodie und Herpolhodie und daraus den Polhodie- und den Herpolhodiekegel, zwei Kreiskegel mit den Spitzen im Stützpunkt. Das Kreiselmoment kann dann auch angesehen werden als das Moment der Druckkraft, die der Polhodiekegel auf den Herpolhodiekegel oder die Polhodie auf die Herpolhodiekurve ausübt. Je nachdem der Polhodiekegel K_1 neben dem Herpolhodiekegel K_2 liegt.(Abb. 32) oder ihn umschließt (Abb. 33), ist die reguläre Präzession als epi- oder perizykloidisch anzusehen. Aber auch der hypozykloidische Fall, bei welchem der Polhodiekegel K_1 im Innern des Herpolhodiekegels K_2 rollt (Abb. 34), kann hier verwirklicht werden; diese Bewegung ist als kräftefreie reguläre Präzession nach § 4, S. 41, nicht möglich.

Ein derartiges erzwungenes Abrollen des Polhodiekegels auf dem Herpolhodiekegel wird, wie wir später sehen werden, technisch zur Erzielung großer Pressungen verwendet und kann auch sehr schön gezeigt werden an dem von G. Sire erfundenen sogenannten Kurven-

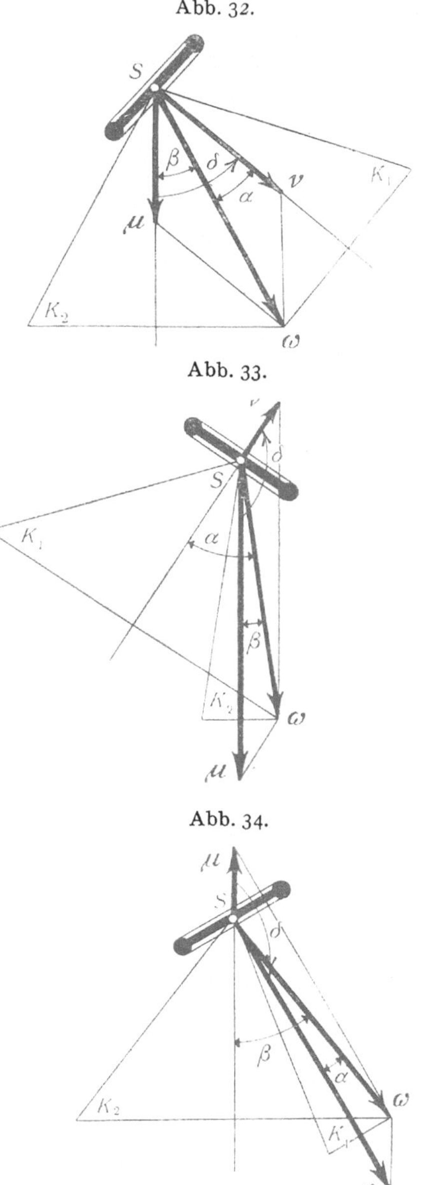

Abb. 32.

Abb. 33.

Abb. 34.

kreisel oder perimetrischen Kreisel. Hierunter versteht man einen Kreisel, dessen Figurenachse stofflich ausgestaltet ist, etwa als enger Kreiskegel oder gelegentlich auch einfach als kreiszylindrische Stange. Bringt man diese Figurenachse, während der Kreisel um sie umläuft, in Berührung mit einer ebenfalls stofflichen Kurve, so beobachtet man, daß sie sofort an dieser Kurve abzurollen beginnt und unter gewissen Umständen nicht nur allen Windungen und selbst Ecken der Kurve willig folgt, sondern sich sogar unerwartet heftig gegen die Kurve anpreßt. Dabei erhebt sich vor allem die Frage, welche Bedingungen die Kurve erfüllen muß, damit die Figurenachse sie nicht freiwillig verläßt.

Verbindet man die Kurve mit dem Stützpunkte des Kreisels durch lauter Fahrstrahlen, so entsteht ein Herpolhodiekegel allgemeinster Art, und auf diesem rollt die als Polhodiekegel angesehene Figurenachse ab. Nehmen wir an, die beiden Kegel seien vollkommen rauh, so daß kein Gleiten statthaben kann, so müssen wir lediglich untersuchen, unter welchen Umständen die Pressung zwischen den beiden Kegeln positiv bleibt. Solange dies der Fall ist, rollt die Figurenachse ordnungsgemäß auf der Kurve ab.

Besonders einfach liegen die Verhältnisse, wenn der Herpolhodiekegel ein Kreiskegel, die Kurve also ein (ebener oder räumlicher) Kreiskegelschnitt ist. Das Abrollen kann dann entweder epi- oder hypozykloidisch sein, wogegen die perizykloidische Bewegung hier offenbar nicht möglich ist, solange man sich die Figurenachse als massiv vorstellt. Das Kreiselmoment K war positiv gezählt in der entgegengesetzten Richtung der Knotenachse, also entgegen dem positiven Drehsinn des Winkels δ zwischen der μ- und ν-Achse. Infolgedessen muß sowohl im epi- wie im hypozykloidischen Falle K positiv sein, damit die Pressung positiv bleibt, d. h. es muß nach (9) — vgl. auch (11) und (13) —

$$(16) \qquad K \equiv \mu \sin \delta \{ A \nu + (A - B) \mu \cos \delta \} > 0$$

werden.

Nun haben in dem aus μ und ν gebildeten Parallelogramm die Endpunkte von μ und ν dieselbe Entfernung von der Diagonalen ω; hiernach ist mit den Erzeugungswinkeln α und β des Polhodie- und Herpolhodiekegels (Abb. 32 bis 34, S. 73)

$$(17) \qquad \mu \sin \beta = \nu \sin \alpha,$$

eine Gleichung, die lediglich ausdrückt, daß das Abrollen ohne Gleiten geschehen soll. Ersetzen wir in (16) vermittelst (17) μ durch ν, so kommt als Bedingung

$$(18) \qquad K \equiv \nu^2 \frac{\sin \alpha \sin \delta}{\sin^2 \beta} \{ A \sin \beta + (A - B) \sin \alpha \cos \delta \} > 0.$$

Da α, β und δ jedenfalls zwischen 0^0 und 180^0 liegen, so ist der vor der geschweiften Klammer stehende Ausdruck stets positiv, und die Bedingung lautet kürzer

$$(19) \qquad A \sin \beta + (A - B) \sin \alpha \cos \delta > 0.$$

Im hypozykloidischen Falle zunächst ist (Abb. 34)

$$\beta = 180^0 - (\delta - \alpha)$$

und somit statt (19)

$$A \sin \delta \cos \alpha - B \sin \alpha \cos \delta > 0.$$

Diese Ungleichung aber ist von selbst erfüllt, da δ ein stumpfer, α aber natürlich ein spitzer Winkel ist und also $\sin \delta \cos \alpha$ positiv, $\sin \alpha \cos \delta$ aber negativ wird.

Im epizykloidischen Falle dagegen ist (Abb. 32)

$$\delta = \alpha + \beta,$$

und so kommt statt (19), wenn wir δ durch α und β ersetzen und mit den positiven Größen $\cos^2 \alpha$ und $\cos \delta$ (δ ist jetzt ein spitzer Winkel) dividieren,

$$\operatorname{tg} \beta \left\{ \frac{A}{\cos^2 \alpha} - (A - B) \operatorname{tg}^2 \alpha \right\} + (A - B) \operatorname{tg} \alpha > 0$$

oder wegen $1 + \operatorname{tg}^2 \alpha = 1/\cos^2 \alpha$

$$(20) \qquad \operatorname{tg} \beta > \frac{(B - A) \operatorname{tg} \alpha}{A + B \operatorname{tg}^2 \alpha},$$

eine Bedingung, die für $B \leqq A$ von selbst erfüllt ist, weil dann die rechte Seite negativ, die linke aber positiv bleibt. Die Ungleichung (20) kann also nur von einem gestreckten Kreisel verletzt werden.

Ist eine ganz beliebige Kurve, also ein allgemeiner Herpolhodiekegel vorgelegt, auf dem die Figurenachse abrollen kann, so ersetzen wir diesen an jeder Stelle durch einen oskulierenden Kreiskegel, der daselbst die gleiche Krümmung hat wie der allgemeine Herpolhodiekegel. Alsdann liegt der epi- oder der hypozykloidische Fall vor, je nachdem die Figurenachse auf der konvexen oder konkaven Seite des Herpolhodiekegels abrollt, und wir können das Ergebnis unserer Überlegungen so aussprechen: Der Kurvenkreisel verläßt (falls er nicht gleitet) seine Führung auf der konkaven Seite nie, auf der konvexen Seite nur dann, wenn er ein gestreckter und die Bedingung (20) für den Erzeugungswinkel des Oskulationskegels nicht erfüllt ist.

Die Größe der Pressung folgt aus (18), sobald die Eigendrehgeschwindigkeit ν bekannt ist. Diese ist bei einer Kreiskegelherpolhodie unveränderlich. Bei allgemein gestaltetem Herpolhodiekegel hingegen lösen sich fortwährend Präzessionen mit verschiedenen Parametern δ

und μ ab, insofern wir uns den Kegel durch seine oskulierenden Kreiskegel ersetzt denken dürfen. Jede dieser Präzessionen geht in die folgende nur dann über, wenn dem Kreisel ein unendlich kleiner Drehstoß erteilt wird, dessen Vektor in der jeweiligen Präzessionsebene liegt und nach S. 69 die Komponenten $A\,d(\mu\cos\delta)$ und $B\,d(\mu\sin\delta)$ in die Figurenachse und in die Äquatorebene des Kreisels wirft. Dieser Drehstoß muß natürlich von der Kurve bzw. dem Herpolhodiekegel in Form einer Tangentialkraft ausgeübt werden, die gleichzeitig beschleunigend oder verzögernd auf die Eigendrehgeschwindigkeit ν des Kreisels wirkt. Wir wollen dies nicht näher verfolgen und nur noch feststellen, daß, wenn die Kurve geschlossen ist, der Kreisel nach einem ganzen Umlauf, falls er dabei nicht von der Führung abspringt, jedenfalls wieder mit derselben Eigendrehgeschwindigkeit an der alten Stelle eintrifft, soweit nicht Reibungskräfte einen Teil seines Energiegehaltes aufgezehrt haben.

4. **Das Kreiselmoment des unsymmetrischen Kreisels.** Es ist nicht schwierig, das Moment $\boldsymbol{M}$ auszurechnen, welches nötig ist, um einen im Schwerpunkt gestützten, unsymmetrischen Kreisel zu einer vorgeschriebenen erzwungenen Bewegung zu veranlassen, die von seiner natürlichen Poinsotbewegung abweicht. Um das Moment $\boldsymbol{M}$ und das ihm entgegengesetzte Kreiselmoment $\boldsymbol{K} = -\boldsymbol{M}$ aufzufinden, greifen wir am besten auf die Eulersche Gleichung §5 (1), S. 44,

$$\frac{d'\boldsymbol{\Theta}}{dt} + [\boldsymbol{\omega}\,\boldsymbol{\Theta}] = \boldsymbol{M} = -\boldsymbol{K}$$

zurück und schreiben ihre drei Komponentengleichungen für das im Kreisel feste xyz-System an [vgl. § 5, (2)]

$$(21) \qquad \begin{cases} K_x = (B-C)\,\eta\,\zeta - A\dfrac{d\xi}{dt}, \\[2mm] K_y = (C-A)\,\zeta\,\xi - B\dfrac{d\eta}{dt}, \\[2mm] K_z = (A-B)\,\xi\,\eta - C\dfrac{d\zeta}{dt}. \end{cases}$$

Wir wollen diese Komponenten K_x, K_y und K_z im Hinblick auf die wichtigsten Anwendungen nur für den Fall ermitteln, daß der Kreisel gezwungen werde, um eine seiner Hauptachsen, etwa die A-Achse, die wir dann seine Figurenachse heißen mögen, mit unveränderter Winkelgeschwindigkeit ν umzulaufen, während diese Achse gleichzeitig eine reguläre Präzession um eine raumfeste Achse mit der Winkelgeschwindigkeit μ vollzieht.

Um den Zusammenhang zwischen den rechtwinkligen Komponenten ξ, η, ζ von $\boldsymbol{\omega}$ in den drei Koordinatenachsen und den „natürlichen" Komponenten μ und ν von $\boldsymbol{\omega}$ in der Präzessions- und Figurenachse festzustellen, führen wir wieder die Eulerschen Winkel ein (Abb. 35), und zwar soll δ wie bisher definiert sein und φ den Drehwinkel der y-Achse gegen die Knotenachse bedeuten; die letztere steht auf μ und ν senkrecht und bildet mit dem Drehsinn δ eine Rechtsschraube. Da nun $\boldsymbol{\omega}$ in die Figurenachse und auf die erste Hauptebene (die Äquatorebene E in Abb. 35) die Komponenten $\mu \cos \delta + \nu$ und $\mu \sin \delta$ wirft, die wir schon wiederholt benutzt haben, so ist

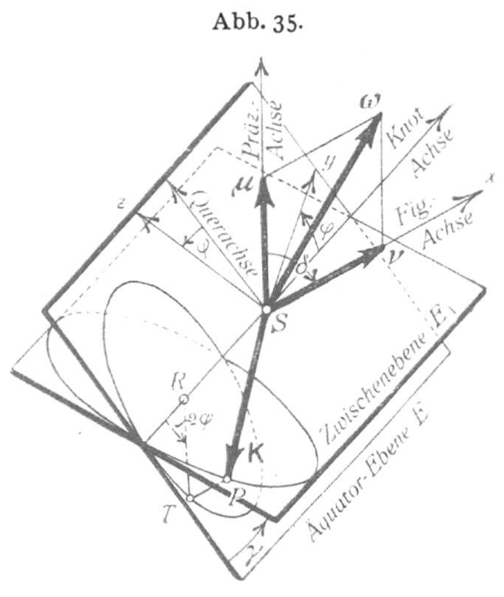

$$(22) \quad \begin{cases} \xi = \mu \cos \delta + \nu, \\ \eta = \mu \sin \delta \sin \varphi, \\ \zeta = \mu \sin \delta \cos \varphi. \end{cases}$$

Wir differentiieren diese Gleichungen nach der Zeit, indem wir beachten, daß δ, μ, ν unveränderlich sind, und daß die Drehgeschwindigkeit $d\varphi/dt$ gleichbedeutend mit ν ist; so kommt

$$(23) \quad \begin{cases} \dfrac{d\xi}{dt} = 0, \\[2mm] \dfrac{d\eta}{dt} = \mu\nu \sin \delta \cos \varphi, \\[2mm] \dfrac{d\zeta}{dt} = -\mu\nu \sin \delta \sin \varphi. \end{cases}$$

Sodann setzen wir die gefundenen Werte aus (22) und (23) in (21) ein und finden

$$(24) \quad \begin{cases} K_x = (B - C)\mu^2 \sin^2 \delta \sin \varphi \cos \varphi, \\ K_y = (C - A)\mu^2 \sin \delta \cos \delta \cos \varphi - (A + B - C)\mu\nu \sin \delta \cos \varphi, \\ K_z = (A - B)\mu^2 \sin \delta \cos \delta \sin \varphi + (A + C - B)\mu\nu \sin \delta \sin \varphi. \end{cases}$$

Nun projizieren wir, um übersichtlichere Ausdrücke zu bekommen, die Komponenten K_y und K_z aus der y- und z-Achse in die Knotenachse und erhalten so die in die Knotenachse fallende Komponente K' von $\boldsymbol{K}$, nämlich

$$(25) \qquad\qquad K' = K_y \cos \varphi - K_z \sin \varphi.$$

In der Äquatorebene gibt es eine Achse, die das Azimut $\varphi = 90^0$ gegen die Knotenachse besitzt; wir wollen sie die Querachse nennen. Projizieren wir K_y und K_z auch auf diese, so kommt die in die Querachse fallende Komponente K'' von K, nämlich

$$(26) \qquad K'' = K_y \sin \varphi + K_z \cos \varphi.$$

Ebenso wie wir den Vektor K aus K_x, K_y und K_z zusammensetzen konnten, so dürfen wir ihn auch aus den rechtwinkligen „natürlichen" Komponenten K_x, K' und K'' aufbauen, für die wir nach (24) bis (26) erhalten

$$K_x = \tfrac{1}{2}(B - C)\mu^2 \sin^2 \delta . \sin 2\,\varphi,$$
$$K' = -A\mu \sin \delta (\mu \cos \delta + \nu) - (B - C)\mu\nu \sin \delta . \cos 2\,\varphi$$
$$+ \mu^2 \sin \delta \cos \delta (B \sin^2 \varphi + C \cos^2 \varphi),$$
$$K' = -\tfrac{1}{2}(B - C)\mu \sin \delta (\mu \cos \delta + 2\,\nu) . \sin 2\,\varphi.$$

Wir formen das letzte Glied von K' vermittelst der trigonometrischen Formeln

$$\sin^2 \varphi = \tfrac{1}{2}(1 - \cos 2\,\varphi),$$
$$\cos^2 \varphi = \tfrac{1}{2}(1 + \cos 2\,\varphi)$$

um und finden

$$K' = -\mu \sin \delta \left\{ A\nu + \left(A - \frac{B + C}{2} \right) \mu \cos \delta \right\}$$
$$- \tfrac{1}{2}(B - C)\mu \sin \delta (\mu \cos \delta + 2\,\nu) . \cos 2\,\varphi.$$

Und nun ist es naheliegend, die folgenden Abkürzungen einzuführen, die sich bei der ganzen Bewegung nicht ändern:

$$(27) \qquad \begin{cases} K_1 = \mu \sin \delta \left\{ A\nu + \left(A - \dfrac{B + C}{2} \right) \mu \cos \delta \right\}, \\[2mm] K_2 = \tfrac{1}{2}(B - C)\mu \sin \delta (\mu \cos \delta + 2\,\nu), \\[2mm] K_3 = \tfrac{1}{2}(B - C)\mu^2 \sin^2 \delta. \end{cases}$$

Die natürlichen Komponenten des Kreiselmomentes lassen sich jetzt in der übersichtlichen Form schreiben

$$(28) \qquad K' = -K_1 - K_2 \cos 2\,\varphi,$$
$$(29) \qquad K'' = -K_2 \sin 2\,\varphi,$$
$$(30) \qquad K_x = K_3 \sin 2\,\varphi.$$

Wir stellen schnell fest, daß für den symmetrischen Kreisel mit $B = C$ die Ausdrücke K_2 und K_3 verschwinden, während K_1 auf den Ausdruck (8), S. 68, zurückkommt.

Ist jedoch B von C verschieden, so treten zu dem unveränderlichen Kreiselmoment K_1, das in die negative Knotenachse fällt und sich auch im Ausdruck nur wenig von dem Kreiselmoment des symmetrischen Falles unterscheidet, noch andere, zeitlich veränderliche Teile hinzu, die sich am einfachsten folgendermaßen veranschaulichen lassen.

Man drehe die Äquatorebene im entgegengesetzten Sinne von δ um die Knotenachse um einen Winkel γ, der durch

$$(31) \qquad \operatorname{ctg} \gamma = \frac{K_2}{K_3} = \operatorname{ctg} \delta + \frac{2\nu}{\mu \sin \delta}$$

bestimmt ist. Die gedrehte Ebene E_1 heiße die Zwischenebene (Abb. 35). Sodann trage man vom Stützpunkt aus in der Knotenachse den Ausdruck $-K_1$ als Vektor auf, also mit der Richtung der negativen Knotenachse, wenn der Betrag von K_1 positiv ist, sonst umgekehrt. Ebenso lege man an den Endpunkt R dieses Vektors den Ausdruck $-K_2$ in derselben Weise auf der Knotenachse als Vektor hin und beschreibe um R mit dem Halbmesser K_2 einen Kreis in der Äquatorebene. Mit dem Augenblicke, da die y-Achse durch die positive Knotenachse geht, beginnend, lasse man den Vektor $-K_2$ sich als Fahrstrahl des Kreises mit der Winkelgeschwindigkeit 2ν drehen, so daß sein Azimut gegen die negative Knotenachse 2φ wird, wenn φ das Azimut der y-Achse geworden ist. Der Fahrstrahl wirft dann nach der Knotenachse die Projektion $-K_2 \cos 2\varphi$, nach der Querachse die Projektion $-K_2 \sin 2\varphi$, so daß der vom Stützpunkte nach dem Endpunkte T des Fahrstrahls gezogene Vektor in der Knotenachse nach (28) die Komponente K', in der Querachse nach (29) die Komponente K'' besitzt. Man errichte schließlich im Punkte T das Lot auf der Äquatorebene und bringe dieses mit der Zwischenebene zum Schnitt in P, so ist die in der Richtung der Figurenachse positiv gerechnete Länge des Lotes gleich $K_2 \sin 2\varphi . \operatorname{tg} \gamma$ oder nach (31) gleich $K_3 \sin 2\varphi$, also gerade gleich der Komponente K_z von $\boldsymbol{K}$. Der Punkt P beschreibt in der Zwischenebene eine Ellipse, deren in der Knotenachse liegende Halbachse gleich K_2 ist, während ihre andere Halbachse die Länge $\sqrt{K_2^2 + K_3^2}$ besitzt. Nunmehr stellt der in der Zwischenebene vom Stützpunkt nach dem Ellipsenpunkt P gezogene Vektor der Größe und Richtung nach das Kreiselmoment $\boldsymbol{K}$ vor.

Das Kreiselmoment pulsiert demnach mit der doppelten Frequenz der Eigendrehung des Kreisels. Da die Zwischenebene sich mit der Knotenachse gleichmäßig dreht, so beschreibt der Endpunkt P des Vektors $\boldsymbol{K}$ eine Spirale, die auf einem elliptischen Wulst schräg aufgewickelt ist. Jedesmal, wenn eine der Hauptachsen durch die Knotenachse geht, also nach jeder Vierteldrehung des Kreisels, fällt auch $\boldsymbol{K}$ in die Knotenachse.

Beim schnellen Kreisel dürfen wir μ gegen ν vernachlässigen und also statt (27) angenähert setzen

$$(32) \qquad \begin{cases} K_1 = A\mu\nu \sin \delta, \\ K_2 = (B - C)\mu\nu \sin \delta, \\ K_3 = 0, \end{cases}$$

womit nach (31) auch $\gamma = 0$ wird: die Zwischenebene deckt sich jetzt mit der Äquatorebene nahezu, und $\boldsymbol{K}$ besitzt in der Figurenachse keine merkliche pulsierende Komponente mehr.

Eine solche Komponente K_x ist im allgemeinen Falle vorhanden. Unsere Voraussetzung, daß die Eigendrehgeschwindigkeit des Kreisels unveränderlich sein soll, kann mithin nur dann erfüllt werden, wenn in der Figurenachse ein zu K_x entgegengesetzt gleich pulsierendes Antriebsmoment M_x vorhanden ist. Andernfalls unterliegt die Eigendrehgeschwindigkeit ν Schwankungen, die sich ohne weiteres berechnen lassen. Wir brauchen lediglich $M_x = -K_x = 0$ zu setzen. Dann liefert die erste Gleichung (21)

$$(33) \qquad \frac{d\xi}{dt} - \frac{B-C}{A}\eta\zeta = 0.$$

Nehmen wir nach wie vor die Präzessionsgeschwindigkeit μ als unveränderlich an, so wird nach (22)

$$\frac{d\xi}{dt} = \frac{d\nu}{dt} = \frac{d^2\varphi}{dt^2},$$

und man hat statt (33) mit Berücksichtigung von (22)

$$(34) \qquad \frac{d^2\varphi}{dt^2} + \frac{1}{2}\frac{C-B}{A}\mu^2\sin^2\delta.\sin 2\varphi = 0.$$

Wir vergleichen diese Differentialgleichung für φ mit der Schwingungsgleichung eines mathematischen Pendels von der Länge l; diese lautet [vgl. § 2 (18), S. 30]

$$(35) \qquad \frac{d^2\varphi'}{dt^2} + \frac{g}{l}\sin\varphi' = 0.$$

Wir dürfen ohne jede Beschränkung $C > B$ voraussetzen und bringen dann die Gleichungen (34) und (35) zur Deckung durch die Vorschrift, daß

$$(36) \qquad l = \frac{gA}{(C-B)\mu^2\sin^2\delta},$$

$$(37) \qquad \varphi' = 2\varphi,$$

$$(38) \qquad \frac{d\varphi'}{dt} = 2\frac{d\varphi}{dt} = 2\nu$$

sein soll. Daraus ziehen wir den Schluß:

Der unsymmetrische Kreisel schwingt um die antriebfreie Figurenachse bei einer erzwungenen regulären Präzession wie ein mathematisches Pendel von der Länge l (36), jedoch immer mit halb so großem Ausschlag und halb so großer Geschwindigkeit, aber mit gleicher Schwingungsdauer. Die Geschwindigkeit ist allemal dann ein Höchstwert, wenn das Pendel durch die Nullage $\varphi' = 0$ geht; in diesem Augenblicke fällt die

B-Achse in die Knotenachse. Die Eigendrehgeschwindigkeit des Kreisels ist also immer dann ein Höchstwert, wenn die größere der äquatorialen Hauptachsen durch die Knotenachse geht.

Weil die Nullage eine stabile Ruhelage, die Höchstlage eine labile Ruhelage des Pendels darstellt, so folgern wir weiter: die größere der äquatorialen Hauptachsen ist in der Knotenlinie stabil, in der Querachse labil.

Hat der Kreisel einen genügend starken Anfangsstoß um die Figurenachse bekommen, so gehen die Schwingungen in ganze Drehungen über entsprechend dem Falle des sich überschlagenden Pendels. Die Geschwindigkeit ν ist auch jetzt immer dann ein Höchstwert, wenn die größere Hauptachse durch die Knotenlinie geht, ein Mindestwert aber, wenn dies die kleinere Hauptachse tut.

Schließlich verdient noch der Fall erwähnt zu werden, daß der Kreisel gezwungen wird, um eine in ihm feste Achse umzulaufen. Dann ist die Eigendrehung ν gleich Null, und somit kommt statt (27)

$$(39) \qquad \begin{cases} K_1 = \left(A - \dfrac{B+C}{2} \right) \mu^2 \sin\delta \cos\delta, \\ K_2 = \tfrac{1}{2}(B-C)\mu^2 \sin\delta \cos\delta, \\ K_3 = \tfrac{1}{2}(B-C)\mu^2 \sin^2\delta. \end{cases}$$

Jetzt pulsiert das Kreiselmoment $\boldsymbol{K}$ nicht mehr, sondern läuft gleichmäßig in der Zwischenebene um die Präzessionsachse, und die Zwischenebene steht nach (31) auf der Präzessionsachse senkrecht.

Für den symmetrischen Kreisel ($B=C$) verschwinden K_2 und K_3 und die dann allein übrigbleibende Komponente $K' = -K_1$ in der Knotenlinie stimmt der Größe und dem Vorzeichen nach mit dem Schleudermoment des symmetrischen Kreisels [vgl. (12) und (13), S. 71] überein. Infolgedessen wollen wir die Ausdrücke (39) auch hier die Komponenten des Schleudermomentes heißen, das sich aus ihnen nach Maßgabe der Gleichungen (28) bis (30) zusammensetzt. Dieses Schleudermoment ist auch hier nichts anderes als das Moment der Fliehkräfte, und wir wollen zeigen, daß diese das Bestreben haben, die Achse des größten Trägheitsmomentes, also die kleinste Hauptachse in die Drehachse hineinzuziehen.

Wählen wir nämlich diese Achse zur Figurenachse, setzen also

$$(40) \qquad A > B > C$$

voraus, so wird auch

$$A > \frac{B+C}{2} \quad \text{und desgleichen} \quad A - \frac{B+C}{2} > \frac{B-C}{2},$$

und folglich ist

$$(41) \qquad K_1 > K_2 > 0,$$

da wir doch δ auf einen spitzen Winkel beschränken dürfen. Die einzige Komponente des Schleudermomentes, die den Winkel δ zwischen der Drehachse und der kleinsten Hauptachse zu verändern strebt, ist die in der Knotenlinie liegende K' (28). Zufolge (41) hat sie immer einen negativen Betrag und liegt folglich in der negativen Knotenachse, sucht also den Winkel δ zu verkleinern und die Figurenachse tatsächlich in die Drehachse hineinzuziehen.

Beiläufig stellen wir fest, daß das Schleudermoment nach (39) verschwindet, wenn $\delta = 0$ ist, d. h. wenn die erzwungene Drehung um die Figurenachse geschieht. Weil jede der drei Hauptachsen zur Figurenachse erwählt werden kann, so sind diese nachträglich noch einmal als schleuderkraftfreie, d. h. permanente Drehachsen erwiesen.

§ 8. Der Einfluß der Reibung.

1. **Die Lagerreibung.** Der kräftefreie Kreisel, wie wir ihn im ersten Abschnitt untersucht haben, ist eine Begriffsbildung, die sich niemals streng verwirklichen läßt, und zwar auch dann noch nicht, wenn es schon gelungen ist, den Schwerpunkt merklich genau in den Stützpunkt zu legen. Weder kann die durch Lager irgendwelcher Art vermittelte stoffliche Verbindung des Kreisels mit seiner Umgebung vollkommen reibungsfrei gestaltet werden, noch vermag man es ganz zu verhindern, daß der Kreisel bei seiner Bewegung die benachbarten Luftteilchen mit sich reißt. Es ist durchaus nötig, die Rückwirkung dieser beiden störenden Einflüsse auf die Bewegung kennen zu lernen, ehe man die bisherigen Ergebnisse mit dem tatsächlichen Verhalten des Kreisels vergleicht. Wir werden nämlich finden, daß selbst ganz schwache Widerstände unter Umständen das Aussehen der Bewegung im Laufe der Zeit erheblich verändern können.

Zunächst haben wir es mit der Lagerreibung allein zu tun. Bei unserer noch ziemlich dürftigen Kenntnis der Reibungsgesetze und deren starker Abhängigkeit von zufälligen kleinen Mängeln des Lagers verzichten wir von vornherein darauf, den Einfluß dieses Widerstandes streng formelmäßig darzustellen, und werden unsere Aufgabe als gelöst betrachten, sobald es uns gelingt, die Art dieses Einflusses richtig zu beschreiben. Dadurch ist für die Erkenntnis mehr gewonnen, als durch eine Formel, die unübersichtlich verwickelt lauten müßte und zudem Beiwerte enthalten würde, die von der Formgebung des Lagers abhängig und uns ihrer Größe nach doch nicht mit Sicherheit bekannt wären. Außerdem wollen wir uns auf den symmetrischen Kreisel beschränken.

Solche Kreisel sind häufig in einem sogenannten cardanischen Gehänge gelagert (Abb. 36). Die Figurenachse wird von einem inneren Ringe als Durchmesser getragen. Der innere Ring kann sich um den dazu senkrechten Durchmesser, also um die Knotenachse im äußeren Ringe drehen, und dieser wiederum gegen die feste Umgebung um einen zur Knotenachse senkrechten Durchmesser, also um die Präzessionsachse. Die Reibung in den Lagern der Figurenachse wird die Eigendrehgeschwindigkeit ν allmählich vermindern, die Reibung in den Lagern der Präzessionsachse ebenso die Präzessionsgeschwindigkeit μ, wogegen bei der regulären Präzession eine Änderung des Winkels ϑ zwischen μ und ν, also eine Reibung in den Lagern der Knotenachse gar nicht vorkommt. Nun besteht aber zwischen den Parametern μ, ν und ϑ die Beziehung § 4 (6), S. 42, wonach sich von selbst der Winkel ϑ allemal dann ändern muß, wenn die Verminderungen der Geschwindigkeiten μ und ν nicht unter sich proportional bleiben.

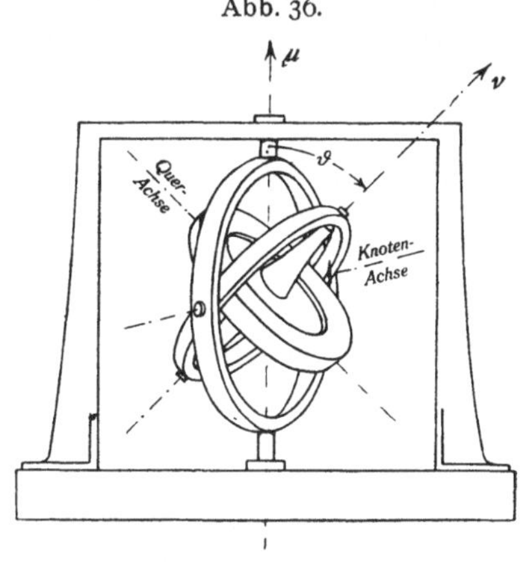
Abb. 36.

Doch ist klar, daß bei gut gebauten Lagern die Abnahme dieser in der Regel nicht gerade sehr kleinen Geschwindigkeiten überhaupt nur langsam erfolgt, und daß infolgedessen auch die Drehgeschwindigkeit $d\vartheta/dt$ um die Knotenachse, wenn sie nicht Null ist, sicherlich nur sehr kleine Beträge annehmen kann, die wir gegenüber μ und ν ohne weiteres vernachlässigen dürfen. Dann aber spielt auch die in die Knotenachse fallende Komponente $B\,d\vartheta/dt$ des Schwunges gegenüber den in der Figurenachse und Querachse liegenden Komponenten $A(\mu\cos\vartheta + \nu)$ und $B\mu\sin\vartheta$ [vgl. § 4 (3), (4), S. 42] keine Rolle; und dies besagt, daß während der ganzen Bewegung weder die Drehachse $\boldsymbol{\omega}$ noch der Schwungvektor $\boldsymbol{\Theta}$ aus der Präzessionsebene merklich heraustreten, falls die Reibung gering ist. Dies wollen wir voraussetzen.

Unsere Überlegung wird darauf hinauskommen, die Änderungsgeschwindigkeit des Schwungvektors unter dem Einfluß der in den Lagern geweckten Reibungsmomente zu verfolgen. Beurteilen wir diese Änderungsgeschwindigkeit vom Kreisel aus, so müssen wir ihr noch die Gerüstgeschwindigkeit $[\boldsymbol{\omega}\,\boldsymbol{\Theta}]$ [Einl. (5), S. 8] hinzufügen. Da $\boldsymbol{\omega}$ und $\boldsymbol{\Theta}$ ziemlich genau in der Präzessionsebene liegen, so tritt der Vektor $[\boldsymbol{\omega}\,\boldsymbol{\Theta}]$ aus der darauf senkrechten Knotenlinie nur ganz wenig heraus; er wirft also keine merkliche Komponente in die Figurenachse und in die Querachse, so daß die zeitlichen Ableitungen der vorhin angeschriebenen Komponenten schon die Komponenten der Änderungsgeschwindigkeit des Schwungvektors darstellen. Wir haben sie also einfach den entsprechenden Komponenten des Reibungsmomentes gleichzusetzen.

Das Reibungsmoment fügt sich zusammen aus einem von den Lagern der Präzessionsachse herrührenden Bestandteil P, der jedenfalls die umgekehrte Richtung von μ hat, ebenso aus einem zweiten P' von den Lagern der Figurenachse mit der Richtung von $-\nu$ und endlich einem dritten P'', welcher in der Knotenlinie liegt und der Drehung $d\vartheta/dt$ entgegenwirkt. Diese Einzelmomente werfen in die Figurenachse und in die Querachse die Komponenten $-P\cos\vartheta - P'$ und $-P\sin\vartheta$, und demnach gelten die Gleichungen

$$(1) \qquad A\frac{d}{dt}(\mu\cos\vartheta + \nu) = -P\cos\vartheta - P',$$

$$(2) \qquad B\frac{d}{dt}(\mu\sin\vartheta) = -P\sin\vartheta.$$

Die erste Gleichung kann man, da sie doch für jeden Winkel ϑ gültig sein muß, in die zwei Gleichungen zerspalten

$$3) \qquad A\frac{d}{dt}(\mu\cos\vartheta) = -P\cos\vartheta,$$

$$(4) \qquad A\frac{d\nu}{dt} = -P'.$$

Man pflegt, in ziemlicher Übereinstimmung mit der Erfahrung, die Reibungsmomente in Lagern, die nicht besondere Schmiervorrichtungen besitzen, als unabhängig von der Geschwindigkeit anzusetzen, so daß P, P' und P'' als unveränderlich gelten dürfen. Dann zeigt zunächst die Gleichung (4), daß die Eigendrehgeschwindigkeit ν gleichmäßig abnimmt, und zwar mit der Verzögerung P'/A.

Ferner liefern (2) und (3) die Abnahme der Komponenten von μ auf der Querachse und auf der Figurenachse im Zeitteilchen dt

$$d(\mu\sin\vartheta) = -\frac{P}{B}\sin\vartheta\,dt, \qquad d(\mu\cos\vartheta) = -\frac{P}{A}\cos\vartheta\,dt.$$

Bezeichnen wir also mit $d\vartheta$ den (positiven oder negativen) Zuwachs des Winkels ϑ in diesem Zeitteilchen, so ist der Quotient aus den angewachsenen Komponenten

$$(5)\quad \operatorname{tg}(\vartheta + d\vartheta) = \frac{\mu\sin\vartheta + d(\mu\sin\vartheta)}{\mu\cos\vartheta + d(\mu\cos\vartheta)} = \frac{\mu\sin\vartheta - \dfrac{P}{B}\sin\vartheta\,dt}{\mu\cos\vartheta - \dfrac{P}{A}\cos\vartheta\,dt} = \frac{1 - \dfrac{P\,dt}{B\mu}}{1 - \dfrac{P\,dt}{A\mu}}\operatorname{tg}\vartheta.$$

Der vor $\operatorname{tg}\vartheta$ stehende Bruch ist größer oder kleiner als die Zahl 1, je nachdem $A \lessgtr B$, d. h. je nachdem der Kreisel gestreckt oder abgeplattet ist. Folglich nimmt unter dem Einfluß der Lagerreibung der Öffnungswinkel ϑ der Präzession langsam zu oder ab, je nachdem der Kreisel gestreckt oder abgeplattet ist. Wenn der Kreisel also überhaupt genügend lange läuft, so stellt er sich schließlich mit der Figurenachse oder mit einer äquatorialen Achse merklich in die Präzessionsachse ein, je nachdem er abgeplattet oder gestreckt ist. Überdies sind wir jetzt gezwungen, unsere Aussage über die Stabilität der Figurenachse des symmetrischen Kreisels (§ 4, 2., S. 43) dahin einzuschränken: die Figurenachse des abgeplatteten Kreisels ist nach wie vor eine stabile, diejenige des gestreckten Kreisels dagegen infolge der Lagerreibung eine labile permanente Drehachse.

Wir fügen noch zwei Bemerkungen bei. Erstens können wir nachträglich die Voraussetzung fallen lassen, daß die Drehachse des äußeren Cardanringes in die Präzessionsachse falle. Wird der Kreisel irgendwie anders angestoßen, so treten merkliche Drehbewegungen in allen sechs Lagern des Cardangehänges auf. Die Reibung in den Lagern der Figurenachse äußert sich wie bisher, die Reibung in den anderen vier Lagern muß ebenso wieder ein die Drehung μ behinderndes Moment ergeben, das die Richtung von $-\mu$ hat, und dann können die nämlichen Schlüsse gezogen werden wie vorhin.

Zweitens haben wir die träge Masse der beiden Ringe stillschweigend vernachlässigt, die zwar nicht die Eigendrehung ν, aber die Präzessionsdrehung μ mitmachen und demnach einen bestimmten Betrag an Schwung mit sich führen, dessen Vektor, solange einer der beiden Ringe schräg gegen die Präzessionsachse steht, im allgemeinen nicht ganz in die Richtung μ fällt und zu dem Schwung des Kreisels $\Theta = B\mu$ [vgl. § 4 (5), S. 42] geometrisch zu addieren ist. Überwiegt das axiale Trägheitsmoment des Kreisels die Trägheitsmomente der Ringe erheblich, so ist auch jener Zusatz klein gegenüber Θ, und der gesamte Schwung kann dann in erster Annäherung durch einen Vektor dargestellt werden, der nach wie vor merklich in die μ-Achse fällt und den Betrag $B'\mu$ hat, wo B' ein wenig größer als B ist und das gesamte äquatoriale Trägheitsmoment von Kreisel und Gehänge bedeutet. Dies hat zur Folge, daß auch in (5) B durch B' zu ersetzen ist. Die daraus erschlossenen Aussagen bedürfen einer entsprechenden Änderung; diese ist aber nur geringfügig und bei solchen Kreiseln ohne Belang, die nicht annähernd Kugelsymmetrie besitzen, sondern ausgeprägt abgeplattete oder gestreckte Trägheitsellipsoide haben.

2. Die Luftreibung. Bei seiner Bewegung reißt der Kreisel, wie schon erwähnt, die ihn umgebenden Luftteilchen mit sich, diese übertragen ihre Bewegung auf weiter entfernte, und so entsteht um den Kreisel ein wirbelndes Luftgebilde, das unablässig an der Drehwucht des Kreisels zehrt und sich demnach in einem widerstehenden Moment auf den Kreisel äußert. Die Berechnung dieses Momentes ist eine bis jetzt nicht gelöste aerodynamische Aufgabe, so daß wir uns mit einem Ausdruck dafür begnügen müssen, der zwar nicht streng richtig ist, aber wenigstens die wesentlichen Merkmale dieser Luftreibung wiedergibt.

Es ist nun sehr glaubhaft, daß das widerstehende Moment mit der Drehgeschwindigkeit des Kreisels wächst und im großen ganzen die entgegengesetzte Richtung des Drehvektors $\boldsymbol{\omega}$ hat. Sein einfachster Ausdruck wird demnach $-\varepsilon\boldsymbol{\omega}$ sein, wo die sogenannte Dämpfungszahl ε von der Gestalt des Kreisels und von der Luftdichte abhängt. Wir lassen es dahingestellt, ob es nicht richtiger wäre, das Reibungsmoment mit dem Quadrat der Drehgeschwindigkeit $\boldsymbol{\omega}$ proportional zu setzen (wofür manche aerodynamischen Gründe sprechen würden), und behalten den Momentvektor $-\varepsilon\boldsymbol{\omega}$ mit seinen Komponenten $-\varepsilon\xi$, $-\varepsilon\eta$ und $-\varepsilon\zeta$ in der körperfesten x-, y- und z-Achse bei. Beschränken wir uns auch hier auf den symmetrischen Kreisel, so lauten demnach die Eulerschen Bewegungsgleichungen § 5 (2), S. 45, mit $B = C$

$$(6) \qquad A\frac{d\xi}{dt} = -\varepsilon\xi,$$

$$(7) \qquad B\frac{d\eta}{dt} = (B-A)\zeta\xi - \varepsilon\eta,$$

$$(8) \qquad B\frac{d\zeta}{dt} = (A-B)\xi\eta - \varepsilon\zeta.$$

Wir multiplizieren (7) mit η, (8) mit ζ und addieren sodann beide Gleichungen; dann kommt

$$(9) \qquad B\left(\eta\frac{d\eta}{dt} + \zeta\frac{d\zeta}{dt}\right) = -\varepsilon(\eta^2 + \zeta^2).$$

Bilden wir aus den beiden äquatorialen Drehkomponenten η und ζ die Resultante σ, so liegt diese sehr angenähert in der Querachse; denn die durch die Reibung gestörte Kreiselbewegung unterscheidet sich auch hier sicherlich nur wenig von der regulären Präzession, so daß der Drehvektor $\boldsymbol{\omega}$ kaum merklich aus der Präzessionsebene heraustritt; und folglich fällt seine äquatoriale Komponente σ (früher auch mit $\mu\sin\vartheta$ bezeichnet) nahezu in die Querachse. Aus der Beziehung

$$\eta^2 + \zeta^2 = \sigma^2$$

folgt durch Differentiation

$$\eta\,\frac{d\eta}{dt} + \zeta\,\frac{d\zeta}{dt} = \sigma\,\frac{d\sigma}{dt},$$

so daß Gleichung (9) übergeht in

$$(10) \qquad B\,\frac{d\sigma}{dt} = -\varepsilon\,\sigma.$$

Die Integrale der beiden gleichgebauten Differentialgleichungen (6) und (10) lauten

$$(11) \qquad \xi = \xi_0\,e^{-\frac{\varepsilon t}{A}}, \qquad \sigma = \sigma_0\,e^{-\frac{\varepsilon t}{B}}$$

(man stellt dies durch nachträgliches Einsetzen leicht fest), und zwar bedeuten ξ_0 und σ_0 die zur Zeit $t = 0$ gültigen Anfangswerte von ξ und σ.

Für den Winkel α zwischen der Drehachse $\boldsymbol{\omega}$ und der Figurenachse gilt mithin

$$(12) \qquad \operatorname{tg}\alpha = \frac{\sigma}{\xi} = \frac{\sigma_0}{\xi_0}\,e^{\left(\frac{1}{A} - \frac{1}{B}\right)\varepsilon t} = e^{\left(\frac{1}{A} - \frac{1}{B}\right)\varepsilon t}\,\operatorname{tg}\alpha_0,$$

unter α_0 wieder den Anfangswert verstanden. Die Exponentialfunktion nimmt mit der Zeit zu oder ab, je nachdem der Exponent positiv oder negativ ist, also je nachdem $A \lessgtr B$. Im ersten Falle nähert sich α asymptotisch dem Wert 90^0, im zweiten asymptotisch dem Wert 0^0. Unter dem Einflusse der Luftreibung wandert demnach die Drehachse beim gestreckten Kreisel nach dem Äquator, beim abgeplatteten nach der Figurenachse hin. Sie erreicht diese Endlage freilich in keinem Falle, und auch die Drehgeschwindigkeit selbst nimmt nach (11) in gleicher Weise asymptotisch ab. Auf die Stabilität der Figurenachse hat die Luftreibung denselben Einfluß wie die Lagerreibung: diese Achse ist nur noch beim abgeplatteten Kreisel eine stabile permanente Drehachse.

Dritter Abschnitt.

Der schwere Kreisel.

§ 9.
Die Präzessionsbewegungen des symmetrischen Kreisels.

1. Die reguläre Präzession. Eine besonders wichtige Art des
Zwanges wird durch die Schwerkraft in dem Falle ausgeübt, daß
der Stützpunkt und der Drehpunkt eines Kreisels nicht mehr, wie
bisher, zusammenfallen. Dann verschwindet auch das Moment der
Schwerkraft bezüglich des Stützpunktes nicht mehr, und sein Wert
ist nach Einl. (31), S. 14,

$$(1) \qquad \boldsymbol{M_0} = m\,[\boldsymbol{r_0}\,\boldsymbol{g}],$$

wo m die Kreiselmasse, $\boldsymbol{r_0}$ den vom Stützpunkt nach dem Schwerpunkt gezogenen Fahrstrahl und $\boldsymbol{g}$ den Vektor der Erdbeschleunigung
bedeutet.

Wenn· das Trägheitsellipsoid des Stützpunktes Rotationssymmetrie
besitzt, so kann der Schwerpunkt an sich noch ganz beliebig gelegen
sein; aber offenbar befindet er sich, wenn der Kreisel selbst homogen
rotationssymmetrisch gestaltet ist, auf der Figurenachse. Es sind jedoch auch unsymmetrische Massenverteilungen denkbar, deren Schwerpunkt bei rotationssymmetrischem Trägheitsellipsoid des Stützpunktes
auf der Figurenachse liegt. Man spricht jetzt von einem **schweren
symmetrischen Kreisel**, und mit einem solchen haben wir es bis
auf weiteres zu tun. Indem wir die Begriffsbestimmung der **Figurenachse** ein wenig gegen früher abändern, wollen wir fortan darunter
im besonderen denjenigen Halbstrahl verstehen, der den Vektor $\boldsymbol{r_0}$,
also den Schwerpunkt trägt.

Das Schweremoment $\boldsymbol{M_0}$ steht auf der Figurenachse und auf der
Lotlinie senkrecht; es hat mithin dieselbe Richtung wie die Knotenachse einer regulären Präzession, die um die Lotlinie erfolgen würde.

Nun erinnern wir uns daran, daß zur Erhaltung einer solchen regulären Präzession nach § 7 (7), S. 68, ein Zwangsmoment

$$(2) \qquad M = [\mu\,\nu]\left\{ A + (A - B)\frac{\mu}{\nu}\cos\delta \right\}$$

nötig war, welches ebenfalls in die Knotenachse fiel. Wird demnach der Kreisel um die Figurenachse in Drehung versetzt und ihm alsdann ein geeigneter Zusatzstoß gegeben (vgl. S. 69), so kann man es erreichen, daß er unter dem Einfluß der Schwere eine reguläre Präzession mit den Parametern δ, μ, ν um die Lotlinie vollzieht. Dazu ist nur erforderlich, daß die beiden Momente (1) und (2) auch noch ihrem Betrage nach übereinstimmen.

Da wir unter δ den Winkel zwischen der nach oben gerichteten Lotlinie $-\boldsymbol{g}$ und der Figurenachse $\boldsymbol{r}_0$ zu verstehen haben, so ist nach Einl. (3)

$$(3) \qquad M_0 = m\,g\,r_0 \sin\delta.$$

Das rechtsstehende wesentlich positive Produkt aus dem Gewichte $G = mg$ des Kreisels in den Abstand des Schwerpunktes vom Stützpunkt wollen wir zur Abkürzung künftig stets mit

$$(4) \qquad Q = m\,g\,r_0$$

bezeichnen und das Stützpunktmoment heißen. So wird statt (3)

$$5) \qquad M_0 = Q\sin\delta.$$

Andererseits ist der Betrag von (2)

$$(6) \qquad M = \{ A\,\mu\,\nu + (A - B)\,\mu^2\cos\delta \}\sin\delta.$$

Beide Momente stimmen überein, wenn entweder $\sin\delta = 0$ ist, also der Kreisel aufrecht steht, oder wenn $\delta = 180^0$, also der Kreisel lotrecht abwärts hängt — diese Fälle stellen wir auf später zurück —, oder wenn

$$(7) \qquad Q = A\,\mu\,\nu + (A - B)\,\mu^2\cos\delta$$

wird. Dies ist die notwendige Bedingung für die reguläre Präzession des schweren symmetrischen Kreisels. Hinreichend ist sie erst in Verbindung mit dem richtig abgemessenen Anfangsstoß. Mit $Q = 0$ geht sie natürlich in die Präzessionsbedingung des kräftefreien symmetrischen Kreisels [§ 4 (6), S. 42] über.

Die Präzessionsgeschwindigkeit μ zählen wir positiv oder negativ, je nachdem der Vektor $\boldsymbol{\mu}$ nach oben oder nach unten weist. Im ersten Falle sprechen wir von einer Rechts-, im zweiten von einer Linkspräzession. Desgleichen nennen wir den Kreisel rechts- oder linksdrehend, je nachdem die Vektoren $\boldsymbol{\nu}$ und $\boldsymbol{r}_0$ gleiche oder entgegengesetzte Richtung haben; beim rechtsdrehenden Kreisel ist ν positiv, bei linksdrehendem negativ zu zählen.

Sieht man die Massenverteilung, d. h. A, B und Q als gegeben, die Eigendrehung ν und den Öffnungswinkel δ der Präzession aber als vorgeschrieben an, so berechnet sich die zugehörige Präzessionsgeschwindigkeit μ zu

$$(8) \qquad \mu = \frac{A\nu \mp \sqrt{A^2\nu^2 - 4(B-A)\,Q\cos\delta}}{2(B-A)\cos\delta}.$$

Je nachdem

$$(9) \qquad A^2\nu^2 \gtreqless 4(B-A)\,Q\cos\delta$$

ist, gibt es also jedesmal zwei verschiedene reguläre Präzessionen oder nur eine einzige oder überhaupt keine. Falls zwei vorhanden sind, so erfolgen sie im gleichen oder entgegengesetzten Drehsinne, je nachdem das Produkt der beiden aus (8) folgenden μ-Werte positiv oder negativ ist, d. h. je nachdem

$$\frac{Q}{(B-A)\cos\delta} \gtreqless 0$$

oder kürzer, weil Q positiv bleibt, je nachdem

$$(10) \qquad (B-A)\cos\delta \gtreqless 0$$

wird.

Im Falle zweier Präzessionen unterscheiden wir beide voneinander als langsame und als schnelle, je nach dem Betrage von μ. Endlich heißen wir den Kreisel gehoben oder gesenkt, je nachdem die Figurenachse mit $\delta < 90^0$ schräg nach oben oder mit $\delta > 90^0$ schräg nach unten weist.

In der Präzessionsbedingung (7) und den daraus abgeleiteten Beziehungen (8) bis (10) kommen die Ausdrücke $A - B$ und $\cos\delta$ nur in der Verbindung des Produktes $(A-B)\cos\delta$ vor. Infolgedessen verhält sich einerseits der abgeplattete gehobene Kreisel ebenso wie der gestreckte gesenkte $[(A-B)\cos\delta > 0]$, und zwar gibt es für jedes Wertepaar δ, ν bei ihm nach (8) und (10) zwei ungleichstimmige reguläre Präzessionen. Andererseits verhält sich der gestreckte gehobene Kreisel ebenso wie der abgeplattete gesenkte $[(A-B)\cos\delta < 0]$, und zwar gibt es hier nach (9) nur dann zwei reguläre Präzessionen, die beim rechtsdrehenden Kreisel Rechts-, beim linksdrehenden Linkspräzessionen sind, wenn das Wertepaar δ, ν die Ungleichung

$$(11) \qquad A^2\nu^2 > 4(B-A)\,Q\cos\delta$$

erfüllt; es gibt bloß eine einzige reguläre Präzession, falls

$$(12) \qquad A^2\nu^2 = 4(B-A)\,Q\cos\delta$$

ist, und diese gehorcht nach (8) und (12) der Bedingung

$$(13) \qquad A\,\mu\,\nu = 2\,Q.$$

Die regulären Präzessionen des gestreckten gehobenen Kreisels erfolgen also von oben gesehen im gleichen Sinne wie die Kreiseldrehung, diejenigen des abgeplatteten gesenkten im entgegengesetzten Sinne, und sie sind bei beiden Kreiseln überhaupt nur dann möglich, wenn die Eigendrehgeschwindigkeit ν hinreichend groß ist.

Beim gestreckten gesenkten Kreisel geschieht die schnellere der beiden regulären Präzessionen von oben gesehen im Sinne der Kreiseldrehung, die langsamere im entgegengesetzten, und beim abgeplatteten gehobenen ist es gerade umgekehrt, doch ist bei beiden Kreiseln kein Mindestwert der Eigendrehgeschwindigkeit ν erforderlich.

Sodann zählen wir noch einige Sonderfälle auf. Ist erstens $\nu = 0$, so spricht man überhaupt nicht von einem Kreisel, sondern von einem sphärischen Pendel, und die Bedingung (7), die sich jetzt

$$(14) \qquad \mu^2 = \frac{Q}{(A-B)\cos\delta}$$

schreibt, gibt die Winkelgeschwindigkeit μ an, mit welcher die Figurenachse des Pendels einen Kreiskegel von dem Erzeugungswinkel δ um die Lotlinie beschreiben kann, falls sie den richtigen seitlichen Anstoß bekommen hat. In (14) tritt nur das Quadrat von μ auf, und damit dieses positiv, μ also reell wird, muß

$$(15) \qquad (A-B)\cos\delta > 0$$

sein. Das sphärische Pendel vermag mithin zwei Kegelbewegungen von beliebigem, aber entgegengesetzt gleichem Umlaufssinne zu vollziehen, wenn seine Figurenachse entweder gesenkt ist und ein kleineres Trägheitsmoment als irgendeine andere Stützpunktsachse besitzt, oder aber wenn sie gehoben ist und das größte Trägheitsmoment hat. Dieser letzte Fall ist außerordentlich· bemerkenswert, da hier der Schwerpunkt höher liegt als der Stützpunkt.

Ist zweitens $\delta = 90^0$ oder aber $A = B$, so wird (8) unbrauchbar und wir müssen auf die Gleichung (7) zurückgreifen. In dieser verschwindet jetzt der Beiwert des Gliedes μ^2, und das bedeutet, daß die eine Wurzel dieser Gleichung unendlich groß geworden ist, also keine kinematische Bedeutung mehr besitzt. Die andere Wurzel gehorcht der Bedingung

$$(16) \qquad A\mu\nu = Q.$$

Im Falle $A = B$ sprechen wir wieder von einem Kugelkreisel. Nach § 2, 4., S. 31, ist dies ein Kreisel, dessen Trägheitsellipsoid des Schwerpunkts abgeplattet ist und der in bestimmter Entfernung s [§ 2 (20)] vom Schwerpunkt auf der Figurenachse gestützt wird. Nach (16) gibt es beim Kugelkreisel und ebenso beim wagerecht präzessierenden symmetrischen Kreisel zu jeder Eigendrehung eine einzige, gleichstimmige reguläre Präzession, die um so rascher erfolgt, je größer das Stützpunktsmoment Q und je kleiner die Komponente $A\nu$ des Schwunges in der Figurenachse ist.

Nun bleibt nur noch drittens zu untersuchen der Fall $\delta = 0$ des sogenannten aufrechten Kreisels und der Fall $\delta = 180^0$ des in der Ruhelage hängenden Kreiselpendels. Der letztere ist ohne weiteres erledigt: dieser Kreisel läuft stabil um seine Figurenachse um. Von besonderer Bedeutung ist dagegen der aufrechte Kreisel. Seine Bewegung ist ein Grenzfall der regulären Präzessionen, wobei sowohl das Moment $\boldsymbol{M}_0$ der Schwere (5) wie auch das zur Erhaltung der Bewegung erforderliche Zwangsmoment $\boldsymbol{M}$ (6) verschwinden. Weil hier demnach die Bedingung $\boldsymbol{M}_0 = \boldsymbol{M}$ von selbst erfüllt ist, so wird der aufrechte Kreisel von selbst aufrecht stehen bleiben. Es fragt sich nur, ob diese seine Lage stabil ist oder nicht. Setzen wir — vorbehaltlich künftig nachzuholender Begründung — voraus, was glaubhaft erscheint, nämlich daß die bisher behandelten, durch die Bedingung (7) beherrschten regulären Präzessionen stabile Bewegungen des Kreisels vorstellen, so werden wir den (später noch strenger zu bestätigenden) Schluß ziehen dürfen, daß der aufrechte Kreisel stabil umläuft, solange seine Bewegung als Grenzfall der zur Bedingung (7) gehörenden regulären Präzessionen betrachtet werden kann. Wir wollen zeigen, daß dies nur bei ganz bestimmten Drehgeschwindigkeiten zutrifft.

Die Bedingung (7) lautet im Grenzfall für $\delta = 0$

$$(17) \qquad\qquad Q = A\mu\nu + (A - B)\mu^2.$$

Da die Vektoren $\boldsymbol{\mu}$ und $\boldsymbol{\nu}$ hier dieselbe Richtung haben, so besitzt lediglich ihre Summe

$$(18) \qquad\qquad \omega = \mu + \nu$$

kinematische Bedeutung. Es ist nun klar, daß die Gleichung (17) nur erfüllt werden kann, wenn die Drehgeschwindigkeit ω des Kreisels um die Figurenachse nicht unter einen gewissen Mindestwert sinkt; denn für $\omega = 0$ käme mit $\mu = -\nu$ statt (17) die dem Vorzeichen nach unmögliche Bedingung $Q = -B\mu^2$. Wir wollen diesen Mindestwert aufsuchen.

Entnehmen wir der Gleichung (17) den Wert von ν und setzen ihn in (18) ein, so kommt

$$(19) \qquad \omega = \mu + \frac{Q + (B - A)\,\mu^2}{A\,\mu} = \frac{Q + B\,\mu^2}{A\,\mu}.$$

Um den kleinsten Wert dieses mit μ sich ändernden Ausdruckes zu erhalten, bilden wir

$$\frac{d\omega}{d\mu} = \frac{B\,\mu^2 - Q}{A\,\mu^2}.$$

Der Mindestwert wird da erreicht, wo $d\omega/d\mu = 0$ ist, also für $\mu = \sqrt{Q/B}$ und beträgt dann nach (19)

$$\omega = \frac{2}{A}\sqrt{B\,Q}.$$

Für diesen und alle größeren Werte läßt sich ω so in die Summanden μ und ν spalten, daß die Bedingung (17) erfüllt wird. **Folglich ist der aufrechte Kreisel stabil, solange seine Drehgeschwindigkeit**

$$(20) \qquad \omega \geqq \frac{2}{A}\sqrt{B\,Q}$$

bleibt. Der zulässige Mindestwert $A\omega$ seines Schwunges wächst mit dem äquatorialen Trägheitsmoment B und mit dem Stützpunktsmoment Q.

2. Die pseudoreguläre Präzession. Die reguläre Präzession ist offenbar nur eine ganz besondere Bewegungsform des schweren symmetrischen Kreisels, keineswegs aber die allgemein mögliche. Denn sie war an die Bedingung (7) und zudem an einen Anfangsstoß von ganz bestimmter Größe und Richtung gebunden. Ehe wir die allgemeinste Bewegung eines solchen Kreisels untersuchen, liegt es nahe, danach zu fragen, ob nicht präzessionsähnliche Bewegungen vorkommen können, die wir früher als pseudoregulär bezeichnet haben. Wir fanden eine solche in § 6, 4., wo ein schneller Kreisel von einer an seiner Figurenachse angreifenden Kraft von unveränderlicher Größe nach einem festen Punkte hingezogen wurde. Verlegen wir diesen festen Punkt nach dem Erdmittelpunkt, also lotrecht unter den Stützpunkt, und betrachten wir jene Kraft als die Schwerkraft, so sind alle Voraussetzungen dafür gegeben, daß wir die dortigen Ergebnisse hierher übertragen.

Zunächst können wir feststellen: die Bewegung des schnellen schweren symmetrischen Kreisels ist allemal eine pseudoreguläre Präzession um die Lotlinie. Und man findet auch leicht, daß der rechtsdrehende Kreisel eine Rechtspräzession, der linksdrehende eine Linkspräzession beschreibt. Denn im ersten Falle stimmen Figurenachse und Vektor ν ihrer Richtung nach überein, im zweiten Falle liegen sie entgegengesetzt. Führen wir in die Formel § 6 (12), S. 64, den Wert des äußeren Momentes als des Schweremomentes $\boldsymbol{M}_0$ aus (5) ein, so finden wir, indem wir den Faktor $\sin \delta$ im Zähler und Nenner fortheben, die Präzessionsgeschwindigkeit

$$(21) \qquad \mu = \frac{Q}{\Theta};$$

sie ist um so kleiner, je schwächer das Stützpunktsmoment Q und je größer der Schwung Θ des Kreisels ist; sie ist ferner unabhängig vom Öffnungswinkel δ des Präzessionskegels.

Es muß aber ausdrücklich betont werden, daß die Formel (21) im Falle des aufrechten Kreisels, also für die in der Nachbarschaft der Lotlinie verlaufenden Bewegungen der Figurenachse keinerlei Anspruch auf Gültigkeit besitzt, da wir sie mit $\sin \delta$ gekürzt haben. Übrigens folgt sie auch aus (7), wenn wir dort beachten, daß beim schnellen Kreisel μ klein gegen ν und sehr angenähert $\Theta = A \nu$ ist.

Nach § 6 (13), S. 64, ist die Geschwindigkeit der hinzutretenden kleinen Nutationen

$$(22) \qquad \mu' = \frac{\Theta}{B}$$

unabhängig vom Stützpunktsmoment Q und um so größer, je stärker der Kreisel angetrieben und je kleiner sein äquatoriales Trägheitsmoment ist.

Die Anzahl der auf einen Präzessionsumlauf entfallenden Nutationen ist

$$(23) \qquad n = \frac{\mu'}{\mu} = \frac{\Theta^2}{BQ},$$

also ebenfalls unabhängig vom Erzeugungswinkel δ des Präzessionskegels und um so größer, je größer der Schwung und je kleiner das Stützpunktsmoment und das äquatoriale Trägheitsmoment sind.

Endlich vergleichen wir noch die Nutationsgeschwindigkeit μ' mit der Eigendrehgeschwindigkeit ν. Indem wir in (22) $\Theta = A\nu$ setzen, haben wir

$$(24) \qquad \frac{\mu'}{\nu} = \frac{A}{B}.$$

Die Nutationen erfolgen beim gestreckten Kreisel langsamer, beim abgeplatteten schneller als die Eigendrehungen.

Die sphärische Zykloide, die von irgend einem Punkte der Figurenachse beschrieben wird, kann wieder verschlungen, gespitzt oder gestreckt sein; auf alle Fälle aber sind die Schleifen oder Spitzen nach oben gerichtet.

Die bisher ausgeschlossenen pseudoregulären Präzessionen, die mit $\delta = 0$ dem aufrechten Kreisel benachbart sind, behandeln wir zusammen mit den allgemeinsten Bewegungen des schweren symmetrischen Kreisels, zu deren Untersuchung wir jetzt übergehen.

§ 10.
Die allgemeine Bewegung des symmetrischen Kreisels.

1. **Die verallgemeinerte Poinsotbewegung.** Wir wollen versuchen, ob es nicht ohne jede ausführliche Rechnung möglich ist, Aufschluß zu gewinnen darüber, wie sich das Bild der Bewegungen des schweren symmetrischen Kreisels im großen ganzen gestalten wird. Wie beim kräftefreien Kreisel, so gehen wir auch hier von dem Grundbegriff des Schwunges aus. Die Geschwindigkeit, mit welcher sich dieser vom Stützpunkt aus gezogene Vektor bewegt, ist nach Einl. (29), S. 14, der Größe und Richtung nach gleich dem Vektor des Schweremomentes

$$(1) \qquad\qquad \boldsymbol{M}_0 = m\,[\boldsymbol{r}_0\,\boldsymbol{g}].$$

Dieser Vektor steht auf der Richtung $\boldsymbol{g}$ der Lotlinie senkrecht. Er ist mithin wagerecht gerichtet. Infolgedessen bleibt auch der Endpunkt des Schwunges während der ganzen Bewegung in einer wagerechten festen Ebene E_1, und daher ist die Schwungkomponente $\varLambda$ in der Lotlinie von unveränderlicher Größe. (Diese Erkenntnis ist durchaus ähnlich dem in § 1, 3., S. 13, gewonnenen Satze, wonach der Endpunkt des Drehvektors beim kräftefreien Kreisel in der invariablen Ebene gleitet.)

Der Vektor $\boldsymbol{M}_0$ steht aber auch senkrecht auf der Richtung $\boldsymbol{r}_0$ der Figurenachse. Mithin muß die Geschwindigkeit des Schwungendpunktes, vom festen Raum aus beurteilt, zur augenblicklichen Lage der Figurenachse senkrecht stehen. Da die Gerüstgeschwindigkeit des Schwunges beim symmetrischen Kreisel nach § 5, 1., S. 44, keine Komponente in der Figurenachse besitzt, so ist die Geschwindigkeit des Schwungendpunktes auch vom Kreisel aus beurteilt senkrecht zur Figurenachse gerichtet. Der Endpunkt des Schwunges bleibt also während der ganzen Bewegung auch in einer im Kreisel festen und zur Figurenachse senkrechten Ebene E_2, und daher ist auch die Schwungkomponente $\varXi$ in der Figurenachse von unveränderlicher Größe.

Die Schnittlinie der beiden Ebenen E_1 und E_2 ist parallel mit der Knotenlinie, in welcher ja auch der Vektor M_0 liegt. Der Schwungendpunkt bewegt sich auf der Schnittlinie mit der Geschwindigkeit M_0, die nach (1) von der augenblicklichen Lage der Figurenachse gegen die Lotlinie abhängt. Da nun die Figurenachse des symmetrischen Kreisels allemal um die jeweilige Lage des Schwungvektors ihre reguläre Präzession (§ 4) auszuführen bestrebt ist, so wird sie den Schwungvektor unablässig im selben Sinne umwandern. Die Geschwindigkeit des Schwungendpunktes wird daher im allgemeinen nicht unveränderlich sein, sondern der Größe und Richtung nach mit der Periode schwanken, die den einzelnen Umläufen der Figurenachse um die Schwungachse entspricht.

Hiernach können wir uns das Gepräge der allgemeinen Bewegung des schweren symmetrischen Kreisels leicht im Anschluß an die pseudoreguläre Präzession vorstellen: wir müssen uns lediglich den Nutationskegel beliebig vergrößert denken, so daß er möglicherweise sogar über die Lotlinie hinausgreift; außerdem bewegt sich der Schwungvektor als Achse des Nutationskegels im allgemeinen ungleichmäßig, aber mit immer sich wiederholenden Perioden um die Lotlinie herum. Nennen wir den Punkt auf der Figurenachse, der vom Stützpunkte die Entfernung 1 hat, die **Kreiselspitze**, so wird es sich vor allem darum handeln, die Kurven aufzufinden, welche diese Kreiselspitze beschreibt und die jedenfalls wieder das Aussehen von sphärischen Zykloiden haben werden. Sobald wir außerdem die Eigendrehung ν um die jeweilige Lage der Figurenachse kennen, ist uns die Kreiselbewegung vollständig bekannt.

2. Die Integrale der Bewegung. Es wäre das Nächstliegende, die soeben gestellte Aufgabe durch ein Zurückgreifen auf die Eulerschen Bewegungsgleichungen § 5 (2), S. 45, zu lösen. Wir ziehen statt dessen einen anschaulicheren Weg vor, der überdies rascher zum Ziele führt.

Der erste Schritt auf diesem Wege besteht darin, daß wir die Bewegung des Schwungvektors Θ genauer verfolgen. Da wir seine unveränderlichen Komponenten Λ und Ξ in der Lotlinie und in der Figurenachse als durch den Anfangsstoß bestimmt und daher als gegeben ansehen dürfen, so haben wir offenbar nur noch die Kenntnis einer von Λ und Ξ unabhängigen dritten Komponente nötig. Hierzu eignet sich besonders die in die Knotenachse fallende.

Es sei wieder (Abb. 37) x, y, z das im Kreisel feste System für den Stützpunkt S_0. Auf der als x-Achse gewählten Figurenachse liegt der Schwerpunkt S und die Kreiselspitze S_1. Mit Hilfe der Äquatorebene E, der wagerechten Stützpunktsebene E_0 und der Knotenachse sollen die

Eulerschen Winkel δ, φ und ψ in derselben Weise definiert sein, wie dies in § 5 (vgl. Abb. 22, S. 48) geschah, nur daß an die Stelle des Schwungvektors jetzt die Lotlinie tritt, weshalb wir den früheren Winkel ϑ jetzt lieber mit δ bezeichnet haben. In der Äquatorebene sei auch noch die Querachse senkrecht zur Knotenachse eingetragen, und zwar derart, daß die Figurenachse, die Knotenachse und die Querachse ein mit x, y, z gleichstimmiges, also rechtshändiges System bilden.

Abb. 37.

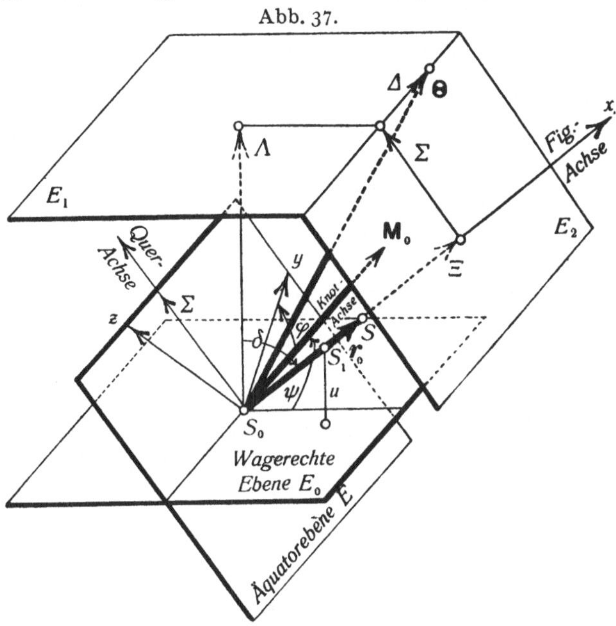

Die Komponenten des Schwunges in der Knotenachse und in der Querachse wollen wir mit Δ und Σ bezeichnen. Legen wir dann schließlich noch die Ebenen E_1 und E_2 senkrecht zur Lotlinie im Abstand Λ und senkrecht zur Figurenachse im Abstand Ξ vom Stützpunkt, so können wir den Schwungvektor Θ leicht aus seinen Komponenten Ξ, Δ, Σ und Λ aufbauen und auch die Beziehung angeben, die zwischen diesen vier Größen notwendig noch bestehen muß, da doch Θ schon durch drei Komponenten völlig bestimmt ist. Weil die Komponenten Δ und Λ aufeinander senkrecht stehen, sind sie voneinander unabhängig; dagegen muß die Summe der Projektionen von Ξ und Σ auf die Lotlinie gerade die Komponente Λ ergeben:

$$(2) \qquad \Lambda = \Xi \cos \delta + \Sigma \sin \delta.$$

Sodann bringen wir zum Ausdruck, daß die Änderungsgeschwindigkeit des Schwunges gleich dem Schweremoment M_0 ist:

$$\frac{d\Theta}{dt} = M_0.$$

Die Knotenachse ist eine Hauptachse des symmetrischen Kreisels; die einzige Drehkomponente um diese Achse ist $d\delta/dt$, und somit wird die zugehörige Schwungkomponente

$$(3) \qquad \Delta = B\frac{d\delta}{dt}.$$

Der Vektor $d\Theta/dt$ fällt in die Knotenachse; infolgedessen ist das skalare Produkt

$$\Theta\frac{d\Theta}{dt}$$

gleich dem Produkt aus der Knotenachsenkomponente Δ von Θ in den Betrag M_0 von $d\Theta/dt$, also nach (3) und §9 (5), S. 89,

$$\Theta\frac{d\Theta}{dt} = M_0 B\frac{d\delta}{dt} = BQ\sin\delta\frac{d\delta}{dt}.$$

Man kann dafür auch schreiben

$$\frac{1}{2}\frac{d\Theta^2}{dt} = -BQ\frac{d\cos\delta}{dt}$$

oder nach einer Integration

$$(4) \qquad \Theta^2 = h - 2BQ\cos\delta,$$

wo h eine von den Anfangsbedingungen abhängige Zahl ist, die wir erst später berechnen wollen. Wir nehmen die Gleichung

$$\Theta^2 = \Xi^2 + \Delta^2 + \Sigma^2$$

hinzu und setzen in sie die Werte von Δ und Θ^2 aus (3) und (4), sowie den aus (2) entnommenen Wert von

$$(5) \qquad \Sigma = \frac{\Delta - \Xi\cos\delta}{\sin\delta}$$

ein. So finden wir

$$h - 2BQ\cos\delta = \Xi^2 + B^2\left(\frac{d\delta}{dt}\right)^2 + \left(\frac{\Delta - \Xi\cos\delta}{\sin\delta}\right)^2$$

oder

$$(6) \qquad B^2\sin^2\delta\left(\frac{d\delta}{dt}\right)^2 = (h - \Xi^2 - 2BQ\cos\Xi)\sin^2\delta - (\Delta - \Xi\cos\delta)^2.$$

Um dieser Gleichung eine einfachere Gestalt zu geben, fassen wir erstens die beiden Konstanten h und Ξ^2 zu einer einzigen

$$(7) \qquad k = h - \Xi^2$$

zusammen. Zweitens führen wir in

$$(8) \qquad u = \cos\delta$$

den Abstand der Kreiselspitze von der wagerechten Stützpunktsebene E_0 ein, sowie dessen zeitliche Ableitung

$$(9) \qquad \frac{du}{dt} = -\sin\delta\frac{d\delta}{dt}.$$

Und endlich setzen wir zur Abkürzung

$$(10) \qquad U(u) \equiv (k - 2\,B\,Q\,u)(1 - u^2) - (\varLambda - \varXi u)^2;$$

dieser Ausdruck stellt eine Funktion dritten Grades in u vor. Nunmehr kommt statt (6) einfach

$$(11) \qquad B\frac{du}{dt} = \sqrt{U},$$

wo später über das Vorzeichen der Quadratwurzel noch eine geeignete Bestimmung zu treffen sein wird. Diese Differentialgleichung gibt schon an, wie die Kreiselspitze auf und ab schwankt, und zugleich, wie sich der Winkel δ und nach (3) die noch fehlende Komponente $\varLambda$ des Schwunges ändert.

Ehe wir die Gleichung (11) weiter behandeln, suchen wir auch für die beiden anderen Eulerschen Winkel φ und ψ brauchbare Beziehungen zu gewinnen. Zu dem Zweck überlegen wir, daß die Winkelgeschwindigkeiten $d\varphi/dt$ und $d\psi/dt$, als Vektoren angesehen, in der Figurenachse und in der Lotlinie liegen; es sind dieselben, die wir im Falle der regulären Präzession mit ν und μ bezeichnet haben. Hiernach sind die Komponenten, welche die Drehgeschwindigkeit des Kreisels nach der Querachse und nach der Figurenachse wirft, gleich

$$\sigma = \frac{d\psi}{dt}\sin\delta,$$

$$\xi = \frac{d\varphi}{dt} + \frac{d\psi}{dt}\cos\delta;$$

und da beide Achsen Hauptachsen sind, so gilt

$$(12) \qquad \varSigma = B\frac{d\psi}{dt}\sin\delta,$$

$$(13) \qquad \varXi = A\left(\frac{d\varphi}{dt} + \frac{d\psi}{dt}\cos\delta\right).$$

Aus (12) folgt in Verbindung mit (5) und (8)

$$(14) \qquad B\frac{d\psi}{dt} = \frac{\varLambda - \varXi u}{1 - u^2}$$

und, mit Benutzung dieses Wertes, aus (13)

$$B\frac{d\varphi}{dt} = \frac{B}{A}\varXi - u\frac{\varLambda - \varXi u}{1 - u^2}.$$

Addiert man rechter Hand den verschwindenden Ausdruck

$$\frac{\varXi - \varXi}{1 - u^2},$$

so kommt statt dessen etwas bequemer

$$(15) \qquad B\frac{d\varphi}{dt} = \frac{\varXi - \varLambda u}{1 - u^2} + B\varXi\left(\frac{1}{A} - \frac{1}{B}\right).$$

Endlich dividieren wir die Gleichungen (14) und (15) noch durch (11) und haben dann in

$$(16) \qquad \frac{d\psi}{du} = \frac{\Lambda - \Xi u}{(1 - u^2)\sqrt{U}},$$

$$(17) \qquad \frac{d\varphi}{du} = \frac{\Xi - \Lambda u}{(1 - u^2)\sqrt{U}} + \Xi\left(\frac{1}{A} - \frac{1}{B}\right)\frac{dt}{du}$$

die beiden gesuchten Beziehungen.

Um die drei Differentialgleichungen (11), (16) und (17) zu integrieren, bedarf es lediglich dreier Quadraturen, und wir finden sofort mit den zusammengehörigen Anfangswerten t_0, u_0, φ_0, ψ_0

$$(18) \qquad t - t_0 = B\int_{u_0}^{u} \frac{du}{\sqrt{U}},$$

$$(19) \qquad \psi - \psi_0 = \int_{u_0}^{u} \frac{\Lambda - \Xi u}{1 - u^2}\frac{du}{\sqrt{U}},$$

$$(20) \qquad \varphi - \varphi_0 = \int_{u_0}^{u} \frac{\Xi - \Lambda u}{1 - u^2}\frac{du}{\sqrt{U}} + \Xi\left(\frac{1}{A} - \frac{1}{B}\right)(t - t_0).$$

Das erste dieser drei Integrale stellt den Zusammenhang zwischen der Zeit t und dem Abstand u der Kreiselspitze von der Ebene E_0 dar; denken wir uns die Quadratur ausgeführt, so ist zwar zunächst nur t als Funktion von u aufgefunden, aber es steht nichts dagegen im Wege, daß wir uns diese Funktion umgekehrt denken können, und dann ist uns u als Funktion der Zeit bekannt. Das zweite und dritte Bewegungsintegral liefern nach Ausführung der Quadraturen die Winkel ψ und φ zunächst als Funktionen von u und also mittelbar auch in ihrer Abhängigkeit von der Zeit.

In Anlehnung an §7, 1., S.67, wollen wir zwei schwere symmetrische Kreisel als homolog bezeichnen, wenn sie gleiches Stützpunktsmoment Q, gleichen Schwung Θ, gleiches äquatoriales Trägheitsmoment B haben und natürlich in den Anfangswerten t_0, u_0, φ_0, ψ_0 übereinstimmen. Homologe Kreisel können also lediglich noch verschiedene axiale Trägheitsmomente A und A' besitzen. Infolge des gleichen Schwunges und der gleichen Anfangsbedingungen stimmen sie auch in den Komponenten Λ und Ξ und nach (4) in h und mithin auch in k überein und besitzen nach (10) die gleiche Funktion U von u. Mithin unterscheiden sie sich in den Integralen (18) und (19) überhaupt nicht, im Integral (20) als dem einzigen, welches A enthält, nur durch den letzten Ausdruck rechts. Greift man auf (15) zurück, so ergibt sich für die Differenz der Eigendrehgeschwindigkeiten $d\varphi/dt$ und $d\varphi'/dt$ zweier homologer Kreisel

$$(21) \qquad \frac{d\varphi}{dt} - \frac{d\varphi'}{dt} = \varXi\left(\frac{1}{A} - \frac{1}{A'}\right).$$

Die Figurenachsen zweier homologer Kreisel bewegen sich völlig gleich, und auch die Eigendrehgeschwindigkeiten unterscheiden sich nur um einen unveränderlichen Betrag.

Dieser merkwürdige Zusammenhang zwischen zwei homologen Kreiseln wurde von G. Darboux entdeckt; er versteht sich fast ganz von selbst, wenn man auf den Schwung als Urbegriff der Kreiselbewegung zurückgreift. Da die beiden Kreisel gleichen Schwung haben sollen, so stimmen sie dauernd in den Komponenten $\varDelta$, $\varSigma$ und $\varXi$ überein, folglich nach (3) in δ und nach (12) in ψ, während nach (13)

$$\frac{\varXi}{A} - \frac{\varXi}{A'} = \frac{d\varphi}{dt} - \frac{d\varphi'}{dt}$$

sein muß, im Einklang mit (21).

Wir machen vom Darbouxschen Satze weiterhin ausgiebig Gebrauch, indem wir uns von jetzt ab bei allen unseren Rechnungen auf den einfachsten homologen Kreisel, nämlich den Kugelkreisel vom Trägheitsmoment B, beschränken. Für diesen verschwindet das zweite Glied in (20), so daß die Integrale (19) und (20) für ψ und φ ganz gleichartig aufgebaut sind.

Es kann nun nicht unsere Absicht sein, uns mit der rein mathematischen Aufgabe zu befassen, wie man diese Integrale, die der elliptischen Gattung angehören, am bequemsten auswertet; auch auf die Hilfsmittel, welche die Theorie der elliptischen Funktionen an die Hand gibt, um den funktionellen Zusammenhang zwischen u und t umzukehren, können wir nicht näher eingehen.

3. Die Bewegung der Kreiselspitze. Wenn wir trotzdem die drei Bewegungsintegrale (18) bis (20) auf ihren kinematischen Inhalt hin prüfen wollen, so müssen wir uns vor allem mit der Funktion U (10) beschäftigen, von der diese Integrale wesentlich abhängen. Wir denken uns die Bewegung zur Zeit t_0 durch einen bestimmten Anfangsstoß $\varTheta_0$ eingeleitet, nachdem die Figurenachse unter der zu u_0 gehörenden Neigung δ_0 festgehalten war. Der Vektor $\varTheta_0$ möge mit der Lotlinie und mit der Figurenachse in einer Ebene liegen, so daß seine Komponente in der Knotenachse verschwindet:

$$(22) \qquad \varDelta_0 = 0.$$

Es wird sich zeigen, daß die Integrale einer verschiedenen Behandlung bedürfen, je nachdem die Komponenten $\varDelta$ und $\varXi$ von $\varTheta_0$ in der Lotlinie und Figurenachse ihrem absoluten Betrage nach gleich oder ungleich sind. Wir setzen fürs erste

$$(23) \qquad \Lambda \neq + \Xi$$

voraus, womit nach Abb. 37, S. 97, zugleich verboten wird, daß die Figurenachse irgendwann während der Bewegung lotrecht auf- oder abwärts weist; insbesondere muß also auch

$$(24) \qquad u_0 \neq \pm 1$$

sein.

Zunächst folgt aus (3), daß dann der Anfangswert der Geschwindigkeit $d\delta/dt$ verschwindet. Da $\sin \delta_0 \neq 0$ ist, so muß nach (9) anfangs du/dt und also nach (11) auch U gleich Null sein, oder ausführlich nach (10)

$$0 = U(u_0) \equiv (k - 2\,B\,Q\,u_0)(1 - u_0^2) - (\Lambda - \Xi\,u_0)^2.$$

Hieraus berechnen wir

$$k = 2\,B\,Q\,u_0 + \frac{(\Lambda - \Xi\,u_0)^2}{1 - u_0^2}$$

und führen diesen Wert in (10) ein. So finden wir nach einer kurzen Zwischenrechnung

$$(25) \qquad U \equiv 2\,B\,Q\,(u - u_0)(u^2 - 2\,a\,u - b),$$

wo zur Abkürzung

$$(26) \qquad \begin{cases} 2\,a = \dfrac{\Lambda^2 + \Xi^2 - 2\,\Lambda\,\Xi\,u_0}{2\,B\,Q\,(1 - u_0^2)}, \\[2mm] b = 1 + \dfrac{(\Lambda^2 + \Xi^2)\,u_0 - 2\,\Lambda\,\Xi}{2\,B\,Q\,(1 - u_0^2)} \end{cases}$$

gesetzt worden ist. Indem wir die zweite Klammer in (25) in ihre Linearfaktoren zerspalten, gewinnen wir endgültig die für die weitere Behandlung viel bequemere Form

$$(27) \qquad U \equiv 2\,B\,Q\,(u - u_0)(u - u_1)(u - u_2)$$

mit

$$(28) \qquad \begin{cases} u_1 = a - \sqrt{a^2 + b}, \\ u_2 = a + \sqrt{a^2 + b}. \end{cases}$$

In unseren Integralen kommt überall die Quadratwurzel von U vor; diese ist nur so lange reell, als U positiv bleibt. Wir müssen daher den Verlauf der Funktion U etwas genauer verfolgen. Sie verhält sich für positiv oder negativ sehr große u-Werte wie $2\,B\,Q\,u^3$, ist also positiv für große positive u, negativ für große negative u. Ferner wird sie für $u = \pm 1$ nach (10)

$$(29) \qquad \begin{cases} U(+1) = -(\Lambda - \Xi)^2, \\ U(-1) = -(\Lambda + \Xi)^2, \end{cases}$$

also beidemal negativ, und zwar wegen (23) mit Ausschluß des Wertes Null. Außerdem verschwindet U nach (27) für das Argument u_0, das ein positiver oder negativer echter Bruch ist, und ebenso für die Argumente u_1 und u_2, falls diese reell sind, sonst aber nirgends. Weil $U(+1)$ als negativ, $U(+\infty)$ aber als positiv nachgewiesen ist, so muß aus Gründen der Stetigkeit U für ein positives Argument $u>1$ verschwinden; dies kann nur u_1 oder u_2 sein, sagen wir etwa u_2, welches damit als reell erwiesen ist; damit muß dann nach (28) auch u_1 reell sein. Diese noch übrigbleibende Nullstelle u_1 von U ist jetzt notwendig ebenso wie u_0 ein echter Bruch. Denn zwischen den zwei negativen Funktionswerten (29) kann U nur eine gerade Anzahl von Malen verschwinden.

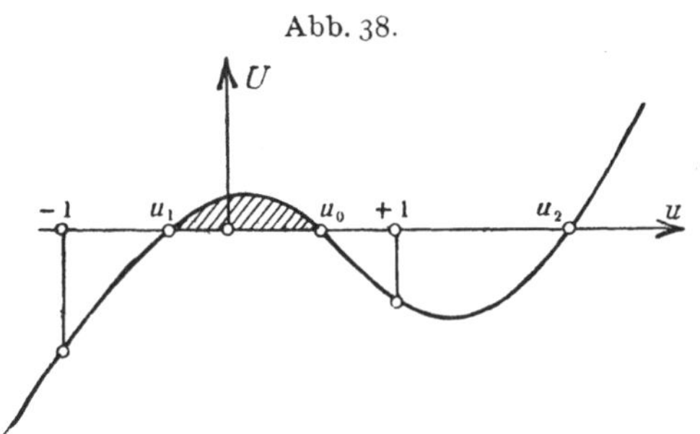

Tragen wir die Werte von U als Ordinaten über der Abszisse u auf, so entsteht eine Kurve, und über deren Verlauf wird nach dem Gesagten kein Zweifel mehr bestehen (Abb. 38). Man kann sie auf Grund von (27) in jedem Falle zahlenmäßig so genau berechnen, als man nur will. Für die Kreiselbewegung kommt lediglich der Bereich zwischen u_0 und u_1 in Frage, wobei wir es dahingestellt sein lassen, ob $u_0 \gtreqless u_1$ ist.

Nunmehr kann man die Bewegung, die die Kreiselspitze auf einer Kugel vom Halbmesser 1 um den Stützpunkt aufzeichnet, ganz anschaulich beschreiben. Diese sphärische Kurve liegt zwischen den beiden Parallelkreisen u_0 und u_1, die wir vorläufig als nicht zusammenfallend voraussetzen mögen. Ist beispielsweise $u_0 > u_1$, so muß für die mit u_0 beginnende Bewegung u zunächst abnehmen, du/dt also negativ sein, und demnach müssen wir der Quadratwurzel in unseren Integralen das negative Vorzeichen geben. Wäre $u_0 < u_1$, so würde das Vorzeichen positiv zu wählen sein. Der Abstand u der Kreiselspitze von der wagerechten Stützpunktsebene E_0 (nach oben positiv, nach unten negativ gerechnet) nimmt nun immerzu ab, bis schließlich U bei u_1 wieder zu Null geworden und das Integral an die andere Grenze der Realität gekommen ist. Bis dahin vergeht nach (18) die Zeit

$$(30) \qquad t_1 = B \int_{u_0}^{u_1} \frac{du}{-\sqrt{U}}.$$

Von jetzt an wird du/dt positiv; die Wurzel erhält das positive Zeichen, und die Kreiselspitze hebt sich wieder bis zur Höhe u_0, wozu sie wegen

$$\int\limits_{u_1}^{u_0} \frac{du}{+\sqrt{U}} = \int\limits_{u_0}^{u_1} \frac{du}{-\sqrt{U}}$$

dieselbe Zeit gebraucht, so daß $2\,t_1$ die Periode der u- und δ-Werte darstellt. Nennt man $t(u' \longrightarrow u'')$ die Zeit, in welcher der Bogen $u' \longrightarrow u''$ von der Kreiselspitze gerade einmal durchlaufen wird, und gibt man $\varphi(u' \longrightarrow u'')$ und $\psi(u' \longrightarrow u'')$ entsprechende Deutung, so gilt für jeden Wert von u in dem Bereiche zwischen u_0 und u_1

$$t(u_0 \longrightarrow u) = B\int\limits_{u_0}^{u} \frac{du}{-\sqrt{U}} = B\int\limits_{u}^{u_0} \frac{du}{+\sqrt{U}} = t(u \longrightarrow u_0)$$

und ebenso

$$\varphi(u_0 \longrightarrow u) = \varphi(u \longrightarrow u_0),$$
$$\psi(u_0 \longrightarrow u) = \psi(u \longrightarrow u_0).$$

Die Bahn der Kreiselspitze besteht demnach aus lauter zwischen den Parallelkreisen u_0 und u_1 hin und her laufenden Kurvenstücken, die sich mit der Periode $2\,t_1$ wieder-

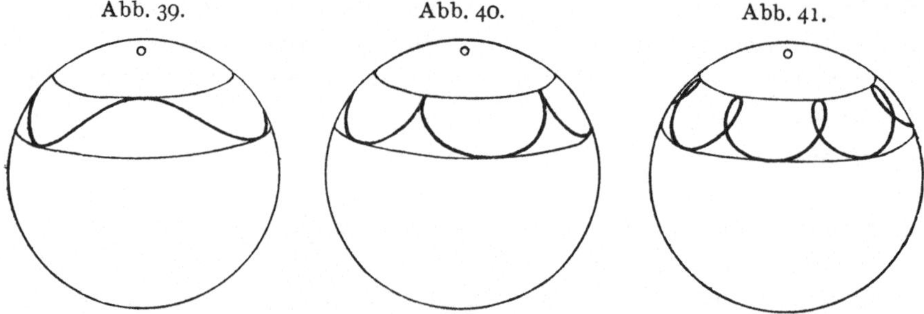

Abb. 39.   Abb. 40.   Abb. 41.

holen und zeitlich und räumlich sowie bezüglich der Eigendrehgeschwindigkeit $d\varphi/dt$ des Kreisels symmetrisch sind zu jeder Meridianebene, welche in einem obersten oder untersten Punkt dieser Bahn durch die Einheitskugel gelegt werden kann.

Man wird sich diese Kurven als Erweiterungen der sphärischen Zykloiden der pseudoregulären Präzession leicht vorstellen können (Abb. 39 bis 41); sie schließen sich im allgemeinen nicht, so daß die Kreiselspitze dann nie wieder in ihre Anfangslage zurückkehrt.

Da jeder Punkt der Kurve der Kreiselspitze durch Angabe der Werte δ (bzw. u) und ψ, d. h. sozusagen der „geographischen Breite" und „Länge" auf der Einheitskugel bestimmt ist, so stellt (16) die eigentliche Differentialgleichung dieser Kurve dar. Insbesondere verschwindet im allgemeinen $du/d\psi$ an jedem der beiden Parallelkreise u_0 und u_1, weil dort auch U verschwindet, und zwar nach (27) ebenso wie $\sqrt{u - u_0}$ oder $\sqrt{u - u_1}$, also von der Ordnung 1/2. Dies wird lediglich dann anders, wenn gleichzeitig

$$(31) \qquad \Lambda = \Xi u_0 \quad \text{oder} \quad \Lambda = \Xi u_1$$

ist; denn jetzt verschwindet in

$$\frac{d u}{d \psi} = \frac{(1 - u^2)\sqrt{U}}{\Lambda - \Xi u}$$

für $u = u_0$ oder für $u = u_1$ der Zähler nur von der Ordnung 1/2, der Nenner aber von der Ordnung 1, und demnach drücken die Bedingungen (31) aus, daß dort die Kurve den Meridiankreis berührt.

Die Kurven der Kreiselspitze berühren also im allgemeinen ihre beiden begrenzenden Parallelkreise; lediglich dann setzen sie auf dem einen, und zwar auf dem oberen (vgl. S. 65) mit lauter Spitzen auf, wenn die eine der Bedingungen (31) für den Anfangsstoß erfüllt ist.

Es kann insbesondere der Fall vorkommen, daß die beiden begrenzenden Parallelkreise u_0 und u_1 zusammenrücken: dann ist die Bewegung wieder eine reguläre Präzession geworden. Die Bedingung dafür lautet nach (28)

$$u_0 = a - \sqrt{a^2 + b}$$

oder

$$u_0^2 - 2 a u_0 - b = 0$$

oder vermöge (26)

$$(32) \qquad Q = B \cdot \frac{\Lambda - \Xi u_0}{B(1 - u_0^2)} \cdot \frac{\Xi - \Lambda u_0}{B(1 - u_0^2)}.$$

Der erste Bruch rechter Hand ist nach (14) gleich $d\psi/dt$ oder in früherer Bezeichnung gleich der Präzessionsgeschwindigkeit μ, der zweite Bruch nach (15) gleich

$$\frac{d \varphi}{d t} - \Xi\left(\frac{1}{A} - \frac{1}{B}\right),$$

und dies ist mit $d\varphi/dt = \nu$ und $\Xi = A(\nu + \mu \cos \delta)$ soviel als

$$\nu + \frac{A - B}{B}(\nu + \mu \cos \delta).$$

Damit aber geht (32) gerade wieder über in die uns schon aus §9 (7), S. 89, bekannte Präzessionsbedingung

$$Q = A \mu \nu + (A - B)\mu^2 \cos \delta.$$

Die Gleichung (32) gibt zugleich an, wie sich die Komponenten Λ und Ξ des Anfangsstoßes zu verhalten haben, damit die Bewegung eine reguläre Präzession werde. Wählt man den Anfangsstoß ein klein wenig davon verschieden oder gibt man, was auf dasselbe hinausläuft, dem schon regulär präzessierenden Kreisel einen kleinen Zusatzstoß, so ist die Bedingung (32) für das Zusammenrücken der beiden Parallelkreise u_0 und u_1 nicht mehr genau erfüllt, und dann treten diese Kreise ein klein wenig auseinander, aber jedenfalls um so weniger, je kleiner der Zusatzstoß gewählt war. Dies besagt, daß die reguläre Präzession bei kleinen Störungen in eine Bewegung übergeht, die sich um so weniger von der ursprünglichen Bewegung unterscheidet, je geringer die Störung war: **die reguläre Präzession des schweren symmetrischen Kreisels ist mithin eine stabile Bewegung.**

Es bleibt nun noch einiges zu den beiden bisher ausgeschlossenen Fällen nachzutragen, daß $\Lambda = \pm \varXi$ ist. Dies bedeutet nach (29), daß entweder $U(+1)$ oder $U(-1)$ verschwindet, d. h. daß eine der Nullstellen u_0 und u_1 entweder nach $+1$ oder nach -1 hin gerückt ist. Es sei fürs erste $\Lambda = +\varXi$ und $u_0 = +1$; der Kreisel wird also mit **lotrecht aufwärts gerichteter Figurenachse** angetrieben. Die Achse des Anfangsstoßes $\varTheta_0$ kann möglicherweise noch schräg gerichtet sein, so daß $\varTheta_0$ außer der lotrechten Komponente $\Lambda = \varXi$ eine wagerechte Δ_0 besitzt, die nach (3) eine Anfangsgeschwindigkeit $d\delta/dt$ zur Folge hat. Wir greifen am zweckmäßigsten auf die Gleichung (4) für den Schwung zurück und schreiben dafür mit (7)

$$\varTheta^2 = k + \varXi^2 - 2\,B\,Q\cos\delta.$$

Für den Bewegungsbeginn gibt dies mit $\delta_0 = 0$ und mit $\varTheta_0^2 = \varXi^2 + \Delta_0^2$

$$(33) \qquad\qquad k = \Delta_0^2 + 2\,B\,Q.$$

Wir müssen nun zwei Unterfälle unterscheiden, je nachdem Δ_0 verschwindet oder nicht. Besitzt also erstens mit $\Delta_0 = 0$ der **Anfangsstoß eine lotrechte Achse**, so ist nach (33) $k = 2\,B\,Q$, und damit nimmt (10) die einfache Gestalt an

$$(34) \qquad\qquad U(u) \equiv 2\,B\,Q\,(1-u)^2\,(u-c),$$

wo

$$(35) \qquad\qquad c = \frac{\varTheta_0^2}{2\,B\,Q} - 1$$

gesetzt ist.

Solange $c \geqq 1$ oder also

$$(36) \qquad\qquad \varTheta_0^2 \geqq 4\,B\,Q$$

bleibt, ist für $u < 1$ sicherlich U negativ, d. h. dann kann die Figurenachse aus der lotrechten Lage gar nicht heraustreten, da die Bewegung nur für positive U als reell erkannt worden ist; die Ungleichung (36) aber stimmt überein mit der schon in § 9 (20), S. 93, gefundenen Stabilitätsbedingung des aufrechten Kreisels.

Ist jedoch $c < 1$, so bleibt U positiv in dem Bereiche

$$1 \geqq u \geqq c,$$

und dort verläuft auch die Bewegung. Um zunächst die Gestalt der Bahnkurve der Kreiselspitze zu finden, gehen wir auf das Integral (19) zurück, beginnen aber mit $\psi_0 = 0$ im untersten Punkte $u = c$ und haben zufolge (34) mit $\Lambda = \Xi = \Theta_0$

$$(37) \qquad \psi = \frac{\Theta_0}{\sqrt{2\,B\,Q}} \int\limits_c^u \frac{d\,u}{(1 - u^2)\,\sqrt{u - c}}.$$

Dieses Integral kann ausgewertet werden. Wir entnehmen einer Integraltafel die Formeln

$$\frac{1}{2} \int\limits_c^u \frac{1}{1 + u}\,\frac{d\,u}{\sqrt{u - c}} = \frac{1}{\sqrt{1 + c}}\,\operatorname{arc\,tg}\,\sqrt{\frac{u - c}{1 + c}},$$

$$\frac{1}{2} \int\limits_c^u \frac{1}{1 - u}\,\frac{d\,u}{\sqrt{u - c}} = \frac{1}{2\sqrt{1 - c}}\,\ln\frac{\sqrt{1 - c} + \sqrt{u - c}}{\sqrt{1 - c} - \sqrt{u - c}}.$$

(Man stellt durch nachträgliches Differentiieren die Richtigkeit dieser Formeln fest und überzeugt sich leicht, daß für $u = c$ beide Seiten verschwinden.) Addiert man beide, so kommt linker Hand das Integral von (37). Indem man nach (35) noch $\Theta_0 / \sqrt{2\,B\,Q}$ durch $\sqrt{1 + c}$ ersetzt, hat man demnach

$$(38) \qquad \psi = \operatorname{arc\,tg}\,\sqrt{\frac{u - c}{1 + c}} + \frac{1}{2}\,\sqrt{\frac{1 + c}{1 - c}}\,\ln\frac{\sqrt{1 - c} + \sqrt{u - c}}{\sqrt{1 - c} - \sqrt{u - c}}.$$

Wenn man die Bahnkurve der Kreiselspitze auf Grund dieser Gleichung entwirft, so bekommt man eine Art sphärischer logarithmischer Spirale, die den Parallelkreis $u = c$ berührt und den oberen Kugelpol erst für $\psi = \infty$, d. h. nach unzähligen Umläufen erreicht, aber ihn auch erst wieder nach unzähligen Umläufen zu verlassen vermag (Abb. 42).

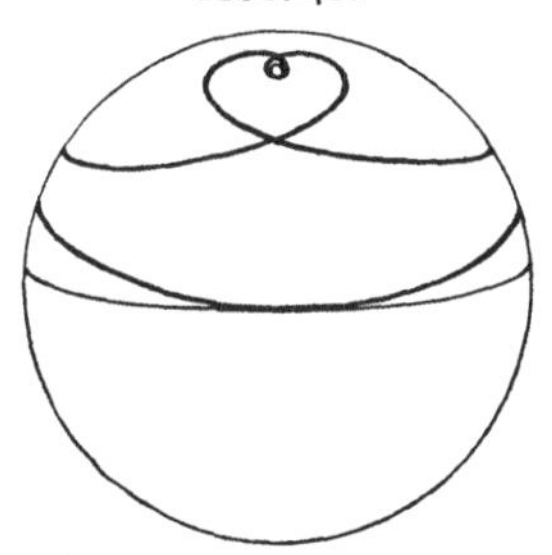

Abb. 42.

Die lotrecht nach oben weisende Figurenachse ist mithin ohne seitlichen Anstoß Δ_0 eine permanente Drehachse, aber, solange die Bedingung (36) nicht erfüllt ist, eine labile in demselben Sinne wie die mittlere Hauptachse eines kräftefreien Kreisels (§ 3, 3., S. 38; vgl. namentlich die Abb. 24, S. 53, mit Abb. 42). Wir vermuteten früher (§ 9, 1., S. 92), daß die Ungleichung (36) mit großer Wahrscheinlichkeit die Stabilitätsbedingung des aufrechten Kreisels darstellt. Um jene Vermutung vollends ganz zu bestätigen, müssen wir zusehen, wie sich der aufrechte Kreisel gegenüber seitlichen Stößen verhält.

Ist also zweitens $\Delta_0 \neq 0$, d. h. erhält der aufrechte Kreisel eine seitlichen Stoß, so ist es nicht mehr möglich, die Bewegungsintegrale elementar auszuwerten; aber wir gewinnen auch hier leicht hinreichenden Aufschluß über das Aussehen der Bahnkurven. Für den Kugelkreisel, auf den wir uns nach wie vor beschränken dürfen, ist jetzt nach (16) und (17) für alle Zeit

$$(39) \qquad \frac{d\psi}{dt} = \frac{d\varphi}{dt}.$$

Führen wir den Wert von k aus (33) in (10) ein und nehmen gleichzeitig $\Lambda = \Xi$, so kommt

$$(40) \qquad U(u) \equiv 2\,B\,Q\,(u-1)\,(u^2 - 2\,a_0\,u - b_0),$$

wo

$$(41) \qquad \begin{cases} 2\,a_0 = \dfrac{\Delta_0^2 + \Lambda^2}{2\,B\,Q}, \\[2mm] b_0 = 1 + \dfrac{\Delta_0^2 - \Lambda^2}{2\,B\,Q} \end{cases}$$

gesetzt ist. Man zerspaltet mit

$$(42) \qquad \begin{cases} u_1 = a_0 - \sqrt{a_0^2 + b_0}, \\[1mm] u_2 = a_0 + \sqrt{a_0^2 + b_0} \end{cases}$$

die quadratische Klammer von (40) in ihre Linearfaktoren und hat

$$(43) \qquad U(u) \equiv 2\,B\,Q\,(1-u)\,(u-u_1)\,(u_2-u).$$

Und hieraus folgert man ebenso wie früher, daß die Kreiselspitze in dem Bereiche

$$1 \geqq u \geqq u_1$$

hin und her schwankt, also zwischen dem obersten Kugelpunkte und dem jetzt bekannten Parallelkreise u_1. Greift man schließlich auf die Differentialgleichung (16) der Bahnkurve der Kreiselspitze zurück, die sich mit $\Lambda = \Xi$ zu

$$\Lambda\,\frac{du}{d\psi} = (1 + u)\,\sqrt{U}$$

vereinfacht, so stellt man fest, daß mit $u = u_1$ wegen $U(u_1) = 0$ auch $du/d\psi$ verschwindet.

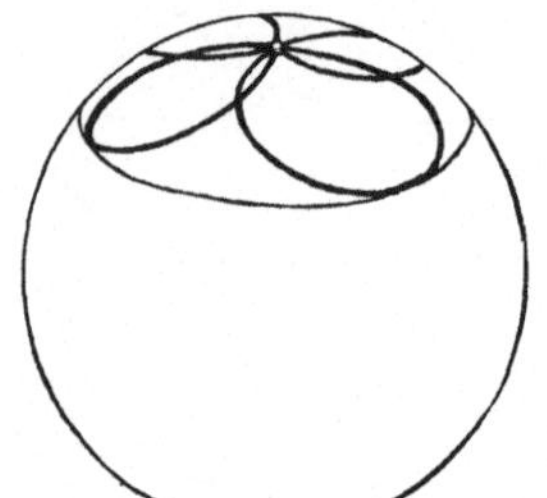

Abb. 43.

Wir fassen die gewonnenen Erkenntnisse dahin zusammen: Bekommt der aufrechte Kreisel einen seitlichen Stoß Δ_0, so schwankt die Kreiselspitze zwischen dem obersten Kugelpunkte und dem Parallelkreise u_1, den sie stets berührt (Abb. 43); und zwar dreht sich der Kreisel, wenn er ein Kugelkreisel ist, zufolge (39) ebenso rasch gegen die Knotenlinie, wie die Knotenlinie sich um die Lotlinie dreht.

Liegt der Parallelkreis u_1 sehr nahe am obersten Kugelpunkte, so bilden diese Bewegungen, bei denen die Figurenachse die Lotlinie eng umtanzt, das genaue Gegenstück zu den pseudoregulären Präzessionen von § 9, 2.

Jetzt endlich sind wir auch in der Lage, die Stabilitätsbedingung des aufrechten Kreisels § 9 (20), S. 93, vollends streng zu bestätigen. Dieser Kreisel ist dann als stabil anzusehen, wenn er so rasch umläuft, daß Störungen Δ_0, die klein sind gegen seinen Eigenschwung $\Theta_0 = \Lambda$, ihn auch nur wenig aus seiner aufrechten Lage herauswerfen können. Wir wollen zeigen, daß ein Schwung von der Größe

$$(44) \qquad \Lambda \gtreqless 2\sqrt{BQ}$$

hinreicht, um zu verhindern, daß sich u_1 wesentlich von 1 entfernt, solange Δ_0 klein gegen Λ bleibt.

Streichen wir nämlich Δ_0^2 gegen Λ^2, so haben wir statt (41) angenähert

$$a_0 = \frac{\Lambda^2}{4\,BQ},$$

$$b_0 = 1 - \frac{\Lambda^2}{2\,BQ}$$

und mithin für die in (42) auftretende Quadratwurzel

$$\sqrt{a_0^2 + b_0} = \pm\left(\frac{\Lambda^2}{4\,BQ} - 1\right).$$

Je nachdem Λ^2 größer oder kleiner als $4\,BQ$ ist, haben wir der rechten Seite das obere oder das untere Vorzeichen zu geben, damit die Quadratwurzel positiv ist. Ziehen wir diese sodann, wie es (42) für u_1 verlangt, von a_0 ab, so bekommen wir im ersten Falle angenähert $u_1 = 1$, im zweiten angenähert

$$(45) \qquad u_1' = \frac{\Lambda^2}{2\,BQ} - 1 < 1$$

und, falls Λ^2 gerade gleich $4\,BQ$ ist, ebenfalls $u_1 = 1$.

Ist also die Bedingung (44) erfüllt, so liegt der Parallelkreis u_1 bei kleinen Störungen Δ_0 ganz eng um den obersten Kugelpunkt: der Kreisel ist stabil. Andernfalls fällt die Kreiselspitze sofort zum Parallelkreis u_1': der Kreisel ist labil; und dieser Kreis liegt um so tiefer, je kleiner der Eigenschwung Λ wird; für $\Lambda = 0$ rückt er sogar in den untersten Kugelpunkt hinein. Damit ist die mit § 9 (20) wesensgleiche Stabilitätsbedingung (44) des aufrechten Kreisels wirklich bestätigt; es ist damit zugleich aber auch gezeigt, daß der labile aufrechte Kreisel nach der Störung mit der Zeit immer wieder periodisch in die aufrechte Stellung zurückkehrt, sofern nicht anderweitige Einflüsse ihn daran verhindern.

Der schließlich noch übrigbleibende Fall $\varLambda = -\varXi$, also $u_0 = -1$, in welchem der Kreisel mit lotrecht abwärtshängender Figurenachse angetrieben wird, erledigt sich rasch. Da jetzt $\cos \delta_0 = -1$ ist, so kommt statt (33)

$$(46) \qquad\qquad k = \varDelta_0^2 - 2\,B\,Q.$$

Im ersten Unterfall $\varDelta_0 = 0$ eines Anfangsstoßes mit lotrechter Achse wird statt (34)

$$U(u) \equiv -2\,B\,Q\,(1 + u)^2 \left(\frac{\varLambda^2}{2\,B\,Q} + 1 - u \right).$$

Dieser Ausdruck ist, da beide Klammern wesentlich positiv bleiben, immer negativ, ausgenommen für $u = -1$, wo er verschwindet. Die Figurenachse tritt also ohne seitlichen Anstoß niemals aus der Lotlinie heraus, gleichgültig wie schnell der Kreisel umläuft.

Im zweiten Unterfalle $\varDelta_0 \neq 0$, wo der lotrecht hängende Kreisel außer seinem Eigenschwung noch einen Seitenstoß mitbekommen hat, findet man statt (40)

$$U(u) \equiv 2\,B\,Q\,(1 + u)\,(u^2 - 2\,a_0'\,u - b_0')$$

mit

$$2\,a_0' = \frac{\varDelta_0^2 + \varLambda^2}{2\,B\,Q},$$

$$b_0' = 1 - \frac{\varDelta_0^2 - \varLambda^2}{2\,B\,Q}.$$

Die Kreiselspitze schwankt nunmehr zwischen dem untersten Kugelpunkte und dem Parallelkreise

$$u_1 = a_0' - \sqrt{a_0'^2 + b_0'},$$

welchen sie stets berührt, hin und her, wobei wegen (16) und (17) für den Kugelkreisel

$$\frac{d\psi}{dt} = -\frac{d\varphi}{dt}$$

wird: Eigendrehung und Drehung der Knotenachse erfolgen auch hier gleich rasch. Die Bewegung des lotrecht hängenden, seitlich angestoßenen Kreisels ist im wesentlichen von derselben Art, wie diejenige des aufrechten, seitlich gestoßenen Kreisels.

Ein Unterschied besteht lediglich in den Stabilitätsverhältnissen bei lotrechter Figurenachse. Während beim aufrechten Kreisel nur unter der Bedingung (44) einer sehr kleinen Störung auch eine nur kleine Ausweichung der Figurenachse aus der Lotlinie entsprach, so findet man jetzt ohne jede Einschränkung angenähert $u_1 = 1$, wenn man in a_0' und b_0' das Quadrat des Störungsstoßes $\varDelta_0$ gegen $\varLambda^2$ vernachlässigt. Der lotrecht herabhängende Kreisel läuft mit jeder beliebigen Eigendrehgeschwindigkeit stabil.

Dieses Ergebnis scheint im Widerspruch zu stehen mit der bekannten Erscheinung, daß ein um eine lotrechte Symmetrieachse angetriebener länglicher Körper, wenn die Drehgeschwindigkeit über ein gewisses Maß hinaus gesteigert wird, anfängt, als Fliehkraftpendel auszuschlagen. Man hat es hier jedoch, im Gegensatz zu dem sich selbst überlassenen Kreisel, mit einer erzwungenen Bewegung zu tun (im Sinne von § 6, 2., S. 56), bei welcher die Geschwindigkeit $d\psi/dt$ unverändert gehalten wird. Indem der Körper dann ausschlägt, muß ihm unablässig neuer Schwung durch das Moment des Zwanges zugeführt werden, bis schließlich der stationäre Zustand erreicht ist, wo das Moment der Schwere dem Moment der Fliehkräfte das Gleichgewicht hält. Übrigens wissen wir von früher (S. 81), daß nur ein Körper mit gestrecktem Trägheitsellipsoid in solcher Weise ausschlägt.

§ 11. Der Spielkreisel.

1. Die Präzession. Zufolge unserer Begriffsbestimmung des Wortes Kreisel (Einl., 1.) mußte bisher immer ein bestimmter Punkt des starren Körpers festgehalten sein, der Stützpunkt. Diese Forderung wird nun gerade von dem Körper keineswegs erfüllt, welchem man ursprünglich den Namen Kreisel gab, also einem in der Regel symmetrischen Körper, der in Drehung versetzt und mit seiner untersten Spitze auf eine Ebene gestellt wird, der sogenannte Spielkreisel. Wir wollen den Begriff des Kreisels jetzt auf einen solchen Körper erweitern. In diesem neuen Sinne wäre dann jeder irgendwie gestaltete, auf einer Ebene rollende oder tanzende Körper als Kreisel zu bezeichnen. Doch haben wir keineswegs die Absicht, die Bewegung derartiger Körper hier allgemein zu untersuchen; denn sie haben für die praktischen Anwendungen, die wir nie aus den Augen verlieren möchten, so gut wie gar keine Bedeutung. Wir beschränken uns vielmehr auf den einzigen Fall, daß der Kreisel symmetrisch ist und immer mit einem und demselben Punkte, seiner unteren Spitze, die Unterlage berührt, welche wagerecht sei; und auch diesen Fall behandeln wir lediglich des eigentümlichen Reizes wegen, den er auf unseren Erkenntnistrieb ausübt. Von der Reibung sehen wir vorläufig ab, indem wir eine möglichst glatte und harte Ebene als Unterlage voraussetzen.

Nunmehr besteht die Wirkung zwischen Kreisel und Unterlage lediglich noch in einem lotrecht gerichteten Stützdruck N von möglicherweise schwankendem Betrage. Da auch die Schwerkraft lotrecht weist, so kann sich die Geschwindigkeit v_0 des Schwerpunktes nach dem Schwerpunktssatze Einl. (34), S. 15, nur noch in lotrechter Richtung ändern, in wagerechter Richtung dagegen nicht. Die Projektion des Schwerpunktes auf die Unterlage beschreibt mithin eine Gerade mit unveränderlicher Geschwindigkeit, die auch Null sein kann. Sehen wir von dieser Geschwindigkeit, die ohne jede Bedeutung ist, ganz ab, so bewegt sich der Schwerpunkt nur noch auf einer festen Lotlinie. Blicken wir also von oben auf den Schwerpunkt, so bleibt er scheinbar in Ruhe, und es ist mithin sehr naheliegend, zu fragen, ob er nicht vielleicht unter gewissen Bedingungen die frühere Rolle des festen Stützpunktes übernehmen kann. In der Tat gibt es einen solchen Fall, nämlich die reguläre Präzession der Figurenachse.

In diesem einzigen Falle bewegt sich der Schwerpunkt gar nicht, während die untere Kreiselspitze auf der Unterlage einen Kreis beschreibt. Daß eine solche Bewegung als Sonderfall auch hier möglich ist, kann leicht eingesehen werden. Man braucht sich nur daran zu

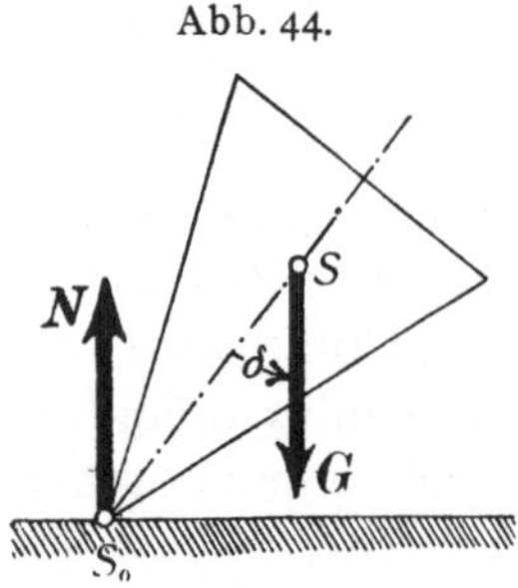

Abb. 44.

erinnern, daß, wenn der Schwerpunkt in Ruhe sein soll, der Trieb des Körpers nach Einl. (33), S. 15, gleich Null bleiben und somit nach Einl. (34) auch die äußere Kraft verschwinden muß. Dies erfordert einen Stützdruck N, der entgegengesetzt gleich dem Gewicht G und daher unveränderlich ist. Wir haben hiernach scheinbar einen Kreisel, der im Schwerpunkt S gestützt ist (Abb. 44) und in dessen Stützpunkt S_0 die Schwerkraft lotrecht nach oben angreift. Es ändert sich also gegenüber der regulären Präzession unseres früheren schweren symmetrischen Kreisels nur dies eine, daß oben und unten vertauscht ist, und daß das äquatoriale Trägheitsmoment B' nun nicht mehr auf den Stützpunkt, sondern auf den Schwerpunkt bezogen ist. Dagegen ist das Stützpunktsmoment Q [§ 9 (4), S. 89] das alte. Indem wir die Figurenachse jetzt vom Schwerpunkt nach dem Stützpunkt hin ziehen und unter δ natürlich den Winkel zwischen der abwärts weisenden Lotlinie und der Figurenachse verstehen, haben wir neben dem gehörigen Anfangsstoß als Bedingung für die reguläre Präzession des Spielkreisels nach § 9 (7), S. 89,

$$(1) \qquad\qquad Q = A\mu\nu + (A - B')\mu^2 \cos\delta$$

und für den aufrechten Kreisel nach § 9 (20), S. 93,

$$(2) \qquad\qquad \omega_{\nu}^2 \geqq \frac{2}{A}\sqrt{B'Q}.$$

Das auf den Schwerpunkt bezogene äquatoriale Trägheitsmoment B' ist nach dem Steinerschen Satze (§ 2, 2., S. 29) allemal kleiner als das frühere B, und demnach gehört nach (1) zu vorgeschriebenen Werten von μ und δ ein kleinerer Wert ν der Eigendrehgeschwindigkeit als früher. **Ebenso ist der aufrechte Spielkreisel schon bei kleinerer Drehgeschwindigkeit ω stabil als der frühere schwere Kreisel.**

Gehen wir zu einem schnellen Spielkreisel über, dessen Schwungvektor Θ also merklich in die Figurenachse fällt, so können wir auf den zur Einleitung der regulären Präzession gehörigen Anfangsstoß verzichten und stellen dann fest: **Die Bewegung des schnellen Spielkreisels ist eine Art pseudoregulärer Präzession um die Lotlinie mit der Präzessionsgeschwindigkeit**

$$(3) \qquad \mu = \frac{Q}{\Theta},$$

also ebenso groß wie früher § 9 (21).

Allerdings eine pseudoreguläre Präzession im strengen Wortsinne haben wir jetzt sicherlich nicht mehr; sowohl der Schwerpunkt wie der Stützpunkt werden nun feine Schwankungen vollziehen, so daß von einem Nutationskegel nicht mehr die Rede sein kann.

2. Die allgemeine Bewegung. Wir werden uns jetzt berechtigt fühlen, zu vermuten, daß die Bewegung des Spielkreisels auch im allgemeinen Falle mancherlei Ähnlichkeit mit derjenigen des gewöhnlichen schweren symmetrischen Kreisels besitzt. Denn da der Stützdruck N jedenfalls immer lotrecht weist, so liegt auch sein Moment M_1 bezüglich des Schwerpunktes wagerecht, genau wie das früher in Betracht kommende Moment M_0 der Schwere; und demnach können wir auch das in § 10, 2. angewandte Verfahren der Integration Schritt für Schritt auf den Spielkreisel übertragen.

Zunächst schließen wir, wie dort, daß die Komponenten $\varLambda$ und $\varXi$ des Schwunges in der Lotlinie und in der Figurenachse durch das Moment M_1 nicht geändert werden können. Sodann verbinden wir die Grundgleichung

$$\frac{d\Theta}{dt} = M_1$$

mit der Gleichung für die wagerechte Schwungkomponente

$$(4) \qquad \varLambda = B'\frac{d\delta}{dt},$$

indem wir die Lage des Kreisels durch die entsprechend definierten Winkel δ, φ, ψ messen. So erhalten wir wie S. 98

$$(5) \qquad \Theta\,\frac{d\Theta}{dt} = M_1 B'\frac{d\delta}{dt}.$$

Jetzt müssen wir allerdings noch den Schwerpunktssatz zu Hilfe nehmen. Ist r_0 der Fahrstrahl vom Schwerpunkt nach dem Stützpunkt und wieder $u = \cos\delta$, so ist $r_0 u$ die Höhe des Schwerpunkts

über der Unterlage und mithin (da der Betrag r_0 unveränderlich ist)
die lotrechte Geschwindigkeit des Schwerpunkts gleich $r_0\,d\,u/d\,t$, positiv
nach oben gezählt. Weil als äußere Kraft nach oben die Differenz
von Stützdruck N und Schwere $G = mg$ wirkt, so lautet die Bewegungsgleichung Einl. (34), S. 15, für den Schwerpunkt

$$N - mg = m\,r_0\,\frac{d^2 u}{d\,t^2},$$

woraus

$$N = mg + m\,r_0\,\frac{d^2 u}{d\,t^2}$$

folgt; und also ist der Betrag des Stützdrucksmomentes

$$M_1 = r_0\,N \sin \delta = m\,r_0\,g \sin \delta + m\,r_0^2 \sin \delta\,\frac{d^2 u}{d\,t^2}.$$

Setzen wir diesen Ausdruck in (5) ein, so folgt unter Beachtung
von § 9 (4), S. 89, und § 10 (9), S. 98,

$$\frac{1}{2}\,\frac{d\,\Theta^2}{d\,t} = -B'Q\,\frac{d\,u}{d\,t} - \frac{1}{2}\,m\,r_0^2\,B'\,\frac{d}{d\,t}\left(\frac{d\,u}{d\,t}\right)^2$$

oder nach einer Integration

$$(6) \qquad \Theta^2 = h - 2\,B'Q\,u - m\,r_0^2\,B'\left(\frac{d\,u}{d\,t}\right)^2$$

mit der Konstanten h. Wir nehmen hinzu

$$\Theta^2 = \Xi^2 + \varDelta^2 + \Sigma^2,$$

wo Σ wieder die dritte Komponente von $\boldsymbol{\Theta}$ in der Richtung der Querachse ist; diese gehorcht offenbar der aus § 10 (2) abgeleiteten Gleichung § 10 (5), nämlich

$$\Sigma^2 = \frac{(\varDelta - \Xi u)^2}{1 - u^2},$$

so daß wir, indem wir auch noch (4) zuziehen, statt (5) als Verallgemeinerung von § 10 (6), S. 98, bekommen

$$(7) \qquad \left\{ \begin{aligned} &B'^2\left[1 + \frac{m\,r_0^2}{B'}(1 - u^2)\right]\left(\frac{d\,u}{d\,t}\right)^2 \\ &\qquad = (h - \Xi^2 - 2\,B'Q\,u)(1 - u^2) - (\varDelta - \Xi u)^2. \end{aligned} \right.$$

Führen wir schließlich die neue Konstante k durch § 10 (7), die
Funktion $U(u)$ durch § 10 (10) und endlich die Abkürzung

$$(8) \qquad \varepsilon = \frac{m\,r_0^2}{B'}$$

ein, so haben wir statt (7)

$$(9) \qquad B'\frac{d\,u}{d\,t} = \sqrt{\frac{U(u)}{1 + \varepsilon\,(1 - u^2)}},$$

und diese Differentialgleichung für u ist ganz gleich gebaut wie die entsprechende § 10 (11) beim gewöhnlichen Kreisel. Es ist lediglich die Funktion

$$(10) \qquad V(u) = \frac{U(u)}{1 + \varepsilon\,(1 - u^2)}$$

Abb. 45.

Abb. 46.

Abb. 47.

Abb. 48.

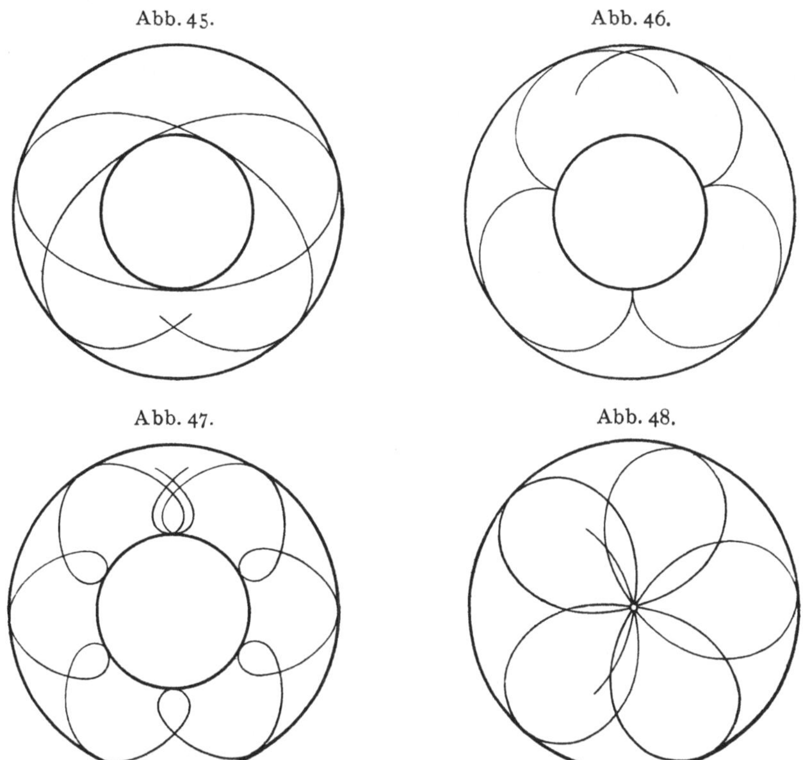

an die Stelle von U getreten. Die drei Bewegungsintegrale lauten [vgl. § 10 (18) bis (20)]

$$(11) \qquad t - t_0 = B' \int_{u_0}^{u} \frac{d\,u}{\sqrt{\overline{V}}},$$

$$(12) \qquad \psi - \psi_0 = \int_{u_0}^{u} \frac{\varLambda - \varXi u}{1 - u^2} \frac{d\,u}{\sqrt{\overline{V}}},$$

$$(13) \qquad \varphi - \varphi_0 = \int_{u_0}^{u} \frac{\varXi - \varLambda u}{1 - u^2} \frac{d\,u}{\sqrt{\overline{V}}} + \varXi \left(\frac{1}{A} - \frac{1}{B'}\right)(t - t_0).$$

Der kinematische Inhalt aber dieser Gleichungen, die von der hyperelliptischen Gattung sind, ist der Art nach der gleiche wie

8*

derjenige der früheren Integrale. Insbesondere gilt auch für den Spielkreisel der Satz von G. Darboux über homologe Kreisel und desgleichen die mannigfachen, in § 10, 3. unabhängig von U gezogenen Folgerungen. Man wird hier natürlich die Bewegung durch die untere Kreiselspitze auf der Unterlage aufzeichnen lassen und erhält dann ebene Bahnkurven, die den sphärischen der früheren Kreiselspitze in jeder Hinsicht entsprechen (Abb. 45 bis 48). Auf eine genauere und ins einzelne gehende Untersuchung verzichten wir um so eher, als der wirkliche Verlauf der Bewegung durch die unvermeidlichen Reibungseinflüsse gerade beim Spielkreisel nicht unerheblich abgeändert erscheint.

§ 12. Der Einfluß der Reibung.

1. Der schwere symmetrische Kreisel. Vergleicht man die in den letzten drei Paragraphen geschilderten Bewegungen mit der tatsächlichen Bewegung, welche man an Kreiselmodellen verfolgen kann, so bemerkt man mannigfache Unterschiede, die einer Erklärung dringend bedürfen, wenn wir unseren theoretischen Ergebnissen volles Vertrauen entgegenbringen sollen.

Erstens beobachtet man, daß das Kreiselmodell im Laufe der Zeit zum Stillstand kommt. Ein solches Abklingen der Bewegung konnte in unseren Formeln lediglich deswegen keinen Ausdruck finden, weil wir die unvermeidlichen Reibungswiderstände, denen das Modell unterworfen ist, außer acht gelassen haben. Damit hängt es auch zusammen, daß der in der Regel stark angetriebene Kreisel nur eine Zeitlang die Eigenschaften eines schnellen Kreisels besitzt, schließlich aber kurz vor seinem Umfallen jene eigenartig wippenden und zuckenden Bewegungen zeigt, in denen man ohne weiteres unsere Kurven der Kreiselspitze (Abb. 39 bis 41, S. 104) wiedererkennt.

Zweitens beobachtet man, daß das Modell, auch solange es noch als schneller Kreisel anzusprechen ist, zwar eine pseudoreguläre Präzession mit allerdings immer mehr erlöschenden Nutationen vollzieht, daß sich jedoch der Öffnungswinkel δ des Präzessionskegels allmählich ändert: der Kreisel senkt sich oder richtet sich auf, je nachdem der Stützpunkt gelagert ist. Man wird von vornherein vermuten, daß auch davon die Reibung die Ursache darstellt.

Wir wollen die Untersuchung dieser Verhältnisse wieder mit Verzicht auf streng gültige Formeln durchweg auf den schnellen Kreisel beschränken und müssen dann zwei Arten der Lagerung unterscheiden, die beide gebräuchlich sind. Der erste Fall betrifft die cardanische Aufhängung des Stützpunktes, wie wir sie schon in § 8 (vgl.

Abb. 36, S. 83) kennen gelernt haben. Die Reibung in den Lagern der Knotenachse wird auch hier von untergeordneter Bedeutung sein, da jedenfalls die Änderungsgeschwindigkeit $d\delta/dt$, wo nicht Null, so doch recht klein bleibt.

Die Reibung in den Lagern der Figurenachse äußert sich in einem widerstehenden Moment $\boldsymbol{P}'$, welches die Eigendrehgeschwindigkeit ν dauernd vermindert nach Maßgabe der Gleichung [vgl. § 8 (4), S. 84]

$$(1) \qquad A\frac{d\nu}{dt} = -P'.$$

Da der Schwung des schnellen Kreisels sehr angenähert gleich $A\nu$ gesetzt werden darf, so kann man dafür auch schreiben

$$(2) \qquad \frac{d\Theta}{dt} = -P',$$

oder nach einer Integration mit dem Anfangswert Θ_0

$$(3) \qquad \Theta = \Theta_0 - P't.$$

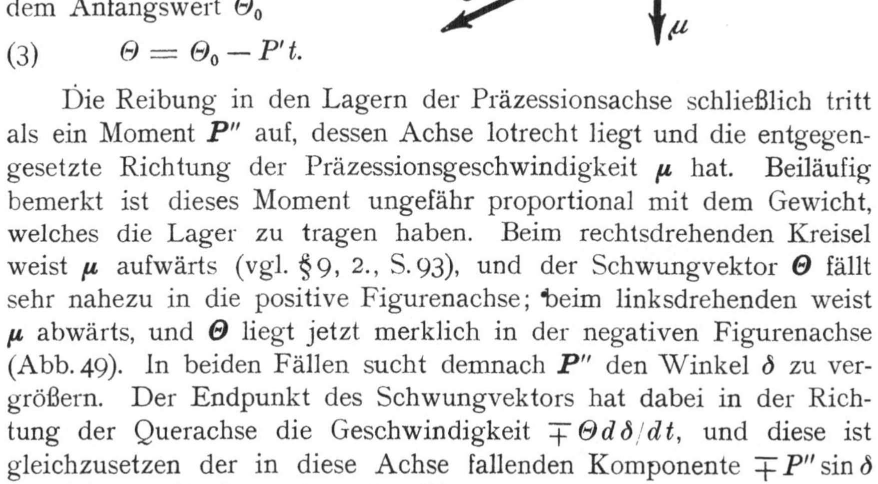

Die Reibung in den Lagern der Präzessionsachse schließlich tritt als ein Moment $\boldsymbol{P}''$ auf, dessen Achse lotrecht liegt und die entgegengesetzte Richtung der Präzessionsgeschwindigkeit μ hat. Beiläufig bemerkt ist dieses Moment ungefähr proportional mit dem Gewicht, welches die Lager zu tragen haben. Beim rechtsdrehenden Kreisel weist μ aufwärts (vgl. § 9, 2., S. 93), und der Schwungvektor $\boldsymbol{\Theta}$ fällt sehr nahezu in die positive Figurenachse; beim linksdrehenden weist μ abwärts, und $\boldsymbol{\Theta}$ liegt jetzt merklich in der negativen Figurenachse (Abb. 49). In beiden Fällen sucht demnach $\boldsymbol{P}''$ den Winkel δ zu vergrößern. Der Endpunkt des Schwungvektors hat dabei in der Richtung der Querachse die Geschwindigkeit $\mp\Theta\, d\delta/dt$, und diese ist gleichzusetzen der in diese Achse fallenden Komponente $\mp P''\sin\delta$ von $\boldsymbol{P}''$, da die Querachse eine Hauptachse ist, und da die Gerüstgeschwindigkeit von $\boldsymbol{\Theta}$ bei der Präzession in die Knotenachse fällt, wie wir wiederholt festgestellt haben. Hiernach ist

$$(4) \qquad \Theta\frac{d\delta}{dt} = P''\sin\delta$$

oder wegen (3)

$$\frac{d\delta}{\sin\delta} = \frac{P''\,dt}{\Theta_0 - P't}$$

oder nach einer Integration mit dem Anfangswert δ_0

$$ln\frac{\operatorname{tg}\dfrac{\delta}{2}}{\operatorname{tg}\dfrac{\delta_0}{2}}=\frac{P''}{P'}\,ln\,\frac{\Theta_0}{\Theta_0-P\,t}$$

oder endlich durch Übergang zum Numerus

$$(5)\qquad\qquad \operatorname{tg}\frac{\delta}{2}=\left(\frac{\Theta_0}{\Theta_0-P't}\right)^{P''/P'}\operatorname{tg}\frac{\delta_0}{2}.$$

Da die rechte Seite unablässig zunimmt, so wächst mit der Tangensfunktion auch der Winkel δ selbst, wie wir bereits festgestellt haben. Bei cardanischer Lagerung senkt sich die Figurenachse unter

Abb. 50.

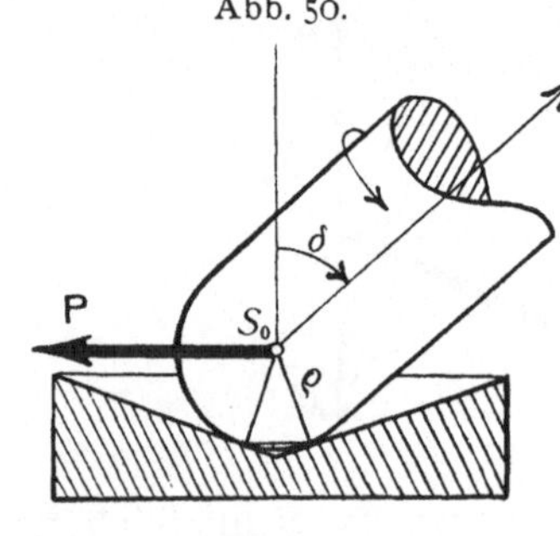

Abb. 51.

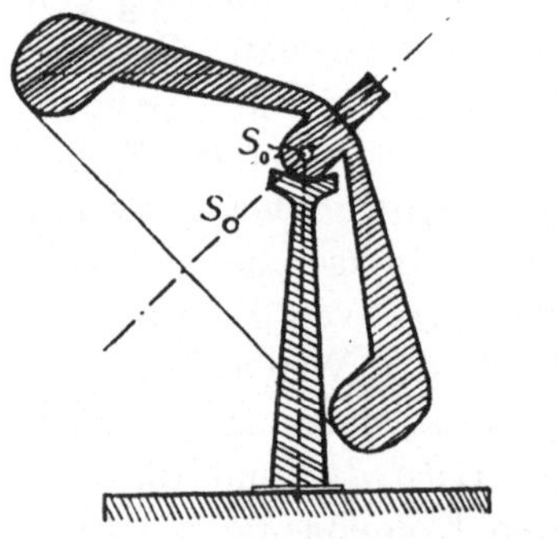

dem Einfluß der Lagerreibung; die Kreiselspitze beschreibt an Stelle eines Kreises eine Spirale um den untersten Kugelpunkt.

Zufolge (1) nimmt gleichzeitig die Eigendrehgeschwindigkeit ν fortwährend ab; die Präzessionsgeschwindigkeit aber wächst, denn sie ist nach § 9 (21), S. 94, umgekehrt proportional mit dem Schwung.

Übrigens geschieht die Senkung der Figurenachse nach (5) um so langsamer, je kleiner der Quotient P''/P' ist. Hat aber der Schwung schon so beträchtlich abgenommen, daß der Kreisel aufhört, ein schneller zu sein, noch ehe seine Figurenachse merklich lotrecht abwärts weist, so wird die Wirkung der Reibung viel verwickelter. Wir gehen hierauf jedoch nicht ein.

Ganz anders äußert sich der Einfluß der Reibung, wenn nun zweitens der Kreisel so gelagert]ist, daß das eine Ende seiner Figurenachse in einer Pfanne liegt. Der Einfachheit halber nehmen wir an, daß dieses Ende halbkugelartig auslaufe und daß die Pfanne ein hohler Kegel mit lotrechter Achse sei. Je nachdem der Schwerpunkt S höher (Abb. 50) oder tiefer (Abb. 51) als der Stützpunkt S_0 liegt und je nachdem der schnelle Kreisel rechts- oder linksdrehend vorausgesetzt wird, haben wir offensichtlich vier Fälle zu unterscheiden (Abb. 52).

Allen diesen ist gemeinsam, daß der Mittelpunkt der Halbkugel als eigentlicher Stützpunkt in Ruhe bleibt, so daß die (auf einem Kreise liegenden) Berührungspunkte der Halbkugel mit dem Kegel Geschwindigkeiten besitzen, deren Mittelwert um so genauer wagerecht und auf der Präzessionsebene senkrecht steht, je kleiner jener Berührungskreis gegenüber dem Umfange der Halbkugel ist. Die Erfahrung zeigt, daß die Reibungskräfte, die beim Gleiten eines festen Körpers gegen einen anderen an den einzelnen Berührungspunkten auftreten, den Vektoren der Geschwindigkeiten der Berührungspunkte entgegengesetzt gerichtet und von der Größe der Geschwindigkeit ziemlich unabhängig sind. Infolgedessen werden wir mit der Genauigkeit, die uns hier genügt, annehmen dürfen, daß die Resultante aller Reibungskräfte zwischen der Halbkugel und dem Lagerkegel wagerecht gerichtet ist, auf der Präzessionsebene senkrecht steht und gerade unter dem Stützpunkt liegt. Sie erzeugt demnach bezüglich des Stützpunktes ein Moment P, dessen Achse in der Präzessionsebene liegt, wagerecht weist und überdies mit der Schwungachse des schnellen Kreisels immer einen stumpfen Winkel bildet. Zerlegt man diesen Momentvektor P in seine Komponenten P_1 und P_2 nach der Figurenachse und nach der Querachse, so stellt man das folgende fest:

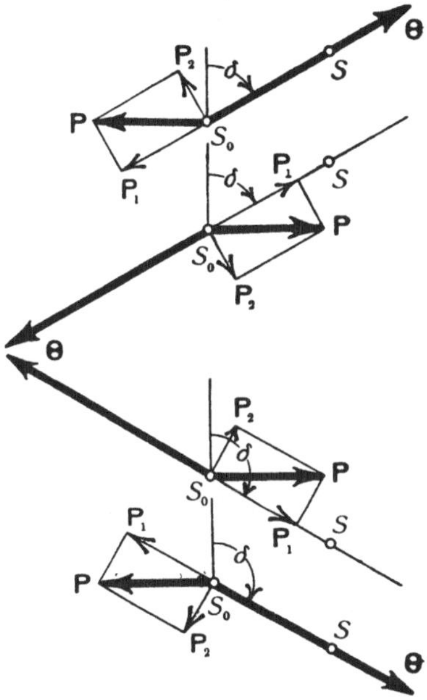

Die Komponente P_1 vermindert den Schwung unablässig; infolgedessen sinkt die Eigendrehgeschwindigkeit v, wogegen dann wieder die Präzessionsgeschwindigkeit μ zunimmt; der Grund dafür ist derselbe wie bei der cardanischen Lagerung.

Die Komponente P_2 ist, wenn man jetzt von P_1 absieht, wieder gleich der Änderungsgeschwindigkeit des Endpunktes des Schwungvektors in der Präzessionsebene und bewegt daher diesen Punkt (vgl. Abb. 52) nach oben oder nach unten, je nachdem der Schwungvektor selbst schräg nach oben oder nach unten weist; und das nämliche gilt dann auch von der Figurenachse. Die Pfannenreibung richtet die Figurenachse auf oder senkt sie, je nachdem der Schwerpunkt höher oder tiefer als der Stützpunkt liegt.

Damit ist die bekannte und oft mißdeutete Erscheinung, daß der in einer Pfanne tanzende Kreisel sich nach und nach aufrichtet, völlig erklärt; wir wollen die Erklärung noch durch eine angenäherte Rechnung ergänzen.

Die Reibungskraft, und mit ihr auch das Moment $\boldsymbol{P}$, ist dem Stützdruck proportional, und dieser ist sehr angenähert gleich dem Kreiselgewicht mg, also unveränderlich (da eine merkliche lotrechte Beschleunigung des Schwerpunktes ja nicht vorhanden sein wird). Wir können daher mit dem Hebelarm ϱ der Reibungskraft bezüglich des Stützpunktes (Abb. 50) setzen

$$(6) \qquad\qquad P = \varrho f m g,$$

wo f den Beiwert der Reibung bedeutet. Die Komponenten von $\boldsymbol{P}$ sind

$$P_1 = P\sin\delta,$$
$$P_2 = P\cos\delta,$$

und es gilt wie in (2) und (4)

$$(7) \qquad\qquad \frac{d\Theta}{dt} = -P\sin\delta,$$

$$(8) \qquad\qquad \Theta\frac{d\delta}{dt} = -P\cos\delta,$$

gleichgültig, ob δ spitz oder stumpf ist.

Um hieraus δ als Funktion der Zeit zu berechnen, differentiieren wir (8) nach t und haben

$$\frac{d\Theta}{dt}\frac{d\delta}{dt} + \Theta\frac{d^2\delta}{dt^2} = P\sin\delta\frac{d\delta}{dt}.$$

Setzen wir den Wert von $d\Theta/dt$ aus (7) und den Wert von Θ selbst aus (8) ein, so kommt alsbald

$$(9) \qquad\qquad \frac{d^2\delta}{dt^2} = -2\operatorname{tg}\delta\left(\frac{d\delta}{dt}\right)^2$$

als Differentialgleichung für δ allein. Ihre Integration ist eine mathematische Angelegenheit; das Ergebnis dieser Integration

$$(10) \qquad\qquad \delta = \operatorname{arc\,tg}(a + bt)$$

bestätigt man nachträglich mit geringer Mühe durch Einsetzen in die Differentialgleichung (9). Hier sind a und b zwei Integrationskonstanten, die wir aus den Anfangsbedingungen zu bestimmen haben. Für $t = 0$ sei $\delta = \delta_0$ und zufolge (8)

$$\left(\frac{d\delta}{dt}\right)_0 = -\frac{P}{\Theta_0}\cos\delta_0.$$

Schreiben wir also statt (10)

$$\operatorname{tg} \delta = a + b\,t$$

und daraus durch Differentiieren

$$\frac{1}{\cos^2 \delta}\,\frac{d\delta}{dt} = b,$$

so liefern die Anfangswerte sofort

$$a = \operatorname{tg} \delta_0, \qquad b = -\frac{P}{\Theta_0 \cos \delta_0},$$

so daß endgültig

$$(11) \qquad \operatorname{tg} \delta = \operatorname{tg} \delta_0 - \frac{Pt}{\Theta_0 \cos \delta_0}$$

kommt.

Hieraus bestätigt sich wieder, daß δ ab- oder zunimmt, je nachdem δ_0 ein spitzer oder ein stumpfer Winkel war. Die Zeit t_1, welche vergeht, bis die Figurenachse lotrecht steht, berechnet sich mit $\delta = 0$ oder $\delta = 180^0$ zu

$$(12) \qquad t_1 = \frac{\Theta_0}{P}\sin \delta_0.$$

Diese Zeit ist endlich und um so kleiner, je stärker die Reibung ist.

Um auch noch die Kurve aufzufinden, welche die Kreiselspitze bei dieser Bewegung beschreibt, müssen wir wieder dem Zusammenhang zwischen der „geographischen Länge" ψ und „Breite" δ nachgehen. Zu dem Zwecke schreiben wir die Präzessionsgleichung des schnellen Kreisels, § 9 (21), S. 94, in der Form

$$\Theta\,\frac{d\psi}{dt} = Q$$

und dividieren diese Gleichung in (8):

$$\frac{d\delta}{d\psi} = -\frac{P}{Q}\cos \delta$$

oder

$$(13) \qquad \frac{d\delta}{\cos \delta} = -\frac{P}{Q}\,d\psi$$

oder durch eine Integration, bei welcher wir die Werte $\delta = 0$ und $\psi = 0$ sich entsprechen lassen,

$$\frac{1}{2}\,ln\,\frac{1 + \sin \delta}{1 - \sin \delta} = -\frac{P}{Q}\,\psi$$

oder durch Auflösen nach $\sin \delta$

$$(14) \qquad \sin \delta = -\mathfrak{Tg}\,\frac{P}{Q}\,\psi,$$

indem wir wieder die schon in § 5, 2., S. 52, benutzte hyperbolische Tangensfunktion einführen. Durch diese Gleichung wird eine sphärische Spirale dargestellt, die sich um den obersten Kugelpunkt herumwindet.

In der Nähe dieses Punktes ist $\cos \delta$ nicht mehr merklich von 1 verschieden, so daß dort statt (13) gilt

$$d\delta = -\frac{P}{Q}\,d\psi,$$

also nach der Integration

$$(15) \qquad \delta = -\frac{P}{Q}\,\psi,$$

was auch aus (14) zu folgern war, da sich die $\mathfrak{Tg}$-Funktion für kleine Werte des Argumentes wie dieses selbst verhält. Die Gleichung (15) aber zeigt, daß die Kurve der Kreiselspitze in der Nähe des obersten Punktes wie eine archimedische Spirale aussieht, daß sie also nach einer endlichen Anzahl von Windungen den oberen Kugelpol erreicht. Entsprechendes gilt bei der Bewegung gegen den unteren Pol hin.

Als wesentliche Bemerkung ist hier erstens hinzuzufügen, daß die ganze Rechnung nur dann Anspruch auf einige Genauigkeit erheben kann, wenn während der ganzen Bewegung die Größe Θ des Schwunges hinreicht, den Kreisel als einen schnellen zu kennzeichnen. Andernfalls geht nach einiger Zeit, noch ehe sich der Kreisel ganz aufgerichtet oder gesenkt hat, die pseudoreguläre Präzession in eine verwickeltere Bewegung über, und ein völliges Aufrichten der Figurenachse braucht dann nicht mehr unter allen Umständen einzutreten. Vor allem darf der Anfangswert δ_0 nicht in der Nähe von 90^0 liegen, der Kreisel also nicht mit nahezu wagerechter Figurenachse aufgesetzt werden. Denn da das Reibungsmoment P den Endpunkt des Schwunges in wagerechter Richtung gegen die Lotlinie heranzieht, so würde dieser Punkt ganz in der Nähe des Stützpunktes die Lotlinie erreichen und der Schwungvektor wäre damit möglicherweise zu kurz geworden.

Zweitens ist bis jetzt eine andere Art der Reibung unberücksichtigt geblieben, welche um so mehr in die Erscheinung tritt, je näher die Figurenachse der Lotlinie rückt, wir meinen die bohrende Reibung des unteren Endes der Figurenachse in dem Lagerkegel. Das Moment dieser Reibung hat eine lotrechte, dem Vektor μ entgegengesetzte Achse und wird den aufgerichteten Kreisel mehr oder weniger schnell abbremsen und zum Umfallen bringen. Es kann aber sogar vorkommen, daß die bohrende Reibung das völlige Aufrichten des Kreisels überhaupt verhindert. Denn ihr Moment übt doch offenbar dieselbe Wirkung aus, wie das Moment P'' in den Lagern der Präzessionsachse (S. 117): d. h. es sucht den Kreisel auf alle Fälle zu senken. Je nach dem Kräfteverhältnis in dem Kampfe zwischen der gleitenden und bohrenden Reibung kann man denn auch in der Tat eine große Mannigfaltigkeit der Erscheinungen beobachten.

Wir erwähnen hier schließlich noch das merkwürdige Verhalten zweier Kreisel, von denen der eine mit dem unteren Ende seiner Figurenachse auf das pfannenförmige obere Ende des anderen aufgesetzt ist (Abb. 53). Beide Kreisel mögen schnell sein. Ohne uns auf die Dynamik dieses gekoppelten Systems näher einzulassen, können wir doch so viel von vornherein feststellen, daß die gleitende Reibung beide Kreisel aufzurichten sucht. Doch wird diese Wirkung durch eine zweite zumeist stark übertönt. Von der sich drehenden oberen Pfanne des unteren Kreisels wird durch Vermittelung der Reibung eine zusätzliche Zwangsdrehung auf den oberen Kreisel übertragen und dadurch in ihm ein Kreiselmoment von solchem Sinne geweckt, daß sich seine Drehachse in gleichstimmigen Parallelismus mit derjenigen des unteren Kreisels einzustellen sucht. Und in ähnlicher Weise wirkt der obere Kreisel auf den unteren zurück, so daß die beiden Figurenachsen, falls die ursprünglich schief aufeinandergesetzten Kreisel gleichsinnig umlaufen, sich in überraschend schneller Weise in eine einzige Gerade einstellen und lotrecht aufrichten und dann wie ein einziger starrer Körper weiterlaufen. Bei ungleichem Umlaufssinn dagegen springt der obere Kreisel, indem er seine Drehachse umzukehren versucht, alsbald vom unteren ab.

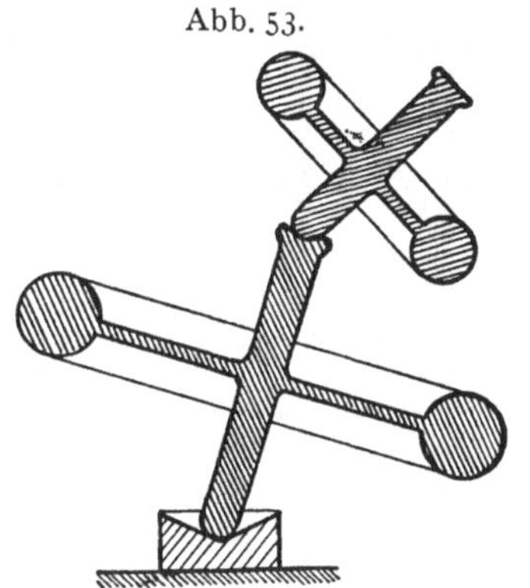

Abb. 53.

Der Versuch gelingt nur dann einwandfrei, wenn der Schwung des unteren Kreisels erheblich größer ist als der des oberen; die Begründung dafür kann aber ohne weitläufigere Rechnungen nicht wiedergegeben werden.

2. Der Spielkreisel. Wir haben bei der Untersuchung der Bewegung des Spielkreisels (§ 11) darauf hingewiesen, daß die dort gefundenen Ergebnisse durch die Reibung der unteren Spitze auf der

Stützebene nicht unerheblich beeinflußt werden müssen. Diesen Einfluß wollen wir jetzt unter der Bedingung abschätzen, daß die untere Spitze wieder in eine kleine halbkugelförmige Fläche ausläuft und daß die Bewegung, wenn man von der Reibung absehen würde, von einer regulären Präzession nicht zu unterscheiden wäre. Der Kreisel soll also ein schneller sein. Ohne Reibung würde der nahezu unveränderliche Stützdruck $-G$ die Schwungachse und die mit ihr ziemlich zusammenfallende Figurenachse angenähert auf einem Kreiskegel bewegen, der seine Spitze im Schwerpunkte S hat, so daß der Stütz-

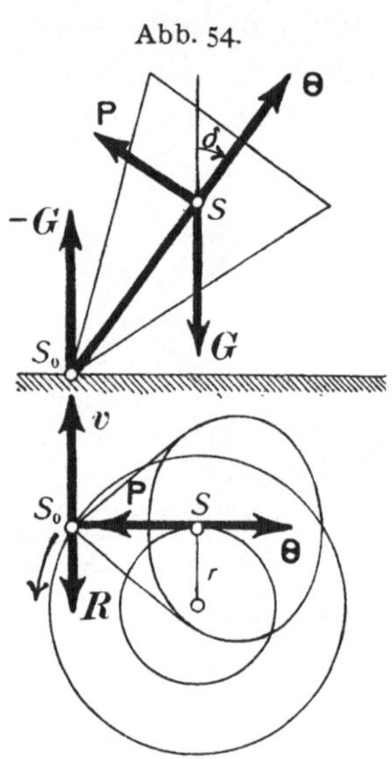

Abb. 54.

punkt S_0 einen Kreis um die Projektion des Schwerpunktes auf die Stützebene beschreibt, und zwar entgegen dem Uhrzeigersinne, falls der Schwungvektor nach oben gerichtet ist, sonst umgekehrt. Infolge der Eigendrehung des Kreisels gleitet der Berührungspunkt der halbkugeligen Kreiselspitze auf der Stützebene mit einer praktisch recht großen Geschwindigkeit v senkrecht zur Figurenachse (vgl. Abb. 54, die einen Grund- und Aufriß darstellt). Durch dieses Gleiten wird eine Reibungskraft R geweckt, die jedenfalls in der Stützebene liegt und auf der Figurenachse senkrecht steht; und zwar hat der Vektor R dieselbe Richtung, wie die Geschwindigkeit der unteren Spitze bei der bisher reibungsfreien Bewegung. Der Betrag von R ist gleich fG, wo f den Reibungsbeiwert bedeutet, der im wesentlichen vom Stoff und der Rauhigkeit der Stützebene und der unteren Kreiselspitze abhängt. Die Reibungskraft R wirkt nun in doppelter Weise.

Erstens erteilt sie nach dem Schwerpunktssatze, Einl. (34), S. 15, dem Schwerpunkt S eine wagerechte und auf der Figurenachse senkrechte Beschleunigung von unveränderlichem Betrage $R/m = fg$, wo g die Schwerebeschleunigung bedeutet. Betrachtet man die Figurenachse von oben, so muß ihr Grundriß sich also einerseits mit der Winkelgeschwindigkeit μ der regulären Präzession im Kreise drehen; andererseits wird der auf ihr liegende Schwerpunkt immer senkrecht zu ihrer augenblicklichen Lage beschleunigt. Und folglich kann die Bewegung gar nicht anders erfolgen, als daß der Schwerpunkt ganz gleichförmig einen wagerechten Kreis beschreibt, dessen Grundriß vom Grundriß der Figurenachse berührt wird. Denn in der Tat dreht sich dann die Figurenachse gleichförmig, und nach Einl. (19), S. 12, ist die gleichförmige Kreisbewegung gerade an das Vorhandensein einer nach dem Mittelpunkt gerichteten Beschleunigung vom festen Betrage $\mu^2 r$ geknüpft, woraus sich mit

$$\mu^2 r = fg$$

der Kreishalbmesser zu

$$r = \frac{fg}{\mu^2}$$

berechnet. Erinnern wir uns, daß nach § 11 (3), S. 113, die Präzessionsgeschwindigkeit $\mu = Q/\Theta$ ist, so finden wir

$$(16) \qquad r = fg\,\frac{\Theta^2}{Q^2}.$$

Infolge der Reibung bleibt der Schwerpunkt des Spielkreisels nicht mehr fest, sondern beschreibt mit der Präzessionsgeschwindigkeit μ einen Kreis, dessen Halbmesser dem Quadrat des Schwunges proportional ist. Dasselbe tut die untere Spitze, und zwar eilt sie der Projektion des Schwerpunktes auf einem konzentrischen Kreise voraus. Die Figurenachse dreht sich windschief und beschreibt um die Lotrechte ein einschaliges Rotationshyperboloid, dessen Kehlkreis die Bahn des Schwerpunktes bildet.

Von einer etwaigen zusätzlichen seitlichen Verschiebung des Kreisels, die übrigens unter dem Einfluß der Reibung weder der Größe noch der Richtung nach unveränderlich wäre, sehen wir hier natürlich ab.

Die Reibungskraft $\boldsymbol{R}$ gibt zweitens Veranlassung zu einem Moment $\boldsymbol{P}$, das, auf den Schwerpunkt bezogen, den Betrag

$$(17) \qquad P = \overline{SS_0}\,.\,fmg$$

besitzt und dessen Vektor auf der Figurenachse und zugleich auf dem Vektor $\boldsymbol{R}$ senkrecht steht. Je nachdem Θ schräg auf- oder abwärts gerichtet ist, weist auch $\boldsymbol{P}$ schräg auf- oder abwärts, und folglich sucht die Reibung auf alle Fälle den Schwungvektor Θ lotrecht zu stellen, die Figurenachse also aufzurichten.

Diese aufrichtende Bewegung gehorcht nach Einl. (29), S. 14, der Gleichung

$$(18) \qquad \frac{d\Theta}{dt} = \boldsymbol{P}.$$

Nennen wir wieder δ den Winkel zwischen der Lotrechten und der Schwungachse, so ist die Geschwindigkeit des Endpunktes des Schwungvektors — natürlich abgesehen von der Präzessionsdrehung — gleich $-\Theta\,d\delta/dt$, so daß wir statt (18) haben

$$\frac{d\delta}{dt} = -\frac{P}{\Theta}$$

oder nach einer Integration, bei der wir Θ als unverändert ansehen dürfen, mit dem Anfangswert δ_0 für $t = 0$,

$$t = \frac{\Theta}{P}(\delta_0 - \delta),$$

wonach die für das Aufrichten des Spielkreisels erforderliche Zeit gleich

$$(19) \qquad\qquad t_2 = \frac{\Theta}{P}\,\delta_0$$

wird.

Wir sind damit zu einem Ausdruck gelangt, der mit der Zeit t_1 in (12) für das Aufrichten des gewöhnlichen Kreisels fast gleichlautend ist. Indessen zeigt der Vergleich von (6) mit (17), daß die Reibungsmomente P in beiden Fällen wesentlich verschieden sind. Bildet man für gleichen Anfangsschwung $\Theta = \Theta_0$ den Quotienten aus den beiden Zeiten, so kommt offensichtlich

$$\frac{t_1}{t_2} = \frac{S S_0}{\varrho}\cdot\frac{\sin\delta_0}{\delta_0},$$

ein Ausdruck, welcher trotz des Bruches $\sin\delta_0/\delta_0$ in der Regel erheblich größer als 1 wird, insofern der Hebelarm ϱ der Reibungskraft (Abb. 51) von der Größenordnung des Halbmessers der kleinen Halbkugel der unteren Spitze ist, wogegen $\overline{S\,S_0}$ ein Vielfaches davon zu sein pflegt. Damit ist die vom Versuch wohlbestätigte Tatsache bewiesen, daß sich der Spielkreisel erheblich rascher aufrichtet als ein ihm gleichartiger und in gleicher Weise angetriebener gewöhnlicher Kreisel.

Eine Abnahme des Schwunges seinem Betrage nach tritt nach dem Aufrichten infolge der bohrenden Reibung der Kreiselspitze ein; eine solche Abnahme ist nur dann schon während des Aufrichtens festzustellen, falls die Halbkugel der Stütze von so beträchtlicher Größe ist, daß die Verbindungslinie des Berührungspunktes und des Schwerpunktes von der Figurenachse merklich abweicht. Denn dann besitzt der auf dieser Verbindungslinie senkrechte Vektor P eine kleine Komponente in der Figurenachse, und zwar, wie man leicht einsieht, entgegen der Richtung des Schwungvektors. Hätte man es mit einer vollkommen scharfen Spitze zu tun, so würde sich die Figurenachse aufrichten, ohne daß sich der Halbmesser (16) des Schwerpunktskreises änderte, und der Schwerpunkt würde mit dem Augenblick, da die Figurenachse senkrecht geworden ist, stehen bleiben. In Wirklichkeit verengert sich jener Kreis schon während des Aufrichtens, und zwar hauptsächlich infolge der bohrenden Reibung, die natürlich schon an dem noch schief liegenden Kreisel zu wirken beginnt.

Die bisherigen Überlegungen bedürfen einer Verbesserung, die dadurch bedingt ist, daß der Berührungspunkt S_0 außer der großen Gleitgeschwindigkeit v, die wir bisher allein berücksichtigt haben, noch eine zweite v' besitzt, mit welcher er längs seinem Kreise auf der Stützebene wandert (Abb. 55). Die Reibungskraft, die der Resultante w aus v und v' entgegengesetzt gerichtet ist, steht bei genauerer Betrachtung nicht mehr senkrecht zur Figurenachse. Da sie mit dieser aber nach wie vor einen unveränderlichen Winkel bildet und nach wie vor von unveränderlichem Betrage ist, so beschreibt der Schwerpunkt S immer noch einen Kreis vom Halbmesser (16), nur wird dieser Kreis nicht mehr von der Figurenachse, von oben

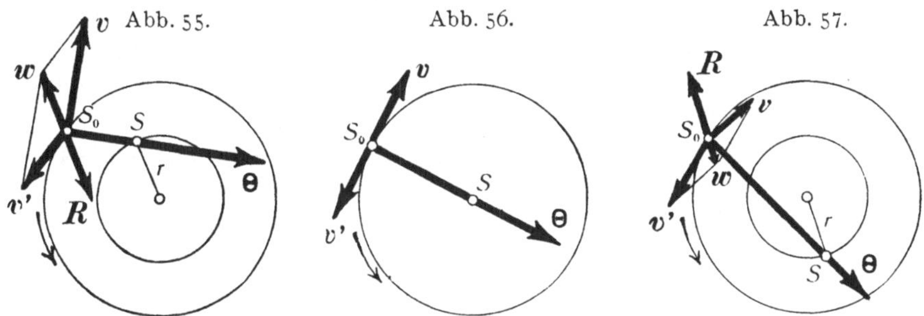

gesehen, berührt, sondern geschnitten: der Abstand der Figurenachse vom Mittelpunkt dieses Kreises ist also etwas kleiner als r, und infolgedessen liegt der Kehlkreis des Rotationshyperboloids ein wenig über dem Bahnkreise des Schwerpunktes. Der Fahrstrahl r ist natürlich immer parallel zur Reibungskraft R; denn er gibt die Richtung der Zentripetalbeschleunigung des Schwerpunktes an.

Die Geschwindigkeit v ist mit dem Halbmesser der Halbkugel der unteren Spitze proportional. Wenn dieser klein genug ist, so kann es wohl vorkommen, daß $v' = -v$ wird. Alsdann verschwindet mit der Resultanten w auch die Reibungskraft R (Abb. 56), und die Halbkugel rollt dann ohne zu gleiten auf der Stützebene ab, wobei der Schwerpunkt in Ruhe bleibt, gleich als ob die Stützebene vollkommen glatt wäre. Ein Grund, weshalb sich der Kreisel aufrichten sollte, entfällt damit von selbst.

Dagegen wird durch die rollende Reibung die Eigendrehgeschwindigkeit des Spielkreisels und mit ihr alsbald auch v weiter verringert, so daß von nun an sogar $v < v'$ wird. Jetzt eilt der Schwerpunkt S dem Stützpunkt S_0 voraus (Abb. 57), der Kehlkreis liegt unterhalb des Bahnkreises des Schwerpunktes, und man stellt leicht fest, daß das Moment P die Figurenachse nun nicht mehr aufrichtet, sondern tiefer neigt. Dasselbe gilt schließlich auch noch in dem Falle, daß die untere Spitze mathematisch scharf geworden wäre, wonach v verschwindet und der Schwerpunkt dem Stützpunkt allemal um 90^0 vorauseilt (Abb. 58).

Man kann sich andererseits die Halbkugel der unteren Spitze mehr und mehr vergrößert denken und bekommt so schließlich einen eiartigen Körper, der in Drehung versetzt und sich dann selbst überlassen wird. Wir können auf die Theorie der Bewegung solcher

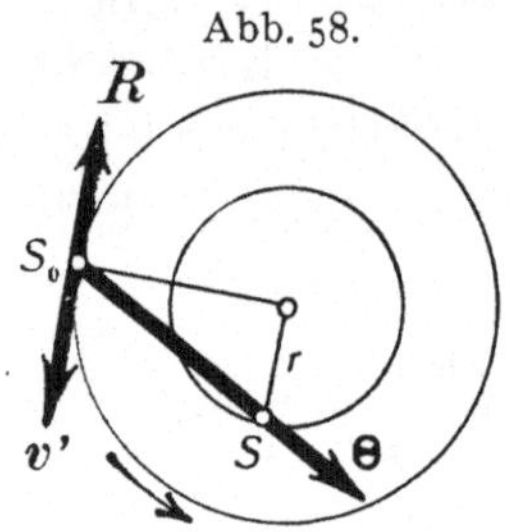

Körper hier nicht näher eingehen, werden es aber begreiflich finden, daß auch sie sich unter dem entscheidenden Einfluß der gleitenden Reibung ebenso aufrichten wie der gewöhnliche Spielkreisel: das tanzende Ei stellt sich, wenn es seinem Inhalt nach als starrer Körper betrachtet werden darf, und wenn es hinreichend stark angetrieben worden ist, alsbald auf seine Spitze. Es fällt dagegen, auf die Spitze gestellt und als aufrechter Kreisel angetrieben, augenblicklich um, wenn sein Inhalt flüssig ist. Zur Erklärung wird man bei kurz dauerndem Antrieb vermuten, daß der flüssige Inhalt noch nicht in Drehung gekommen ist, so daß das kleine Trägheitsmoment der Schale keineswegs zu einer Kreiselwirkung ausreicht, welche die Gesamtmasse aufrecht erhalten könnte. Indessen zeigt der Versuch, daß das Umfallen, wenigstens bei einem Kreisel mit gestrecktem Trägheitsellipsoid, immer noch eintritt, auch wenn man dafür sorgt, daß der Körper erst dann sich selbst überlassen wird, nachdem auch die Flüssigkeit die volle Drehgeschwindigkeit angenommen hat. Eine ganz einwandfreie Erklärung dieser eigentümlichen Erscheinung ist bisher nicht gefunden worden.

§ 13. Der unsymmetrische Kreisel.

1. Permanente Drehachsen des schweren Kreisels. Wir haben den schweren Kreisel bisher nur dann als einen symmetrischen bezeichnet, wenn nicht nur erstens seine Trägheitsfläche bezüglich des Stützpunktes ein Rotationsellipsoid ist, sondern zugleich auch zweitens der Schwerpunkt auf dessen Symmetrieachse liegt, was bei beliebiger Massenverteilung durchaus nicht der Fall zu sein braucht. Verliert der Kreisel eine dieser beiden Eigenschaften oder beide zusammen, so heißt er unsymmetrisch, und es ist bis heute nicht gelungen, seine Bewegung in voller Allgemeinheit, sei es formelmäßig, sei es auch bloß anschaulich, erschöpfend zu beschreiben.

Bewältigt worden sind bisher nur einige Sonderfälle, von denen zudem die meisten nur analytische Bedeutung beanspruchen können.

Man hat nämlich versucht, durch Einschränkungen mannigfacher Art zu Sonderergebnissen zu gelangen. Diese Einschränkungen können einerseits die Massenverteilung des Kreisels, also die Lage des Schwerpunktes, sowie die Gestalt des Trägheitsellipsoids des Stützpunktes betreffen. Beispiele hierfür stellen die von uns behandelten Fälle des kräftefreien unsymmetrischen sowie des schweren symmetrischen Kreisels vor; die Behandlung des ersten ist zuerst L. Euler, die des zweiten zuerst J. L. Lagrange gelungen. Neuerdings hat Sonja Kowalewski noch einen dritten Fall erledigt, bei welchem der Schwerpunkt in der Äquatorebene des ebenfalls rotationssymmetrischen Trägheitsellipsoids liegt; das äquatoriale Trägheitsmoment ist dabei außerdem noch an die Vorschrift gebunden, doppelt so groß als das axiale zu sein. Wir gehen auf diesen Fall, der gegen die beiden ersten an Wichtigkeit zurücksteht, nicht näher ein.

Die Einschränkungen können andererseits auch die Art der Bewegung, genauer gesagt, den Anfangsstoß betreffen. Hierher gehören die von W. Heß und Mlodzjejowsky gefundenen Verallgemeinerungen des sphärischen Pendels: der Schwerpunkt wird aus irgendeiner Anfangslage mit oder ohne Stoß losgelassen; seine Lage im Kreisel aber ist bei beliebigen Hauptträgheitsmomenten noch an Bedingungen gebunden. Auch diese Fälle, von denen der Heßsche sich übrigens auf den Spielkreisel hat übertragen lassen, behandeln wir nicht. Vielmehr lenken wir unsere Aufmerksamkeit auf einen von O. Staude entdeckten; dieser Fall ist vor den bisher genannten dadurch ausgezeichnet, daß über die Massenverteilung keinerlei einschränkende Verabredung getroffen wird, lediglich über den Anfangsstoß, der um eine geeignete und zugleich lotrecht gerichtete Achse zu erfolgen hat. Trotzdem in neuester Zeit noch mehrere weitere Fälle besonderer Bewegungsarten des unsymmetrischen schweren Kreisels aufgefunden worden sind, so ist doch der Staudesche vorläufig der einzige geblieben, der bei beliebiger Massenverteilung einer anschaulichen Deutung unmittelbar zugänglich wird.

Er ist merkwürdigerweise schon in unseren Untersuchungen über das Kreiselmoment des unsymmetrischen Kreisels (§ 7, 4.) völlig enthalten und braucht nur noch herausgeschält zu werden. Man wird nämlich sofort zur Staudeschen Bewegung geführt, sobald man sich die Frage vorlegt, unter welchen Bedingungen das Kreiselmoment K, welches der unsymmetrische Kreisel bei einer erzwungenen Bewegung äußert, gerade durch die Schwerkraft aufgenommen werden kann, so daß also die Bewegung als eine natürliche erscheint. Wie man sieht, handelt es sich genau um die Übertragung der in § 9, 1., S. 88, angestellten Erwägungen vom symmetrischen auf den unsymmetrischen Kreisel.

Wir fanden für den Fall einer erzwungenen regulären Präzession (S. 79 sowie Abb. 35, S. 77), daß der Vektor K in der Zwischenebene liegt und mit der doppelten Frequenz der Eigendrehung ν des Kreisels pulsiert. Weil bei irgendwelcher Lage des Schwerpunktes das Moment M_0 der Schwere nur mit der Frequenz der Eigendrehung selbst schwankt, so leuchtet der von E. J. Routh gefundene Satz ein, daß **die Schwerkraft eine reguläre Präzession des unsymmetrischen Kreisels nur dann zu unterhalten vermag, wenn keine Eigendrehgeschwindigkeit vorhanden ist.**

Nachdem wir unsere Bewegung jetzt auf eine reine Drehung μ eingeschränkt haben, wird das Kreiselmoment K durch die Ausdrücke § 7 (39), S. 81, in Verbindung mit § 7 (28) bis (30), S. 78, angegeben, und zwar steht der Vektor K, wie erinnerlich, auf der Präzessionsachse μ senkrecht und dreht sich um diese mit der Geschwindigkeit μ. Der Vektor M_0 andererseits zeigt stets wagerecht; er läuft, wenn wir die Präzessionsachse lotrecht stellen, ebenfalls mit der Geschwindigkeit μ um, und so muß es sicherlich gelingen, die beiden Vektoren M_0 und K mit entgegengesetzten Richtungen zur Deckung zu bringen. Dann aber halten sich das Schleudermoment K (wie wir in diesem Falle sagen wollten; vgl. S. 81) und das Schweremoment M_0 das Gleichgewicht, und die lotrechte Präzessionsachse ist jetzt eine permanente Drehachse geworden. Diese Bewegung eben ist es, die O. Staude, allerdings von anderen Erwägungen ausgehend, entdeckt hat.

Aber nicht jede beliebige Achse kann eine permanente Drehachse sein, und nicht jede beliebige Geschwindigkeit μ ist zulässig. Wir wollen den Zusammenhang zwischen der Massenverteilung des Kreisels einerseits und den erlaubten permanenten Drehachsen und Drehgeschwindigkeiten andererseits jetzt feststellen. Zu dem Zwecke gehen wir von irgendeiner lotrecht gestellten Drehachse aus, deren Lage gegen die drei Hauptachsen etwa durch die Eulerschen Winkel δ und φ (Abb. 35, S. 77) bezeichnet sei. Wir suchen sofort die Lage des Vektors K auf, der also wagerecht zeigt, und errichten auf ihm im Stützpunkt eine Ebene. Diese Ebene steht im Raume senkrecht, sie enthält die permanente Drehachse und soll die Schwerpunktsebene genannt werden. In ihr muß nämlich offenbar der Schwerpunkt liegen, wenn anders das Schweremoment $M_0 = -K$ werden soll.

Die Schwerpunktsebene wird durch die lotrecht gestellte permanente Drehachse in zwei Halbebenen geteilt, die wir, vom Endpunkte des Vektors K aus besehen, als rechte und linke bezeichnen. Wir können dann genauer sagen: Der Schwerpunkt muß in der rechten Schwerpunktshalbebene liegen.

Das Schweremoment M_0 ist seinem Betrage nach gleich dem Produkt aus dem Kreiselgewicht G in den Abstand l des Stützpunktes von der Projektion des Schwerpunktes auf die wagerechte Zwischenebene:

$$M_0 = l\,G.$$

Daher sind alle Schwerpunkte gleichwertig, welche auf einer lotrechten Geraden der rechten Schwerpunktshalbebene liegen; maßgebend ist nur der Abstand l dieser Geraden vom Stützpunkt, und zwar muß l so gewählt werden, daß schließlich auch die Beträge von K und M_0 vollends übereinstimmen. Der Betrag von K, d. h. die Länge des Vektors K folgt ohne weiteres aus den Gleichungen § 7 (28) bis (30) sowie (39), S. 78 und 81, zu $K = \sqrt{K'^2 + K''^2 + K_x^2}$. Dabei sind die drei Komponenten K', K'' und K_x proportional mit μ^2, und daher muß das Ergebnis der Rechnung die Form

$$K = L\,\mu^2$$

besitzen, wo L eine Funktion der drei Hauptträgheitsmomente A, B, C sowie der unveränderlichen Winkel δ und φ vorstellt; wir brauchen diese Funktion nicht auszurechnen. Aus dem Vergleich der Beträge $M_0 = K$ ergibt sich der Abstand der Schwerpunktsgeraden vom Stützpunkt zu

$$l = \frac{L}{G}\,\mu^2,$$

und damit ist auch umgekehrt bei gegebener Schwerpunktslage (in der rechten Schwerpunktshalbebene) die Drehgeschwindigkeit μ bestimmt. Der Drehsinn ist gleichgültig.

Es empfiehlt sich, diese durchaus anschaulichen Überlegungen auch vom Schwungvektor selbst aus nachzuprüfen. Weil die Drehgeschwindigkeit μ samt ihren Komponenten ξ, η, ζ nach den Hauptachsen unveränderlich ist, so besitzen auch die Schwungkomponenten $A\xi$, $B\eta$, $C\zeta$ feste Beträge, und also liegt der Schwungvektor Θ bei der Staudeschen Bewegung im Kreisel fest. Man findet bei gegebener Drehachse μ seine Lage und Länge nach der in § 3, 1., S. 33, entwickelten Konstruktion.

Weil die Änderung $d'\Theta/dt$ des Schwunges, beurteilt vom Kreisel aus, Null ist, so lautet die zugehörige Eulersche Bewegungsgleichung § 5 (1), S. 44, wenn wir dort μ statt ω schreiben,

$$(1) \qquad [\mu\,\Theta] = M_0.$$

Wir machen jetzt Gebrauch von der Tatsache, daß der Vektor M_0 des Schweremoments auf dem Fahrstrahl r_0 vom Stützpunkt zum Schwerpunkt senkrecht steht, und stellen fest, daß das skalare Produkt $r_0 M_0$ nach Einl. S. 9 verschwindet. Zufolge (1) muß also auch

$$r_0\,[\mu\,\Theta] = 0$$

sein. Wir bilden den Wert dieses skalaren Produktes, indem wir nach Einl. (12), S. 10, die Komponenten von r_0 (hinsichtlich der Hauptachsen) mit den entsprechenden Komponenten des Vektors $[\mu\,\Theta]$ multiplizieren und die Produkte addieren. Die Komponenten von r_0 seien x, y, z, diejenigen von $[\mu\,\Theta]$ sind [vgl. § 5 (2), S. 45]. $(C-B)\eta\zeta$ und zyklisch weiter, so daß das Ergebnis lautet

$$(2) \qquad (B-C)\eta\zeta x + (C-A)\zeta\xi y + (A-B)\xi\eta z = 0.$$

Sehen wir wieder die Lage der Drehachse im Kreisel sowie die Drehgeschwindigkeit, d. h. also die Komponenten ξ, η, ζ als gegeben an, so stellt die Gleichung (2) in den laufenden Koordinaten x, y, z eine Ebene dar, eben die schon vorhin gefundene Schwerpunktsebene. Aber es ist jetzt auch ohne weiteres möglich, die Fragestellung umzukehren. In Wirklichkeit wird doch mit der Massenverteilung auch die Lage des Schwerpunktes im Kreisel gegeben sein und dann nach den zulässigen permanenten Drehachsen geforscht werden. Die Lösung ist nach wie vor in der Gleichung (2) enthalten, indem diese bei vorgeschriebener Massenverteilung (A, B, C, x, y, z) in den laufenden Koordinaten ξ, η, ζ einen Kegel zweiter Ordnung vorstellt, den wir, da er von O. Staude genau untersucht worden ist, den Staudeschen Kegel heißen mögen. Alle permanenten Drehachsen sind Erzeugende des Staudeschen Kegels.

Man kann sich von diesem Kegel, der im Kreisel festliegt und nur von der Massenverteilung abhängt, ziemlich rasch ein Bild entwerfen. Seine Spitze ruht im Stützpunkt. Zu seinen Erzeugenden gehören vor allem die drei Hauptachsen; denn für jede Hauptachse verschwinden je zwei der drei Koordinaten ξ, η, ζ, und damit wird die Kegelgleichung (2) erfüllt. Aber auch der Fahrstrahl r_0 nach dem Schwerpunkt ist eine Erzeugende des Kegels; denn mit $x = \xi$, $y = \eta$, $z = \zeta$ wird die Gleichung (2) ebenfalls befriedigt: der Schwerpunkt selbst liegt auf dem Kegel.

Die Länge des Vektors μ auf irgend einer Erzeugenden des Kegels ist allemal so einzurichten, daß μ zusammen mit dem nach der Regel von § 3, 1., S. 33, aus μ konstruierten Schwungvektor Θ der Gleichung (1) genügt. Zugleich gibt dann Θ den Drehstoß an, den man dem Kreisel erteilen muß, ehe man ihn der Schwere überläßt.

Es ist ersichtlich, daß man den Vektor μ jedesmal vom Stützpunkt aus auf jeder Erzeugenden nach beiden Richtungen abtragen darf. Denn mit μ kehrt sich auch der Vektor Θ um, und der Vektor des Produktes $[\mu\,\Theta]$ behält seine Richtung und Größe bei. Wenn dagegen der eine der beiden Halbstrahlen der Drehachse aufwärts gerichtet die Gleichung (1) erfüllt, so kann er, abwärts gerichtet, dies

unmöglich tun, weil sich inzwischen die Richtung des Schwere-
vektors $\boldsymbol{M}_0$ umgekehrt haben würde. Während also der Drehsinn
frei wählbar bleibt, so darf doch nur der eine der beiden
Halbstrahlen der Drehachse lotrecht aufwärts gestellt werden.

Eine Ausnahme hiervon machen lediglich die vier ausgezeichneten
Erzeugenden, die wir in den drei Hauptachsen sowie in dem Fahrstrahl $\boldsymbol{r}_0$ gefunden haben, und zwar sind diese Ausnahmen durch
besondere Werte der zugehörigen Drehgeschwindigkeit μ bedingt.
Ist nämlich erstens der lotrecht gestellte Vektor $\boldsymbol{r}_0$ zur Drehachse
gewählt, so verschwindet das Schweremoment $\boldsymbol{M}_0$, und demnach muß
nach (1) auch μ verschwinden — es sei denn, daß diese Achse zu-
gleich eine Hauptachse ist, in welchem Falle das Produkt $[\mu\,\boldsymbol{\Theta}]$ wegen
der gleichen Richtung von μ und

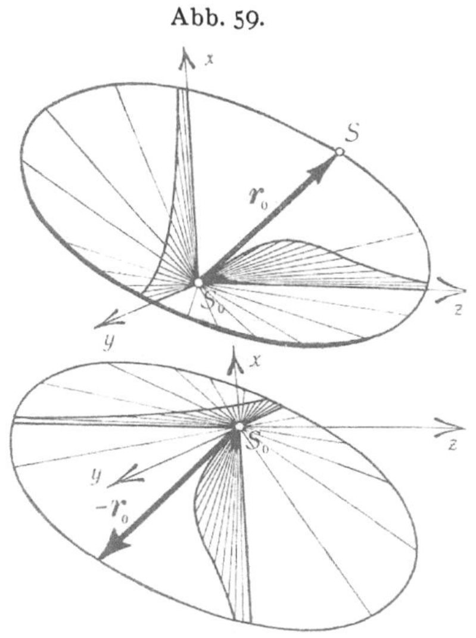

$\boldsymbol{\Theta}$ (S. 32) von selbst verschwindet
(Einl. S. 9). Die Staudesche „Be-
wegung" ist hier also einfach die
stabile bzw. labile Ruhestellung des
Kreisels, wobei der Schwerpunkt
seine tiefste bzw. höchste Lage einnimmt. Wird zweitens eine der
drei Hauptachsen lotrecht gestellt
zur Drehachse gewählt, so verschwindet das mit μ^2 proportionale
Produkt $[\mu\,\boldsymbol{\Theta}]$. Wofern der Schwerpunkt ebenfalls auf dieser Haupt-
achse liegt, ist auch $\boldsymbol{M}_0 = 0$, und
die Drehgeschwindigkeit μ darf
nun ganz beliebig gewählt werden.
Wofern jedoch der Schwerpunkt
nicht auf der Hauptachse liegt, muß der Schwung $\boldsymbol{\Theta}$, und mit ihm
auch μ, über alle Grenzen groß gewählt werden, damit das von Null
verschiedene Schweremoment $\boldsymbol{M}_0$ den Vektor $\boldsymbol{\Theta}$ nicht bewegt.

Trägt man die Länge des Drehvektors μ auf den Erzeugenden
des Kegels jedesmal vom Stützpunkt aus nach derjenigen von den
beiden Richtungen an, welche senkrecht aufwärts gerichtet werden
darf, so erhält man Abb. 59, und diese kann als Bild der Gesamtheit
der zu dem unsymmetrischen Kreisel gehörigen Staudeschen Bewegungen gelten. (Die erzeugenden Halbstrahlen sind, soweit sie
aufwärts gerichtete permanente Drehachsen vorstellen können, dichter
ausgezogen; die beiden Mäntel des Kegels sind der besseren Sicht
halber getrennt gezeichnet.) Auf die Vereinfachungen, die dieses Bild
bei besonderen Massenverteilungen erfahren kann, gehen wir hier

nicht näher ein. Ebensowenig untersuchen wir die nicht ganz einfache Frage nach der Stabilität der so gefundenen permanenten Drehachsen des unsymmetrischen schweren Kreisels. Diese Frage, die im
Hinblick auf § 3, 3. sehr nahe liegt, ist erst neuerdings beantwortet
worden, und zwar hat sich gezeigt, daß die permanenten Drehungen
nur zu einem Teil als stabil anzusprechen sind.

2. Pseudoreguläre Präzessionen. Die Klasse der regulären Präzessionen des unsymmetrischen schweren Kreisels ist mit den Staudeschen Bewegungen erschöpft. Man wird aber nicht behaupten können,
daß damit für die Kenntnis der allgemeinen Bewegung eines solchen
Kreisels sehr viel gewonnen ist. Deswegen hat man in das unbekannte
Gebiet weitere Vorstöße teils auf rein analytischem, teils auf mehr
anschaulichem Wege gemacht.

Wer den anschaulichen Weg zu gehen wünscht, der wird auf
den Begriff der Poinsotbewegung (§ 1, 3.) zurückgreifen müssen.
Eine solche Bewegung vollzieht nämlich der Kreisel unablässig um
seine Schwungachse; nur steht diese Achse jetzt im allgemeinen
weder im Kreisel noch im Raume still, sondern ihr Endpunkt besitzt
eine Geschwindigkeit, die der Größe und Richtung nach mit dem
Moment $\boldsymbol{M}_0$ der Schwere bezüglich des Stützpunktes übereinstimmt.
Es ist ungemein schwierig, den Weg des Schwungvektors zu ver-
folgen, weil seine Geschwindigkeit $\boldsymbol{M}_0$ selbst wieder von der jeweiligen
Lage des Kreisels abhängt. Nahezu das einzige Ergebnis, das man
auf diesem Wege leicht gewinnen kann, ist das folgende, dessen
Richtigkeit man im Hinblick auf die Überlegungen von § 9, 2., S. 93.
sofort einsieht:

Trägt eine Hauptachse eines unsymmetrischen Kreisels
den Schwerpunkt und dreht sich der Kreisel sehr rasch um
diese Hauptachse, so beschreibt diese eine pseudoreguläre
Präzession um die Lotlinie mit der vom Erzeugungswinkel
des Präzessionskegels unabhängigen Präzessionsgeschwindigkeit

$$\mu = \frac{Q}{\Theta},$$

vorausgesetzt, daß sie nicht die Achse des mittleren Träg-
heitsmoments ist.

Die letzte Einschränkung dieser Aussage ist natürlich dadurch
veranlaßt, daß die mittlere Hauptachse nicht einmal bei stillstehendem
Schwungvektor eine stabile Drehachse sein kann (§ 3, 3., S. 38). Ist
hiernach die Präzessionsgeschwindigkeit die alte, schon vom symmetrischen Kreisel her bekannte [§ 9 (21), S. 94] geblieben, so vermag

man doch über die Nutationen vorläufig gar nichts auszusagen. Über sie kann erst eine ins einzelne gehende Rechnung Einsicht gewähren.

Wir führen für den besonderen Fall, daß der Erzeugungswinkel des Präzessionskegels 90^0 beträgt, diese Rechnung hier aus zwei Gründen durch. Einmal handelt es sich um eine Bewegung, die sich an den Kreiselinstrumenten üblicher Bauart sehr leicht beobachten läßt. Und sodann werden wir dabei ein Verfahren kennen lernen, das für die Theorie sehr vieler technisch verwendeter Kreisel auch späterhin von großer Wichtigkeit bleiben wird, wir meinen die sogenannte Methode der kleinen Schwingungen.

Indem wir also den Schwerpunkt unseres im übrigen unsymmetrischen Kreisels auf eine der drei Hauptachsen, sagen wir auf die x-Achse, legen und mit ξ, η, ζ die Komponenten des Drehvektors $\boldsymbol{\omega}$ bezeichnen, wollen wir versuchen, Aufschluß über die Stellung des Kreisels zu jeder Zeit zu gewinnen. Es empfiehlt sich, senkrecht über dem Stützpunkt in der Entfernung 1 eine im Raum feste Marke sich angebracht zu denken. Diese Marke möge in dem mit dem Kreisel fest verbundenen Hauptachsensystem die Koordinaten x, y, z besitzen, zwischen denen dann stets die Gleichung

$$(3) \qquad x^2 + y^2 + z^2 = 1$$

besteht. Der Fahrstrahl vom Stützpunkt nach der Marke, der Einheitsvektor $\boldsymbol{r}$ mit den Komponenten x, y, z, scheint sich, vom Kreisel aus beurteilt, mit der Geschwindigkeit $-\boldsymbol{\omega}$ zu drehen. Sein Endpunkt, die Marke, hat daher nach Einl. (2), S. 7, im xyz-System die Geschwindigkeit

$$v = \frac{d\boldsymbol{r}}{dt} = -[\boldsymbol{\omega}\,\boldsymbol{r}]$$

mit den Komponenten [vgl. Einl. (11), S. 10]

$$(4) \qquad \begin{cases} \dfrac{dx}{dt} = \zeta y - \eta z, \\[2mm] \dfrac{dy}{dt} = \xi z - \zeta x, \\[2mm] \dfrac{dz}{dt} = \eta x - \xi y. \end{cases}$$

Aus diesen Gleichungen könnten wir den gesuchten zeitlichen Verlauf der Koordinaten x, y, z der Marke berechnen, wenn die Drehkomponenten ξ, η, ζ schon bekannt wären. Diese ermitteln wir aus der Eulerschen Gleichung § 5 (1) oder (2), S. 44, nachdem wir dort für das Schweremoment den Ausdruck $\boldsymbol{M}_0$ aus § 9 (1), S. 88, oder wegen $\boldsymbol{g} = -g\,\boldsymbol{r}$

$$\boldsymbol{M}_0 = -mg\,[\boldsymbol{r}_0\,\boldsymbol{r}]$$

eingesetzt haben. Der Fahrstrahl $\boldsymbol{r}_0$ vom Stützpunkt nach dem Schwerpunkt liegt auf der x-Achse, hat also die Komponenten r_0, 0, 0;

und folglich werden die Komponenten von $\boldsymbol{M}_0$ nach Einl. (11) der Reihe nach gleich

$$0, \quad mgr_0 z, \quad -mgr_0 y.$$

Ziehen wir wieder die Abkürzung $Q = mgr_0$ für das Stützpunktsmoment hinzu, so lautet die Eulersche Gleichung, in Komponenten zerlegt,

$$(5) \qquad \begin{cases} A\dfrac{d\xi}{dt} - (B-C)\eta\zeta = 0, \\[2mm] B\dfrac{d\eta}{dt} - (C-A)\zeta\xi = Qz, \\[2mm] C\dfrac{d\zeta}{dt} - (A-B)\xi\eta = -Qy. \end{cases}$$

Das simultane System (4), (5) allgemein aufzulösen, ist bisher nicht gelungen. Aber unsere Aufgabe macht eine solche allgemeine Lösung glücklicherweise auch nicht erforderlich. Wir wollten doch lediglich die Bewegung des schnellen Kreisels finden, eines Kreisels also, dessen Eigendrehgeschwindigkeit ξ sehr groß gegen die übrigen Komponenten η und ζ sein sollte. Wir halten uns demgemäß für berechtigt, in der ersten Gleichung (5) das Produkt $\eta\zeta$ als eine sehr kleine Größe ganz zu vernachlässigen und also einfach zu schreiben:

$$(6) \qquad A\frac{d\xi}{dt} = 0.$$

Dies besagt aber, daß in der Annäherung, mit der wir rechnen wollen, die Eigendrehgeschwindigkeit ξ des Kreisels zeitlich sich nicht ändert. Weil für den schnellen Kreisel angenähert $\Theta = A\xi$ ist, so bedeutet (6) auch so viel, als daß die Länge des Schwungvektors sich nicht merklich ändert; und dies war vorauszusehen, da wir doch die Schwungachse mit der x-Achse (früher die Figurenachse geheißen) zu verwechseln uns erlaubten, wonach der auf der x-Achse senkrechte Vektor $\boldsymbol{M}_0$ den Schwungvektor mit fester Länge einfach auf dem Präzessionskegel herumführt.

Des weiteren werden wir in den beiden letzten Gleichungen (4) die Produkte ζx und ηx der kleinen Zahlen η und ζ mit der bei annähernd wagerechter Drehachse ebenfalls kleinen Koordinate x gegen die Glieder mit ξ fortlassen, so daß dafür kommt

$$(7) \qquad \frac{dy}{dt} = \xi z, \qquad \frac{dz}{dt} = -\xi y.$$

Diese beiden Gleichungen verlangen als Lösung zwei Funktionen der Zeit, von denen jede bis auf eine Konstante $+\xi$ bzw. $-\xi$ die Ableitung der anderen ist. Solche Funktionen sind bekanntlich

$$(8) \qquad y = \sin\xi t, \qquad z = \cos\xi t.$$

Wir lassen also die Zeitrechnung mit dem Augenblick beginnen, da die y-Achse durch die Wagerechte geht (d. h. in früherer Bezeichnungsweise mit der Knotenachse zusammenfällt), und stellen noch fest, daß mit (8) auch die Bedingung (3) erfüllt wird, wenn wir, was bei merklich wagerechter x-Achse statthaft ist, die Koordinate x der Marke als einen ganz oder wenigstens nahezu verschwindenden Bruch vernachlässigen.

Die beiden letzten Gleichungen (5), geschrieben in der Form

$$(9) \quad \begin{cases} \dfrac{d\eta}{dt} = \dfrac{C-A}{B}\,\xi\zeta + \dfrac{Q}{B}\cos\xi t, \\[2ex] \dfrac{d\zeta}{dt} = \dfrac{A-B}{C}\,\xi\eta - \dfrac{Q}{C}\sin\xi t, \end{cases}$$

drücken eine ähnliche Forderung aus wie (7), und diese Forderung läßt sich erfüllen, indem man, was naheliegt, den Ansatz versucht:

$$(10) \quad \begin{cases} \eta = b\sin\varrho t + h\sin\xi t, \\ \zeta = c\cos\varrho t + k\cos\xi t; \end{cases}$$

dabei sind b, c, h, k und ϱ fünf noch geeignet zu bestimmende Konstanten. Dieser Ansatz ist schon so gewählt, daß zu Beginn der Zeitrechnung auch η verschwindet, der Drehvektor also die (lotrechte) Präzessionsebene passiert.

Um die Richtigkeit des Ansatzes (10) zu erweisen, setzen wir ihn in (9) ein und erhalten, gehörig geordnet,

$$[Bb\varrho - (C-A)c\xi]\cos\varrho t = [Q - Bh\xi + (C-A)k\xi]\cos\xi t,$$
$$[Cc\varrho - (B-A)b\xi]\sin\varrho t = [Q - Ck\xi + (B-A)h\xi]\sin\xi t,$$

und diese beiden Beziehungen können nur dann für alle Zeiten richtig sein, wenn entweder $\varrho = \xi$ ist und die eckigen Klammern rechts gleich den eckigen Klammern links sind, oder wenn $\varrho \neq \xi$ ist und dafür alle vier eckigen Klammern verschwinden. Im ersten Falle ($\varrho = \xi$) könnten wir einfach $b = c = 0$ setzen, ohne daß dies dem Ansatz (10) schaden würde, so daß dann die eckigen Klammern links verschwänden, womit auch diejenigen rechts Null sein müßten. Ob also ϱ und ξ gleich oder verschieden sind, es müssen jedenfalls alle vier Klammern verschwinden:

$$(11) \quad \begin{cases} Bb\varrho = (C-A)c\xi, \\ Cc\varrho = (B-A)b\xi, \end{cases}$$

$$(12) \quad \begin{cases} Bh\xi + (A-C)k\xi = Q, \\ Ck\xi + (A-B)h\xi = Q. \end{cases}$$

Indem wir die Gleichungen (11) miteinander multiplizieren, finden wir

$$(13) \qquad \varrho = \xi \sqrt{\frac{(B-A)(C-A)}{BC}},$$

indem wir sie ineinander dividieren,

$$(14) \qquad \frac{b}{c} = \sqrt{\frac{C}{B}\frac{C-A}{B-A}},$$

und indem wir schließlich (12) nach h und k auflösen,

$$(15) \qquad \begin{cases} h = \dfrac{Q}{\xi A}\dfrac{2C-A}{B+C-A}, \\[2ex] k = \dfrac{Q}{\xi A}\dfrac{2B-A}{B+C-A}. \end{cases}$$

Die Konstanten h und k sind bei rascher Eigendrehgeschwindigkeit ξ kleine Zahlen.

Der Ansatz (10) ist also in der Tat richtig, wenn wir den Zahlen ϱ, h und k die Werte (13) und (15) geben, und b und c zwar willkürlich, aber doch hinreichend klein und so wählen, daß ihr Quotient den Wert (14) besitzt. Die Vorzeichen der Quadratwurzeln in (13) und (14) setzen wir als positiv fest, die Radikanden sind positiv oder negativ, die Wurzeln also reell oder imaginär, je nachdem A nicht das mittlere oder doch das mittlere Trägheitsmoment bedeutet.

Wenn ϱ sowie b/c reell sind, so pulsieren die Komponenten η und ζ dauernd um ihre Nullwerte hin und her, und eben diese kleinen Schwingungen haben die Nutationen des Kreisels zur Folge. Wenn aber ϱ sowie b/c imaginär sind, so wollen wir $\varrho = i\varrho'$ setzen, wo ϱ' reell ist und i die imaginäre Einheit bedeutet, und haben dann, indem wir zufolge einer bekannten Formel die hyperbolischen Funktionen einführen:

$$(16) \qquad \begin{cases} \sin \varrho t = \sin i\varrho' t = \dfrac{1}{2\,i}(e^{-\varrho' t} - e^{\varrho' t}) = -\dfrac{1}{i}\mathfrak{Sin}\,\varrho' t, \\[2ex] \cos \varrho t = \cos i\varrho' t = \dfrac{1}{2}(e^{-\varrho' t} + e^{\varrho' t}) = \mathfrak{Cof}\,\varrho' t. \end{cases}$$

Wählen wir also c reell, dagegen $b = -ib'$ imaginär, so lautet jetzt unser Ansatz (10)

$$\eta = b'\,\mathfrak{Sin}\,\varrho' t + h \sin \xi t,$$
$$\zeta = c\,\mathfrak{Cof}\,\varrho' t + k \cos \xi t.$$

Wie aus der Definition (16) der Hyperbelfunktionen hervorgeht, wachsen sie mit der Zeit über alle Grenzen. Ein solches Anwachsen der Drehkomponenten η und ζ steht aber im Widerspruch mit unserer

Voraussetzung und bedeutet, daß neben der Eigendrehung ξ die Nutationen mehr und mehr an Größe zunehmen würden, so daß von einer pseudoregulären Präzession nicht mehr die Rede sein könnte. Und somit müssen wir den Fall, daß A das mittlere Hauptträgheitsmoment ist, ausschließen und sind zu unserer ursprünglichen Behauptung zurückgekommen.

Bringen wir ϱ nach (13) in die Form

$$\varrho = \xi \sqrt{1 - \frac{A}{BC}(B + C - A)},$$

so erkennen wir auf Grund von § 2 (16), S. 29, daß immer

$$|\varrho| < |\xi|$$

bleibt, falls ϱ überhaupt reell ist, was wir weiterhin voraussetzen müssen.

Wir erreichen nun vollends rasch unser Ziel, das darin besteht, die Bahn der Kreiselspitze zu beschreiben. Die Kreiselspitze soll auch hier derjenige Punkt auf der x-Achse sein, welcher vom Stützpunkt die Entfernung 1 hat, und zwar in der Richtung des Vektors $\boldsymbol{r}_0$ gemessen. Da man die Bewegung der Kreiselspitze am bequemsten mit Hilfe der Kugelkoordinaten δ und ψ verfolgt, so führen wir jetzt die Eulerschen Winkel δ, φ, ψ (vgl. Abb. 37, S. 97) ein. Und zwar ist offenbar zunächst mit der Annäherung, mit der wir uns in dieser ganzen Rechnung begnügen,

$$(17) \qquad \varphi = \xi t.$$

Die Drehkomponente in der Knotenachse ist $d\delta/dt$ und setzt sich als Summe der Projektionen von η und ζ zusammen zu

$$(18) \qquad \begin{aligned} \frac{d\delta}{dt} &= \eta \cos\varphi - \zeta \sin\varphi \\ &= b \sin\varrho t \cos\xi t - c \cos\varrho t \sin\xi t + \frac{h-k}{2}\sin 2\xi t, \end{aligned}$$

wenn wir noch (10) und (17) beachten. Diese Geschwindigkeit ist eine periodische Funktion der Zeit, der Winkel δ schwankt also um einen Mittelwert δ_0, eben den Erzeugungswinkel des Präzessionskegels, der nach unserer Voraussetzung in der Nähe von 90^0 liegen soll.

Die Drehkomponente in der Querachse ist mit ebenfalls genügend guter Annäherung gleich $d\psi/dt$ und setzt sich aus η und ζ zusammen zu

$$(19) \qquad \begin{aligned} \frac{d\psi}{dt} &= \eta \sin\varphi + \zeta \cos\varphi \\ &= b \sin\varrho t \sin\xi t + c \cos\varrho t \cos\xi t + \frac{h+k}{2} - \frac{h-k}{2}\cos 2\xi t. \end{aligned}$$

Um die beiden Gleichungen (18) und (19) bequem weiterbehandeln zu können, zerspalten wir die Konstanten b und c mit Hilfe zweier neuer Konstanten b_1 und c_1 in

$$b = -(\xi + \varrho)b_1 + (\xi - \varrho)c_1,$$
$$c = (\xi + \varrho)b_1 + (\xi - \varrho)c_1,$$

woraus durch Auflösen nach b_1 und c_1 folgt

$$b_1 = \frac{1}{2}\frac{c - b}{\xi + \varrho},$$

$$c_1 = \frac{1}{2}\frac{c + b}{\xi - \varrho}$$

mit dem Quotienten

$$(20) \qquad \frac{b_1}{c_1} = \frac{\xi - \varrho}{\xi + \varrho}\frac{1 - \sigma}{1 + \sigma}$$

und der aus (14) entnommenen Abkürzung

$$(21) \qquad \sigma = \sqrt{\frac{C}{B}\frac{C - A}{B - A}}.$$

Ferner beachten wir, daß aus (15) folgt:

$$\frac{h + k}{2} = \frac{Q}{\xi A},$$

$$(22) \qquad \frac{h - k}{4\xi} = \frac{Q}{2\xi^2 A}\frac{C - B}{B + C - A} = a_1,$$

wo a_1 ebenfalls eine Abkürzung sein soll, und haben dann statt (18) und (19) nach einer leicht auszuführenden Integration, indem wir die Zählung der ψ-Werte mit $t = 0$ beginnen lassen,

$$(23) \qquad \delta = \delta_1 + a_1 \cos 2\xi t + b_1 \cos(\xi + \varrho)t + c_1 \cos(\xi - \varrho)t,$$

$$(24) \qquad \psi = \frac{Q}{A\xi}t + a_1 \sin 2\xi t + b_1 \sin(\xi + \varrho)t + c_1 \sin(\xi - \varrho)t.$$

Dabei ist δ_1 eine (von $\delta_0 = 90^0$ etwas, aber nur wenig verschiedene) Konstante, die von der Lage der Kreiselspitze zur Zeit $t = 0$ abhängt.

Die Gleichungen (23) und (24) lassen sich sehr leicht deuten, wenn man immer untereinanderstehende Glieder zusammenfaßt. Beachten wir zunächst nur die ersten Glieder rechts, so haben wir in

$$(25) \qquad \begin{cases} \delta = \delta_1 \approx \delta_0, \\ \psi = \dfrac{Q}{A\xi}t \approx \dfrac{Q}{\Theta}t \end{cases}$$

die Gleichungen der Präzession mit der schon oben festgestellten Präzessionsgeschwindigkeit Q/Θ.

Die übrigen Glieder rechts stellen die Nutationen vor. Sehen wir für einen Augenblick von der Präzession (25) ab, denken wir uns also, daß die Einheitskugel, auf welcher die Kreiselspitze ihre Bahn aufzeichnen soll, sich um die Lotlinie als ihre Polarachse mit der Präzessionsgeschwindigkeit drehe, so bedeuten

$$(26) \quad \begin{cases} \beta = a_1 \cos 2\,\xi\,t + b_1 \cos(\xi + \varrho)\,t + c_1 \cos(\xi - \varrho)\,t, \\ \lambda = a_1 \sin 2\,\xi\,t + b_1 \sin(\xi + \varrho)\,t + c_1 \sin(\xi - \varrho)\,t \end{cases}$$

die geographische Breite und Länge eines Punktes der Nutationskurve, gerechnet von dem Mittelpunkte dieser Kurve aus. Von diesem Punkte aus geht die β-Achse, geographisch gesprochen, nach Süden, die λ-Achse nach Osten.

Man macht sich nun leicht klar, daß die drei Paare untereinanderstehender Glieder der Reihe nach vorstellen: je eine Kreisbewegung, und zwar mit den kleinen sphärischen Halbmessern

$$a_1, \qquad b_1, \qquad c_1$$

und den Winkelgeschwindigkeiten

$$2\,\xi, \qquad \xi + \varrho, \qquad \xi - \varrho$$

im Sinne der Eigendrehung ξ. Es liegt hier also der merkwürdige Fall einer zusammengesetzten epizyklischen Bewegung vor, die auch bei der Erklärung der Planetenbahnen im Ptolemäischen Weltsystem eine so große Rolle gespielt hat: Die Kreiselspitze bewegt sich auf einem Kreise a_1 mit der Winkelgeschwindigkeit $2\,\xi$; der Mittelpunkt dieses Kreises bewegt sich auf einem zweiten Kreise b_1 mit der Winkelgeschwindigkeit $\xi + \varrho$, und dessen Mittelpunkt ebenso auf einem dritten Kreise c_1 mit der Winkelgeschwindigkeit $\xi - \varrho$. Man kann die Bahn der Kreiselspitze mithin als eine Epizykloide zweiter Ordnung bezeichnen, falls man von der Präzessionsdrehung absieht. Die Rollen der drei Kreise sind übrigens unter sich vertauschbar.

Sind zwei Hauptträgheitsmomente gleich, so vereinfacht sich dieses Bild der Bewegung. Ist zunächst $A = C \neq B$, so soll der Kreisel halbsymmetrisch heißen. Er dreht sich dann rasch um eine den Schwerpunkt tragende äquatoriale Achse seines rotationssymmetrischen Trägheitsellipsoids, und diese Achse beschreibt eine wagerechte Präzession um die Lotlinie. Jetzt wird gemäß (13), (20), (21)

$$\varrho = 0, \qquad \sigma = 0, \qquad b_1 = c_1,$$

so daß sich die beiden letzten Glieder der rechten Seiten von (26) je in eines zusammenfassen lassen. Die Kreiselspitze beschreibt nun eine Epizykloide erster Ordnung, indem sie sich mit der Winkelgeschwindigkeit $2\,\xi$ auf einem Kreise a_1 bewegt, dessen Mittelpunkt sich auf einem Kreise $2\,b_1$ mit der Winkelgeschwindigkeit ξ dreht.

Aber man beachte, daß mit $\varrho = 0$ zugleich die Stabilität gefährdet ist, insofern jetzt durch eine unerwünschte Störung ϱ offenbar veranlaßt werden könnte, von Null zu imaginären Werten überzugehen, so daß dann mit η und ζ (vgl. S. 138) auch δ mehr und mehr wachsen müßte. Die Bewegung ist demnach instabil in demselben Sinne, wie die Drehung eines symmetrischen kräftefreien Kreisels um eine äquatoriale Achse (§ 4, 2., S. 42); freilich ist die Labilität, wenn A und C nicht zu stark verschieden sind, praktisch so schwach, daß man die nachher noch genauer zu schildernde Bewegung recht wohl längere Zeit hindurch beobachten kann. Die folgenden Aussagen, soweit sie sich auf diesen Fall beziehen, gelten also nur mit entsprechendem Vorbehalt.

Wenn dagegen $B = C \neq A$ ist, so sind wir zum symmetrischen schweren Kreisel zurückgekehrt. Jetzt verschwindet gemäß (22) zunächst a_1, aber wegen $\sigma = 1$ muß auch $b_1 = 0$ genommen werden. Aus $\xi - \varrho$ aber wird nach (13)

$$\xi - \varrho = \frac{A\,\xi}{B} \approx \frac{\Theta}{B}.$$

Die Bahn der Kreiselspitze ist nun ein einfacher Kreis c_1, der mit der Winkelgeschwindigkeit Θ/B durchlaufen wird; diese ist natürlich die uns schon aus § 9 (22), S. 94, bekannte Nutationsgeschwindigkeit.

Nennen wir den Kreis eine Epizykloide nullter Ordnung, so können wir unsere Ergebnisse dahin aussprechen:

Trägt eine Hauptachse den Schwerpunkt und dreht sich der Kreisel sehr rasch um diese merklich wagerecht gestellte Hauptachse, so bilden bei der entstandenen pseudoregulären Präzession die Nutationen, beurteilt von einem sich mit der Präzessionsgeschwindigkeit mitdrehenden Beobachter, eine Epizykloide zweiter, erster oder nullter Ordnung, je nachdem der Kreisel ein unsymmetrischer, halbsymmetrischer oder symmetrischer ist.

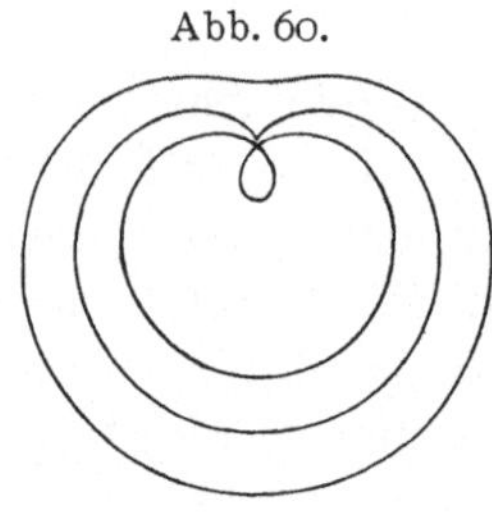

Abb. 60.

Es ist aber zu bemerken, daß nicht jede beliebige Epizykloide erster oder zweiter Ordnung als Bahn der Kreiselspitze möglich ist. Vielmehr ist beim halbsymmetrischen Kreisel die Drehgeschwindigkeit auf dem Kreise a_1 doppelt so groß als diejenige auf dem Kreise $2\,b_1$; beim unsymmetrischen Kreisel ist die Summe der Drehgeschwindigkeiten auf den beiden Kreisen b_1 und c_1 gleich derjenigen auf dem Kreise a_1. Dies hat zur Folge, daß die Epizykloide erster Ordnung immer eine der drei in Abb. 60 gezeichneten Formen hat; ob die Kurve verschlungen, gespitzt oder gestreckt ist, das hängt lediglich von a_1 und b_1 ab, ist aber ziemlich nebensächlich. Nimmt man nämlich die Präzessionsgeschwindigkeit hinzu, so beschreibt die Kreiselspitze entlang dem Äquator der Einheitskugel offenbar eine bandförmige Kurve, wie sie Abb. 61 zeigt. Je nach der Präzessionsgeschwindigkeit können sich deren Schleifen auch spitzen oder strecken. Im Unterschied von der entsprechenden Kurve des symmetrischen Kreisels, die wir des Ver-

Abb. 61.

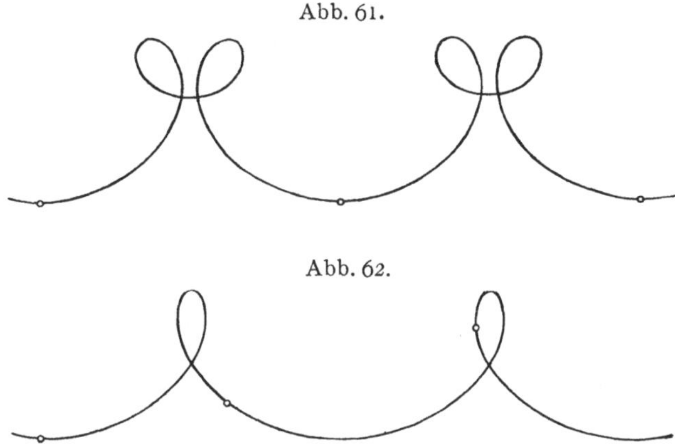

Abb. 62.

gleiches wegen in Abb. 62 zufügen, folgen beim halbsymmetrischen Kreisel immer eine starke und eine schwache Nutationsschwingung aufeinander, und jede davon gehört gerade zu einer halben Eigenumdrehung des Kreisels.

Die Epizykloiden zweiter Ordnung des unsymmetrischen Kreisels sind, solange ξ und ϱ kommensurabel bleiben, ebenfalls geschlossene Kurven, deren Mannigfaltigkeit aber unbeschränkt groß ist, je nach den Werten von ϱ und ξ. Ist n die kleinste ganze positive Zahl derart, daß $\xi - \varrho$ sowohl in $n(\xi + \varrho)$ wie in $2n\xi$ ganzzahlig aufgeht, so kommen auf n volle Drehungen des Kreises c_1 gerade $2n\xi/(\xi - \varrho)$ bzw. $n(\xi + \varrho)/(\xi - \varrho)$ Drehungen der Kreise a_1 und b_1, und weil dies volle Drehungen sind, so beginnt nun die Kurve von vorn. Inzwischen hat der Kreisel $n\xi/(\xi - \varrho)$ Eigendrehungen gemacht. Wenn ξ und ϱ inkommensurabel sind, so schließt sich die Kurve nicht. Nimmt man wieder die Präzessionsdrehung hinzu, so entstehen aus den vorhin genannten geschlossenen Epizykloiden die Kurven Abb. 63 bis 65 entlang dem Äquator der Einheitskugel. Die Kurven setzen sich aus unter sich kongruenten und in sich symmetrischen Stücken zusammen, und auf jede solche „Schwebung" kommen $n\xi/(\xi - \varrho)$ Eigendrehungen. (In Abb. 61 bis 66 liegt zwischen je zwei aufeinanderfolgenden, mit kleinen Ringen versehenen Punkten eine volle Eigendrehung.) Zu jeder Eigendrehung aber gehören jedesmal zwei Schleifen, die sich natürlich auch spitzen oder sogar strecken können. Im Falle inkommensurabler Werte ξ und ϱ ist die Schwebung unendlich lang, und der Anfangszustand der Bewegung wiederholt sich nie wieder (Abb. 66).

Man darf vermuten, daß auch die bis jetzt noch ganz unbekannten allgemeinsten Bewegungen eines unsymmetrischen Kreisels

Abb. 63.

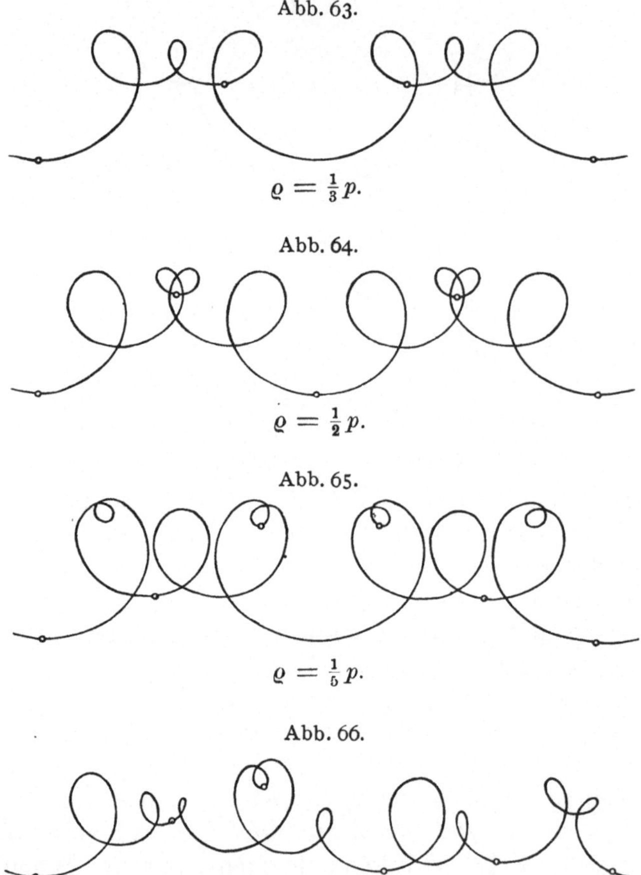

$$\varrho = \tfrac{1}{3}\,p.$$

Abb. 64.

$$\varrho = \tfrac{1}{2}\,p.$$

Abb. 65.

$$\varrho = \tfrac{1}{5}\,p.$$

Abb. 66.

wenigstens der Art nach dasselbe Gepräge tragen, wenn der Schwerpunkt auf einer Hauptachse liegt, die Nutationsamplituden aber nicht mehr klein sind.

Und endlich möge hier noch die Bemerkung Platz finden, daß sich die gefundenen Ergebnisse mit einer ganz kleinen Änderung auch auf den Fall übertragen lassen, daß der Stützpunkt nicht mehr auf der Drehachse liegt. Nach dem Wortlaut unserer Begriffsbestimmung (Einl., 1.) haben wir es dann freilich nicht mehr mit einem Kreisel im engeren Sinne zu tun. Man kann sich die Drehachse in zwei Punkten gelagert und diese Lager mit Hilfe eines Bügels am Stützpunkt allseitig drehbar befestigt denken. Von besonderem Reiz ist hier natürlich wieder der Sonderfall, daß der Schwerpunkt über dem Stützpunkt liegt, so daß ohne genügend starke Eigendrehung das Gleichgewicht labil wäre. In der durch Abb. 67

Abb. 67.

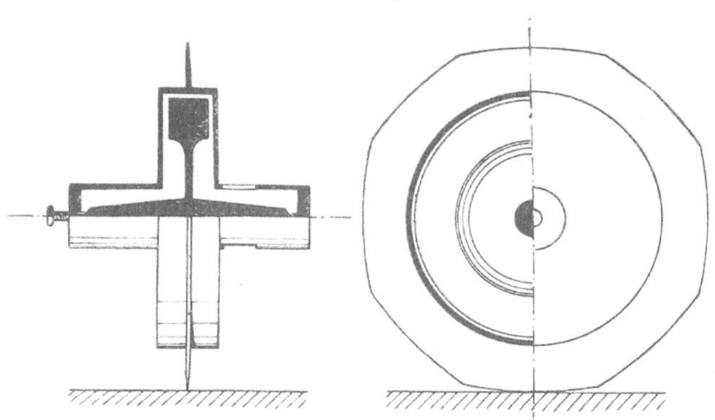

dargestellten Form nennt man den Körper nach Lord Kelvin (W. Thomson) einen Gyrostaten; er steht auf einer glatten wagerechten Unterlage mittelst einer scharfen sektorförmigen Schneide, deren geometrischer Mittelpunkt etwas über dem Schwerpunkt liegt. Um die bei rascher Eigendrehung vorhandene Stabilität noch verblüffender erscheinen zu lassen, schließt man das Schwungrad gewöhnlich in ein Gehäuse ein, so daß die stabilisierende Drehung verborgen bleibt.

Auf die physikalischen, die kinetische Theorie der Materie betreffenden Ziele, welche Lord Kelvin bei seinen Gyrostaten gehabt hat, gehen wir hier nicht ein, sondern beschränken uns darauf, zu zeigen, von welcher Art bei rascher Eigendrehung die Bewegung der Drehachse ist. Diese Achse möge eine Hauptachse des Schwungrades sein, dessen Trägheitsellipsoid, bezogen auf den nahezu senkrecht über der Bogenmitte der Schneide gelegenen Schwerpunkt, beliebig unsymmetrisch sein darf. Der Gyrostat möge im übrigen so aufgesetzt worden sein, daß seine Drehachse mit der Wagerechten einen kleinen Winkel ε_0 bilde und daß Schwankungen längs der Schneide, bei denen die Drehachse, sich parallel bleibend, einfach hin und her pendeln würde, nicht eintreten. Vielmehr fassen wir nur Schwankungen um die Schneide ins Auge, gemessen durch die

Neigung ε der Drehachse, und Azimutänderungen der Schneide, gemessen durch den Winkel ψ der Tangente der Schneide im Berührungspunkte (Stützpunkt) gegen eine feste wagerechte Richtung.

Behalten wir im übrigen die alten Bezeichnungen bei, indem wir lediglich den neuen Stützpunkt an die Stelle der früheren Marke treten lassen und also durch die Koordinaten x, y, z (Vektor r) bezüglich des körperfesten Hauptachsensystems bezeichnen, so bleiben offenbar die Gleichungen (4) und (5), S. 135, in Geltung, falls wir folgende kleine Änderungen an ihnen anbringen. Erstens hat der Punkt x, y, z gegenüber seinem Koordinatensystem neben der scheinbaren Drehung $-[\omega\, r]$ noch eine scheinbare Geschwindigkeit $- d\varepsilon/dt$ (seine Entfernung vom Schwerpunkt $r = 1$ gesetzt); diese Geschwindigkeit fällt nahezu in die x-Richtung und ist der rechten Seite der ersten Gleichung (4) zuzufügen. Zweitens tritt an die Stelle des früheren Schweremoments M_0 das Moment M_1 des Stützdruckes bezogen auf den Schwerpunkt. Dieser Druck, von der Unterlage auf die Schneide ausgeübt, ist in erster Annäherung gleich dem Gewicht $G = mg$ des Gyrostaten. Das Moment M_1 ist genau wie M_0 ein wagerechter Vektor, jedoch gegen diesen verkleinert im Verhältnis $\varepsilon_0 : r_0$, insofern der Hebelarm jetzt nicht mehr r_0, sondern im Mittel $r \sin \varepsilon_0 \approx \varepsilon_0$ ist. Infolgedessen müssen wir in den rechten Seiten von (5) fortan $\varepsilon_0\, G$ statt Q schreiben.

Auf die Integration der Gleichungen sind diese Änderungen ohne Einfluß, da wir die erste (4) überhaupt nicht weiter verwendet haben. Und weil offenbar ψ dieselbe Bedeutung hat wie früher, wogegen ε die Stelle von $90^0 - \delta$ vertritt, so gelten mit (18) und (19) auch deren Integrale (23) und (24), nämlich

$$(27) \quad \begin{cases} \varepsilon = \varepsilon_1 + a_1' \cos 2\,\xi t + b_1 \cos (\xi + \varrho)t + c_1 \cos (\xi - \varrho)t, \\ \psi = \dfrac{\varepsilon_0\, G}{A\,\xi} t + a_1' \sin 2\,\xi t + b_1 \sin (\xi + \varrho)t + c_1 \sin (\xi - \varrho)t, \end{cases}$$

mit

$$(28) \quad a_1' = \frac{\varepsilon_0\, G}{2\,A\,\xi^2} \frac{C - B}{B + C - A}.$$

Der Gyrostat vollzieht bei rascher Eigendrehung eine stabile Präzession um die Lotlinie mit der Geschwindigkeit $\varepsilon_0\, G/\Theta$, wenn die Drehachse, welche nicht die mittlere Hauptachse sein darf, unter dem kleinen Winkel ε_0 gegen die Wagerechte geneigt ist. Ihre Nutationsbewegungen sind von der gleichen Art wie beim wagerecht präzessierenden unsymmetrischen schweren Kreisel.

Ein Unterschied besteht lediglich insofern, als die Präzessionsgeschwindigkeit jetzt von der mittleren Achsenneigung ε_0 abhängt, also verschwindet, wenn der Gyrostat genau aufrecht auf seine Unterlage gestellt worden ist. Dann allerdings verschwindet mit a_1' auch der Halbmesser des einen Kreises, und der Endpunkt der Drehachse beschreibt nun, von einem ruhenden Beobachter gesehen, eine Epizykloide erster Ordnung, welche jedoch bei beliebigen Werten von ξ und ϱ im Gegensatz zu Abb. 60 ganz allgemein gestaltet sein kann und sowohl beim halbsymmetrischen ($A = C$) wie beim symmetrischen ($B = C$) Gyrostaten in einen Kreis übergeht. Der halbsymmetrische Kreisel, der sich also um eine Äquatorachse dreht, durchläuft diesen Kreis mit der Eigendrehgeschwindigkeit ξ (so daß er dem Kreismittelpunkt stets dieselbe Seite zukehrt), der symmetrische Kreisel mit der im Verhältnis A/B vergrößerten bzw. verkleinerten Geschwindigkeit der Eigendrehung.

Die träge Masse des Bügels (Gehäuses) ist bei alledem außer acht geblieben, und es ist vorausgesetzt, daß die Unterlage die Drehungen ψ der Schneide nicht hemmt. Andernfalls fällt der Gyrostat, genau wie ein in seiner Präzession behinderter gewöhnlicher schwerer Kreisel, sofort um.

3. Der aufrechte Kreisel. Kehren wir wieder zu einem unsymmetrischen Kreisel im engeren Sinne zurück, so verdienen neben der wagerechten Präzession diejenigen Bewegungen Beachtung, bei welchen die den Schwerpunkt tragende Hauptachse dauernd genau oder wenigstens angenähert lotrecht steht. Eine Untersuchung dieser Bewegungen muß zugleich Aufschluß darüber geben, unter welchen Bedingungen der aufrechte unsymmetrische Kreisel stabil stehen bleibt. Denken wir uns nämlich den Kreisel durch eine kleine Störung ein wenig aus seiner aufrechten Stellung ausgelenkt, so wird er, je nachdem ob stabil oder labil, die ursprüngliche Lage weiterhin eng umtanzen oder sich mehr und mehr von ihr entfernen.

Ob das eine oder das andere eintritt, beurteilen wir wieder am bequemsten von der Marke x, y, z aus senkrecht über dem Stützpunkt, indem wir wieder auf die Gleichungen (4) und (5), S. 135, zurückgreifen. Solange die den Schwerpunkt tragende x-Achse nahezu senkrecht steht und positiv nach oben weist, unterscheidet sich die Koordinate x nicht merklich von 1, die Koordinaten y und z aber bleiben sehr kleine Brüche, und ebenso die Komponenten η und ζ, gleichviel ob die Drehgeschwindigkeit ξ groß oder klein ist. Der Kreisel braucht also von jetzt ab kein schneller mehr zu sein. Indem wir

dann die Produkte der kleinen Brüche unter sich ganz streichen, wird
aus der ersten Gleichung (4) und der ersten (5)

$$\frac{dx}{dt} = 0, \qquad \frac{d\xi}{dt} = 0,$$

so daß jedenfalls eine Zeitlang die Koordinate $x = 1$ der Marke und
die Eigendrehgeschwindigkeit ξ als unveränderlich zu gelten haben.
Und zwar behalten sie dann und nur dann ihre Anfangswerte dauernd
nahezu bei, wenn auch y, z, η und ζ im weiteren Verlauf der Bewegung
immer klein bleiben. Die Bedingungen, unter denen dies ein-
tritt, sind zugleich die gesuchten Stabilitätsbedingungen.

Wir wollen nun die Komponenten η und ζ aus unseren noch
übrig gebliebenen zweiten und dritten Gleichungen (4) und (5) ganz
entfernen. Zu diesem Zwecke schreiben wir diejenigen (4) mit $x = 1$

$$\zeta = \xi z - \frac{dy}{dt},$$

$$\eta = \frac{dz}{dt} + \xi y,$$

differentiieren diese Gleichungen nach der Zeit, indem wir ξ als unveränderlich behandeln,

$$\frac{d\zeta}{dt} = \xi \frac{dz}{dt} - \frac{d^2y}{dt^2},$$

$$\frac{d\eta}{dt} = \frac{d^2z}{dt^2} + \xi \frac{dy}{dt}$$

und setzen diese Werte von η, ζ, $d\eta/dt$ und $d\zeta/dt$ in die beiden
letzten Gleichungen (5) ein. So kommt

$$(29) \quad \begin{cases} B \dfrac{d^2z}{dt^2} + (B + C - A)\xi \dfrac{dy}{dt} + (A - C)\xi^2 z = Qz, \\[2mm] C \dfrac{d^2y}{dt^2} - (B + C - A)\xi \dfrac{dz}{dt} + (A - B)\xi^2 y = Qy. \end{cases}$$

Wir lösen diese Gleichungen ähnlich wie seinerzeit die beiden (9)
auf, indem wir mit acht Konstanten y_1, y_2, z_1, z_2, ϱ_1, ϱ_2, σ_1, σ_2 den
Ansatz versuchen

$$(30) \quad \begin{cases} y = y_1 \sin(\varrho_1 t - \sigma_1) + y_2 \sin(\varrho_2 t - \sigma_2), \\ z = z_1 \cos(\varrho_1 t - \sigma_1) + z_2 \cos(\varrho_2 t - \sigma_2). \end{cases}$$

Um die Richtigkeit des Ansatzes (30) zu erweisen, führen wir ihn
in (29) ein und erhalten dann zwei Gleichungen von der Form

$$M_1 \cos(\varrho_1 t - \sigma_1) + M_2 \cos(\varrho_2 t - \sigma_2) = 0,$$

$$N_1 \sin(\varrho_1 t - \sigma_1) + N_2 \sin(\varrho_2 t - \sigma_2) = 0.$$

Damit diese zu allen Zeiten gelten, müssen [nach dem gleichen Schluß-verfahren wie anläßlich des Ansatzes (10), S. 137] die vier Konstanten M_1, M_2, N_1, N_2 alle verschwinden, und das gibt, wenn man sie wirklich ausrechnet, die zwei Gleichungen

$$(31) \quad \begin{cases} (B+C-A)\xi\varrho_1 y_1 - [B\varrho_1^2 + Q - (A-C)\xi^2]z_1 = 0, \\ (B+C-A)\xi\varrho_1 z_1 - [C\varrho_1^2 + Q - (A-B)\xi^2]y_1 = 0 \end{cases}$$

und zwei genau ebenso lautende für y_2, z_2, ϱ_2, σ_2 statt y_1, z_1, ϱ_1, σ_1.

Berechnet man aus jeder der beiden Gleichungen den Quotienten y_1/z_1 und ebenso y_2/z_2 aus dem anderen Gleichungspaar, so erhält man

$$(32) \quad \frac{y_i}{z_i} = \frac{B\varrho_i^2 + Q - (A-C)\xi^2}{(B+C-A)\xi\varrho_i} = \frac{(B+C-A)\xi\varrho_i}{C\varrho_i^2 + Q - (A-B)\xi^2},$$

wobei der Zeiger i sowohl 1 als 2 bedeuten kann. Hier müssen die beiden Brüche übereinstimmen, es muß folglich nach Wegschaffung der Nenner gelten

$$(33) \quad [B\varrho_i^2 + Q - (A-C)\xi^2][C\varrho_i^2 + Q - (A-B)\xi^2] = (B+C-A)^2\xi^2\varrho_i^2.$$

Wenn wir jetzt drei Abkürzungen

$$(34) \quad \begin{cases} a = \dfrac{(B+C-A)^2\xi^2}{2BC}, \\[2mm] b = \dfrac{(A-B)\xi^2 - Q}{2C}, \\[2mm] c = \dfrac{(A-C)\xi^2 - Q}{2B} \end{cases}$$

einführen, so können wir (33) in der zugänglicheren Form schreiben

$$(35) \quad \varrho_i^4 - 2(a+b+c)\varrho_i^2 + 4bc = 0.$$

Unser bisheriges Ergebnis besteht also darin, daß der Ansatz (30) richtig ist, falls wir die Konstanten y_1, y_2, z_1, z_2, σ_1, σ_2 willkürlich, doch unter Beachtung der Quotientenvorschriften (32), wählen und die Frequenzen ϱ_1 und ϱ_2 die Gleichung (35) erfüllen lassen. Diese Gleichung, quadratisch in ϱ^2, läßt sich leicht auflösen, und zwar hat sie die Wurzeln

$$(36) \quad \varrho = \pm\sqrt{a+b+c \pm \sqrt{(a+b+c)^2 - 4bc}}.$$

Damit die Koordinaten y und z, wie vorausgesetzt, dauernd klein bleiben, müssen die Konstanten y_1, y_2, z_1, z_2 kleine Brüche sein und alle Wurzelwerte ϱ reell werden; dies folgt wieder nach dem anläßlich (16), S. 38, benutzten Schlußverfahren. Wie (36) zeigt, sind die vier Wurzeln ϱ paarweise von entgegengesetztem Vorzeichen.. Wir müssen ϱ_1 dem einen Paar, ϱ_2 dem anderen Paar entnehmen; denn wenn ϱ_1 und ϱ_2 sich nur im Vorzeichen unterscheiden würden, so dürften wir, wie eine kurze Überlegung zeigt, im Ansatz (30) die zweiten Glieder rechts einfach mit den ersten zu je einem Gliede mit anderen Werten y_1, z_1, σ_1 vereinigen und hätten also nur eine Sonderlösung (die auch schon durch Nullsetzen von y_2 und z_2 erreicht worden wäre). Ebenso ist ersichtlich, daß die Hinzufügung weiterer Glieder in (30) nichts Neues ergeben würde; denn es stehen uns eben nur zwei wesentlich verschiedene Werte ϱ als Frequenzen zur Verfügung, weil ein bloßer Vorzeichenwechsel von ϱ_1 oder ϱ_2 sich sofort durch einen Vorzeichen-

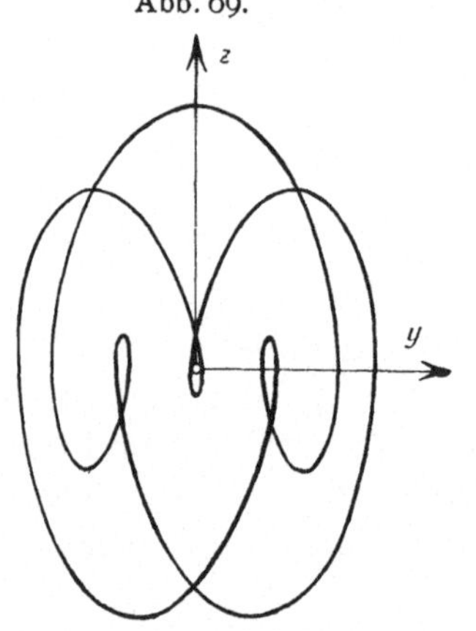

Abb. 68.

Abb. 69.

wechsel von y_1 und σ_1 oder von y_2 und σ_2 aufheben ließe.

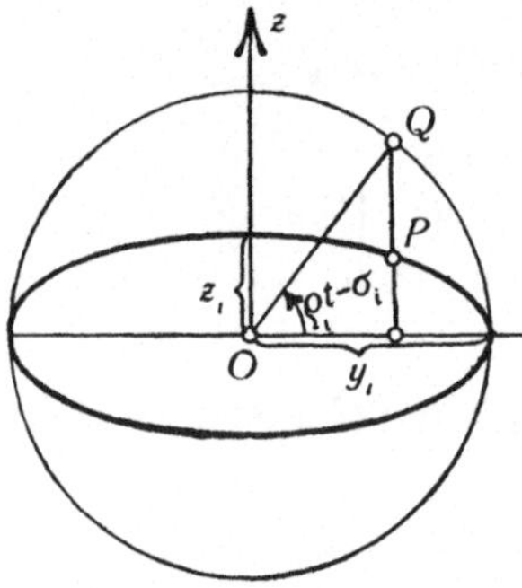

Der Ansatz (30) stellt in Verbindung mit $x = 1$ eine scheinbare Bewegung unserer Marke gegenüber dem körperfesten xyz-System dar. Diese Bewegung spielt sich sehr nahezu in einer Ebene ab, welche parallel zu der nahezu wagerechten yz-Ebene im Abstand 1 darüber liegt. Setzen wir fortan ϱ_1 und ϱ_2 als reell voraus, so würde sich diese Bewegung, wenn $y_1 = z_1$ und $y_2 = z_2$ wäre, aus zwei Kreisbewegungen mit den Halbmessern y_1 und y_2 und den Drehgeschwindigkeiten ϱ_1 und ϱ_2 zu einer gewöhnlichen Epizykloidenbahn zusammensetzen. Weil aber nach (32) im allgemeinen y_1 und y_2 von z_1 und z_2 verschieden sind, so ist jeder dieser beiden Kreise in der z-Richtung im Verhältnis $y_i : z_i$ zusammengedrückt oder auseinandergezogen, je nachdem der Quotient (32) ein unechter oder ein echter Bruch ist. Aus den Kreisen werden so Ellipsen mit den Halbachsen y_i und z_i. Und zwar werden diese Ellipsen so durchlaufen, daß der zum Punkt P gehörende Kreishalbmesser OQ (Abb. 68) sich mit gleichförmiger Winkelgeschwindigkeit ϱ_i dreht. Wir wollen ϱ_i kurz die zugehörige Kreisgeschwindigkeit nennen und werden die Bahn füglich als Epiellipsoide bezeichnen. Von einer solchen Kurve, deren Mannigfaltigkeiten unerschöpflich groß sind, gibt Abb. 69 eine Vorstellung; sie schließt sich nur dann, wenn die Zahlen ϱ_1 und ϱ_2 kommensurabel sind.

Sehen wir für einen Augenblick von der Eigendrehung ξ des Kreisels ab, so beschreibt also unsere Marke, betrachtet von dem Punkt 1 auf der positiven x-Achse, den wir die Kreiselspitze heißen, eine Epiellipsoidenbahn; gerade entgegengesetzt bewegt sich in Wirklichkeit die Kreiselspitze, beobachtet von der raumfesten Marke aus. Nehmen wir nachträglich noch die Eigendrehung hinzu, so können wir unsere Ergebnisse dahin zusammenfassen (Abb. 70):

Ist die den Schwerpunkt tragende Hauptachse stabil und merklich lotrecht gestellt, so beschreibt nach einer kleinen Störung die Kreiselspitze um die Lotlinie des Stützpunktes mit unveränderlichen Kreisgeschwindigkeiten eine Epiellipsoide in einer merklich wagerechten Ebene, welche sich mit der Geschwindigkeit ξ dreht.

Abb. 70.

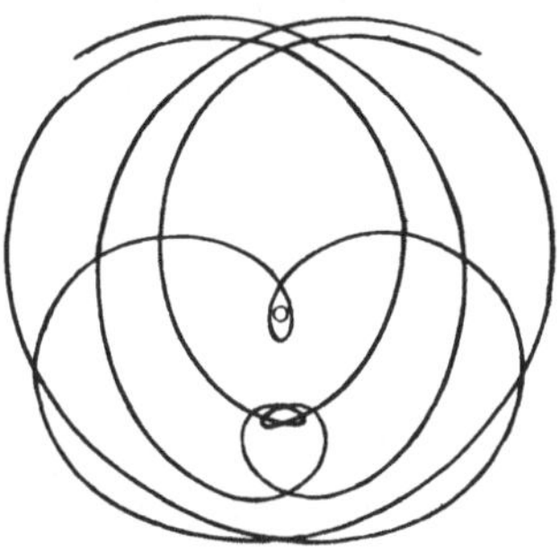

Was die Sonderfälle anlangt, so stellen wir nur noch fest, daß mit $B = C$ für den symmetrischen Kreisel die beiden rechten Seiten von (32) zueinander reziprok werden, wonach ihr gemeinsamer Wert gleich 1 sein muß: damit geht aber die Epiellipsoide wieder in eine Epizykloide über.

Schließlich bleibt uns nur noch übrig, anzugeben, unter welchen Bedingungen die bisher nur vorausgesetzte Stabilität wirklich auch eintritt. Wir haben also zu untersuchen, wann die Zahlen ϱ (36) alle reell sind. Dies tritt ein, sobald der Radikand der äußeren Quadratwurzel positiv ist; und dazu ist erforderlich und hinreichend, daß erstens $a + b + c$ ein positiver Ausdruck und zweitens die innere Quadratwurzel reell und kleiner als $a + b + c$ bleibt. Beides ist offenbar dann und nur dann der Fall, wenn $4\,bc$ positiv und wenn zugleich $a + b + c$ größer als die reelle positive Zahl $2\sqrt{bc}$ ist. Infolgedessen lauten die Stabilitätsbedingungen für den aufrechten unsymmetrischen schweren Kreisel

$$(37) \qquad\qquad bc > 0,$$

$$(38) \qquad\qquad a + b + c - 2\sqrt{bc} > 0.$$

Bei gegebener Massenverteilung A, B, C, Q sind dies zufolge (34) zwei Forderungen an die Eigendrehgeschwindigkeit ξ. Die erste verlangt lediglich, daß b und c entweder beide positiv oder beide negativ sein müssen. Sind b und c beide positiv, so kann man statt (38) auch schreiben

$$(39) \qquad\qquad a + (\sqrt{b} - \sqrt{c})^2 > 0,$$

und diese Bedingung ist von selbst erfüllt, weil nach (34) das erste Glied a immer positiv bleibt. Wir brauchen demnach die zweite Bedingung (38) nur noch für negative Werte von b und c näher zu untersuchen.

Auf die nicht ganz einfache Erörterung der Grenzfälle mit Gleichheitszeichen statt der Ungleichheitszeichen in (37) und (38) verzichten wir von vornherein, weil eine etwaige Stabilität auf der Grenze zwischen dem stabilen und labilen Bereiche jedenfalls nur sehr schlecht sein kann.

Um den Inhalt der Bedingungen (37) und (38) der Anschauung näher zu bringen, wollen wir die drei Fälle unterscheiden, daß der Schwerpunkt entweder auf der Achse des größten oder des mittleren oder des kleinsten Trägheitsmomentes liegt; wir wollen den Kreisel dann der Reihe nach als **verkürzt** oder **ausgeglichen** oder **verlängert** bezeichnen. Überdies werden wir ihn, je nachdem der Schwerpunkt über oder unter dem Stützpunkte liegt, einen **stehenden** oder **hängenden** Kreisel nennen; da die x-Achse positiv nach oben weist, so sind beide Unterfälle durch $Q > 0$ und $Q < 0$ unterschieden.

Indem wir zur Untersuchung der einzelnen Fälle schreiten, bemerken wir nur noch vorab, daß, weil ξ in (34) nur im Quadrat vorkommt, **der Umlaufsinn des Kreisels auf die Stabilität ohne jeden Einfluß ist.**

Erster Fall: der Kreisel ist ein **verkürzter**, und zwar gelte

$$(40) \qquad\qquad A > B > C.$$

Bleiben wir vorerst beim hängenden Kreisel $Q < 0$, so sind nach (34) und (40) die Ausdrücke b und c immer positiv; dann ist, wie gezeigt wurde, die Bedingung (38) $\equiv$ (39) von selbst erfüllt.

Der verkürzte hängende Kreisel ist bei jeder Drehgeschwindigkeit stabil. Dasselbe hatten wir schon in § 10, 3., S. 110, für den symmetrischen Kreisel festgestellt.

Sodann gehen wir zum stehenden Kreisel $Q > 0$ über. Solange der durch ξ^2 gegebene absolute Betrag der Eigendrehgeschwindigkeit über der Grenze

$$(41) \qquad\qquad \xi_1^2 = \frac{Q}{A - B}$$

liegt, sind b und c beide positiv, und die Stabilität ist gewährleistet. Sinkt jedoch ξ^2 unter ξ_1^2, so wird b negativ, während c zunächst positiv bleibt, bis schließlich ξ^2 auf den Wert

$$(42) \qquad\qquad \xi_2^2 = \frac{Q}{A - C}$$

gefallen ist. In dem Bereich

$$\xi_1^2 > \xi^2 > \xi_2^2$$

ist der Kreisel also auf alle Fälle labil. Sinkt ξ^2 noch unter den Wert ξ_2^2, so sind b und c beide negativ, und es kommt jetzt nur darauf an, ob die Bedingung (38) erfüllt ist oder nicht.

Um dies zu entscheiden, führen wir den Wert $\xi = \xi_2$ in (38) durch Vermittelung von (34) ein und bekommen für diesen besonderen Wert von ξ statt (38)

$$(43) \qquad \frac{QR}{A-C} > 0,$$

wo zur Abkürzung

$$(44) \qquad R \equiv A^2 + C^2 + 3BC - 2A(B+C)$$

gesetzt worden ist. Der Ausdruck R ist für die Stabilität des verkürzten stehenden Kreisels entscheidend, und zwar kann er ebensogut positiv wie negativ sein. Er ist beispielsweise negativ, falls $A:B:C = 4:3:2$, aber positiv, falls $A:B:C = 4:3:2,5$ genommen wird [diese Verhältnisse sind beidemal im Einklang mit der Bedingung § 2 (16), S. 29, für die Trägheitsmomente]. Im ersten Falle ist das Trägheitsellipsoid offenbar schlanker als im letzten, und wir heißen den Kreisel demnach schlank oder dick, je nachdem $R \lessgtr 0$ wird.

Die Ungleichung (43) kann wegen $Q > 0$ und $A > C$ nur für $R > 0$ erfüllt sein. Folglich ist beim schlanken Kreisel ($R < 0$) die Bedingung (38) jedenfalls für $\xi = \xi_2$ nicht möglich. Bilden wir aber nach (34) den Ausdruck

$$(45) \quad 2BC(a+b+c) \equiv [(A-B)(A-C)+BC]\xi^2 - (B+C)Q,$$

so ist der Koeffizient von ξ^2 zufolge (40) positiv; der Ausdruck $a+b+c$ nimmt also mit ξ^2 gleichmäßig ab. Die Bedingung (38) fordert, daß er zu allermindest positiv bleibe. Aber gerade für $\xi = \xi_2$ verschwindet c und stimmt also $a+b+c$ mit der linken Seite von (38), d. h. mit der linken Seite von (43) überein, die wir beim schlanken Kreisel soeben negativ fanden. Es wird also $a+b+c$ für $\xi^2 \leqq \xi_2^2$ immer negativ, und dies besagt: beim schlanken Kreisel gibt es keinen zweiten Stabilitätsbereich mehr unterhalb ξ_2.

Für den dicken dagegen ist noch ein solcher vorhanden, und zwar erstreckt er sich von ξ_2^2 abwärts bis zu demjenigen Wert ξ_3^2 von ξ^2, der die linke Seite von (38) zum Verschwinden bringt. Um diesen Wert zu finden, müssen wir die Gleichung

$$a+b+c = 2\sqrt{bc}$$

auflösen. Quadrieren wir beide Seiten und lösen also die Gleichung

$$(46) \qquad (a+b+c)^2 = 4bc$$

auf, die in ξ^2 quadratisch ist, so bekommen wir zwei Wurzeln ξ^2. Dieselben Wurzeln würden wir auch erhalten, falls wir die Gleichung

$$a + b + c = -2\sqrt{bc}$$

auflösen wollten. Infolgedessen macht die eine von den beiden Wurzeln ξ^2 den Ausdruck $a + b + c$ positiv, die andere negativ. Wir können nur den ersten brauchen, und zwar ist dies der größere von beiden, weil ja zufolge (45) $a + b + c$ mit ξ^2 abnimmt. Schreiben wir die Gleichung (46) ausführlich an

$$(47) \qquad a\xi^4 - 2\beta\xi^2 + \gamma = 0,$$

wo

$$(48) \qquad \begin{cases} a = A^2(B + C - A)^2, \\ \beta = (B + C - A)(4BC - CA - AB)Q, \\ \gamma = (B - C)^2 Q^2 \end{cases}$$

ist, so wird mithin

$$\xi_3^2 = \frac{1}{a}\left(\beta + \sqrt{\beta^2 - a\gamma}\right)$$

oder ausgerechnet

$$(49) \qquad \xi_3^2 = QS,$$

wobei der Koeffizient

$$(50) \qquad S = \frac{4BC - CA - AB + 2\sqrt{BC(2B - A)(2C - A)}}{A^2(B + C - A)}$$

nur noch von den Hauptträgheitsmomenten abhängt.

Wir fassen die Ergebnisse zusammen: Der verkürzte stehende Kreisel ist stabil, solange seine Eigendrehgeschwindigkeit schneller als ξ_1 bleibt; nur wenn er dick ist, so besitzt er noch einen zweiten Stabilitätsbereich zwischen ξ_2 und ξ_3.

Der symmetrische Kreisel $B = C \leq A$, dessen Schwerpunkt auf der Symmetrieachse des abgeplattet rotationssymmetrischen Trägheitsellipsoids liegt, ist wegen $R = (A - 2B)^2 > 0$ in unserer Bezeichnungsweise immer ein dicker, aber es stoßen wegen $\xi_1 = \xi_2$ seine beiden Stabilitätsbereiche unmittelbar aneinander, und ξ_3^2 stimmt dann von selbst mit dem in §9 (20), S. 93, gefundenen Wert von ω^2 überein.

Zweiter Fall: der Kreisel ist ein ausgeglichener, und zwar gelte

$$(51) \qquad B > A > C.$$

Bleiben wir vorerst beim hängenden Kreisel $Q < 0$, so ist wegen (51) der Ausdruck c immer positiv; folglich muß es auch b sein, wonach, wie gezeigt, die Bedingung (38) $\equiv$ (39) von selbst erfüllt ist. Damit aber b positiv sei, muß ξ^2 unterhalb der oberen Grenze ξ_1^2 (41) liegen.

Der ausgeglichene hängende Kreisel ist stabil, solange seine Eigendrehgeschwindigkeit langsamer als ξ_1 bleibt.

Sodann gehen wir zum stehenden Kreisel $Q > 0$ über. Für ihn ist wegen (51) der Ausdruck b immer negativ, folglich muß auch c negativ bleiben. Dies ist der Fall, solange ξ^2 unterhalb der oberen Grenze ξ_2^2 (42) liegt. Um zu entscheiden, ob diese Grenze ξ_2^2 größer oder kleiner als die durch die Bedingung (38) vorgeschriebene Grenze ξ_3^2 ist, ob also ein Stabilitätsbereich überhaupt vorhanden ist oder nicht, setzen wir wiederum den Wert $\xi = \xi_2$ in (38) ein und erhalten wieder die Ungleichung (43) mit dem Ausdruck R (44), der auch hier ebensogut positiv wie negativ werden kann. Er ist beispielsweise positiv, falls $A:B:C = 2:3:1{,}5$, aber negativ, falls $A:B:C = 2:3:1{,}1$ gewählt wird. Auch hier sprechen wir von einem schlanken oder dicken Kreisel, je nachdem $R \lessgtr 0$ wird.

Die Bedingung (43) kann auch jetzt nur für $R > 0$ erfüllt sein. Dann aber können wir die für den verkürzten Kreisel gezogenen Schlüsse wiederholen, wenn wir nur beachten, daß der Koeffizient [ ] von ξ^2 in (45) in der Form

$$(52) \qquad [A(A + C - B) + 2C(B - A)]$$

geschrieben werden kann und also auch für die Ordnung (51) wegen § 2 (16), S. 29, positiv bleibt.

Wir fassen die Ergebnisse zusammen: Der ausgeglichene stehende Kreisel kann überhaupt nur dann stabil sein, wenn er ein dicker ist, und zwar muß seine Eigendrehgeschwindigkeit schneller als ξ_3, aber langsamer als ξ_2 bleiben.

Stellt man noch fest, daß für $Q = 0$ die Grenzen $\xi_1 = \xi_2 = \xi_3 = 0$ werden, so kehrt man zu der in § 3, 3., S. 38, ausgesprochenen Erkenntnis zurück, daß die mittlere Hauptachse des kräftefreien unsymmetrischen Kreisels keine stabile Drehachse darstellt.

Dritter Fall: der Kreisel ist ein verlängerter, und zwar gelte

$$(53) \qquad A < C < B.$$

Bleiben wir vorerst beim hängenden Kreisel $Q < 0$, so sind b und c von verschiedenem Vorzeichen in dem Bereich ξ_1^2 bis ξ_2^2. Stabilität ist also in diesem Bereiche unmöglich. Für $\xi^2 < \xi_1^2$ sind dagegen b und c beide positiv, und die Stabilität ist dort gesichert. Nun fragt sich nur, ob auch oberhalb ξ_2^2 noch ein Stabilitätsbereich vorhanden sein kann. Um dies zu entscheiden, kehren wir zu der Gleichung (47) für ξ_3^2 zurück. Hier ist zufolge (50) der Koeffizient β zugleich mit Q stets negativ. Dagegen sind a und γ stets positiv. Sind also ξ_3^2 und ξ_4^2 die beiden Wurzeln der Gleichung (47), so ist ihre Summe

$$\xi_3^2 + \xi_4^2 = \frac{2\beta}{a} < 0,$$

ihr Produkt

$$\xi_3^2 \cdot \xi_4^2 = \frac{\gamma}{a} > 0,$$

und infolgedessen sind beide negativ, die Grenzgeschwindigkeit ξ_3 des Stabilitätsbereiches ist imaginär. Die Stabilität ist also auch für $\xi^2 > \xi_2^2$ verbürgt.

Abb. 71.

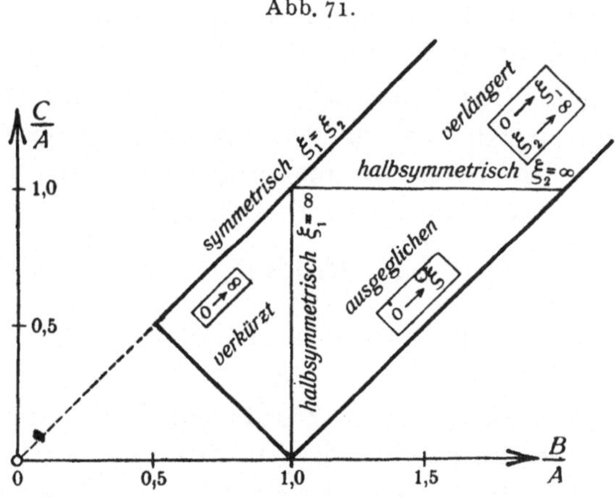

Der verlängerte hängende Kreisel ist stabil, solange seine Eigendrehgeschwindigkeit entweder langsamer als ξ_2 oder schneller als ξ_1 bleibt.

Beim symmetrischen Kreisel schrumpft der Instabilitätsbereich wegen $\xi_1 = \xi_2$ auf nichts zusammen: dieser Kreisel ist, wie schon in § 10, 3., S. 110, festgestellt, unbeschränkt stabil.

Schließlich gehen wir zum stehenden Kreisel $Q > 0$ über. Jetzt sind b und c zufolge (53) beide stets negativ. Wir haben also lediglich die Grenze ξ_3^2 als größte Wurzel von (43) aufzusuchen.

Der verlängerte stehende Kreisel ist stabil, solange seine Eigendrehgeschwindigkeit schneller als ξ_3 bleibt.

Der Übersicht halber stellen wir die Ergebnisse noch einmal zusammen, indem wir jedem Fall seinen Stabilitätsbereich beifügen:

I. Verkürzt	1. hängend			0 bis ∞
	2. stehend	a) dick		ξ_3 „ ξ_2 und ξ_1 bis ∞
		b) schlank . .		ξ_1 „ ∞
II. Ausgeglichen	1. hängend			0 „ ξ_1
	2. stehend	a) dick . . .		ξ_3 „ ξ_2
		b) schlank . .		—
III. Verlängert	1. hängend			0 „ ξ_1 und ξ_2 bis ∞
	2. stehend			ξ_3 „ ∞

Indem man dem Kreisel mit den Hauptträgheitsmomenten A, B und C in einer Koordinatenebene den Punkt mit der Abszisse B/A und der Ordinate C/A zuordnet, kann man die Stabilitätsverhältnisse noch deutlicher veranschaulichen. Dies ist in Abb. 71 für den hän-

Abb. 72.

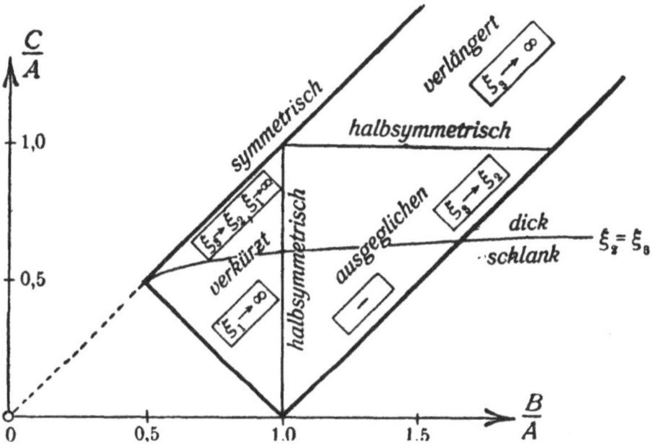

genden, in Abb. 72 für den stehenden Kreisel geschehen; die Stabilitätsbereiche sind dort umrahmt eingetragen, wobei nach § 2 (16), S. 29, nur solche Punkte zu beachten sind, für welche

$$1 + \frac{B}{A} > \frac{C}{A}, \quad \frac{B}{A} + \frac{C}{A} > 1, \quad 1 + \frac{C}{A} > \frac{B}{A}$$

ist; und auch in der von uns gemachten Voraussetzung

$$\frac{B}{A} \geqq \frac{C}{A}$$

liegt natürlich keinerlei Beschränkung.

Aus (41) und (42) sowie (49) und (50) zieht man noch den für alle Fälle gültigen Schluß:

Die Grenzen ξ_1^2, ξ_2^2 und ξ_3^2 der Stabilitätsbereiche wachsen proportional mit dem statischen Moment Q des Kreisels.

Bemerkenswert sind übrigens die Lücken von ξ_1 bis ξ_2 in den Stabilitätsbereichen des verkürzten stehenden dicken und des verlängerten hängenden Kreisels: die Drehgeschwindigkeiten zwischen ξ_1 und ξ_2 können geradezu als kritische bezeichnet werden. Daß die Eigendrehgeschwindigkeit des ausgeglichenen stabilen Kreisels nach obenhin begrenzt ist, kann uns nicht verwundern; denn je größer der Schwung ist, um so mehr tritt der Einfluß der Schwere zurück und der Kreisel nähert sich dann einem kräftefreien, um die mittlere Hauptachse umlaufenden, der schon in § 3, 3., S. 38, als instabil erkannt worden ist. Der ausgeglichene schlanke Kreisel insbesondere ist unter allen anderen dadurch ausgezeichnet, daß er überhaupt nicht dazu gebracht werden kann, stabil aufrechtstehend zu tanzen.

Zweiter Teil

Die Anwendungen des Kreisels

Einleitung.

1. Einteilung der technischen Kreisel. Seit den ältesten Zeiten dient die Drehbewegung als häufigster Vermittler bei Schiebebewegungen überall, wo Fahrzeuge auf Rädern laufen. Die Drehung ist aber unter allen Bewegungsarten insbesondere dadurch ausgezeichnet, daß ein Körper sie auch ausführen kann, ohne seinen Ort als Ganzes zu verlassen; sie wird deswegen dazu verwendet, bedeutende Energiemengen auf beschränktem Raum als Wucht in der Gestalt von Schwungrädern anzuhäufen. Insofern die Drehung die einzelnen Teile eines Körpers auf die einfachste Weise und völlig stationär immer wieder in ihre ursprüngliche Lage zurückzubringen vermag, wird sie fortwährend zu Energieumwandlungen benutzt, so bei den elektrodynamischen Maschinen (Dynamos und Elektromotoren), ebenso bei vielen hydro- und aerodynamischen Triebwerken (Turbinen, Wasser- und Luftschrauben) und dergleichen mehr.

In allen diesen Fällen haben wir es mit Kreiseln zu tun, und so oft die Achsen der an der Drehung beteiligten Radsätze geschwenkt werden, d. h. ihre Richtung im Raum ändern, treten Kreiselwirkungen auf, die zumeist unerwünscht, zuweilen sogar gefährlich sind, mitunter aber auch eine an sich gewollte Wirkung unterstützen.

Andererseits liegt es natürlich nahe, die merkwürdigen Trägheitseigenschaften des Kreisels auszunützen, um labile Systeme im Gleichgewicht zu halten, oder um das Gleichgewicht stabiler Systeme zu verbessern. Je nachdem dabei der Kreisel selbst einen wesentlichen Bestandteil der Masse des Systems ausmacht oder zur Stabilisierung nur dadurch beiträgt, daß er die Lage des Systems anzeigt und allenfalls ein geeignetes Steuerwerk zum Eingreifen veranlaßt, wird man ihn als einen unmittelbaren oder als einen mittelbaren Stabilisator zu bezeichnen haben.

Einen Körper mittelbar stabilisieren, heißt, im weitesten Sinne verstanden, seine Lage zu irgend einer vorgeschriebenen Richtung in Beziehung setzen. Diese Richtung kann entweder unabhängig von Erdbewegung und Schwere einfach im Raum festliegen derart, daß in bezug auf sie das Gesetz der Trägheit streng gilt; oder sie kann durch die Erdachse bedingt sein, etwa mit dieser einen festen Winkel bilden; oder endlich sie kann an die Schwere geknüpft sein, also beispielsweise in die Lotlinie fallen. Häufig ist sie durch Erddrehung und Schwere zusammen erst bestimmt: so einerseits als Azimut der Windrose, gemessen in der zur Schwerebeschleunigung senkrechten Ebene von der durch die Λ.·dachse gegebenen Nordsüdrichtung aus; so andererseits aber auch sc   ι als Lotlinie selbst, das heißt doch als Richtung der Resultante aus der Schwerebeschleunigung und der Fliehbeschleunigung der Erddrehung.

Diesen verschiedenen Möglichkeiten, eine Richtung vorzuschreiben, entsprechen ungefähr auch die drei Formen des Kreisels, die sich als Richtungsweiser verwenden lassen. Ist erstens der Kreisel durch Stützung in seinem Schwerpunkt dem unmittelbaren Einfluß der Schwere entzogen, so soll er ein astatischer Kreisel genannt werden (kräftefrei mögen wir jetzt im Gegensatz zu früher nicht gerne sagen, weil gerade die Störung dieses Kreisels durch äußere Kräfte uns vorzugsweise beschäftigen soll). Von einem Kompaßkreisel zweitens wollen wir reden, wenn seine Figurenachse durch die Schwere mehr oder weniger nachgiebig an die wagerechte Ebene der Windrose gebunden ist; es wird sich nämlich zeigen, daß der Kreisel dann die nordweisenden Eigenschaften eines Kompasses hat. Ist endlich drittens der Kreisel so aufgehängt, daß im Ruhezustand seine Figurenachse nach Art eines Pendels lotrecht steht, so sprechen wir von einem Pendelkreisel. Daß es sich hierbei vorzugsweise um symmetrische Kreisel handeln wird, ist mit dem Wort Figurenachse bereits angedeutet.

Die nächstliegende Art der unmittelbaren Stabilisierung eines Körpers besteht offenbar darin, daß man diesen einfach als Kreisel hinreichend rasch antreibt; wir mögen dann von einem Richtkreisel sprechen. Man kann aber, wie sich herausstellen wird, ein an sich labiles System auch durch einen fest oder beweglich in ihn eingebauten Kreisel stützen; wir heißen diesen einen Stützkreisel. Endlich vermag ein solcher Kreisel die Schwingungen eines schon im voraus stabilen Systems wirksam zu dämpfen und so dessen Stabilität zu verbessern; jetzt ist es angebracht, von einem Dämpfkreisel zu reden.

Es ist oft zweckmäßig, die Kreisel des weiteren nach der Anzahl ihrer Freiheitsgrade einzuteilen, und stets notwendig, diese Anzahl genau zu beachten. Man versteht unter der Zahl der Freiheitsgrade eines Körpers oder eines Systems von Körpern die Zahl der unter sich unabhängigen Bewegungen, welche der Körper oder das System gleichzeitig ausführen kann. Ein unbehinderter starrer Körper hat beispielsweise sechs Grade der Freiheit: irgend einer seiner Punkte kann sich nach den drei Ausdehnungen des Raumes verschieben, und um diesen Punkt vermag der Körper sich noch in dreifacher Weise zu drehen, wie die Eulerschen

Winkel (Abb. 22, S. 48) dies etwa andeuten. Die Schiebebewegungen sind uns künftighin zumeist gleichgültig, und so wollen wir deren Freiheitsgrade überhaupt nicht mitzählen und dem freien starren Körper ebenso wie dem fest gestützten nur drei Grade der Bewegungsfreiheit zuschreiben. Er hat nur noch zwei Freiheitsgrade, wenn der äußere von den cardanischen Ringen (Abb. 36, S. 83), in welchen er aufgehängt sein mag, entweder gegen die festen Bügel oder gegen den inneren Ring festgeklemmt ist, — nur noch einen Freiheitsgrad, wenn beide Ringe festgehalten sind.

Ein System von zwei Kreiseln hat, wenn beide ganz frei sind, eigentlich zwölf Freiheitsgrade, und wenn die beiden Stützpunkte unter sich starr verbunden sind, elf oder, ohne Rücksicht auf eine einfache Verschiebung der starren Verbindung, acht, nämlich je drei Drehungen der beiden Kreisel und zwei Drehungen der Verbindungsstrecke. Das System hat nur sieben Freiheitsgrade, wenn diese Strecke sich beispielsweise nur in einer Ebene drehen kann, — sechs, wenn sie ganz festliegt, — fünf, wenn die beiden Figurenachsen in einer Ebene (also nicht windschief zueinander) liegen müssen, — vier, wenn ihre Drehungen in dieser Ebene irgendwie aneinandergekoppelt sind oder wenn sich die Ebene nicht drehen darf, — drei, wenn beides eintritt, — zwei, wenn die beiden Kreisel nur noch Eigendrehungen vollziehen können, — und einen Grad der Freiheit, wenn auch ihre Eigendrehungen voneinander abhängen.

Es ist durchaus nicht nötig, daß alle Freiheitsgrade auch ausgenutzt werden. Der sich selbst überlassene kräftefreie symmetrische Kreisel beispielsweise tut dies höchstens mit zweien, desgleichen der schwere symmetrische Kreisel, wenn er eine reguläre Präzession beschreibt. Sobald jedoch Nutationen hinzukommen, und seien sie auch mikroskopisch klein, wird auch der dritte Grad der Freiheit beansprucht. Der stabil aufrecht umlaufende schwere Kreisel nutzt nur einen Grad aus, behält sich aber für etwaige Störungen die beiden anderen vor, und er hört sofort auf, stabil zu sein, und fällt bei dem geringsten Stoße um, wenn man ihm auch nur einen Freiheitsgrad nimmt.

2. Die Trägheitskräfte. Für unsere weiteren Untersuchungen wird häufig von großem Vorteil ein Begriff sein, der wohl auf I. Newton zurückgeht und dessen Bedeutung von J. le Rond d'Alembert zuerst klar erkannt worden ist, der Begriff der Trägheitskraft. Wir dürfen als bekannt voraussetzen (vgl. auch S. 12), daß man darunter die Gegenwirkung versteht, die jede träge Masse einer beschleunigenden Kraft entgegensetzt. Diese Trägheitskräfte sind natürlich nur gedachte Kräfte. Indem man sie aber wie wirkliche Kräfte den beschleunigenden Kräften gleichberechtigt hinzufügt, erreicht man es, daß die sämtlichen Kräfte, die wirklichen und die gedachten, sich nun das Gleichgewicht halten, so daß die Bewegung sich im günstigsten Falle fortan mit den Regeln der Statik behandeln läßt. In vielen Fällen vereinfacht sich dadurch die Fragestellung ganz ungemein, und zwar insbesondere dann, wenn sich mehrere Bewegungen überlagern. Man kann dann häufig die eine oder andere Bewegung durch ihre Trägheitskraft vollständig ersetzen und ist, wenn auch nicht zu einer statischen, so doch zu einer einfacheren dynamischen Aufgabe gelangt. Wenn beispielsweise ein Massenpunkt sich frei bewegen kann in einer Ebene, die sich mit vorgeschriebener Geschwindigkeit um eine feste Achse dreht, so fügt man die durch diese Drehung geweckte Fliehkraft dem Massenpunkt als äußere Kraft bei und braucht sich dann um die Bewegung der Ebene nicht weiter zu kümmern. Ganz allgemein lassen sich räumliche Bewegungen als ebene behandeln, falls sich die Trägheitskraft, welche von der Bewegungskomponente senkrecht zur Ebene herrührt, in der Ebene befindet.

Die für uns wichtigsten Trägheitskräfte sowie deren Momente sind die folgenden:

a) Die Fliehkräfte, welche bei der Drehung μ eines starren Körpers um eine feste Achse in dessen einzelnen Massenelementen Δm geweckt werden [Einl. I (19), S. 12]

$$\Delta f = \mu^2\, r_1\, \Delta m,$$

wo r_1 der senkrecht zur Achse von dieser zum Massenelement gezogene Fahrstrahl ist, setzen sich zu einer Resultante

$$(1) \qquad\qquad F = m\,\mu^2\, a$$

zusammen, wobei m die Gesamtmasse und a den entsprechenden Fahrstrahl senkrecht zur Achse und von dieser zum Schwerpunkt hin bedeutet. Denn weil (vgl. Abb. 3, S. 6) r_1 die zur Achse senkrechte Komponente eines von einem beliebigen Achsenpunkt O nach Δm gezogenen Fahrstrahles vorstellt, so ist nach Einl. I (30), S. 14, die Summe $\Sigma\, r_1\,\Delta m$ gleich dem Produkt aus der Gesamtmasse m in die entsprechende Komponente a des Fahrstrahles r_0 von O nach dem Schwerpunkt. Die resultierende Fliehkraft F ist also allemal von der Drehachse lotrecht nach dem Schwerpunkt hin gerichtet.

b) Fällt der Schwerpunkt in die Drehachse, so verschwindet die Fliehkraft F, aber es kann dann immer noch ein Schleudermoment übrigbleiben. Dieses ist allgemein und unabhängig von der Lage des Schwerpunktes für einen beliebigen Punkt O der Drehachse in § 7, 4. berechnet worden und folgt aus den dortigen Formeln (27) bis (30), S. 78, mit $\nu = 0$. Beschränkt man sich auf den Fall, daß eine Hauptachse, etwa die C-Achse, senkrecht zur Drehachse ist, so erhält man mit $\varphi = \pi/2$ dasselbe Ergebnis wie für den besonderen Fall, daß der Körper eine (mindestens dynamische) Symmetrieachse durch O besitzt, nämlich nach § 7 (13), S. 71,

$$(2) \qquad K_2 = (A - B)\,\mu^2 \sin \delta \cos \delta.$$

Dabei ist A das Trägheitsmoment der Symmetrieachse, B dasjenige einer äquatorialen Achse durch O, δ der Winkel zwischen Symmetrie- und Drehachse, und das Schleudermoment sucht die Achse des größeren der beiden Trägheitsmomente A und B in die Drehachse hineinzuziehen (S. 81).

Für das Moment K_2 ist folgende Bemerkung sehr wichtig. Falls der auf der Drehachse μ liegende Bezugspunkt O nicht mit dem Schwerpunkt zusammenfällt, so enthält K_2 als Bestandteil in sich natürlich auch das Moment der Fliehkräfte bezüglich O. Falls jedoch der Bezugspunkt O mit dem Schwerpunkt zusammenfällt, so verschwindet mit der Resultante auch das Moment der Fliehkräfte, und die Schleuderwirkung kann dann nicht durch eine Einzelkraft, sondern nur durch ein Kräftepaar ausgeglichen werden. Da ein solches nach Einl. I, S. 11, ein vom Bezugspunkt unabhängiges Moment hat, so stellen wir fest: Wenn man die Hauptträgheitsmomente auf den Schwerpunkt bezieht, so ist das Schleudermoment (2) vom Bezugspunkt unabhängig; aber das Moment der Fliehkräfte ist in diesem unabhängigen Schleudermoment nicht mehr enthalten, sobald der Bezugspunkt des Momentes nachträglich verschieden gewählt wird vom Schwerpunkt, auf den sich nach wie vor die Trägheitsmomente beziehen.

c) Kommt zu der Drehung μ eine zweite ν um die A-Achse hinzu, so tritt neben das Schleudermoment das eigentliche Kreiselmoment im engeren Sinne, das für den symmetrischen Kreisel in § 7 (10), S. 71, zu

$$(3) \qquad K_1 = A\,[\nu\,\mu], \qquad\qquad K_1 = A\,\mu\,\nu \sin\delta$$

berechnet worden ist, und dessen Drehsinn sich immer sehr rasch aus der Regel vom gleichstimmigen Parallelismus ($\nu \longrightarrow \mu$) ermittelt (S. 72).

Sobald der Kreisel als ein schneller gelten kann, d. h. wenn ν groß gegen μ ist, überwiegt dieses Kreiselmoment so stark, daß man das Schleudermoment dagegen vernachlässigen darf, und man kann dann überdies die Achse des Schwunges Θ mit der Figurenachse (ν) verwechseln und hat statt (3) in guter Annäherung, auch für einen unsymmetrischen Kreisel,

$$(4) \qquad K_1 = [\Theta\,\mu].$$

Das Kreiselmoment K_1 ist von vornherein ein unabhängiges Moment.

———

Erster Abschnitt.

Die Kreiselwirkungen bei Radsätzen.

§ 14. Kollermühlen.

1. Der gewöhnliche Kollergang. Wir beginnen mit einer sehr merkwürdigen, jedoch wenig bekannten und deswegen auch zumeist nicht voll ausgenutzten Kreiselwirkung, indem wir uns zu den sogenannten Kollermühlen wenden, die entweder als Kollergänge oder als Pendelmühlen gebaut werden.

Der Kollergang zunächst, häufig zweiläufig (Abb. 73 und 74), seltener einläufig (Abb. 75 und 76), besteht im wesentlichen aus ein oder zwei zylindrischen oder schwach kegeligen Walzen, den Läufern (l), die, um die Mittelachse (m) drehbar, von der Triebwelle (t) auf der als Teller ausgebildeten Mahlplatte (p) im Kreise herumgeführt werden, wobei sie das untergeschobene Mahlgut durch Zerreibung und Zermalmung zerkleinern. Damit die Läufer harten Brocken des Mahlgutes ausweichen können, müssen die Mittelachsen auf der Triebwelle beweglich aufsitzen. Dies wird erreicht entweder durch den Mitnehmer (n in Abb. 73 u. 75) oder durch eine Schleppkurbel (s in Abb. 74) oder endlich durch ein Gelenk (g in Abb. 76). Von solchen Ausführungen, wo die Mittelachse feststeht und dafür die Mahlplatte unter den Läufern gedreht wird, sehen wir ab, weil sie zu Kreiselwirkungen keinerlei Anlaß geben.

Abb. 73.

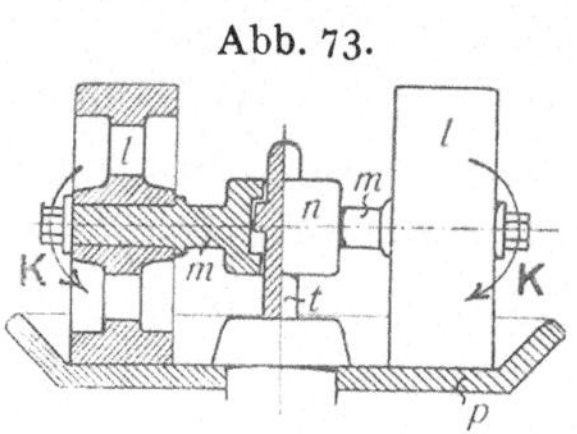

Abb. 74.

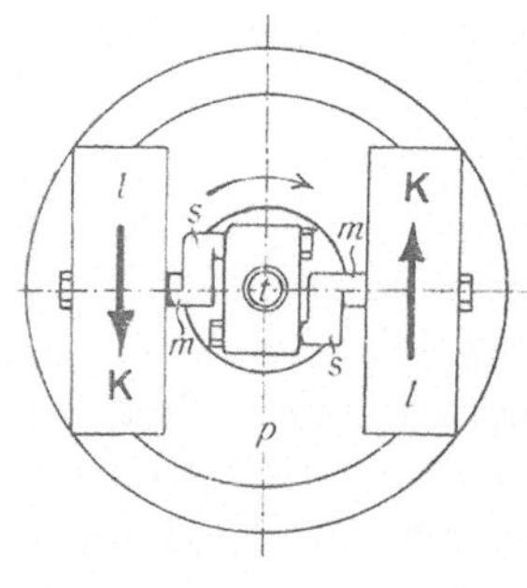

Abb. 75.

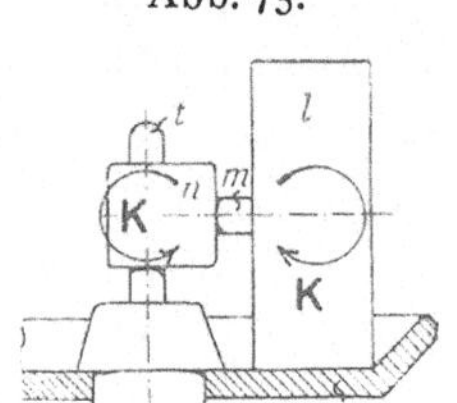

Abb. 76.

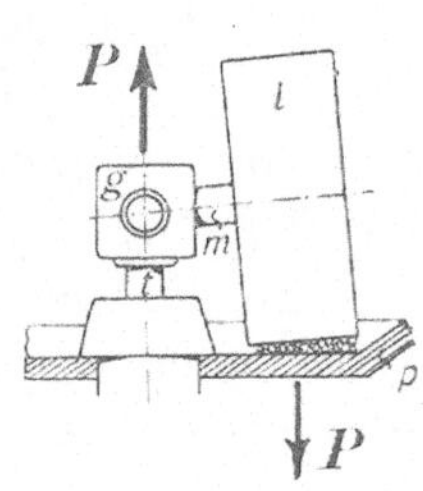

Der Kollergang kann geradezu als das Muster eines Kreisels angesehen werden, der eine erzwungene reguläre Präzession um die lotrechte Triebachse ausführen muß: Es ist leicht ersichtlich, welche Wirkung das hierbei geweckte Kreiselmoment K als Ausdruck der Massenträgheit bei den verschiedenen Ausführungen haben wird. Es sucht bei den zweiläufigen Kollergängen mit Mitnehmer oder Schleppkurbeln die Mittelachse zu biegen und sollte als Biegungsmoment bei deren Entwurf in Rechnung gestellt werden; es macht sich besonders beim einläufigen Kollergang mit Mitnehmer außerdem als störende Beanspruchung des Mitnehmerlagers geltend; und lediglich in der gelenkigen Ausführung (Abb. 76) gewinnt es die Bedeutung, die ihm eigentlich zukommen soll, insofern es als Kräftepaar (PP) zwar die Triebwelle und deren Lager anstrengt, zugleich aber die Pressung des Läufers gegen die Mahlplatte erhöht, unter Umständen auf ein Mehrfaches des Ruhebetrages. In der Tat werden Kollergänge mit gelenkiger Achsenverbindung, mit denen wir uns weiterhin allein befassen, als besonders wirksam geschildert, ohne daß der eigentliche Grund dafür, das Kreiselmoment K, immer klar erkannt wird.

Zunächst fragt sich, ob der fast allgemein übliche Achsenwinkel $\delta = 90^0$ der günstigste ist. Diese Frage ist zu verneinen.

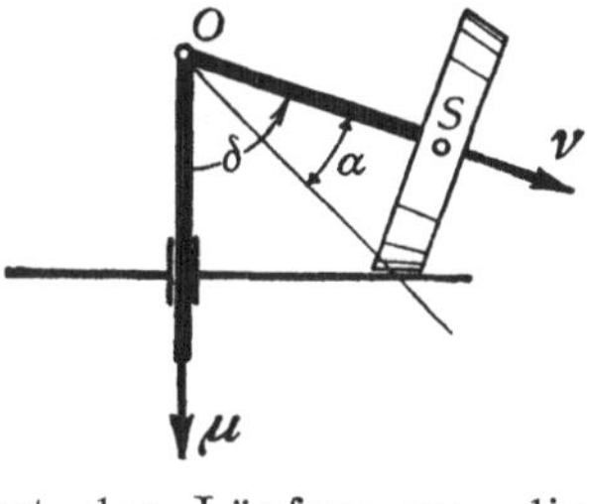

Wird nämlich mit Q das Produkt aus Läufergewicht G und Abstand OS zwischen Drehpunkt O und Läuferschwerpunkt S bezeichnet, und ist die Mittelachse unter dem beliebigen Winkel δ gegen die Triebachse geneigt (Abb. 77), so ist

Abb. 77.

$$M_0 = Q \sin \delta$$

das Moment der Schwere des Läufers bezüglich O. Ist ferner A das Trägheitsmoment des Läufers um die Mittelachse (Figurenachse), B dasjenige um eine in O darauf senkrecht stehende (äquatoriale) Achse, so hat bezüglich O das Kreiselmoment (einschließlich des Schleudermomentes) den Betrag [Einl. II (2) u. (3)]

$$K = [A\nu + (A - B)\mu \cos \delta]\mu \sin \delta.$$

Erscheint der Läuferhalbmesser, von O aus betrachtet, unter dem Winkel α (wobei man in Ermangelung einer genaueren Bestimmung den Läufer etwa durch seine mittelste Kreisscheibe ersetzt denken mag), so hängen die Präzessionsgeschwindigkeit μ um die Triebachse und die Eigendrehung ν um die Mittelachse vermöge

(1) $$\nu \sin \alpha = \mu \sin (\delta - \alpha)$$

zusammen, vorausgesetzt, daß der Läufer auf der Mahlplatte abrollt, ohne zu gleiten [vgl. § 7 (17), S. 74].

Das Kreiselmoment K, positiv im gleichen Sinne wirkend wie das Schweremoment M_0, vereinigt sich mit diesem zum gesamten Pressungsmoment

$$M = M_0 + K,$$

wofür man, indem man ν vermittelst (1) entfernt, bekommt

$$M = Q \sin \delta + \mu^2 (A \operatorname{ctg} \alpha \sin \delta - B \cos \delta) \sin \delta.$$

Es ist zweckmäßig, zwei neue Größen β und H so einzuführen, daß

$$\mu^2 A \operatorname{ctg} \alpha = 2 H \sin \beta,$$
$$\mu^2 B = 2 H \cos \beta$$

wird. Man löst diese Gleichungen leicht nach β und H auf:

$$(2) \qquad \begin{cases} \operatorname{tg} \beta = \dfrac{A}{B} \operatorname{ctg} \alpha, \\[2ex] H = \dfrac{\mu^2}{2} \sqrt{A^2 \operatorname{ctg}^2 \alpha + B^2}; \end{cases}$$

für das Pressungsmoment aber erhält man jetzt

$$(3) \qquad M = Q \sin \delta - 2 H \sin \delta \cos (\beta + \delta)$$

und wandelt dies noch mit Hilfe der goniometrischen Beziehung

$$2 \sin \delta \cos (\beta + \delta) = \sin (2 \delta + \beta) - \sin \beta$$

um in

$$(4) \qquad M = Q \sin \delta - H \sin (2 \delta + \beta) + H \sin \beta.$$

In dieser Form läßt sich die Abhängigkeit des Pressungsmomentes vom Achsenwinkel δ ganz leicht graphisch überblicken (Abb. 78). Man hat lediglich den Ordinaten der über den Abszissen δ aufgetragenen Sinuslinie $Q \sin \delta$ diejenigen der umgekehrten Sinuslinie $- H \sin (2 \delta + \beta)$ zuzufügen und hernach die Abszissenachse nach der Richtung der negativen Ordinaten um den

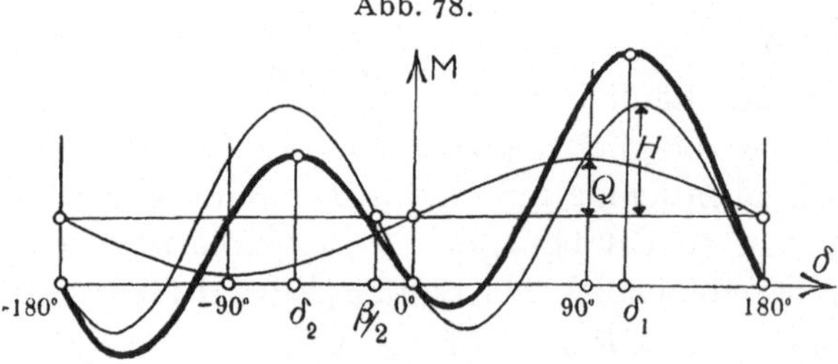

Abb. 78.

Betrag $H \sin \beta$, d. h. soweit zu verschieben, daß die aus der Ordinatenaddition entstehende Kurve gerade durch den neuen Ursprung des Koordinatensystems hindurchgeht. Dann stellen die neuen Ordinaten die Größe des Pressungsmomentes M für jede Achsenneigung δ vor.

Der Höchstwert von M gehört zu einem Winkel δ_1, welcher jedenfalls größer als 90^0 und kleiner als $135^0 - \beta/2$ ist, insofern wir doch H als positiv und β als spitzen Winkel voraussetzen dürfen. Der günstigste Neigungswinkel δ_1 entspricht einer epizykloidischen

(vorschreitenden) Präzession mit gehobener Mittelachse (wie dies
in Abb. 76 wenigstens angedeutet ist) und kann unmittelbar der
graphischen Darstellung (Abb. 78) entnommen werden; natürlich gehorcht er auch der Gleichung $\partial M/\partial \delta = 0$ oder

$$(5) \qquad Q \cos \delta = 2 H \cos (2\,\delta + \beta).$$

Ist beispielsweise ein Läufer von folgenden Maßen (Abb. 79) vorgelegt:

$$a = 0{,}30 \text{ m}, \qquad b = 0{,}70 \text{ m}, \qquad c = 0{,}45 \text{ m}, \qquad d = 0{,}35 \text{ m},$$

so ist bei einer Gewichtsdichte $\gamma = 7200$ kg/m^3 das Gewicht des Hohlzylinders gleich
725 kg, so daß wir mit einem Zuschlag von 275 kg für Nabe und Speichen

$$G = 1000 \text{ kg}, \qquad Q = 500 \text{ mkg}$$

annehmen können. Der Trägheitsarm (§ 2, 1., S. 29) bezüglich der Mittelachse mag
etwa 0,4 m sein, womit[1])

$$A = \frac{1000}{9{,}81} \cdot 0{,}4^2 = 16{,}3 \text{ mkgsek}^2$$

kommt. Da das Trägheitsmoment um eine zur Mittelachse senkrechte Achse durch
den Schwerpunkt des Läufers in guter Annäherung halb so groß ist (§ 2, 1., S. 27),
so wird nach dem Steinerschen Satze (§ 2, 2.)

$$B = \frac{16{,}3}{2} + \frac{1000}{9{,}81} \cdot 0{,}5^2 = 33{,}6 \text{ mkgsek}^2.$$

Daraus berechnet sich mit $a = 42^0$ bei einer Präzessionsdauer
von 1 sek, also $\mu = 2\,\pi \text{ sek}^{-1}$,

$$\beta = 28^0, \qquad H = 753 \text{ mkg}$$

und nach (5) ein günstiger Winkel

$$\delta_1 = 117^0,$$

also eine Erhebung der Mittelachse unter 27^0, zu welcher nach
(4) ein Pressungsmoment

$$M = 1550 \text{ mkg}$$

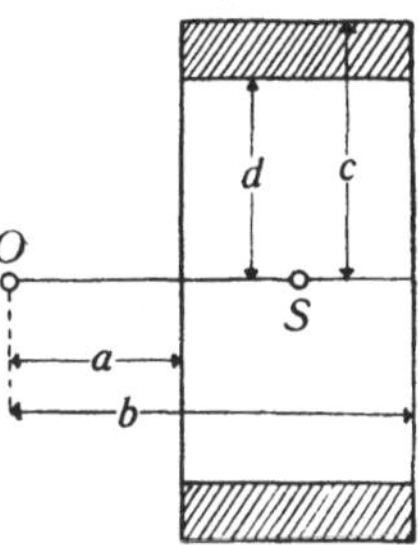

Abb. 79.

gehört, so daß die Pressung, das dreifache Gewicht übersteigend, 3100 kg beträgt.
Derselbe Läufer würde mit wagerechter Mittelachse ein Moment von nur

$$M = 1120 \text{ mkg}$$

hervorbringen und damit eine Pressung von 2240 kg erzeugen, wovon 1240 kg, also
immerhin noch mehr als das Gewicht, auf die Kreiselwirkung allein entfällt. Natürlich
müssen diese 1240 kg als Gegenzug von der Triebwelle ausgehalten werden. Beim
Kollergang mit Mitnehmer (Abb. 75) würde diese Zusatzpressung von 1240 kg nicht
nur ganz wegfallen, sondern sogar durch ein höchst schädliches Biegungsmoment von
$1120 - 500 = 620$ mkg auf die Mittelachse ersetzt sein.

Unsere Rechnung bedürfte eigentlich einer kleinen Verbesserung,
die das Gewicht und die träge Masse der Mittelachse betrifft. Die
Pressung wird um etwa die Hälfte dieses Gewichtes vergrößert. Insofern die Mittelachse gewöhnlich die Eigendrehung ν des Läufers
nicht mitmacht, ist sie einem Schleudermoment (Einl. II (2), S. 165)

$$K_2' = -(B' - A')\,\mu^2 \sin \delta \cos \delta$$

---

[1]) Wir rechnen hier und im folgenden stets mit den Einheiten des technischen
Maßsystems.

unterworfen, das von ihren Trägheitsmomenten A' und B' ($> A'$) bezüglich des Drehpunktes O abhängt, positiv, Null oder negativ ist, je nachdem die Mittelachse gehoben, wagerecht oder gesenkt steht und natürlich dem Pressungsmoment hinzuzufügen ist. Dessen Höchstwert wird aber offenbar dadurch wenig beeinflußt, weil K'_2 verhältnismäßig klein ist; und es würde sich nicht lohnen, ihn aus einer leicht aufzustellenden genaueren, aber umständlicheren Formel zu berechnen.

Es bedarf wohl kaum eines Hinweises darauf (Einl. II, S. 165), daß in dem Kreiselmoment K zugleich auch schon das Moment der Fliehkraft des Läufers bezüglich des Drehpunktes O berücksichtigt ist. Die Fliehkraft selbst muß lediglich dann gesondert ermittelt werden, wenn man die Beanspruchung der Triebachse kennen ernen will.

2. Die Pendelmühle. Solange Q wesentlich kleiner als H bleibt, gibt es einen zweiten günstigsten Winkel δ_2 von δ in der Nähe von -45^0 mit einem allerdings kleineren Höchstwert des Pressungsmomentes M, dem hypozykloidischen (rückläufigen) Bereich (S. 73) angehörend und verwirklicht in der sogenannten Pendelmühle (Abb. 80). Der klöppelförmig herabhängende Läufer (l) legt sich nach Überschreitung einer gewissen Mindestgeschwindigkeit von selbst an die Mahlschale (p) an (vgl. S. 75) und dann preßt ihn die Kreiselwirkung, von welcher die Fliehkraft nur einen Teil ausmacht, heftig dagegen, vorausgesetzt, daß $M > 0$ ist, d. h. nach (3) und wegen $\sin \delta < 0$, solange

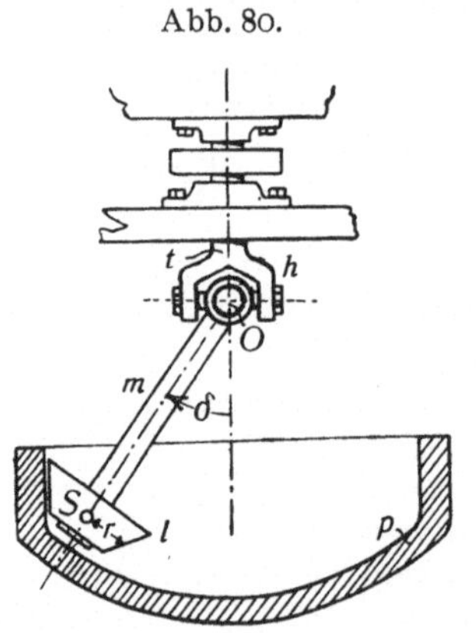

Abb. 80.

$$2\,H\cos(\beta + \delta) > Q$$

oder nach (2)

$$(6) \qquad \mu^2 > \frac{Q}{\cos(\beta + \delta)\sqrt{A^2\,\mathrm{ctg}^2\alpha + B^2}}$$

bleibt, welcher Betrag während des Betriebes nicht unterschritten werden darf.

Nun wird allerdings bei der Pendelmühle die Drehung von der Triebwelle (t) auf die Mittelachse (m) in der Regel durch ein Hookesches Gelenk (h) übertragen; man denke sich für einen Augenblick das Gelenk durch ein biegsames Achsenstück ersetzt, so sieht man schnell, daß jetzt nicht die Präzessionsdrehung μ, sondern die Summe $\omega = \mu + \nu$ sich auf die Triebachse überträgt und demnach als vorgeschrieben zu betrachten ist. Solange δ ein spitzer Winkel, haben μ und ν überdies verschiedene Vorzeichen. Vernachlässigt man die durch das Gelenk bedingte Ungleichförmigkeit und berechnet aus (1)

$$\mu = \omega \frac{\sin \alpha}{\sin \alpha + \sin (\delta - \alpha)}, \qquad \nu = \omega \frac{\sin (\delta - \alpha)}{\sin \alpha + \sin (\delta - \alpha)},$$

so schreibt sich das Pressungsmoment M in der Form

$$(7) \qquad M = Q \sin \delta + \omega^2 \frac{\sin \alpha \sin \delta \, (A \cos \alpha \sin \delta - B \sin \alpha \cos \delta)}{[\sin \alpha + \sin (\delta - \alpha)]^2},$$

ein Ausdruck, der erheblich umständlicher zu behandeln wäre als (4).

Man vermeidet aber die Schwierigkeit nahezu ganz, wenn man von einem beliebigen (jedoch möglichst gut abgeschätzten) Werte μ ausgeht, sodann graphisch (Abb. 78) den zugehörigen günstigsten Winkel δ_2 ermittelt und nachträglich die Betriebsgeschwindigkeit

$$(8) \qquad \omega = \mu \left[1 - \frac{\sin (\alpha - \delta_2)}{\sin \alpha} \right]$$

berechnet. Stellt dieser Wert ω schon die betriebstechnisch erlaubte schnellste Drehung der Triebwelle (t) dar, so ist man am Ziel. Andernfalls muß die Rechnung so lange wiederholt werden, bis man den Höchstwert von ω trifft; denn dort ist nach (7) das größte Pressungsmoment zu erwarten.

Es sei z. B. bei einer minutlichen Drehzahl $n = 210$ der Triebwelle ein Läufer von 500 kg mit einem mittleren Halbmesser $r = 0,15$ m, einem Trägheitsarm von 0,10 m und einer Klöppellänge $OS = 1$ m gegeben, so daß $\alpha = 8,5^0$ wird. Man wählt geeignet

$$\mu = -5,5 \; \text{sek}^{-1}$$

und hat

$$Q = 500 \; \text{mkg}, \qquad A = 0,51 \; \text{mkgsek}^2.$$

Schätzt man, was angebracht erscheint,

$$B = 100 \, A = 51 \; \text{mkgsek}^2,$$

so berechnet sich

$$\beta = 3,8^0, \qquad H = 798 \; \text{mkg}$$

und damit der günstigste Achsenwinkel

$$\delta_2 = -40^0$$

und nachträglich

$$\omega = 22 \; \text{sek}^{-1}$$

in Übereinstimmung mit $n = 30 \, \omega/\pi$, sowie der Höchstwert

$$M = 506 \; \text{mkg}$$

des Pressungsmomentes. Der Läufer legt sich nur so lange an die Mahlschale an, als $|\mu| > 3,5 \; \text{sek}^{-1}$ oder $|\omega| > 14 \; \text{sek}^{-1}$ ist, was einer Betriebsgeschwindigkeit von mindestens 134 Umdrehungen der Triebwelle in der Minute entspricht.

3. Zwei Verbesserungen. Während neben den beiden soeben behandelten Ausführungsformen die perizykloidische als wenig wirksam von vornherein ausscheidet (der Läufer müßte glockenförmig gestaltet sein; vgl. Abb. 33, S. 73), so weist die gebräuchlichste Bauart mit wagerechter Mittelachse so erhebliche betriebstechnische und konstruktive Vorteile auf, daß man sie, unter mehr oder minder bewußtem Verzicht auf die volle Ausnutzung der Kreiselwirkung, nur ungern verläßt. Es ist darum von Wichtigkeit, zu untersuchen, wie auch bei festgehaltenem Achsenwinkel $\delta = 90^0$ die Pressung verstärkt werden kann.

Das Kreiselmoment wird jetzt durch den Ausdruck

$$(9) \qquad K = A\,\mu\,\nu = A\,\mu^2\,\mathrm{ctg}\,\alpha$$

gegeben, wächst also mit dem Trägheitsmoment A um die Mittelachse sowie mit dem Quadrat der Präzessionsgeschwindigkeit μ und mit abnehmendem Winkel α. Diesem Winkel sowie der Geschwindig-

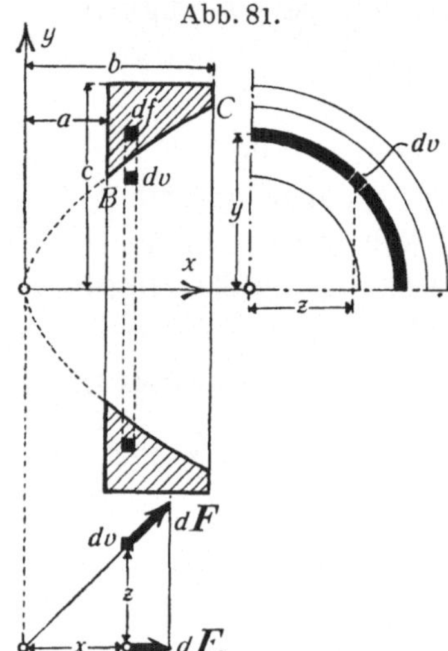

keit μ sind durch die zulässige Ausdehnung der Maschine und durch die mit μ^2 steigende Fliehkraft des Läufers Grenzen gesetzt.

Hier erhebt sich sofort die Frage, wie der Läufer zu gestalten ist, damit bei einem vorgeschriebenen Höchstwert der Fliehkraft F das axiale Trägheitsmoment A und mit ihm auch das Kreiselmoment einen Höchstwert besitzt. In Abb. 81 ist ein Meridianschnitt des Läufers durch die Mittelachse, sowie ein dazu senkrechter Querschnitt gezeichnet; Mittel- und Triebachse sind als x- und y-Achse gewählt, und es ist vorausgesetzt, daß der Läufer durch zwei Ebenen des Abstandes a und b von der Triebachse und durch einen Kreiszylinder vom Halbmesser c um die Mittelachse begrenzt sei, so daß nur noch seine innere Berandung BC freisteht. Die Beantwortung unserer Frage verlangt, die Meridiankurve BC als solche Funktion y von x zu bestimmen, daß bei vorgeschriebenem Wert F die Zahl A so groß wie möglich werde.

Ist df der Querschnitt eines ringförmigen Massenelementes von der Dichte γ/g und vom Halbmesser y, so ist

$$(10) \qquad A = \frac{2\,\pi\,\gamma}{g} \int y^3 df.$$

Ein Massenelement vom Inhalt dv dieses Ringes liefert in der Entfernung z von der xy-Ebene zur Fliehkraft den Beitrag

$$dF = \frac{\mu^2\gamma}{g}\sqrt{x^2 + z^2}\,dv$$

mit der von z unabhängigen Komponente

$$dF_x = \frac{\mu^2 \gamma}{g} x\, dv$$

in der Mittelachse, so daß die Resultante den Wert

$$(11) \qquad F = \frac{2\,\pi\,\mu^2\,\gamma}{g} \int xy\, df$$

annimmt.

Die Integrale (10) und (11) sind über den halben Meridianschnitt des Läufers zu erstrecken und ergeben

$$(12) \qquad A = \frac{2\,\pi\,\gamma}{g} \int\limits_a^b dx \int\limits_y^c y^3\, dy = \frac{\pi\,\gamma}{2\,g}\Big[(b-a)c^4 - \int\limits_a^b y^4\, dx\Big],$$

$$(13) \qquad F = \frac{2\,\pi\mu^2\,\gamma}{g} \int\limits_a^b x\, dx \int\limits_y^c y\, dy = \frac{\pi\,\mu^2\,\gamma}{g}\Big[\frac{1}{2}(b^2-a^2)c^2 - \int\limits_a^b xy^2\, dx\Big].$$

Wir haben also nach einer bekannten Regel zu fordern, daß mit einem noch unbekannten Parameter λ der Ausdruck $\mu^2 A - \lambda J$ und folglich das Integral

$$(14) \qquad J = \int\limits_a^b (y^4 - 2\,\lambda\, x y^2)\, dx$$

möglichst klein werde. Wäre dies schon erreicht, so dürfte ein unbeschränkt kleiner Zuwachs $\varDelta y$ der Funktion y dessen Wert nicht merklich ändern, so daß dann auch noch

$$(15) \qquad J = \int\limits_a^b [(y + \varDelta y)^4 - 2\,\lambda\, x(y + \varDelta y)^2]\, dx$$

sein muß; oder, wenn man höhere Potenzen von $\varDelta y$ unterdrückt und (14) von (15) abzieht,

$$(16) \qquad \int\limits_a^b (y^3 - \lambda\, x y)\,\varDelta y\, dx = 0,$$

wie auch der Zuwachs $\varDelta y$ über die Meridiankurve BC verteilt sein mag. Das ist nur möglich, falls der Integrand von (16) verschwindet, d. h. falls, unter Weglassung der im allgemeinen unbrauchbaren Lösung $y = 0$,

$$(17) \qquad y^2 = \lambda\, x$$

gewählt wird. Dies besagt, daß, abgesehen natürlich von der Nabe und den Speichen, aus dem Läufer eine Aussparung in Gestalt eines die Triebwelle mit seinem Scheitel berührenden Rotationsparaboloids zu entfernen ist, dessen Parameter λ sich dadurch bestimmt, daß die zulässige Fliehkraft F gerade erreicht wird.

Weil nach (13) nunmehr

$$F = \frac{\pi \mu^2 \gamma}{g} \left[\frac{1}{2} (b^2 - a^2) c^2 - \frac{1}{3} \lambda (b^3 - a^3) \right]$$

wird, so findet man

$$(18) \qquad \lambda = \frac{3 g (F_0 - F)}{\pi \mu^2 \gamma (b^3 - a^3)},$$

wenn

$$(19) \qquad F_0 = \frac{\pi \mu^2 \gamma}{2 g} (b^2 - a^2) c^2$$

die Fliehkraft einer massiven Scheibe von den Abmessungen a, b, c bedeutet. Das axiale Trägheitsmoment schließlich ist nach (12)

$$(20) \qquad A = \frac{\pi \gamma (b^2 - a)}{6 g} [3 c^4 - \lambda^2 (a^2 + a b + b^2)],$$

und es bedarf keiner weiteren Begründung dafür, daß dies tatsächlich einen Höchstwert darstellt.

Bis jetzt handelte es sich um eine möglichst gute Ausnutzung des ersten Faktors A des Kreiselmomentes (9). Es liegt aber nahe, dieses Moment noch weit mehr dadurch zu erhöhen, daß man die

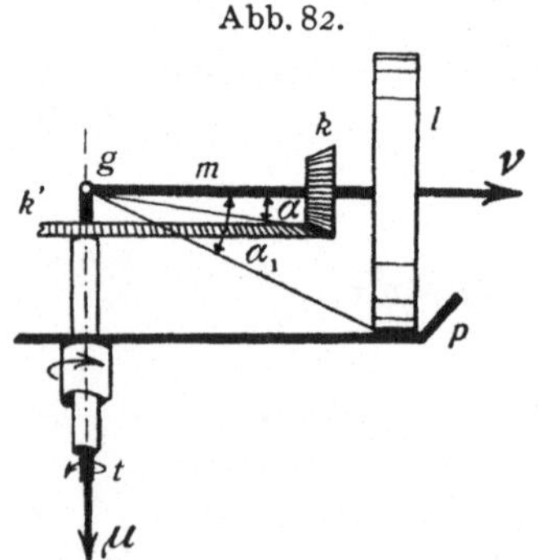

Eigendrehgeschwindigkeit v vergrößert, ohne jedoch mit μ die Fliehkraft zu steigern. Man erreicht dies offenbar, indem man an Stelle der Mahlplatte eine besondere Führung des Läuferkreisels verwendet. Eine leicht auch auf die Pendelmühle übertragbare Ausführung ist in Abb. 82 angedeutet, wo die Mahlplatte (p) drehbar gedacht und dafür auf die Mittelachse ein Kegelrad (k) aufgesetzt ist, das in eine feststehende wagerechte Scheibe (k') mit genügendem Spielraum eingreift, so daß diese Scheibe als Führung dient, ohne jedoch lotrechten Druck vom Kegelrad aufzunehmen. Sind a und a_1 die Winkel, unter denen vom Gelenk (g) aus die Halbmesser des Kegelrades (k) und des Läufers (l) erscheinen, so wird die Eigendrehgeschwindigkeit v und also auch die von der Kreiselwirkung herrührende Pressung bei festgebliebenem Werte μ im Verhältnis $\sin a_1 : \sin a$ vergrößert. Eine solche Vergrößerung war in der ursprünglichen Ausführung nur auf Kosten einer entsprechenden Erhöhung der gefährlichen Fliehkraft zu erreichen. Bei der neuen Ausführung, die übrigens bis jetzt noch nicht angewandt worden zu sein scheint, ist die Fliehkraft nicht der Triebwelle aufgebürdet, sondern in weniger gefährlicher Weise auf Läufer und Mahlplatte verteilt. Man wird dies besonders dann für zweckmäßig halten, wenn der Kollergang einläufig gebaut werden muß, also beispielsweise wenn auf der Gegenseite Mischvorrichtungen unterzubringen sind.

§ 15. Fahrzeuge.

1. Kreiselmomente auf Eisenbahnen. Wir wenden uns nunmehr den Kreiselwirkungen zu, die unbeabsichtigt überall da auftreten, wo Radsätze durch Schwenkung ihrer Achse eine Präzession auszuführen gezwungen werden. Es handelt sich in diesen Fällen stets darum, festzustellen, ob die geweckten Kreiselmomente nützlich oder schädlich sind, und im letzteren Falle, ob sie wenigstens ungefährlich bleiben. Hierher gehören einerseits die Radsätze, auf welchen Fahrzeuge aller Art laufen, andererseits Radsätze, welche in solchen Fahrzeugen untergebracht sind, beispielsweise Schiffsmaschinen.

Betrachten wir zuerst Fahrzeuge, die an genau vorgeschriebene Bahnen gebunden sind, so wird es auch nötig sein, die Einwirkung der Kreiselmomente der Radsätze auf die Führungen dieser Bahnen zu untersuchen, die man die Schienen nennt. Je nach der Zahl der Schienen teilt man die Bahnen in ein- oder mehrschienige ein, je nach der Schwerpunktslage der Fahrzeuge in stabile, indifferente oder labile.

Wir stellen zunächst die möglichen Kreiselwirkungen in allgemeinster Form zusammen. Die Schwenkungen der Radsatzachsen, die solche Kreiselwirkungen erzeugen, können verursacht sein entweder durch eine Krümmung der Bahn oder durch Drehungen (sogenanntes Wanken) des Fahrzeuges um eine zur Bewegungsrichtung parallele Achse, die Fahrachse, wogegen Drehungen um eine Querachse des Fahrzeuges keine Kreiselwirkung in den dazu parallelachsigen Radsätzen veranlassen.

Es möge sich um ein völlig symmetrisch gebautes Fahrzeug vom Gesamtgewicht $G = mg$ handeln, das zwei starr mit ihm verbundene Radsätze besitzt, deren Räder alle gleich groß sind und die Laufkreishalbmesser r haben. Es sei A die Summe der axialen Trägheitsmomente der Radsätze; $C, D, E,$ mögen die Hauptträgheitsmomente des Fahrzeuges (einschließlich der Radsätze) um die Längs-, Quer- und Hochachse durch den Schwerpunkt bezeichnen. Wir führen sofort die Trägheitsarme c, d, e ein:

$$(1) \qquad C = mc^2, \qquad D = md^2, \qquad E = me^2,$$

und setzen überdies

$$(2) \qquad A = m'r^2,$$

wo m' die auf den Laufkreisumfang umgerechnete Masse der Radsätze genannt werden kann.

Die durch die Berührungspunkte zwischen den Laufkreisen und den Schienen parallel zur Radachse gelegte Ebene heiße die Fahrebene, und es seien s und p die Abstände des Schwerpunktes und des Angriffspunktes der am Fahrzeug angreifenden Zugkraft von der Fahrebene, die für gewöhnlich wagerecht liegt; s und p seien positiv, wenn die entsprechenden Punkte über der Fahrebene sind. Der Achsenabstand, der sogenannte Radstand, soll im Vergleich mit dem Krümmungshalbmesser der Bahnkurven so klein vorausgesetzt werden, daß wir so rechnen können, als wenn die beiden Radachsen sich im Krümmungsmittelpunkte der Bahnkurve schnitten. Unter dieser Voraussetzung dürfen wir statt der zwei auch drei Radsätze oder sogar zwei Drehgestelle mit je zwei Achsen usw. zulassen.

Der Wagen durchfahre mit der Geschwindigkeit v eine Kreisbahn vom Halbmesser ϱ. Faßt man die Radsätze als Kreisel auf, so vollziehen sie dabei eine reguläre Präzession mit der Präzessionsgeschwindigkeit und Eigendrehgeschwindigkeit

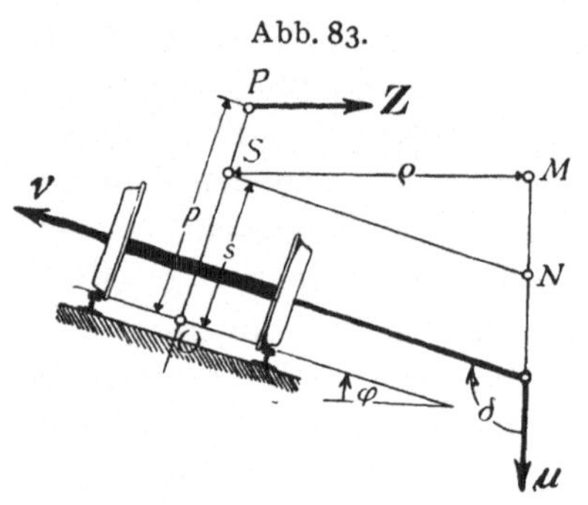

Abb. 83.

$$(3) \qquad \mu = \frac{v}{\varrho}, \quad \nu = \frac{v}{r},$$

und offenbar ist der Öffnungswinkel δ der Präzession größer als 90^0, wenn der Wagen seine natürliche Schräglage einnimmt. Es empfiehlt sich,

$$(4) \qquad \delta = 90^0 + \varphi$$

zu setzen, unter φ den Winkel der Fahrebene mit der Wagerechten verstanden. (Abb. 83 gilt beispielsweise für die Zweischienenbahn mit positiven Werten von s und p.)

Wir wollen alle Momente, soweit nichts anderes bemerkt, beziehen auf den Schnittpunkt O der Hochachse und der Fahrebene und positiv zählen, wenn ihr Drehsinn mit dem Vektor v eine Rechtsschraube bildet.

Alsdann ist das Moment der Schwere

$$(5) \qquad M_0 = mgs \sin \varphi;$$

das Moment der Zugkraft, wenn diese die Komponente Z nach dem Mittelpunkt der Kreisbahn hin besitzt,

$$(6) \qquad M_1 = Zp \cos \varphi.$$

Das Moment der Fliehkraft [Einl. II (1), S. 164]

$$F = m\mu^2\varrho = m\frac{v^2}{\varrho}$$

ist

$$(7) \qquad M_2 = -mv^2\frac{s}{\varrho}\cos\varphi;$$

das Moment der Kreiselwirkung (im engeren Sinn) der Radsätze nach Einl. II (3), sowie wegen (2), (3) und (4)

$$(8) \qquad K_1 = -m'v^2\frac{r}{\varrho}\cos\varphi,$$

und zwar unabhängig vom Bezugspunkte (Einl. II, S. 165). Dazu kommt noch das Schleudermoment des Wagens [Einl. II (2)]

$$(9) \qquad K_2 = mv^2\frac{d^2-e^2}{\varrho^2}\cos\varphi\sin\varphi,$$

ebenfalls unabhängig vom Bezugspunkt. Da wir die Radsätze als schnelle Kreisel ansehen dürfen, so sind wir berechtigt, ein entsprechendes Glied, welches die Schleuderwirkung der Radsätze allein ausdrückt, gegen K_1 zu vernachlässigen (Einl. II, S. 165).

Es möchte aber nützlich sein, zu bemerken, daß das Fliehkraftmoment M_2 hier keineswegs im Schleudermoment K_2 enthalten ist, insofern wir den Bezugspunkt O vom Schwerpunkt verschieden gewählt haben (S. 165).

Drehungen um die Längs-(Fahr-)Achse des Wagens messen wir durch die Winkelgeschwindigkeit $d\varphi/dt$; sie rufen in den Radsätzen ein vom Bezugspunkt unabhängiges Kreiselmoment

$$(10) \qquad K_3 = m'vr\frac{d\varphi}{dt}$$

hervor, welches um die Hochachse in solchem Sinne zu drehen strebt, daß der Vektor $\boldsymbol{v}$ auf kürzestem Wege mit dem Vektor $d\varphi/dt$ zur Deckung gebracht würde.

Von den aufgezählten Momenten sind nun ohne Zweifel der Größe nach zumeist am wichtigsten M_0 und M_2; deren Vorzeichen aber hängt von der Schwerpunktshöhe s ab.

2. Die Zweischienenbahn. Der Fall $s > 0$, dem wir uns zuerst zuwenden, ist verwirklicht in allen stabilen Zweischienenbahnen, aber auch in der labilen, künstlich stabilisierten Einschienenbahn. Die letztere müssen wir einer gesonderten späteren Untersuchung vorbehalten, so daß wir es jetzt nur mit der gewöhnlichen Eisenbahn zu turr haben, die sich ziemlich rasch erledigt.

Das Fliehkraftmoment (7) wird erhöht durch das Kreiselmoment (8) der Radsätze, aber verringert durch das Schleudermoment (9) des Wagens, insofern der Trägheitsarm d um die Querachse größer zu sein pflegt als derjenige e um die Hochachse. Als umkippendes, durch die Erhöhung der äußeren Schiene sowie durch das Schweremoment (5) und namentlich auch durch das Zugkraftmoment (6) ausgeglichenes Moment kommt die Summe

$$(11) \quad M = M_2 + K_1 + K_2 = -\frac{m v^2}{\varrho}\left(s + \frac{m'}{m} r - \frac{d^2 - e^2}{\varrho}\sin\varphi\right)\cos\varphi,$$

und dies bedeutet: Der Angriffspunkt der Fliehkraft wird scheinbar um die Strecke

$$(12) \quad \varDelta s = \frac{m'}{m} r - \frac{d^2 - e^2}{\varrho}\sin\varphi$$

gehoben. Der erste Teil dieser Strecke beträgt praktisch in der Regel nur wenige Hundertstel, der zweite höchstens wenige Zehntausendstel von der Schwerpunktshöhe s; der erste Teil ist überdies unabhängig von der Bahnkrümmung ϱ und vom Überhöhungswinkel φ.

Man hat beispielsweise für einen D-Zugwagen von 44 000 kg Gewicht bei einem axialen Gesämtträgheitsmoment $A = 4 . 11{,}84$ mkgsek^2 der vier Radsätze von je 927 kg Gewicht und $r = 0{,}485$ m Halbmesser

$$m = 4480 \text{ kgsek}^2\text{m}^{-1}, \qquad m' = 202 \text{ kgsek}^2\text{m}^{-1},$$

und schätzt

$$d = 5{,}0 \text{ m}, \qquad e = 4{,}5 \text{ m}.$$

Dies gibt für eine Kurve, die in voller Geschwindigkeit durchfahrbar einen Krümmungshalbmesser von mindestens $\varrho = 1000$ m mit einer vorgeschriebenen Überhöhung der äußeren Schiene von 55 mm bei 1435 mm Spurweite haben muß,

$$\varDelta s = 21{,}8 - 0{,}2 = 21{,}6 \text{ mm},$$

was gegenüber einer Schwerpunktshöhe von mindestens 1000 mm allerdings kaum in Betracht kommt.

Die scheinbare Hebung $\varDelta s$ des Schwerpunktes ist wesentlich größer bei Dampflokomotiven und bei elektrischen Lokomotiven, wenn deren Motore sich im gleichen Sinne wie die Laufräder drehen; sie kann zu Gefahren aber auf keinen Fall Veranlassung geben.

Wesentlich bedeutsamer ist das Kreiselmoment K_3, welches bei jeder Drehung des Wagens um die Längsachse geweckt wird. Mit einer solchen Drehung ist insbesondere jedesmal das Einfahren in und das Ausfahren aus einer Kurve mit überhöhter Außenschiene verbunden. Das Moment K_3 dreht um die Hochachse, und zwar derart, daß es den Wagen zu Beginn der Kurvenfahrt in die Kurve, am Schluß wieder in die gerade Bahn einzustellen strebt. Soweit es nicht zu groß wird, ist dieses Moment also durchaus willkommen.

Man vergleicht die beiden Kreiselmomente K_1 und K_3 leicht miteinander, indem man bei einer Überhöhungsrampe von der Länge l statt $d\varphi/dt$ im Mittel $\imath\,\varphi/l$ setzt:

$$(13) \qquad K_3 = m'\,v^2\,\varphi\,\frac{r}{l}$$

und dann den Quotienten bildet

$$\left|\frac{K_3}{K_1}\right| = \frac{\varphi}{\cos\varphi}\,\frac{\varrho}{l},$$

wonach beide Momente von gleicher Größenordnung bleiben, wie groß auch die Fahrgeschwindigkeit sein mag.

Man hat bei der vorigen Kurve mit $\varphi = 55/1435$ und einer vorgeschriebenen Rampe von $l = 60$ m

$$\left|\frac{K_3}{K_1}\right| = 0{,}65.$$

Es darf allerdings nicht verschwiegen bleiben, daß die günstige Wirkung des Momentes K_3 mit dem Überschreiten einer glücklicherweise sehr hohen Fahrgeschwindigkeit wegen des quadratischen Faktors v^2 in (13) sich rasch in ihr Gegenteil verkehrt, und dann ist das Moment als Stoß zu fühlen, der den Wagen beim Einfahren in die Kurve zu stark nach dem Krümmungsmittelpunkt hin, beim Ausfahren zu stark von ihm weg zu drehen sucht. Diese Stöße sind bei Wagen ohne Drehgestelle, wo ihnen das große Trägheitsmoment E entgegensteht, viel ungefährlicher als bei Radsätzen, die in Drehgestellen gefaßt sind. Im Hinblick auf den Spielraum, den die Räder zwischen den Schienen haben, kann das viel geringere Trägheitsmoment der Drehgestelle nicht verhindern, daß diese dann stark ecken. In der Tat soll sich diese Erscheinung bei elektrischen Schnellbahnen bemerklich gemacht haben und sofort verschwunden sein, nachdem die Überhöhungsrampe verlängert worden war.

Schließlich ist noch zu erwähnen, daß Kreiselmomente K_1 nicht nur in Kurven, sondern auch durch Unregelmäßigkeiten in der Geradführung der Schienen erzeugt werden, Kreiselmomente K_3 nicht nur durch natürliche Überhöhungsrampen, sondern auch durch Gleisbuckel und unrunde Räder. Die ersten bringen den Wagen zum Wanken, die zweiten zum Schlingern, wobei der Federung zwischen Wagen und Radsatz eine wesentliche, rechnerisch aber schwer zu fassende Bedeutung zukommt. Man macht sich leicht klar, daß so jede Ungeradheit des Gleises bald einen Buckel, jeder Buckel bald eine Ungeradheit zur Folge haben muß: diese Kreiselmomente arbeiten, worauf F. Klein und A. Sommerfeld hingewiesen haben, systematisch auf eine Verschlechterung der Schienen hin; sie dürften auch bei der so lästigen Riffelbildung auf den Schienen eine wesentliche Rolle spielen.

3. Die Hängebahn. Wir wenden uns sodann zu dem Fall $s < 0$, der, mit einer Schiene, in den Hängebahnen verwirklicht ist, deren bekannteste die nach dem System Langen gebaute zwischen Elberfeld und Barmen darstellt. Es handelt sich hier um Fahrzeuge, die nach Art der Abb. 84 vermittelst zweier Drehgestellrahmen d, die je

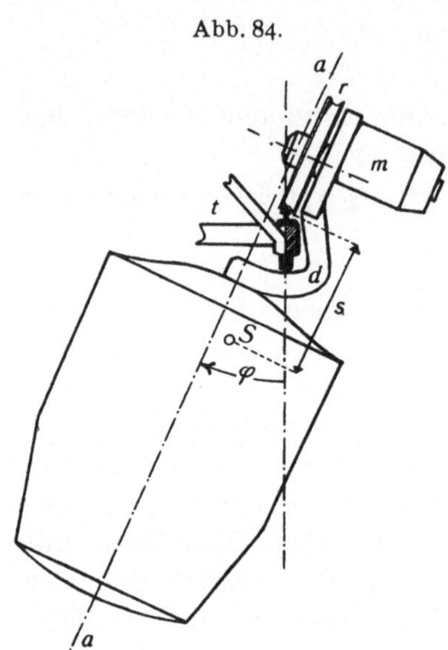

Abb. 84.

zwei Räder r tragen, an einer vom Träger t gehaltenen Schiene hängen. Jedes Drehgestell wird durch einen eigenen Elektromotor m angetrieben, so daß eine nennenswerte Zugkraft zwischen den Wagen für gewöhnlich nicht auftritt. Diesen Bahnen wird nachgerühmt, daß sie selbst enge Kurven mit hoher Geschwindigkeit ruhig und gefahrlos durchlaufen, insofern sich die Hochachse $a\,a$ des Wagens von selbst so schräg legt, daß die Momente der Fliehkraft, der Schleuderwirkung und der Schwere sich ausgleichen.

Es ist zunächst klar, daß die Kreiselwirkung der Radsätze einschließlich der Schleuderwirkung des Wagens den Angriffspunkt S der Fliehkraft jetzt ebenfalls scheinbar um die Strecke $\varDelta s$ (12) hebt. Dies hat zur Folge, daß die Schräglage φ, welche das Fliehkraftmoment zum Ausgleich des Schweremoments dem Wagen erteilt, etwas verringert wird. Diese Schräglage berechnet sich ohne Kreiselwirkung aus

$$M_0 + M_2 = 0$$

zu

$$(14) \qquad \operatorname{tg} \varphi_0 = \frac{v^2}{g\varrho},$$

mit Kreiselwirkung aus

$$M_0 + M = 0$$

[vgl. (11)] zu

$$(15) \qquad \operatorname{tg} \varphi_1 = \frac{v^2}{g\varrho}\left(1 + \frac{\varDelta s}{s}\right),$$

worin s negativ ist, und wobei in dem vom Schleudermoment herrührenden kleinen zweiten Glied von $\varDelta s$ unbedenklich für φ der Wert φ_0 eingesetzt werden darf.

Zu den Radsätzen sind die Motoren hinzuzurechnen, und zwar geschieht dies am einfachsten, indem man deren Schwünge den Schwüngen der Radsätze positiv oder negativ hinzufügt, je nachdem die Motoren im gleichen oder entgegengesetzten Sinne wie die Räder umlaufen. Ist $1:n$ das Übersetzungsverhältnis zwischen Rad und Motor, so wird man also das n-fache axiale Trägheitsmoment der Rotoren der Motoren zu A positiv oder negativ hinzuzuzählen haben. Auf diese Weise kann sich die Kreiselwirkung nach außen hin ganz aufheben; sie bleibt dann freilich als Spannung zwischen Rad und Motor zu berücksichtigen.

Es sei, ungefähr den Verhältnissen der Elberfeld-Barmener Bahn entsprechend,

$$G = 15\,000 \text{ kg}, \qquad v = 36 \text{ km/Std} = 10 \text{ m/sek},$$
$$r = 0{,}45 \text{ m}, \qquad s = -1 \text{ m}.$$

Der kleinste Krümmungshalbmesser ist $\varrho = 30$ m. Das axiale Trägheitsmoment eines Rades von 500 kg Gewicht mag 7,5 mkgsek^2 betragen, so daß man für die vier Räder des Wagens, die auf zwei Drehgestellen von 8 m Drehzapfenabstand verteilt sind, die umgerechnete Masse

$$m' = 148 \text{ kgsek}^2\text{m}^{-1}$$

hat. Man findet aus (14) und (15) ohne und mit Kreiselwirkung je eine Schräglage

$$\varphi_0 = 18{,}8^0, \qquad \varphi_1 = 18{,}0^0.$$

Berücksichtigt man die Motoren, deren jedes Drehgestell einen besitzt, so findet man bei der Übersetzung 1 : 4 und einem Trägheitsmoment des Rotors von 1,875 mkgsek^2 statt φ_1 die Werte

$$\varphi_1' = 17{,}7^0, \qquad \varphi_1'' = 18{,}3^0,$$

je nachdem der Rotor mit den Rädern gleichlaufend ist oder nicht. Das Schleudermoment durfte hierbei ohne Bedenken vernachlässigt werden.

Das Kreiselmoment K_3 hat bei der Hängebahn die gleichen Wirkungen wie bei der zweischienigen Eisenbahn.

4. Die Schwebebahn. Wenn mit $s = 0$ der Schwerpunkt des Wagens auf die Schiene gerückt ist, so möchten wir nicht mehr von einer Hänge-, sondern von einer Schwebebahn sprechen. Diesen Fall hat man oft zu verwirklichen versucht; es erhoben sich aber stets Schwierigkeiten, deren tiefere dynamische Gründe meistens nicht richtig erkannt worden sind. Wir wollen sie jetzt klarlegen.

Man begegnet vielfach der irrtümlichen Meinung, daß ein im Schwerpunkt gestützter Körper, und so auch der Wagen der einschienigen Schwebebahn, unter allen Umständen im indifferenten Gleichgewicht sei, da auch in Bahnkrümmungen die Fliehkraft durch den Schwerpunkt geht, also durch den Gegendruck der Schiene aufgehoben wird. Der Wagen könnte dann durch eine Führungsschiene, ohne daß diese nennenswert beansprucht würde, in der gewünschten aufrechten Stellung gehalten werden. Diese Meinung bedarf einer doppelten Berichtigung.

Erstens sucht das noch nicht berücksichtigte Kreiselmoment K_1 (8) den Wagen in der Kurve stets nach außen umzuwerfen; dieses Moment, das zudem mit dem Quadrat der Fahrgeschwindigkeit wächst, muß also durch den Druck seitlicher Führungsschienen aufgehoben werden und dieser kann recht beträchtlich sein.

Es möge beispielsweise, entsprechend einer nach den Plänen von F. B. Behr 1897 in Tervueren bei Brüssel gebauten Versuchsstrecke, für einen Einschienenwagen mit acht Rädern von je 750 kg Gewicht und einem axialen Trägheitsmoment von je 22,5 mkgsek² sowie $r = 0{,}68$ m Laufkreishalbmesser

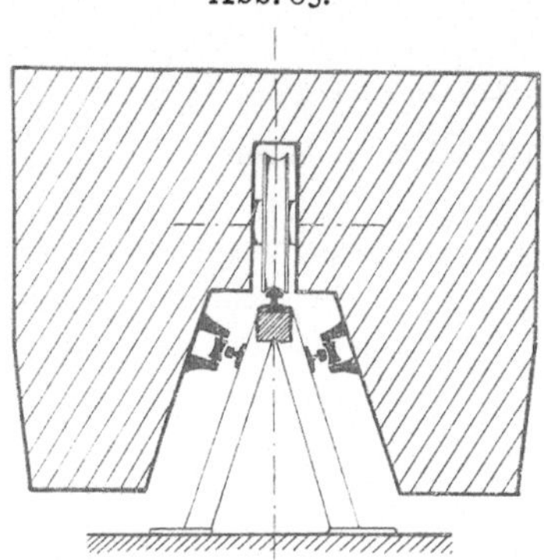

Abb. 85.

$$v = 136 \text{ km/Std} = 38 \text{ m/sek},$$

$$\varrho = 495 \text{ m}$$

sein, so findet man das Kreiselmoment

$$K_1 = 775 \text{ mkg}.$$

Dieses Moment mußte von zwei Führungsschienen (Abb. 85) aufgenommen werden, die 0,70 m vom Kopf der Hauptschiene abstanden, so daß also ein Druck von 1100 kg erzeugt wurde, der auf 8 bis 16 kleine Führungsräder zu verteilen war.

Zweitens aber könnte der Wagen, auch wenn die Kreiselwirkung der Räder durch die entgegengesetzt umlaufenden Motoren aufgehoben würde, wegen seines eigenen Schleudermoments K_2 (9) im allgemeinen doch nicht im stabilen Gleichgewicht sein. Dieses Moment verschwindet zwar für $\varphi = 0$ beim aufrechten Wagen; es erscheint aber bei der geringsten Auslenkung wieder, wie sie ohne Führungsschienen sicherlich einmal vorkommen könnte, und sucht dann diese Auslenkung zu vergrößern oder zu verkleinern, je nachdem $d^2 \gtrless e^2$, d. h. je nachdem das Trägheitsmoment D um die Querachse oder dasjenige E um die Hochachse das größere ist. Der Wagen ist mithin nur dann als stabil anzusehen, falls für ihn $D < E$ wird; dies setzt eine sehr breite Bauart voraus, wie es die ausgeführten Wagen denn in der Tat zeigen. Es muß indessen bei der stabilen Anordnung als recht unbequem für die Fahrgäste bezeichnet werden, daß sich der Wagen in den Kurven nicht schräg legt. Erzwingt man die Schräglage aber durch eine Führungsschiene, so geht der Vorteil der Bahn als einer einschienigen wieder verloren.

Bei den wirklich ausgeführten Wagen hat man es schließlich vorgezogen, den Schwerpunkt entgegen den ursprünglichen Absichten ein klein wenig unter die Oberkante der Tragschiene zu legen; man ist so zur Hängebahn zurückgekehrt, ohne jedoch deren Vorzüge hinreichend auszunutzen.

Setzen wir nämlich voraus, daß die Kreiselwirkung durch die Motoren vernichtet sei, so haben wir es mit einem Körper zu tun, der sehr nahe über dem Schwerpunkt gestützt im Kreise herumgeführt wird. Das Verhalten eines solchen Körpers wird in den Schriften häufig falsch dargestellt, insofern lediglich die Momente der Schwere und der Fliehkraft beachtet werden, die zu einer Schräglage φ_0 (14) Veranlassung geben, welche unabhängig von s sein soll. Dies ist nur für solche Körper richtig, deren Trägheitsmomente D und E gleich groß sind, für Körper also, die in der Richtung einer (dynamischen) Symmetrieachse bewegt werden. Man überzeugt sich davon auch schon durch einen höchst einfachen Versuch (Abb. 86): ein nahezu in seinem Schwerpunkt drehbar gefaßter und im Kreise herumgeführter Stab legt sich augenblicklich nahezu wagerecht, während er, weit über dem Schwerpunkt gefaßt, bei derselben Drehgeschwindigkeit nur wenig ausschlägt.

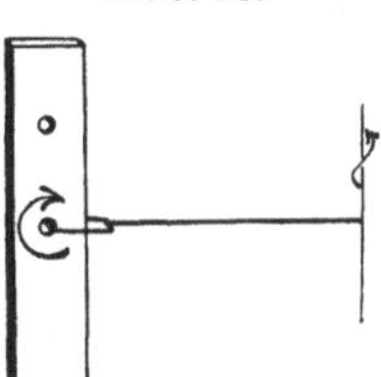

Abb. 86.

Die richtige Erklärung wird natürlich von der Schleuderwirkung sofort gegeben. Schreibt man (15) ausführlich an, indem man den Wert (12) von $\varDelta s$ einsetzt, jedoch von der Kreiselwirkung absehend $m' = 0$ nimmt, so kommt für den richtigen Winkel φ der Gleichgewichtslage

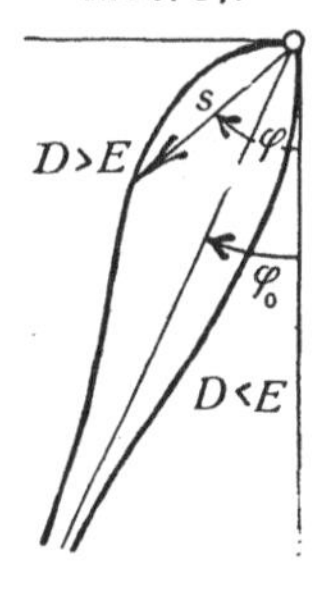

Abb. 87.

$$(16) \qquad \operatorname{tg} \varphi = \frac{v^2}{g\varrho}\left(1 - \frac{d^2 - e^2}{\varrho s}\sin\varphi\right),$$

was allerdings für große Absolutwerte von s merklich in (14) übergeht. Man sieht aber zugleich, daß das zweite Glied der rechtsseitigen Klammer in (15) um so mehr an Wichtigkeit zunimmt, je näher s an Null heranrückt.

Trägt man φ als Funktion der s-Werte in Polarkoordinaten (s, φ) auf, so erhält man eine Kurve (Abb. 87), die verschieden aussieht, je nachdem $D \gtreqless E$ ist, und nur für $D = E$ in die Gerade $\varphi = \varphi_0$ übergeht. Es zeigt sich also, daß zwar für große Absolutwerte von s die übliche Annäherung $\varphi = \varphi_0$ statthaft ist (wir durften in der Tat bei der Hängebahn das Schleudermoment unbeachtet lassen), daß aber für kleine Absolutwerte von s der Ausschlag φ sich an 0^0 oder 90^0 annähert, je nachdem $D \lesseqgtr E$ ist. Ein hoch gebauter Wagen würde sich also in der Kurve unnatürlich schräg legen, ein breit gebauter würde in der Kurve unnatürlich steif stehen bleiben, wenn der Schwerpunkt nur um ein weniges unter der Oberkante der Tragschiene liegt.

5. Das Zweirad. Im Gegensatz zu den Eisenbahnen, wo die Kreiselmomente eigentlich in keinem Falle als wirklich nützlich anzusprechen waren, wird man vermuten, daß bei der Stabilisierung des Zweirades wesentlich die Kreiselwirkungen beteiligt sind. Es steht zu erörtern, in welchem Umfange diese Vermutung berechtigt ist. Wir haben dabei, die Wahl, diese Erörterung entweder durch Zurückgreifen auf die dynamischen Grundgleichungen ausführlich analytisch durchzuführen (wie dies F. J. W. Whipple und E. Carvallo getan haben), oder die wichtigsten Ergebnisse unter Verzicht auf formelmäßige Darstellung in anschaulicher Weise zu gewinnen. Wir geben dem zweiten Wege hier bei weitem den Vorzug, weil er sehr viel rascher zu dem allerdings etwas bescheideneren Ziele führt, und weil

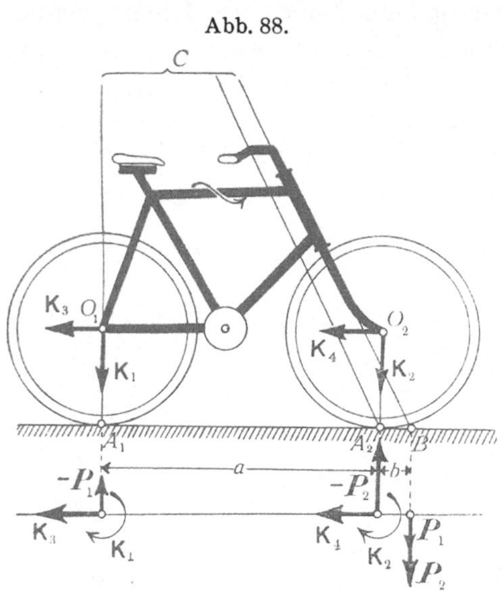

Abb. 88.

uns die Rechnung überdies nur Aufschluß geben könnte über die Bewegung des Zweirades ohne Fahrer oder mit vollkommen ruhig und starr sitzendem Fahrer, während doch ohne jeden Zweifel dessen mehr oder weniger unbewußte Mithilfe (durch Schwerpunktsverlagerung und Drehen der Lenkstange) die Stabilisation vervollständigt und den Charakter der Fahrt tatsächlich überhaupt erst bestimmt. Was die Rechnung ergäbe, nämlich das Verhalten des sich selbst überlassenen Rades auf wagerechter Ebene, gerade das ist uns praktisch ganz gleichgültig (womit wir natürlich jenen Entwickelungen ihren Wert keineswegs absprechen wollen).

Das Zweirad in der heute gebräuchlichen Form besteht aus zwei Teilen, dem Radgestänge mit Tretkurbel und Hinterrad, und der Lenkstange mit dem Vorderrad (Abb. 88). Für die moderne Bauart ist wesentlich die Tatsache, daß die Lenkstangenachse, geometrisch verlängert, unter dem Mittelpunkt O_2 des Vorderrades vorbeigeht und vor dessen tiefstem Punkt A_2 den Boden in B trifft. Dies hat zweierlei Folgen.

Erstens fängt bei einer beginnenden Querneigung des ganzen Zweirades die in O_2 angreifende Schwere des Vorderrades offenbar alsbald an, dieses Rad um die Lenkstangenachse in solchem Sinne zu drehen, daß das Zweirad eine Kurve nach der richtigen Seite beschreibt. Dabei wird dann ein Fliehkraftmoment geweckt, welches das weitere Umfallen aufzuhalten strebt; oder anders ausgedrückt, es kommt so günstigstenfalls ganz von selbst ein Fahrtcharakter zustande, welchem die vorhandene Querneigung als natürliche Radstellung angemessen ist. In Wirklichkeit greift freilich der geschickte Fahrer sofort ein, die Unterstützung seitens des Vorderrades deutlich als angenehm empfindend (wofern er genau zu beobachten versteht).

Zweitens weckt eine beginnende Querneigung Kreiselwirkungen, und zwar sowohl im Hinter- wie im Vorderrad. Das Kreiselmoment K_1 des Hinterrades sucht das ganze Gestell in die natürliche Kurve zu drehen und zeigt sich nach außen in einem Kräftepaar, dessen eine Kraft $- P_1$ vom untersten Punkt A_1 des Hinterrades auf die (rauh zu denkende) Fahrbahn ausgeübt wird, während die andere, P_1, an der Lenkstangenachse angreift, und zwar in deren tiefstem Punkt B. Wenigstens äußert sich die Wirkung des Hinterrades durch Vermittelung des Gestänges auf das Vorderrad so wie eine Kraft P_1 in jenem mit der Lenkstange verbunden zu denkenden Angriffspunkt B. Ist C der Schnittpunkt der Lenkstangenachse und der Verbindungsgeraden des Punktes A_1 mit dem Mittelpunkt O_1 des Hinterrades, und zieht man noch die Gerade $A_2 C$, so leuchtet unmittelbar ein, daß das Vorderrad unter der Wirkung der Kraft P_1 sich im ersten Augenblick gerade um die Achse $A_2 C$ zu drehen beginnt, und zwar, da B vor A_2 liegt, im richtigen, das Umfallen auffangenden Sinne.

Das Kreiselmoment K_2 des Vorderrades, ebenfalls lotrecht gerichtet und bei gleichen Abmessungen der beiden Räder so groß wie K_1, kann als unabhängiges Moment (S. 165) ersetzt werden durch ein Kräftepaar P_2, $- P_2$, wo P_2 in B und $- P_2$ in A_2 angreift. Das Moment K_2 hat demnach die gleiche nützliche Wirkung wie das Moment K_1. Man darf als Maß für diese Wirkung die Kräfte P_1 und P_2 ansehen. Mit dem Radstand $A_1 A_2 = a$ und $A_2 B = b$ wird aber nach Einl. I. (16), S. 11,

$$K_1 = P_1 (a + b), \qquad K_2 = P_2 b$$

und also wegen $K_1 = K_2$

$$\frac{P_2}{P_1} = 1 + \frac{a}{b}.$$

Die rechte Seite hat praktisch etwa den Wert 10 bis 12, und ebenso vielfach ist mithin die Kreiselwirkung des Vorderrades stärker als die des Hinterrades.

Indem sich nun das Zweirad in die Kurve legt, sei es infolge der Momente K_1 und K_2 oder infolge des Eingreifens des Fahrers, werden weitere Kreiselmomente K_3 und K_4 im Hinter- und Vorderrade erzeugt, welche beide gleiche Richtung und die nahezu gleichen Beträge

$$K_3 = \Theta \omega \cos \varphi_1, \quad K_4 = \Theta \omega \cos \varphi_2$$

haben, wo ω die Wendegeschwindigkeit des Zweirades, φ_1 und φ_2 aber die nur wenig verschiedenen Neigungen der Ebenen des Hinter- und Vorderrades mit den Schwüngen Θ messen soll. Die Momente K_3 und K_4 unterstützen das Fliehkraftmoment, bleiben jedoch gegenüber diesem, wie eine zahlenmäßige Abschätzung zeigt, immer geringfügig.

Wir stellen zusammenfassend fest, daß die Kreiselwirkungen, und zwar zufolge der Form der Lenkstange namentlich diejenige des Vorderrades, dem Fahrer bei der Stabilisierung seines Zweirades in erwünschter Weise helfen, daß dabei aber weniger die aufrichtende Wirkung der Kreiselmomente als vielmehr ihr Einfluß auf die zweckmäßige Führung der Lenkstange in Betracht kommt.

Die stabilisierende Tätigkeit des Fahrers besteht neben Schwerpunktsverschiebungen darin, die richtigen Fliehkraftmomente zu wecken; die Kreiselmomente unterstützen ihn darin; man mag ihnen sogar so viel Bedeutung zuerkennen, daß sie ihm in unwachsamen Augenblicken damit zuvorkommen. Aber im ganzen wird man sie doch nur als eine glücklicherweise recht vorteilhafte Nebenerscheinung bewerten dürfen, welche vom Erbauer um so weniger beabsichtigt sein kann, als dieser doch aus Gründen der Gewichtsersparnis den Rädern möglichst geringe träge Massen und also auch kleine Trägheitsmomente zu geben sucht. Bei Motorrädern, welche ein im Sinne der Laufräder drehendes Schwungrad besitzen, dürften sich die Kreiselbewegungen schon eher bemerklich machen.

6. Kreiselmomente auf Schiffen. In großen Schiffen sind Radsätze mannigfacher Art untergebracht: Antriebsmaschinen, Schrauben, Schraubenwellen, Ventilatoren, Dynamos, Schaufelräder bei Raddampfern usw. Die Achsen dieser Radsätze können längsschiffs, querschiffs oder lotrecht liegen, und so rufen die Schiffsbewegungen in ihnen die verschiedenartigsten Kreiselwirkungen hervor. Man beschreibt die Schiffsbewegungen am einfachsten an Hand eines Kreuzes rechtwinkliger Achsen, die etwa durch den Schiffsschwerpunkt gelegt als Längsachse, Querachse und Hochachse bezeichnet sein mögen. Abgesehen von der Schwerpunktsbewegung des Schiffes, die uns hier gleichgültig sein kann, treten Drehungen um diese drei Achsen auf, die man der Reihe nach Rollen, Stampfen und Gieren heißt. Wir legen die positive Richtung der drei Achsen nach vorn, nach rechts und nach unten, messen die drei Drehungen um diese Achse durch die Winkel φ, χ und ψ und zählen diese Winkel positiv, wenn sie zusammen mit der positiven Richtung ihrer Achse eine Rechtsschraube bilden. Die Schwünge von Radsätzen, deren Achsen parallel zu den drei Schiffsachsen weisen, bezeichnen wir der Reihe nach mit Θ_φ, Θ_χ und Θ_ψ und zählen natürlich auch diese im selben Sinne positiv wie die Winkel φ, χ und ψ. Betrachten wir nur solche Radsätze, die als schnelle Kreisel gelten können, so dürfen wir ihre Schleuderwirkungen außer acht lassen und erhalten Kreiselmomente, die wir je nach ihrer Drehachse mit K_φ, K_χ und K_ψ bezeichnen. Größe und Drehsinn dieser Momente ist in der folgenden Tafel zusammengestellt, von deren Richtigkeit man sich leicht überzeugt:

Radsatzachse	Rollen	Stampfen	Gieren
längsschiffs	—	$K_\psi = + \Theta_\varphi \dfrac{d\chi}{dt}$	$K_\chi = - \Theta_\varphi \dfrac{d\psi}{dt}$
querschiffs	$K_\psi = - \Theta_\chi \dfrac{d\varphi}{dt}$	—	$K_\varphi = + \Theta_\chi \dfrac{d\psi}{dt}$
lotrecht	$K_\chi = + \Theta_\psi \dfrac{d\varphi}{dt}$	$K_\varphi = - \Theta_\psi \dfrac{d\chi}{dt}$	—

Insofern die Roll-, Stampf- und Gierbewegungen des Schiffes periodisch verlaufen, äußern sich auch die geweckten Kreiselmomente in einer periodischen Beanspruchung der Lager und Wellen der Radsätze. Die Gefährlichkeit dieser für gewöhnlich meist nicht sehr bedeutenden Trägheitskräfte besteht also darin, daß sie bei plötzlichen, stoßweise eintretenden Schiffsschwankungen für einen Augenblick groß genug werden können, um, namentlich bei rasch laufenden Turbinen, wie sie auf Torpedobooten und auch sonst vorhanden sind, Achsen- und Lagerbrüche zu verursachen; man hat so den rätselhaften Untergang der beiden ersten Hochseetorpedoboote „Viper“ und „Cobra“ erklären wollen, welche mit Parsons-Turbinen ausgestattet waren. Bei querschiffs liegenden Turboaggregaten, wie sie zu Beleuchtungszwecken usw. oft verwendet werden, wird die Kreiselwirkung infolge der hohen Drehzahlen gelegentlich so groß, daß man zu Längsschiffslagerung übergehen muß, in der Erwartung, daß die Stampf- und Gierbewegungen in der Regel viel weniger heftig verlaufen als die Rollungen.

Übrigens begegnet man derlei Kreiselwirkungen auch sonst oft genug auf Fahrzeugen. Es sei nur an die längsseits liegenden Triebachsen der Automobile erinnert, deren Kreiselmomente namentlich bei

Stampfbewegungen infolge von Unebenheiten der Straße zu Achsen-
brüchen führen können.

Es möge sich beispielsweise um einen Turbinendampfer handeln,
welcher Stampfbewegungen von der Amplitude χ_0 und der Schwingungsdauer T_χ macht, so daß man in erster Annäherung

$$\chi = \chi_0 \sin \frac{2\pi t}{T_\chi}$$

setzen darf, woraus als Höchstwert der Präzessionsgeschwindigkeit

$$\left.\frac{d\chi}{dt}\right)_{\chi=0} = \frac{2\pi\chi_0}{T_\chi}$$

folgt. Ist A das axiale Trägheitsmoment des Rotors der längsschiffs
gelagerten Turbine, bei einem Lagerabstand $2\,l$, dem Rotorgewicht G
und n Umdrehungen in der Minute, so wird der Höchstwert des
Kreiselmomentes

$$(17) \qquad\qquad K_\psi = \frac{\pi^2}{15} \frac{A\,n\,\chi_0}{T_\chi};$$

und daraus folgt der Höchstwert des davon herrührenden abwechslungs-
weise nach links und rechts gerichteten Lagerdruckes

$$(18) \qquad\qquad P_\chi = \frac{\pi^2}{15} \frac{A\,n\,\chi_0}{l\,T_\chi}.$$

Ebenso kommt für Gierschwingungen von der Amplitude ψ_0 und der
Dauer T_ψ

$$(19) \qquad\qquad K_\chi = \frac{\pi^2}{15} \frac{A\,n\,\psi_0}{T_\psi}, \qquad P_\psi = \frac{\pi^2}{15} \frac{A\,n\,\psi_0}{l\,T_\psi},$$

und für Steuerbewegungen von solcher Geschwindigkeit, daß eine
volle Wendung die Zeit T_0 erfordern würde,

$$(20) \qquad\qquad K_\chi = \frac{\pi^2}{15} \frac{A\,n}{T_0}, \qquad P_\psi = \frac{\pi^2}{15} \frac{A\,n}{l\,T_0}.$$

Für eine 4000pferdige Turbine vom Trägheitsarm $k = 0{,}9$ m sei

$$G = 2600 \text{ kg}, \qquad l = 1{,}85 \text{ m}, \qquad n = 800 \text{ Uml./min},$$
$$\chi_0 = 6^0 = 0{,}1, \qquad T_\chi = 6 \text{ sek} \quad \text{bzw.} \quad T_0 = 60 \text{ sek}.$$

Man findet mit $A = k^2 G/g$ in beiden Fällen

$$P_\chi = P_\psi = \text{rund } 1000 \text{ kg},$$

was fast den gewöhnlichen Lagerdruck von durchschnittlich 1300 kg erreicht. Rechnet
man die Schraubenwellen und die Schrauben hinzu, so vergrößert sich die Kreiselwirkung noch erheblich.

Für querschiffs liegende Maschinen kommt bei Rollschwingungen von der Amplitude φ_0 und der Schwingungsdauer T_φ als Höchstwert

$$(21) \qquad K_\psi = \frac{\pi^2}{15} \frac{A n \varphi_0}{T_\varphi}, \qquad P_\varphi = \frac{\pi^2}{15} \frac{A n \varphi_0}{l \, T_\varphi},$$

bei Gierschwingungen mit den entsprechenden Werten ψ_0 und T_ψ

$$(22) \qquad K_\varphi = \frac{\pi^2}{15} \frac{A n \psi_0}{T_\psi}, \qquad P_\psi = \frac{\pi^2}{15} \frac{A n \psi_0}{l \, T_\psi},$$

und bei Steuerbewegungen

$$(23) \qquad K_\varphi = \frac{\pi^2}{15} \frac{A n}{T_0}, \qquad P_\psi = \frac{\pi^2}{15} \frac{A n}{l T_0}.$$

Es sei beispielsweise das axiale Trägheitsmoment der Schaufelräder eines Raddampfers $A = 41\,300$ mkgsek^2 (entsprechend einem Gesamtgewicht von $60\,000$ kg bei einem Trägheitsarm von 2,60 m), so findet man bei $n = 55$ Umläufen in der Minute für eine in $T_0 = 60$ sek ausgeführte Vollwendung

$$K_\varphi = 25\,000 \text{ mkg},$$

wodurch je nach der Bauart des Schiffes eine Rollung von mehreren Graden Amplitude ausgelöst werden kann. Derselbe Radsatz gibt bei Rollschwingungen von $\varphi_0 = 15^0$ Amplitude und einer Dauer $T_\varphi = 4$ sek ein Kreiselmoment von sogar

$$K_\psi = 98\,000 \text{ mkg},$$

eine für schweren Seegang gefährlich hohe Zahl.

Die Kreiselwirkungen beeinträchtigen die Steuerfähigkeit eines Raddampfers besonders deswegen in so außerordentlich unangenehmer Weise, weil offenbar eine Steuerbewegung nach Backbord ein Rollmoment nach Steuerbord und umgekehrt erzeugt; diese Momente aber arbeiten der natürlichen Schräglage des Schiffes gerade entgegen.

Überhaupt wird man bemerkt haben, daß die Kreiselmomente eine Verkoppelung zwischen den einzelnen Roll-, Stampf- und Gierbewegungen des Schiffes herstellen. Welcher Art diese Verkoppelung ist und welche Wirkungen sie im einzelnen hat, das könnte nur durch eine eingehende dynamische Untersuchung zutage gefördert werden. Wir verzichten hier zwar auf eine solche Untersuchung, weisen aber darauf hin, daß sie ganz nach dem Muster der Rechnungen zu gestalten wäre, die wir nun gleich für die entsprechenden Wirkungen bei Flugzeugen durchzuführen uns anschicken.

§ 16. Flugzeuge.

1. **Die aerodynamischen Grundlagen.** Jedes Flugzeug führt in seiner Triebschraube einen kräftigen Kreisel mit, dessen Schwung infolge der hohen Umdrehungszahlen sehr bedeutend ist und namentlich bei Umlaufmotoren, deren Schwung dann noch hinzugerechnet werden muß, zu Kreiselwirkungen Veranlassung gibt, welche die Flugzeug-

wendungen ernstlich beeinflussen können. Besitzt das Flugzeug zwei oder überhaupt eine gerade Anzahl von paarweise gegenläufigen Schrauben, so äußern sich die Kreiselmomente allerdings im wesentlichen nur in inneren Spannungen des Flugzeuges. In allen anderen Fällen, wo die Summe der Schwünge nicht Null ist, wirkt das von den Schwenkungen des Flugzeuges geweckte Kreiselmoment auf diese Schwenkungen zurück. Die Regel vom gleichstimmigen Parallelismus gibt zwar den Drehsinn dieser Kreiselwirkungen ohne weiteres an,

Abb. 89.

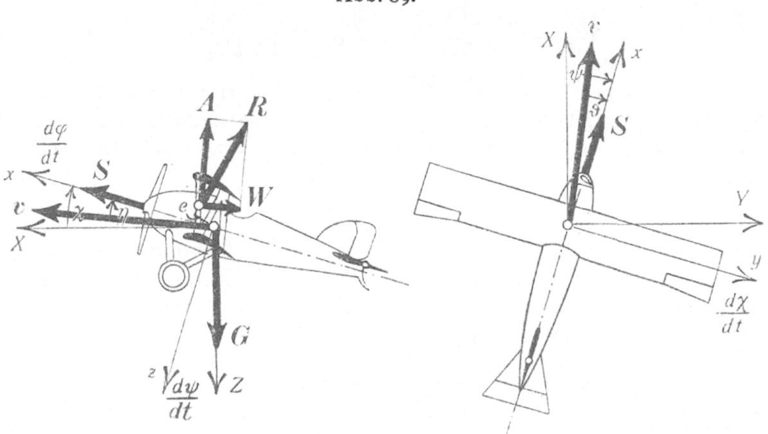

ihre Stärke kann aber zuverlässig nur auf Grund sorgfältiger dynamischer Untersuchungen ermittelt werden, die sich auch deswegen nicht umgehen lassen, weil die Mannigfaltigkeit dieser Wirkungen, wie sich herausstellt, erheblich größer ist, als elementare Überlegungen ahnen lassen.

Wir sind gezwungen, die Stabilitätstheorie des Flugzeuges in ihrem ganzen Umfange aufzurollen, wollen aber versuchen, diese verwickelte Aufgabe durch übersichtliche Gliederung der Lösung so einfach wie möglich zu gestalten. Die Mühe wird sich lohnen, weil uns die hier benutzten Ansätze auch später dienlich sein werden, wenn wir die künstliche Stabilisierung der Flugzeuge durch Kreisel behandeln.

Wir beziehen die Lage des Flugzeuges auf ein im Raume festes rechtwinkliges Achsenkreuz XYZ; die X-Achse liege in der ursprünglichen Flugrichtung, die Y-Achse weise wagerecht nach rechts, die Z-Achse lotrecht abwärts. Da es uns nur auf die Richtungen dieser Achsen ankommt, so bezeichnen wir ebenso auch die dazu parallelen Achsen durch den Schwerpunkt des Flugzeuges (Abb. 89). Weiter brauchen wir ein im Flugzeug festes, ebenfalls rechtwinkliges Achsenkreuz xyz; dieses möge übereinstimmen mit den Hauptträgheitsachsen des Flugzeuges durch den Schwerpunkt, und wir dürfen annehmen, daß diese Achsen beim normalen Geradflug wagerecht nach vorn, wagerecht nach der Seite und lotrecht weisen, also übereinstimmen mit der Längs-, Quer- und Hochachse des Flugzeuges. Wir rechnen x positiv nach vorn, y positiv nach rechts und z positiv abwärts. Die Drehungen um die Längs-, Quer- und Hochachse messen wir, wie beim Schiffe, durch die Winkel φ, χ und ψ, und nennen solche Drehungen der Reihe nach Rollen, Kippen und Wenden.

Da wir weiterhin die Methode der kleinen Schwingungen (S. 135) verwenden wollen, so werden wir voraussetzen, daß die Winkel φ und χ sowie die Drehgeschwindigkeiten $d\varphi/dt$, $d\chi/dt$ und $d\psi/dt$ kleine Größen sind, so daß wir also insbesondere die Produkte der Drehgeschwindigkeiten untereinander als klein von höherer Ordnung behandeln, die Kosinusfunktionen der Winkel mit 1, ihre Sinusfunktionen dagegen mit dem analytischen Maß der Winkel selbst vertauschen dürfen. Hochachse und Querachse sollen sich also immer nur langsam und nur wenig aus der Lotrechten und Wagerechten entfernen, die Längsachse soll nur langsame Wendungen vollziehen, während ihre Richtung gegen die ursprüngliche Flugrichtung allerdings ohne Beschränkung wechseln darf.

Die Schraube soll einschließlich der mitumlaufenden Motorteile vorläufig als ein symmetrischer Kreisel angesehen werden; diese Annahme trifft nur bei mehr als zweiflügeligen Schrauben zu. Wir kommen aber später auf die zweiflügelige Schraube zurück. Lediglich der Einfachheit halber wollen wir außerdem noch voraussetzen, daß die Figurenachse dieses Kreisels durch den Schwerpunkt gehe und mit der Längsachse zusammenfalle. Je nachdem der Kreisel im Drehsinne von φ umläuft oder umgekehrt, möge sein Schwung Θ positiv oder negativ gezählt werden und die Schraube rechts- oder linksläufig heißen.

Die normale Fluggeschwindigkeit v darf weder der Größe noch der Richtung nach als völlig unveränderlich vorausgesetzt werden. Wir bezeichnen mit ξ ihren Zuwachs, ausgedrückt in Bruchteilen von v, so daß die augenblickliche Geschwindigkeit gleich $v(1+\xi)$ ist. Ihre Richtung, die im ungestörten Flug mit der x-Richtung zusammenfällt, möge augenblicklich mit der Längsachse einen Winkel bilden, dessen Projektion auf die xz-Ebene wir η nennen, diejenige auf die xy-Ebene ϑ (Abb. 89). Auch ξ, η und ϑ behandeln wir als kleine Größen.

Wenn das Flugzeug in seinem ruhigen, geraden Flug gestört wird, sei es durch Böen, sei es durch Ruderausschläge, so vollzieht es, falls gut stabil, kleine Schwingungen um irgend eine Mittellage, möglicherweise begleitet von einer Wendebewegung. Wir möchten erfahren, wie die Mittellage; die Frequenzen und die Amplituden dieser Schwingungen, sowie die Geschwindigkeit der Wendung vom Schraubenkreisel beeinflußt werden, ob erwünscht, ob schädlich. Es wird hierzu nötig sein, die Differentialgleichungen der Störung anzuschreiben, und zwar ist klar, daß wir mit diesen Gleichungen die Bewegungssätze Einl. I (29) und (34), S. 14, zum Ausdruck bringen müssen, nämlich einerseits die Drehung um den Schwerpunkt, andererseits die Bewegung des Schwerpunktes selbst. Falls wir dabei die Kreiselmomente (die übrigens durch die erste Zeile der Tafel, S. 187, gegeben werden) den sonstigen Bewegungsmomenten des Flugzeuges hinzufügen, so brauchen wir uns fürder um den Schraubenkreisel nicht weiter zu kümmern. Wir schicken diesen Gleichungen noch folgende Bemerkung voraus.

Der Schwungsatz Einl. I (29), zerlegt nach drei selber beweglichen Achsen, führt auf Gleichungen von der Form der Eulerschen, § 5 (2), S. 45. Den dortigen Winkelgeschwindigkeiten entsprechen hier die Ausdrücke $d\varphi/dt$, $d\chi/dt$, $d\psi/dt$, falls wir die drei Hauptachsen des Flugzeuges als Bezugsachsen wählen. Da wir die Produkte dieser Geschwindigkeiten vernachlässigen wollten, so dürfen wir die mittleren Glieder der Eulerschen Gleichungen weglassen (dies bedeutet die Vernachlässigung der Schleudermomente des Flugzeuges) und haben demnach mit leicht verständlichen Bezeichnungen als erstes Tripel der Störungsgleichungen

$$(1) \qquad A\frac{d^2\varphi}{dt^2} = M_\varphi, \quad B\frac{d^2\chi}{dt^2} = M_\chi, \quad C\frac{d^2\psi}{dt^2} = M_\psi,$$

unter A, B, C die Hauptträgheitsmomente des Flugzeuges verstanden; M_φ, M_χ, M_ψ sind die Störungsmomente um die drei Hauptachsen, einschließlich der Kreiselmomente.

Der Schwerpunktssatz Einl. I (34) erfordert, die Beschleunigung festzustellen. Deren Komponente in der Flugrichtung ist $v\,d\xi/dt$. Neben diese Beschleunigung in der Bahntangente tritt, wie schon in Einl. I, S. 12, eine Beschleunigung in der Bahnnormalen, und zwar nach dem Krümmungsmittelpunkt hin. Die Fliehkraft, die sich dieser Beschleunigung entgegenstellt, hat nach Einl. I (19) den Betrag $m\omega^2 r_M$ oder $mv\omega$, wo ω die Winkelgeschwindigkeit ist, mit welcher sich die Bahntangente dreht. Diese Winkelgeschwindigkeit wird in der xz-Ebene durch den Winkel $\chi - \eta$ gemessen, in der xy-Ebene durch den Winkel $\psi - \vartheta$, und demgemäß lautet das zweite Tripel der Störungsgleichungen

$$(2) \qquad mv\frac{d\xi}{dt} = P_t, \quad mv\left(\frac{d\chi}{dt} - \frac{d\eta}{dt}\right) = P_n, \quad mv\left(\frac{d\psi}{dt} - \frac{d\vartheta}{dt}\right) = P_m,$$

unter P_t, P_n und P_m die Komponenten der Störungskräfte in der Bahntangente und in den Projektionen der Bahnnormalen auf die xz- und xy-Ebene verstanden.

Die Ermittelung der Größen M und P ist eine letzten Endes nur durch den Versuch zu lösende Aufgabe; wir deuten sie nur in den Umrissen an, indem wir die wichtigsten Glieder, aus denen sich M und P aufbauen, angeben.

Da sind zuerst die Dämpfungsmomente

$$(3) \qquad M'_\varphi = - \mathfrak{L} \frac{d\varphi}{dt}, \quad M'_\chi = - \mathfrak{M} \frac{d\chi}{dt}, \quad M'_\psi = - \mathfrak{N} \frac{d\psi}{dt},$$

die sich den Drehungen widersetzen und die entstehenden Schwingungen zum Erlöschen bringen. Um die Beiwerte $\mathfrak{L}$, $\mathfrak{M}$, $\mathfrak{N}$ zu ermitteln, gehen wir davon aus, daß ein kurzes Stück df der Tragflügel des Flugzeuges erfahrungsgemäß einen Auftrieb von der Größe

$$(4) \qquad \frac{v^2\gamma}{2g} c_a \, df$$

erfährt, wo γ die Gewichtsdichte der Luft und c_a den sogenannten Auftriebsbeiwert bedeutet, der eine vom Flügelquerschnitt abhängige Funktion des Anstellwinkels a darstellt, d. h. des Winkels zwischen einer willkürlich festgelegten Sehne dieses Profils und der Flugrichtung v (Abb. 90); diese Funktion ist durch Versuche, mit leidlicher Genauigkeit auch theoretisch für zahlreiche Querschnittsformen bestimmt worden.

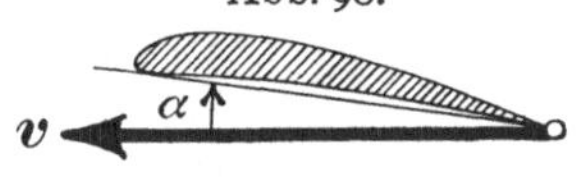

(Man beachte, daß der erste Faktor $v^2\gamma/2g$ in (4) den Staudruck bedeutet, der die Geschwindigkeit manometrisch mißt.)

In der Entfernung y vom Schwerpunkt wird durch die Rollung $d\varphi/dt$ der Anstellwinkel des Elementes df scheinbar um den (kleinen) Betrag

$$\frac{y}{v} \frac{d\varphi}{dt}$$

vergrößert, der Auftrieb daselbst nach (4) um

$$\frac{v\gamma}{2g} \frac{d\varphi}{dt} \frac{\partial c_a}{\partial a} y \, df.$$

Über den ganzen Flügel liefert dies ein Moment

$$M'_\varphi = - \frac{v\gamma}{2g} \frac{d\varphi}{dt} \int\limits_{-y_0}^{+y_0} \frac{\partial c_a}{\partial a} y^2 \, df,$$

wo y_0 die halbe Spannweite ist.

Der Vergleich mit (3) ergibt

$$\mathfrak{L} = \frac{v\,\gamma}{2\,g} \int\limits_{-y_0}^{+y_0} \frac{\partial c_a}{\partial\,\alpha}\, y^2\, df.$$

Allerdings dämpfen auch die anderen Teile des Flugzeuges die Roll-bewegungen etwas ab; ihr Anteil an $\mathfrak{L}$ ist aber im Vergleich mit dem der Flügel gering. Nimmt man für $\partial c_a/\partial\,\alpha$ einen Mittelwert (wie er sich schon aus den Messungen ohne weiteres ergibt), so kommt mit der ganzen Flügelfläche F

$$\mathfrak{L} = \frac{v\,\gamma\,y_0^2\,F}{6\,g}\,\frac{\partial c_a}{\partial\,\alpha}.$$

Es ist zweckmäßig, in diesen Ausdruck das mit dem Gesamt-auftrieb der Flügel übereinstimmende Flugzeuggewicht

$$(5) \qquad\qquad G = \frac{v^2\,\gamma}{2\,g}\,F\,c_a$$

einzuführen (die anderen Flugzeugteile nehmen wir als nicht tragend an), so daß

$$(6) \qquad\qquad \mathfrak{L} = \frac{y_0^2\,G}{3\,v}\,\frac{c_a'}{c_a}$$

wird, wobei der Strich die Ableitung nach α bedeutet.

In derselben Weise kommt

$$(7) \qquad\qquad \mathfrak{M} = \frac{x_0^2\,G}{v}\,\frac{F_h}{F}\,\frac{c_{ah}'}{c_a}$$

als Hauptbestandteil, herrührend vom Höhenleitwerk (Höhenflosse und Höhenruder) mit der Fläche F_h und dem Auftriebsbeiwert c_{ah} sowie der mittleren Entfernung x_0 vom Schwerpunkt (die wir, obwohl auf der negativen x-Achse gemessen, positiv zählen wollen). Und desgleichen

$$(8) \qquad\qquad \mathfrak{N}_1 = \frac{x_0^2\,G}{v}\,\frac{F_s}{F}\,\frac{c_{as}'}{c_a}$$

vom Seitenleitwerk mit der Fläche F_s und dem Seitentriebsbeiwert c_{as}, wozu noch ein etwas kleinerer Beitrag vom Rumpf und von den Flügeln hinzuzufügen ist; der letzte wird

$$(9) \qquad\qquad \mathfrak{N}_2 = \frac{2}{3}\,\frac{y_0^2\,G}{v}\,\frac{c_w}{c_a},$$

wo c_w den Widerstandsbeiwert des Flügels bedeutet, der ebenso wie der Auftriebsbeiwert c_a (4) definiert und ermittelt wird. Die Summe

$$(10) \qquad\qquad \mathfrak{N} = \mathfrak{N}_1 + \mathfrak{N}_2$$

stellt $\mathfrak{N}$ in guter Annäherung dar.

Des weiteren ist jede Wendung $d\psi/dt$ von einem Moment

$$(11) \qquad\qquad M_\varphi'' = \mathfrak{P}\,\frac{d\psi}{d\,t}$$

begleitet, welches dem Flugzeug in der Kurve seine Schräglage erteilt bzw. diese zu vergrößern strebt; und zwar findet man

$$(12) \qquad \mathfrak{P} = \frac{2}{3}\frac{y_0^2\,G}{v}.$$

Ebenso erzeugt jede Rollung $d\varphi/dt$ ein Moment

$$(13) \qquad M_\psi'' = \mathfrak{Q}\,\frac{d\varphi}{dt};$$

dabei rührt der eine Teil des Beiwertes $\mathfrak{Q}$

$$(14) \qquad \mathfrak{Q}_1 = \frac{y_0^2\,G}{3\,v}\,\frac{c_w'}{c_a}$$

her von der Widerstandsverminderung des linken und der Widerstandsvermehrung des rechten Flügels, wozu bei hochgestelltem Seitenleitwerk ein zweiter Teil

$$(15) \qquad \mathfrak{Q}_2 = \frac{x_0\,z_0\,G}{v}\,\frac{F_s}{F}\,\frac{c_{as}'}{c_a}$$

tritt; z_0 ist natürlich die mittlere Höhe der Seitenleitwerksfläche über der Längsachse, positiv nach oben gerechnet. Die Summe

$$(16) \qquad \mathfrak{Q} = \mathfrak{Q}_1 + \mathfrak{Q}_2$$

ist in der Regel recht klein gegenüber den anderen Beiwerten.

Mit den Winkeln η und ϑ, welche die Abweichung der Längsachse von der Flugrichtung messen, hängen ferner zusammen die Momente

$$(17) \qquad M_\varphi''' = \mathfrak{H}\,\vartheta, \qquad M_\chi''' = -\,\mathfrak{J}\,\eta, \qquad M_\psi''' = -\,\mathfrak{K}\,\vartheta.$$

In den Beiwerten

$$(18) \qquad \mathfrak{H} = \mathfrak{H}_1 + \mathfrak{H}_2,$$
$$(19) \qquad \mathfrak{K} = \mathfrak{K}_1 + \mathfrak{K}_2$$

rühren die ersten Bestandteile

$$(20) \qquad \mathfrak{H}_1 = z_0\,G\,\frac{F_s}{F}\,\frac{c_{as}'}{c_a},$$

$$(21) \qquad \mathfrak{K}_1 = x_0\,G\,\frac{F_s}{F}\,\frac{c_{as}'}{c_a}$$

vom Seitenleitwerk her; wenn die Flügel V-Stellung aufweisen, so tritt je ein zweiter Teil

$$(22) \qquad \mathfrak{H}_2 = y_0\,G\,\frac{\beta}{2}\,\frac{c_a'}{c_a},$$

$$(23) \qquad \mathfrak{K}_2 = y_0\,G\,\frac{\beta}{2}\,\frac{c_w'}{c_a}$$

hinzu, wo β der Winkel ist, den jeder Flügel mit der Querachse bildet. In gleicher Weise enthält

$$(24) \qquad \mathfrak{J} = \mathfrak{J}_1 + \mathfrak{J}_2$$

in

$$(25) \qquad \mathfrak{J}_1 = x_0\, G\, \frac{F_h}{F}\, \frac{c'_{ah}}{c_a}$$

den Einfluß des Höhenleitwerkes, in

$$(26) \qquad \mathfrak{J}_2 = -\, G\, \frac{\partial e}{\partial a}\, \sqrt{1 + \frac{c_w^2}{c_a^2}}$$

den Einfluß der sogenannten Druckpunktswanderung, die darin besteht, daß die Entfernung e der Resultante aus Flügelauftrieb und Flügelwiderstand (Abb. 89, S. 190) mit zunehmendem Anstellwinkel abzunehmen pflegt.

Endlich werden wir noch zwei Kreiselmomente

$$(27) \qquad M_\chi^{\mathrm{IV}} = -\, \Theta\, \frac{d\psi}{dt}, \qquad M_\psi^{\mathrm{IV}} = \Theta\, \frac{d\chi}{dt}$$

haben.

Sodann wenden wir uns den Kräften P_t, P_n und P_m zu. Das Gewicht G des Flugzeuges wirft in die Flugrichtung die negative Komponente

$$(28) \qquad P'_t = -\, G\, (\chi - \eta),$$

insofern wir $\sin(\chi - \eta)$ durch $\chi - \eta$ zu ersetzen verabredet hatten. Der Winkel η als Zuwachs der Anstellwinkel von Tragflügel und Höhenleitwerk ruft einerseits eine Vergrößerung des Widerstandes (Beiwert c_w^0)

$$(29) \qquad W = \frac{v^2\, \gamma}{2\, g}\, F\, c_w^0$$

des ganzen Flugzeuges (Flügel, Leitwerke, Rumpf usw.) hervor, nämlich

$$(30) \qquad P''_t = -\, \mathfrak{D}\, \eta$$

mit

$$(31) \qquad \mathfrak{D} = G\, \frac{c_w^{0\prime}}{c_a};$$

andererseits gibt dieser Winkel zu einer Vermehrung des Auftriebs um

$$(32) \qquad P'_n = \mathfrak{D}\, \eta$$

mit

$$(33) \qquad \mathfrak{D} = G\, \frac{c'_a}{c_a}$$

Veranlassung.

Ebenso hat die Schräglage zur Folge erstens eine Komponente des Gewichts

$$(34) \qquad P_m' = G\,\varphi,$$

zweitens eine Seitenkraft

$$(35) \qquad P_m'' = \Re\,\vartheta$$

mit

$$\Re = \Re_1 + \Re_2,$$

die teils ein Seitentrieb

$$(36) \qquad \Re_1 = G\,\frac{F_s}{F}\,\frac{c_{as}'}{c_a}$$

ist, teils eine Komponente des Schraubenzuges

$$(37) \qquad \Re_2 = S,$$

von dem sogleich noch die Rede sein soll.

Einige weitere Kräfte, die von der Widerstands- und Auftriebserhöhung der Leitwerke bei Drehungen $d\varphi/dt$, $d\chi/dt$ und $d\psi/dt$ herrühren, dürfen wir als unbedeutend hier unterdrücken. Hingegen müssen wir noch abschätzen, welche Wirkung eine Änderung ξ der Fluggeschwindigkeit hervorbringt. Der Gesamtauftrieb wächst wegen $\partial v/\partial \xi = v$ um

$$(38) \qquad P_n'' = \frac{v\,\gamma\,F}{g}\,\frac{\partial v}{\partial \xi}\,c_a\xi = 2\,G\,\xi;$$

ebenso wächst der Widerstand W um

$$(39) \qquad 2\,W\xi.$$

Aber auch der Schraubenzug S, der mit zwei Konstanten S_0 und f erfahrungsgemäß in der Form

$$(40) \qquad S = S_0 - \frac{v^2\,\gamma}{2\,g}\,f$$

dargestellt werden darf, ändert sich um

$$(41) \qquad -\frac{v^2\,\gamma}{g}\,f\xi = 2\,(S - S_0)\xi.$$

Das Gleichgewicht im ungestörten Flug erfordert aber, daß

$$(42) \qquad W = S$$

sei, und infolgedessen gibt die Differenz der beiden Zusatzkräfte (39) und (41)

$$(43) \qquad P_t''' = -\,2\,S_0\xi.$$

Dabei ist S_0 offenbar der extrapolierte Schraubenzug am Stand.

Als letzte Kräfte und Momente müssen wir nun bloß noch die Wirkungen der drei Ruder in Betracht ziehen, nämlich des Höhenruders, des Seitenruders und der beiden Querruder (früher Verwindung genannt). Wir wollen den Ausschlag des Höhenruders mit a_h bezeichnen, positiv abwärts gerechnet, denjenigen des Seitenruders mit a_s, positiv nach links gerechnet, und denjenigen des Querruders mit a_q, positiv am rechten Flügel abwärts, am linken aufwärts gerechnet. Solche Ruderausschläge haben neben einer Vergrößerung des Leitwerkswiderstandes, der unbedenklich außer acht gelassen werden kann, Auftriebs- bzw. Seitentriebskräfte zur Folge, die innerhalb weiter Grenzen proportional mit den Ausschlägen selbst sind. Demzufolge haben wir zunächst noch zwei Kräfte

$$(44) \qquad P_n''' = \mathfrak{U}_h\, a_h, \qquad P_m''' = \mathfrak{U}_s\, a_s,$$

und sodann noch vier Momente

$$(45) \qquad \begin{cases} M_\chi^\mathrm{V} = - x_0\, \mathfrak{U}_h\, a_h, \\ M_\varphi^\mathrm{IV} = z_0\, \mathfrak{U}_s\, a_s, \\ M_\psi^\mathrm{V} = - x_0\, \mathfrak{U}_s\, a_s, \end{cases}$$

sowie

$$(46) \qquad M_\varphi^\mathrm{V} = - y_0\, \mathfrak{U}_q\, a_q,$$

wo der Beiwert $\mathfrak{U}_q$ der Querruder so gewählt sein soll, daß die halbe Spannweite y_0 als Hebelarm des Momentes gelten kann.

Zum Schluß setzen wir die gefundenen Momente und Kräfte sämtlich in die Störungsgleichungen (1) und (2) ein und haben

$$(47) \qquad \begin{cases} A\,\dfrac{d^2\varphi}{dt^2} = -\,\mathfrak{L}\,\dfrac{d\varphi}{dt} + \mathfrak{P}\,\dfrac{d\psi}{dt} + \mathfrak{H}\,\vartheta + z_0\,\mathfrak{U}_s a_s - y_0\,\mathfrak{U}_q a_q, \\[2ex] B\,\dfrac{d^2\chi}{dt^2} = -\,\mathfrak{M}\,\dfrac{d\chi}{dt} - \mathfrak{I}\eta - \Theta\,\dfrac{d\psi}{dt} - x_0\,\mathfrak{U}_h a_h, \\[2ex] C\,\dfrac{d^2\psi}{dt^2} = -\,\mathfrak{N}\,\dfrac{d\psi}{dt} + \mathfrak{Q}\,\dfrac{d\varphi}{dt} - \mathfrak{K}\,\vartheta + \Theta\,\dfrac{d\chi}{dt} - x_0\,\mathfrak{U}_s a_s, \\[2ex] m v\,\dfrac{d\xi}{dt} = -\,G\,(\chi - \eta) - \mathfrak{D}\eta - 2\,S_0\,\xi, \\[2ex] m v\left(\dfrac{d\chi}{dt} - \dfrac{d\eta}{dt}\right) = \mathfrak{D}\eta + 2\,G\,\xi + \mathfrak{U}_h a_h, \\[2ex] m v\left(\dfrac{d\psi}{dt} - \dfrac{d\vartheta}{dt}\right) = G\,\varphi + \mathfrak{R}\,\vartheta + \mathfrak{U}_s a_s. \end{cases}$$

Dieses System linearer Differentialgleichungen mit konstanten Koeffizienten muß, soweit unsere Voraussetzungen zutreffen, die vollständige Lösung unserer Aufgabe enthalten. Um uns von den an sich willkürlichen Maßeinheiten, mit welchen die Koeffizienten zu messen sind, möglichst unabhängig zu machen, wollen wir zuerst dafür sorgen, daß diese Koeffizienten lauter unbenannte Zahlen werden, und also die erste Gleichung (47) mit dem Produkt $y_0\,G$, die zweite und dritte mit $x_0\,G$, und die drei letzten mit G dividieren. Dadurch werden aus den mit Winkeln multiplizierten Koeffizienten in der Tat unbenannte Zahlen; aus den mit Winkelgeschwindigkeiten bzw. Winkelbeschleunigungen multiplizierten werden Zahlen von der Dimension einer Zeit bzw. des Quadrates einer Zeit (ξ zählt dabei wie ein Winkel). Es wird also zweckmäßig sein, aus den letzteren irgend einen Zeitfaktor t_0 bzw. dessen Quadrat herauszuspalten.

Wir bringen dies alles dadurch zum Ausdruck daß wir statt der Koeffizienten A, B, C, $\mathfrak{D}$ usw. der Reihe nach a, b, c, d usw. schreiben. Setzen wir dann vollends alle Glieder unserer Gleichungen (47) je auf eine Seite, so kommt nach gehörigem Ordnen:

$$(48) \qquad a\,t_0^2\,\frac{d^2\varphi}{dt^2} + l\,t_0\,\frac{d\varphi}{dt} - p\,t_0\,\frac{d\psi}{dt} - h\,\vartheta - \frac{z_0}{y_0}\,u_s + u_q \quad = 0,$$

$$(49) \qquad b\,t_0^2\,\frac{d^2\chi}{dt^2} + m\,t_0\,\frac{d\chi}{dt} + \sigma\,t_0\,\frac{d\psi}{dt} + j\,\eta + u_h \quad = 0,$$

$$(50) \qquad c\,t_0^2\,\frac{d^2\psi}{dt^2} + n\,t_0\,\frac{d\psi}{dt} - q\,t_0\,\frac{d\varphi}{dt} - \sigma\,t_0\,\frac{d\chi}{dt} + k\,\vartheta + u_s = 0,$$

$$(51) \qquad t_0\,\frac{d\xi}{dt} + 2\,s_0\,\xi + \chi + (d-1)\,\eta \quad = 0,$$

$$(52) \qquad 2\,\xi - t_0\,\frac{d\chi}{dt} + t_0\,\frac{d\eta}{dt} + o\,\eta + u_h \quad = 0,$$

$$(53) \qquad \varphi - t_0\,\frac{d\psi}{dt} + t_0\,\frac{d\vartheta}{dt} + r\,\vartheta + u_s \quad = 0,$$

Der Wert der neuen Koeffizienten hängt natürlich von t_0 ab; wir wollen

$$(54) \qquad t_0 = \frac{v}{g}$$

setzen. Dies ist die Zeit, welche das Flugzeug gebrauchen würde, um im luftleeren Raum fallend seine normale Fluggeschwindigkeit zu erlangen. Wir mögen außerdem mit r_φ, r_χ, r_ψ die Trägheitsarme des Flugzeuges um die drei Achsen bezeichnen. Dann aber stellt man auf Grund der Ausdrücke (6) bis (46) leicht fest, daß die neuen Koeffizienten die folgenden unbenannten Zahlen sind:

$$(55)\quad\begin{cases} a = \dfrac{r_\varphi^2\, g}{v^2\, y_0}, \qquad b = \dfrac{r_\chi^2\, g}{v^2\, x_0}, \qquad c = \dfrac{r_\psi^2\, g}{v^2\, x_0}, \\[2ex] d = \dfrac{c_w^{0\prime}}{c_a}, \\[2ex] h = \dfrac{z_0}{y_0}\, \dfrac{F_s}{F}\, \dfrac{c_{as}'}{c_a} + \dfrac{\beta}{2}\, \dfrac{c_a'}{c_a}, \\[2ex] j = \dfrac{F_h}{F}\, \dfrac{c_{ah}'}{c_a} - \dfrac{e'}{x_0}\sqrt{1 + \dfrac{c_w^2}{c_a^2}}, \\[2ex] k = \dfrac{F_s}{F}\, \dfrac{c_{as}'}{c_a} + \dfrac{\beta}{2}\, \dfrac{y_0}{x_0}\, \dfrac{c_w}{c_a}, \\[2ex] l = \dfrac{y_0\, g}{3\, v^2}\, \dfrac{c_a'}{c_a}, \\[2ex] m = \dfrac{x_0\, g}{v^2}\, \dfrac{F_h}{F}\, \dfrac{c_{ah}'}{c_a}, \\[2ex] n = \dfrac{x_0\, g}{v^2}\, \dfrac{F_s}{F}\, \dfrac{c_{as}'}{c_a} + \dfrac{2}{3}\, \dfrac{y_0^2\, g}{x_0\, v^2}\, \dfrac{c_w}{c_a}, \\[2ex] o = \dfrac{c_a'}{c_a}, \\[2ex] p = \dfrac{2}{3}\, \dfrac{y_0\, g}{v^2}, \\[2ex] q = \dfrac{y_0^2\, g}{3\, x_0\, v^2}\, \dfrac{c_w'}{c_a} + \dfrac{z_0\, g}{v^2}\, \dfrac{F_s}{F}\, \dfrac{c_{as}'}{c_a}, \\[2ex] r = \dfrac{c_w^0}{c_a} + \dfrac{F_s}{F}\, \dfrac{c_{as}'}{c_a}, \\[2ex] s_0 = \dfrac{S_0}{G}, \\[2ex] \sigma = \dfrac{\Theta\, g}{x_0\, v\, G}, \\[2ex] u_h = \dfrac{\mathfrak{U}_h}{G}\, a_h, \qquad u_s = \dfrac{\mathfrak{U}_s}{G}\, a_s, \qquad u_q = \dfrac{\mathfrak{U}_q}{G}\, a_q. \end{cases}$$

Da die Auftriebsbeiwerte mit dem Anstellwinkel immer zunehmen, so sind c_a', c_{ah}', c_{as}' ebenso wie c_a selbst positiv, und daher sind auch die Koeffizienten

$$a,\ b,\ c,\ l,\ m,\ n,\ o,\ p,\ r,\ s_0$$

wesentlich positive Zahlen; die Koeffizienten d und q sind wenigstens praktisch meist positiv; die Koeffizienten

$$h,\ j,\ k,\ \sigma,\ u_h,\ u_s,\ u_q$$

können positiv oder negativ werden, und zwar σ je nach dem Sinne der Schraubendrehung, die u je nach dem Vorzeichen der Ruderausschläge, mit welchen sie ja proportional sind; von den h, j, k wird sogleich noch die Rede sein.

Zur Erleichterung zahlenmäßiger Abschätzungen diene die Bemerkung, daß für die heute üblichen Flügelprofile der Größenordnung nach ungefähr

$$(56) \qquad \begin{cases} c_a = 0{,}4, & c_a' = 5, \\ c_w = 0{,}04, & c_w' = 0{,}3, \\ c_w^0 = 0{,}07, & c_w^{0\prime} = 0{,}4 \end{cases}$$

ist, wogegen e' in weiten, zumeist positiven Grenzen schwanken kann, ungefähr in der Nähe der zwei- bis fünffachen Flügeltiefe.

2. Die drei Kreiselwirkungen. Es ist möglich, aus den Störungsgleichungen ohne viel Rechnung einige wichtige Ergebnisse herauszulesen, von denen sich ein Teil freilich auch hätte durch unmittelbare Überlegungen gewinnen lassen.

Die Größen ξ, χ und η kennzeichnen die Längsstabilität des Flugzeuges insofern, als dieses weder durch Vorn- noch durch Rückwärtsabkippen gefährdet ist, solange ξ, χ und η bei allen Störungen klein genug bleiben. Die Größen φ, ψ und ϑ kennzeichnen die Seiten- oder Querstabilität insofern, als ihr Kleinbleiben verbürgt, daß das Flugzeug weder aus seiner Flugrichtung gerät noch durch seitlichen Absturz bedroht ist. Sehen wir von der Kreiselwirkung der Schraube ab, setzen wir also $\sigma = 0$, so bestimmen die Gleichungen (49), (51), (52) für sich die Längsstabilität, die Gleichungen (48), (50), (53) für sich die Seitenstabilität, und zwar beide unabhängig voneinander. In Wirklichkeit verknüpft der Schraubenkreisel die Längsstabilität mit der Seitenstabilität. Denn in (49) geht jetzt die Größe ψ, in (50) die Größe χ ein. Solchen Verkoppelungsgliedern werden wir weiterhin noch häufig begegnen. Sie treten immer paarweise mit entgegengesetzten Vorzeichen auf und werden Kreiselglieder (gyroskopische Terme) genannt.

In den Störungsgleichungen kommt ψ nur in der Form seiner zeitlichen Ableitungen vor: diese Gleichungen sind von der Himmelsrichtung des Fluges unabhängig, ein Ergebnis, das sich von selbst versteht. Solange die Ruder in ihrer Nullage stehen, solange also alle u verschwinden, werden die Gleichungen offensichtlich befriedigt durch

$$(57) \qquad \begin{cases} \xi = 0, & \chi = 0, & \eta = 0, \\ \varphi = 0, & \psi = \psi_1, & \vartheta = 0, \end{cases}$$

wo ψ_1 die beliebige, aber feste Himmelsrichtung des Fluges angibt. Durch (57) ist die ungestörte Normallage des Flugzeuges dargestellt.

Um sie als Mittellage vollzieht das Flugzeug nach jeder stoßartigen Störung mehr oder weniger gedämpfte Schwingungen, falls es überhaupt stabil ist.

Werden dagegen die Ruder um feste Beträge ausgelenkt — und auf solche feste Ausschläge wollen wir die Untersuchung beschränken —, so sind einige oder alle u von Null verschiedene feste Zahlen, und im Gegensatz zu (57) ist nunmehr die Mittellage der Schwingungen durch die sechs Gleichungen bestimmt, die man aus (48) bis (53) erhält, indem man dort alle zeitlichen Ableitungen gleich Null setzt, ausgenommen natürlich die durch das Seiten- oder Querruder eingeleitete Wendebewegung $d\psi/dt$, deren Geschwindigkeit wir kurz mit ω bezeichnen:

$$(58) \qquad p\,t_0\,\omega + h\,\vartheta = -\frac{z_0}{y_0}\,u_s + u_q,$$

$$(59) \qquad \sigma\,t_0\,\omega + j\,\eta = -u_h,$$

$$(60) \qquad n\,t_0\,\omega + k\,\vartheta = -u_s,$$

$$(61) \qquad 2\,s_0\,\xi + \chi + (d-1)\eta = 0,$$

$$(62) \qquad 2\,\xi + o\,\eta = -u_h,$$

$$(63) \qquad \varphi - t_0\,\omega + r\,\vartheta = -u_s.$$

Von den zahlreichen, für die Steuerfähigkeit des Flugzeuges wichtigen Schlüssen, die sich aus diesen sechs Gleichungen ziehen lassen, heben wir bloß diejenigen heraus, die die Kreiselwirkung der Schraube betreffen. Bezeichnen wir die Lösungen dieser Gleichungen, also die neue Mittellage, durch den Zeiger Null, so folgt zunächst aus (58) und (60)

$$(64) \qquad t_0\,\omega_0 = -\frac{\left(h - \frac{z_0}{y_0}\,k\right) u_s + k\,u_q}{n\,h - p\,k},$$

$$(65) \qquad \vartheta_0 = \frac{\left(p - \frac{z_0}{y_0}\,n\right) u_s + n\,u_q}{n\,h - p\,k},$$

vorbehaltlich, daß der Nenner rechterhand ungleich Null ist; wir setzen ihn als positiv voraus, desgleichen h und k:

$$(66) \qquad \begin{cases} n\,h - p\,k > 0, \\ h > 0, \quad k > 0. \end{cases}$$

Dann sind auch die folgenden Ausdrücke bei allen vernünftig gebauten Flugzeugen positiv

$$(67) \qquad \begin{cases} h - \dfrac{z_0}{y_0}\,k = \dfrac{\beta}{2}\,\dfrac{c_a' - \dfrac{z_0}{x_0}\,c_w'}{c_a} > 0, \\[4ex] p - \dfrac{z_0}{y_0}\,n = \dfrac{2}{3}\,\dfrac{y_0\,g}{v^2}\left(1 - \dfrac{3}{2}\,\dfrac{x_0\,z_0}{y_0^2}\,\dfrac{F_s}{F}\,\dfrac{c_{as}'}{c_a} - \dfrac{z_0}{x_0}\,\dfrac{c_w}{c_a}\right) > 0. \end{cases}$$

Das Flugzeug folgt den Steuerbewegungen im Mittel nach Maßgabe der Gleichungen (64) und (65) ohne jede Einwirkung von seiten des Kreisels; die Längsachse hinkt der Wendung etwas nach.

Mit dieser Wendung ist verbunden eine Schräglage φ_0, die sich leicht aus (63) ermitteln würde, jedenfalls aber vom Kreisel auch unabhängig bleibt.

Nachdem etwaige Schwingungen abgeklungen sind, vollzieht sich die durch feste Ausschläge des Seiten- oder Querruders eingeleitete Wendebewegung sowohl nach ihrer Geschwindigkeit ω_0, wie nach der damit verbundenen Schräglage φ_0 des Flugzeuges und dem Nachhinken ϑ_0 der Längsachse ganz unabhängig vom Schraubenkreisel.

Ferner ermitteln wir den Winkel η_0 aus (59) unter der Voraussetzung

$$(68) \qquad\qquad j > 0.$$

Wir finden

$$(69) \qquad\qquad \eta_0 = -\frac{u_h}{j} - \frac{\sigma}{j}\, t_0\, \omega_0,$$

sodann aus (62)

$$(70) \qquad\qquad 2\,\xi_0 = \frac{o-j}{j}\, u_h + o\,\frac{\sigma}{j}\, t_0\, \omega_0,$$

und endlich aus (61)

$$(71) \qquad \chi_0 = -\frac{s_0(o-j)-(d-1)}{j}\, u_h - (o\,s_0 - d + 1)\frac{\sigma}{j}\, t_0\, \omega_0,$$

worin man nachträglich nach Belieben den Wert von $t_0\,\omega_0$ aus (64) einsetzen mag.

Die ersten Glieder rechter Hand geben an, wie ein Ausschlag des Höhenruders das Flugzeug abwärts oder aufwärts kippt, wie sich dabei seine Fluggeschwindigkeit vermehrt oder vermindert, und wie die Längsachse dieser Kippbewegung voraneilt oder nachhinkt. Hier fesseln uns aber nur die zweiten Glieder; denn diese geben nun die Wirkung des Schraubenkreisels wieder. Wir beachten, daß $o\,s_0$ immer wesentlich größer als d ist und finden das Ergebnis:

Ein rechtsdrehender Schraubenkreisel veranlaßt das Flugzeug bei einer Rechts- bzw. Linkswendung zu einer Kippung χ_0 abwärts bzw. aufwärts; diese ist verbunden mit einem Ab- bzw. Anstieg der Flugbahn unter dem Winkel $\gamma_0 = \chi_0 - \eta_0$ gegen die Wagerechte, sowie mit einer Vermehrung bzw. Verminderung ξ_0 der Fluggeschwindigkeit. Bei einem linksdrehenden Schraubenkreisel kehrt sich der Sinn dieser Kippwirkungen um.

Die Winkel χ_0 und γ_0 sowie die Veränderung ξ_0 der Fluggeschwindigkeit nehmen zu mit der Geschwindigkeit ω_0 der Wendung, mit dem Schwung Θ des Schraubenkreisels und mit abnehmender Längsstabilität (j).

Denn es ist

$$(72) \qquad \sigma t_0 = \frac{\Theta}{x_0\,G};$$

j aber stellt ein unmittelbares Maß für die Längsstabilität vor. Wie nämlich aus der zweiten Gleichung (47) mit $\Theta = 0$ und $a_h = 0$ hervorgeht, bedeutet $\Im\eta$ das rückdrehende Moment, welches bei einer Kippung χ das Flugzeug wieder in die wagerechte Lage zu bringen strebt.

Jedenfalls ist also bei rechtsdrehender Schraube eine Rechts- bzw. Linkswendung ohne Kippung nur möglich, wenn das Höhenruder auf- bzw. abkippend ausgelegt wird; bei linksdrehender Schraube umgekehrt.

Weil erfahrungsgemäß ein ungewolltes Abkippen des Flugzeuges immer bedenklicher ist als ein unvorhergesehenes Abkippen, so folgt die Regel: Das Wenden nach der Drehseite der Schraube hin ist gefährlicher als nach der anderen Seite.

Um uns ein Bild von der Größenordnung dieser Wirkungen machen zu können, wählen wir beispielsweise ein Flugzeug mit den Zahlen

$$G = 960\,\text{kg}, \qquad F = 20\,\text{m}^2, \qquad F_h = 2\,\text{m}^2,$$
$$x_0 = 3\,\text{m}, \qquad e' = 1{,}5\,\text{m}, \qquad s_0 = 0{,}3,$$
$$c_a = c_w^{0'} = 0{,}4, \qquad c_a' = 5, \qquad c_{ah}' = 4,$$

eine Schraube samt Umlaufmotor mit einem axialen Trägheitsmoment von $2\,\text{mkgsek}^2$ und 1200 Umdrehungen in der Minute. Dies gibt in runden Zahlen

$$d = 1, \quad j = 0{,}5, \quad o = 12{,}5, \quad \sigma t_0 = 0{,}088.$$

Ist T sek die Dauer einer vollen Wendung, so ist

$$\omega_0 = \frac{2\,\pi}{T}$$

und also

$$\chi_0 = -\frac{4}{T}, \qquad \gamma_0 = -\frac{3}{T},$$

mithin zieht eine Wendung von $T = 20\,\text{sek}$ Dauer nach sich eine Kippung von 12^0 und eine Flugbahnneigung von 8^0, falls nicht durch das Höhenruder ein Ausgleich geschaffen wird.

Aus dem bisherigen war weder eine durch das Höhenruder ausgelöste Kreiselwirkung ersichtlich noch irgendwelche Abhängigkeit der im Kurvenflug erreichten Wendegeschwindigkeit ω_0 vom Schraubenkreisel. Daß außer der errechneten Kippwirkung noch weitere Kreiselwirkungen vorhanden sein müssen, lehrt aber schon die einfache Überlegung. Um solche aufzufinden, wollen wir aus den beiden

Gleichungen (48) und (50) den Winkel ϑ entfernen, indem wir (48) mit k, (50) mit h multiplizieren und beide addieren:

$$a\,k\,t_0^2\,\frac{d^2\varphi}{dt^2} + c\,h\,t_0^2\,\frac{d^2\psi}{dt^2} + (l\,k - q\,h)t_0\,\frac{d\varphi}{dt} + (n\,h - p\,k)t_0\,\frac{d\psi}{dt}$$

$$- \sigma\,h\,t_0\,\frac{d\chi}{dt} + \left(h - \frac{z_0}{y_0}\,k\right)u_s + k\,u_q = 0.$$

Die beiden letzten Glieder ersetzt man vermöge (64) durch die Konstante $-(n\,h - p\,k)t_0\,\omega_0$; dann kürzt man die ganze Gleichung mit t_0, integriert sie einmal Glied für Glied nach der Zeit und hat

$$(73) \qquad \begin{cases} a\,k\,t_0\,\dfrac{d\varphi}{dt} + c\,h\,t_0\,\dfrac{d\psi}{dt} + (l\,k - q\,h)\varphi + (n\,h - p\,k)\psi \\[2mm] \qquad - \sigma\,h\,\chi - (n\,h - p\,k)\omega_0\,t = 0. \end{cases}$$

Dabei haben wir eine Integrationskonstante gleich fortgelassen, weil wir davon ausgehen, daß zu Beginn der Zeitrechnung der Flug noch ganz ungestört sei und sich in der ursprünglichen Richtung $\psi_1 = 0$ vollziehe, d. h. wir setzen fest, daß zur Zeit $t = 0$ auch noch φ, ψ, χ, $d\varphi/dt$ und $d\psi/dt$ verschwinden.

Jetzt setze die Störung ein, hervorgerufen durch irgendwelche Ruderausschläge. Nach einiger Zeit hat sich die Störung durch Abdämpfen der entstandenen Schwingungen auf den Zustand beruhigt, der durch die schon ermittelten Größen φ_0, χ_0 und ω_0 gekennzeichnet ist. Wir erhalten den zugehörigen Wert von ψ, indem wir in (73) den Größen φ, χ und $d\psi/dt = \omega$ den Zeiger 0 anhängen und zugleich die Ableitung $d\varphi_0/dt$ des festen Winkels φ_0 gleich Null setzen, nämlich

$$(74) \qquad \psi = \omega_0\,t - \frac{c\,h\,t_0\,\omega_0 + (l\,k - q\,h)\varphi_0}{n\,h - p\,k} + \frac{\sigma\,h\,\chi_0}{n\,h - p\,k}.$$

Die beiden ersten Glieder der rechten Seite kümmern uns hier wenig: sie zeigen nur genauer, wie das Flugzeug — immer abgesehen von den gedämpften Schwingungen — eine Kurve durchmißt, nämlich indem es ein wenig hinter dem Azimut zurückbleibt, welches einer von Anfang an gleichmäßigen Wendegeschwindigkeit ω_0 entspräche. Das dritte Glied allein ist von der Kreiselwirkung abhängig. Der ausführliche Wert der darin vorkommenden Kippung χ_0 ist in (71) angegeben und kann teils von einem Ausschlag des Höhenruders, teils von einer Wendebewegung ω_0 herrühren (der letzte Anteil ist seinerseits wieder durch den Kreisel hervorgerufen). Dies bedingt nun offenbar zwei weitere Kreiselwirkungen, die sich in zwei Wendebewegungen $\Delta\psi_1$ und $\Delta\psi_2$ kundgeben. Wir behaupten (und werden dies sogleich beweisen):

Ein rechtsdrehender Schraubenkreisel veranlaßt das Flugzeug bei einer vom Höhenruder hervorgerufenen Auf- bzw. Abkippung χ_0' zu einer damit proportionalen Wendung $\Delta\psi_1$ nach rechts bzw. links. Bei einem linksdrehenden Schraubenkreisel kehrt sich der Sinn dieser Wendewirkung um.

Wenn sich die Schraube dreht, gleichgültig in welchem Sinne, so wird die Wendebewegung ω_0 eines eingeleiteten Kurvenfluges um einen zu ω_0 proportionalen Betrag $\Delta\psi_2$ gehemmt: Hemmwirkung des Schraubenkreisels.

Die Wendewirkung $\Delta\psi_1$ nimmt zu mit dem Schwung des Kreisels sowie mit abnehmendem Wendewiderstand (n) und abnehmender Seitenstabilität ($1-pk/h$). Die Hemmwirkung $\Delta\psi_2$ nimmt zu mit dem Quadrat des Kreiselschwunges sowie mit abnehmendem Wendewiderstand und abnehmender Längs- und Seitenstabilität.

Es ist nämlich

$$(75) \qquad \Delta\psi_1 = \chi_0' \, \frac{\sigma t_0}{n t_0 \left(1 - p \dfrac{k}{h}\right)},$$

und nach (50) mißt $n t_0$ in der Tat den Widerstand, der sich jeder Wendung ψ entgegenstellt. Ebenso ist nach (71)

$$(76) \qquad \Delta\psi_2 = -(\sigma s_0 - d + 1)\omega_0 \, \frac{\sigma^2 t_0^2}{j n t_0 \left(1 - p \dfrac{k}{h}\right)}.$$

Daß der zufolge (66) als positiv vorausgesetzte Faktor $1-pk/h$ in der Tat ein Maß für die Seitenstabilität darstellt, ist schon aus (65) ersichtlich: ein Ausschlag des Querruders ruft eine Schrägstellung ϑ_0' des Flugzeuges gegen die Flugrichtung hervor, welche um so kleiner ist, je größer der Faktor $1-pk/h$ bleibt.

Jedenfalls ist also bei rechtsdrehender Schraube ein Auf- bzw. Abkippen ohne Wendung nur möglich, wenn das Seiten- oder Querruder links- bzw. rechtswendig ausgelegt wird; bei linksdrehender Schraube umgekehrt.

Die Hemmwirkung, zwar mit Θ^2 wachsend, ist glücklicherweise die wenigst gefährliche der drei Kreiselwirkungen; sie beeinträchtigt lediglich die Wendigkeit des Flugzeuges etwas.

Fügen wir beispielsweise den schon vorhin benutzten Zahlen noch hinzu

$$F_s = 1 \, \mathrm{m}^2, \qquad y_0 = 4 \, \mathrm{m}, \qquad z_0 = 0{,}5 \, \mathrm{m}, \qquad v = 50 \, \mathrm{m/sek},$$
$$c_w = 0{,}04, \qquad c'_{as} = 4, \qquad \beta = 0,$$

so kommt

$$n \, t_0 = 0{,}04, \qquad 1 - p \, \frac{k}{h} = 0{,}915,$$

und mithin

$$\Delta \psi_1 = 2{,}4 \, \chi_0', \qquad \Delta \psi_2 = \frac{10}{T}.$$

Die entstandene Wendebewegung $\Delta \psi_1$ übertrifft also die Kippung χ_0; eine volle Wendung aber wird durch den Kreisel um

$$\frac{T}{2\pi} \, \Delta \psi_2 = 1{,}6 \, \mathrm{sek}$$

verzögert, was immerhin bei sehr raschen Wendungen ein wenig als störend empfunden werden mag.

3. Die Eigenschwingungen des Flugzeuges. Mit den drei von uns aufgezählten Kreiselwirkungen — Kipp-, Wende- und Hemmwirkung — ist der Einfluß des Schraubenkreisels auf den Verlauf des Fluges freilich noch bei weitem nicht erschöpft. Das Aussehen der kleinen Schwingungen, die bei jedem Übergang aus einem Flugzustand in einen anderen unweigerlich auftreten, kann ein ganz verschiedenes sein, je nachdem ein Schraubenkreisel vorhanden ist oder nicht. Auskunft hierüber geben natürlich die Störungsgleichungen (48) bis (53), die sich restlos integrieren lassen. Die Integration bis zur zahlenmäßigen Auswertung durchzuführen, ist allerdings eine etwas umständliche Aufgabe, die wir uns lieber durch einige nicht wesentlich einschränkende Voraussetzungen vereinfachen wollen.

Die Zahlen h, j und k (55) sind bei allen vernünftigen Flugzeugen kleine Brüche, gelegentlich von Null kaum zu unterscheiden. Denn die Leitwerksflächen F_h und F_s sind immer klein gegenüber der tragenden Fläche F; der V-Winkel β der Flügel ist auch klein, wo nicht Null oder sogar etwas negativ. Wir wollen nun einfach

$$(77) \qquad h = 0, \qquad j = 0, \qquad k = 0$$

setzen. Was dies bedeutet, geht aus den Gleichungen (48) bis (50) klar hervor. Nimmt man nämlich gleichzeitig, auf jeden Ruderausschlag verzichtend, auch die u gleich Null, so treten die Winkel η und ϑ in den Drehungsgleichungen (48) bis (50) überhaupt nicht mehr, die Drehwinkel φ, χ und ψ aber nur noch in zeitlicher Ableitung auf: das Flugzeug ist jetzt in jeder Lage φ, χ, ψ im Gleichgewicht, es ist, wie man sagt, statisch indifferent. Tatsächlich baut man die Flugzeuge zwecks leichter Lenkbarkeit (Wendigkeit) gerne so, daß sie innerhalb gewisser Grenzen von φ, χ und ψ diese Indifferenz aufweisen.

Durch die Annahme (77) sind die drei Drehungsgleichungen (48) bis (50) von den drei Bewegungsgleichungen (51) bis (53) des Schwerpunktes ganz unabhängig geworden.. Die ersteren sind natürlich viel belangreicher als die letzteren und mögen daher allein weiterbehandelt werden. Die Ruderglieder u können jetzt nicht mehr als feste Zahlen vorausgesetzt bleiben, weil feste Ruderausschläge das indifferente Flugzeug ja doch in kurzer Zeit umwerfen würden. Sie mögen also irgendwelche willkürlichen Funktionen der Zeit sein und können dann zugleich auch als Ausdruck der Böen angesehen werden, die den ruhigen Flug etwas stören; kurzum, die u sollen irgendwelchen Zwang vorstellen, der auf das Flugzeug ausgeübt wird. Erfolgt dieser Zwang beispielsweise rhythmisch, so vollzieht das Flugzeug erzwungene Schwingungen vom gleichen Rhythmus und natürlich von um so größerer Amplitude, je stärker der Zwang und je schlechter die durch die Zahlen l, m und n gemessene Dämpfung ist. Außer diesen erzwungenen Bewegungen werden aber in dem fliegenden System sofort eine Reihe sogenannter Eigenschwingungen geweckt, die man am besten erforscht, indem man den Zwang auf einen irgendwie gerichteten, aber nur ganz kurzen Stoß einschränkt und dann das Flugzeug ohne weitere Störung sich selbst überläßt. Von nun an sind alle u gleich Null, und so ergeben die Gleichungen (48) bis (50), indem man sie je einmal gliedweise integriert und die für uns gleichgültigen Integrationskonstanten wegläßt:

$$(78) \qquad \begin{cases} a\,t_0\,\dfrac{d\varphi}{dt} + l\varphi - p\psi = 0, \\[2mm] b\,t_0\,\dfrac{d\chi}{dt} + m\chi + \sigma\psi = 0, \\[2mm] c\,t_0\,\dfrac{d\psi}{dt} + n\psi - q\varphi - \sigma\chi = 0. \end{cases}$$

Derartigen Gleichungssystemen sind wir schon früher begegnet (§ 13, 2. u. 3., S. 134 u. 147). Würden wir, wie damals, versuchen, sie durch trigonometrische Funktionen zu integrieren, so würde sich schnell herausstellen, daß das Argument dieser Funktionen komplex sein kann. Wir versuchen deswegen lieber den allgemeinen Ansatz

$$(79) \qquad \begin{cases} \varphi = A_1\, e^{\varrho \frac{t}{t_0}}, \\[2mm] \chi = B_1\, e^{\varrho \frac{t}{t_0}}, \\[2mm] \psi = C_1\, e^{\varrho \frac{t}{t_0}} \end{cases}$$

mit den Integrationskonstanten A_1, B_1 und C_1 sowie der Kennziffer ϱ der Partialbewegung (79), unter e jetzt die Basis der natürlichen

Logarithmen verstanden. Wenn es sich zeigt, daß mehrere Kennziffern ϱ vorhanden sind, welche unseren Ansatz als richtig erweisen, so ist die vollständige Lösung natürlich die Summe der entsprechenden Partiallösungen (79).

Wir setzen (79) in (78) ein und erhalten, nachdem die allen Gliedern gemeinsame Exponentialfunktion fortgehoben ist,

$$(80) \quad \begin{cases} (a\varrho + l)\,A_1 - p\,C_1 = 0, \\ (b\varrho + m)\,B_1 + \sigma\,C_1 = 0, \end{cases}$$

$$(81) \quad -q\,A_1 - \sigma\,B_1 + (c\varrho + n)\,C_1 = 0.$$

Da diese Gleichungen homogen in A_1, B_1, C_1 sind, so bestimmen sie nur deren Verhältnisse, etwa A_1/C_1 und B_1/C_1 (womit auch A_1/B_1 gefunden ist); weil uns aber drei Gleichungen zur Verfügung stehen, so ist als dritte Unbekannte auch die Kennziffer ϱ durch sie bestimmbar. Wir finden aus (80)

$$(82) \quad \frac{A_1}{C_1} = \frac{p}{a\varrho + l}, \qquad \frac{B_1}{C_1} = -\frac{\sigma}{b\varrho + m},$$

und damit gibt (81)

$$(83) \quad (a\varrho + l)(b\varrho + m)(c\varrho + n) + \sigma^2(a\varrho + l) - pq(b\varrho + m) = 0$$

als Bestimmungsgleichung für die Kennziffern ϱ.

Wir fragen hier nur danach, wie die Wurzeln ϱ der Gleichung (83) durch das Hinzutreten des Kreiselgliedes geändert werden. Diese algebraische Frage entscheidet man am raschesten auf graphischem Wege. Man schreibt nämlich statt (83) zunächst

$$(84) \quad \sigma^2(a\varrho + l) + (b\varrho + m)\big[(a\varrho + l)(c\varrho + n) - pq\big] = 0$$

und zerlegt dann den letzten Klammerfaktor in seine Linearfaktoren

$$(85) \quad \big[(a\varrho + l)(c\varrho + n) - pq\big] = ac(\varrho + \varrho')(\varrho + \varrho'')$$

mit

$$(86) \quad \begin{cases} \left.\begin{matrix}\varrho' \\ \varrho''\end{matrix}\right\} = \dfrac{1}{2\,ac}\big[(an + cl) \pm \sqrt{(an + cl)^2 - 4\,ac(ln - pq)}\big] \\[2ex] \phantom{\left.\begin{matrix}\varrho'\end{matrix}\right\}} = \dfrac{1}{2\,ac}\big[(an + cl) \pm \sqrt{(an - cl)^2 + 4\,acpq}\big]. \end{cases}$$

Aus der zweiten Form von ϱ' und ϱ'' geht hervor, daß ϱ' und ϱ'' reell sind, aus der ersten, daß sie überdies positiv bleiben. Denn es ist nach (55) der unter der Quadratwurzel stehende Ausdruck

$$ln - pq = \frac{x_0 y_0 g^2}{3\,v^4}\,\frac{F_s}{F}\,\frac{c'_{as}}{v_a}\left(\frac{c'_a}{c_a} - \frac{2\,z_0}{x_0}\right) + \frac{2}{9}\,\frac{y_0^3 g^2}{x_0 v^4}\,\frac{c_w}{c_a}\left(\frac{c'_a}{c_a} - \frac{c'_w}{c_w}\right) > 0$$

Grammel, Der Kreisel.

zufolge (56) bei allen vernünftig gebauten Flugzeugen. Man hat also statt (84)

$$(87 \qquad \sigma^2\!\left(\varrho + \frac{l}{a}\right) + b\,c\left(\varrho + \frac{m}{b}\right)(\varrho + \varrho')\,(\varrho + \varrho'') = 0.$$

Diese Gleichung deuten wir in einem cartesischen Koordinatensystem mit den Abszissen ϱ und den Ordinaten σ^2; sie stellt dort eine Kurve dritter Ordnung vor (Abb. 91), die sich mühelos entwerfen läßt. Nämlich sie schneidet die Abszissenachse ($\sigma^2 = 0$) in den Punkten

$$(88) \qquad \varrho = -\varrho', \qquad \varrho = -\varrho'', \qquad \varrho = -\frac{m}{b}$$

und hat offenbar die Asymptote (mit $\sigma^2 = \infty$)

$$(89) \qquad \varrho = -\frac{l}{a}.$$

Sie verhält sich außerdem für sehr große Absolutwerte von ϱ und σ^2 wie die Parabel

$$(90) \qquad (\sigma^2) + b\,c\,\varrho^2 = 0,$$

strebt also mit zwei parabelartigen Armen auf der Seite negativer Ordinaten in das Unendliche. Je nach der Reihenfolge der vier Zahlen (88), (89) kann die Kurve ihr Aussehen etwas ändern, aber man überzeugt sich leicht davon, daß sie immer einen Dreizack darstellt, der bogenförmig in den Bereich der positiven Ordinaten eintritt.

Abb. 91.

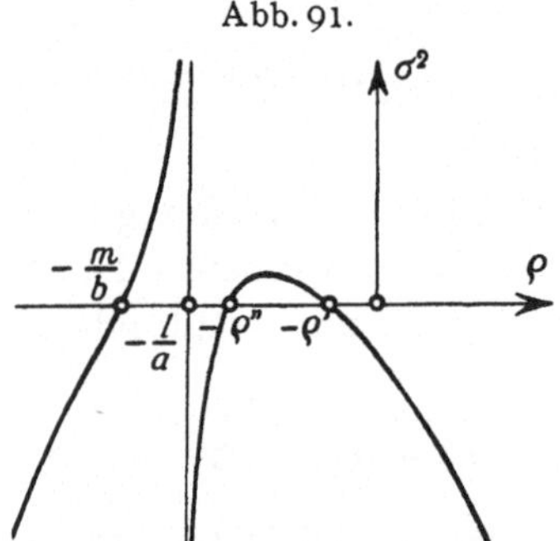

Ist $\sigma = 0$, so sind die drei Kennziffern ϱ in (88) angegeben. Die zwei ersten, $-\varrho'$ und $-\varrho''$, gehören zu den Koordinaten φ und ψ der Seitenstabilität, die letzte, $-m/b$, gehört zur Kippkoordinate χ, und alle drei bedeuten gemäß (79), daß nach der Störung das Flugzeug aperiodisch gedämpft in seine neue Gleichgewichtslage übergeht.

Ist aber $\sigma \neq 0$, so fällt zunächst auf, daß die neuen Kennziffern nur von σ^2, aber nicht vom Vorzeichen von σ abhängen. Der Drehsinn des Schraubenkreisels ist ohne Einfluß auf die Eigenschwingungen des Flugzeuges.

Die neuen Kennziffern sind die Abszissen der Schnittpunkte der Kurve (87) mit der zur Ordinate σ^2 gehörenden Parallelen zur Abszissenachse. Solange σ^2 klein genug bleibt, gibt es drei reelle Schnitte mit negativen Abszissen; wird σ^2 größer, so können zwei davon imaginär werden, ihre Abszissen ϱ sind komplex, und zwar natürlich konjugiert komplex und natürlich zunächst noch mit negativem Realteil. Die zu ihnen passenden Integrationskonstanten sind dann zufolge (82) ebenfalls konjugiert komplex. Verstehen wir wieder unter i die imaginäre Einheit, und sind demgemäß

$$(91) \qquad \begin{cases} \varrho_1 = -\varepsilon + i\tau, \\ \varrho_2 = -\varepsilon - i\tau \end{cases}$$

diese komplexen Kennziffern, so sind die entsprechenden Partialbewegungen nach (79)

$$\varphi = (A_1 - iA_2)e^{(-\varepsilon + i\tau)\frac{t}{t_0}} + (A_1 + iA_2)e^{(-\varepsilon - i\tau)\frac{t}{t_0}},$$
$$= 2e^{-\varepsilon\frac{t}{t_0}}\left(A_1 \cos\tau\frac{t}{t_0} + A_2 \sin\tau\frac{t}{t_0}\right)$$

(indem wir einen bekannten Satz zu Hilfe nehmen), und ähnlich für χ und ψ.

Der Klammerfaktor bedeutet eine harmonische Schwingung von der Frequenz τ/t_0 (Anzahl der Schwingungen in 2π sek), der Vorfaktor eine Dämpfung dieser Schwingung von solcher Stärke, daß die Amplitude nach der Zeit

$$(92) \qquad t_1 = \frac{t_0}{\varepsilon}\log\,\mathrm{nat}\,2$$

auf die Hälfte gesunken ist. Man nennt t_1 die **Halbwertszeit** dieser gedämpften Schwingung und definiert auch die Halbwertszeiten der vorhin genannten aperiodischen Partialbewegungen ganz entsprechend.

Das bisher aperiodisch gedämpfte Flugzeug kann unter dem Einfluß des Schraubenkreisels zu gedämpften Längs- und Querschwingungen übergehen.

Wenn σ^2 weiter und weiter wächst, so nimmt die Dämpfung ε mehr und mehr ab, die Frequenz τ/t_0 aber mehr und mehr zu, und im Grenzfall $\sigma^2 = \infty$ wird zufolge (90)

$$\varrho_1 = \varrho_2 = i\infty;$$

und dies bedeutet, daß sich das Flugzeug einem Kreisel von unbegrenzt starkem Schwung nähert, der durch äußere Kräfte zwar nur unbegrenzt wenig gestört werden kann, aber als ein sehr steifes System dann in außerordentlich rasche Schwingungen gerät, die nur sehr langsam wieder erlöschen.

Aus dem bisherigen geht zugleich hervor, daß der Schraubenkreisel die Stabilität des Flugzeuges zwar nicht gefährdet (wenn er auch zu gefährlichen, weil unerwarteten Nebenbewegungen beim Steuern Veranlassung gibt und unerwünschte Schwingungen im Gefolge hat); aber es wäre andererseits auch verkehrt, von ihm zu verlangen, daß er ein instabiles Flugzeug stabilisieren sollte. Er ist dazu — wie man ohne jede Rechnung, rein aus Gründen der Stetigkeit feststellen kann — um so weniger imstande, als er ja nicht einmal das indifferente Flugzeug zu stabilisieren vermag (dessen Lage ist und bleibt indifferent, wie vorhin gezeigt wurde). Der tiefere Grund für dieses Unvermögen des Kreisels liegt natürlich darin, daß er auf die Drehungen φ um die Längsachse ohne unmittelbaren Einfluß ist; er kann nicht verhindern, daß das Flugzeug um diese Achse langsam umfällt. Und weil er die Längs- und Seitenstabilität miteinander verkoppelt, so ist er auch nicht befähigt, wenigstens die eine von beiden, etwa die erste zu sichern.

4. Der unsymmetrische Schraubenkreisel. Die gebräuchlichen Flugzeugschrauben sind zumeist zweiflügelig und mithin nicht als symmetrische Kreisel im bisherigen Wortsinne anzusprechen. Unsere Ergebnisse bedürfen dann noch einer kleinen Abänderung, die sich aus den Untersuchungen von § 7, 4. ergibt. Wir wissen nämlich, daß beim unsymmetrischen Kreisel das Kreiselmoment gegenüber einer Zwangsdrehung nicht, wie wir doch in (27) angenommen haben, in der Knotenachse, die zu dieser Zwangsdrehung und der Eigendrehung gehört, festliegt, sondern mit der doppelten Frequenz der Eigendrehungen pulsiert.

Erstens wirft dieses Kreiselmoment eine solche pulsierende Komponente in die Eigendrehachse; sie ist in § 7 (30), S. 78, ermittelt worden, darf aber, weil mit dem Quadrat der Zwangsdrehung μ, d. h. $d\chi/dt$ oder $d\psi/dt$ proportional, um so eher außer acht bleiben, als sie neben der Ungleichförmigkeit des antreibenden Explosionsmotors keine Rolle spielt, wenn sie auch dessen Gang ein wenig beeinflussen mag.

Zweitens ist die bisher allein berücksichtigte Komponente in der Knotenachse nicht mehr von festem Betrag, sondern sie schwankt nach § 7 (28), wo $\delta = 90^0$ und $A\nu = \Theta$ zu setzen ist, zwischen den beiden Werten

$$(93) \qquad \Theta\mu\left(1 \pm \frac{B-C}{A}\right)$$

mit der doppelten Frequenz der Eigendrehung hin und her, zwar noch um den alten Mittelwert $\Theta\mu$, aber doch unter Umständen bis fast zum doppelten Betrag nach oben und fast bis Null nach unten [vgl. § 2 (16), S. 29]. Dabei sind B und C die beiden äquatorialen Hauptträgheitsmomente bezüglich des Schwerpunktes des Schraubenkreisels. Ebenso pulsiert drittens nach § 7 (29) eine Komponente in der Achse der Zwangsdrehung μ zwischen den beiden Werten

$$(94) \qquad \pm\Theta\mu\frac{B-C}{A}.$$

Weil nun aber die Drehung der Schraube jedenfalls sehr rasch ist gegenüber allen Flugzeugdrehungen und auch gegenüber allen Flugzeugschwingungen, so dürfen wir unsere bisherigen Ergebnisse auch für zweiflügelige Schrauben mit größter Annäherung als Mittelwerte gelten lassen. Diese Mittelwerte werden dann sozusagen noch von Hochfrequenzschwingungen überlagert, deren Amplituden ungemein klein bleiben, weil doch die träge Masse des Flugzeuges ihnen kaum merklich zu folgen vermag. Sie werden sich lediglich in raschen Erzitterungen des Flugzeuges um Quer- und Hochachse äußern; sie sind neben den Erschütterungen des Motors nicht fühlbar, wirken aber natürlich auf die Beanspruchung der Lager ungünstig ein und können die Schraubenflügel zu möglicherweise gefährlichen elastischen Schwingungen veranlassen.

Viertens ist zu bemerken, daß die Ausdrücke (93) und (94) ihrerseits streng genommen noch einer Verbesserung bedürfen. Bei ihrer Herleitung in § 7, 4. ist die Geschwindigkeit μ der Zwangsdrehung als feste Zahl vorausgesetzt worden. Diese Voraussetzung trifft nun beim Flugzeug nicht zu, und infolgedessen schwanken auch die Ausdrücke (93) und (94), freilich um so weniger, je rascher die Eigendrehung der Schraube gegenüber den Änderungen der durch den Kreisel selbst wieder beeinflußten Zwangsdrehungen sich vollzieht. Diese mehr grundsätzlich als praktisch wichtigen Feinheiten weiter zu verfolgen, lohnt jedoch nicht.

Verwendet man eine gerade Anzahl gegenläufiger Schrauben, so verschwindet die Kreiselwirkung nach außen hin nur dann, wenn bei mehr als zweiflügeligen Schrauben diese paarweise ganz synchron laufen, bei zweiflügeligen dagegen, wenn außerdem jedes Paar auch die gleiche Phase besitzt, so daß also die Flügel stets symmetrisch zur Mittelebene der Verbindungsstrecke ihrer Schwerpunkte stehen. Das ist nur durch Antrieb vom gleichen Motor zu erreichen.

Wichtig ist ferner, in jedem Falle auch die durch die Kreiselmomente geweckten inneren Spannungen sowohl in den Schraubenflügeln als auch in den Stielen und Holmen des Flugzeuges zu untersuchen. Diese Bemerkung trifft auch auf Luftschiffe zu, bei denen im übrigen die Rückwirkung der Kreiselmomente auf die Steuerfähigkeit ebenso gering sein dürfte wie (abgesehen von den Raddampfern) bei den Seeschiffen.

§ 17. Schleudernde Scheiben.

1. Die elastostatischen Grundlagen. Die letzte unbeabsichtigte Kreiselwirkung, die wir behandeln, betrifft runde Scheiben, die auf eine biegsame Welle aufgekeilt sind und mit dieser umlaufen. Solche Scheiben können in gefährliches Schleudern geraten. Die Erscheinung trat namentlich an Dampfturbinen, die in gewissem Sinne als ein Aggregat von Scheiben aufgefaßt werden können, peinlich zutage, als man, um deren Wirkungsgrad zu vergrößern, zu hohen Umdrehungszahlen überging. Beheben ließen sich die Schwierigkeiten erst, als man nach dem Vorschlage von G. de Laval möglichst dünne, biegsame Wellen verwandte. Man beobachtet dann nach Überschreiten einer sogenannten kritischen Umlaufszahl eine merkwürdige Selbstberuhigung der Scheibe. Wir müssen diese Erscheinungen hier schon deswegen besprechen, weil sie bei vielen der später aufzuführenden Kreisel auftritt.

Das Schleudern äußert sich in einer Durchbiegung der Welle, die keineswegs gerade am Ort der Scheibe am größten sein muß. Wäre dies dennoch zufällig der Fall und wäre die Scheibe genau senkrecht auf die Welle aufgekeilt, so würde sie beim ganzen Vorgang die Richtung ihres Schwungvektors nicht ändern, von Kreiselwirkung wäre nicht die Rede, und die Sache ginge uns hier nichts an: sie wäre eine bloße Folge der Fliehkraft.

Sobald die Scheibe jedoch beim Schleudern aus ihrer ursprünglichen Ebene heraustritt, sobald also ihre Figurenachse nicht mehr die Richtung der Verbindungsgeraden der Lagermitten beibehält, sondern um diese in erzwungener Präzession geschwenkt wird, haben wir es mit einer regelrechten Kreiselerscheinung zu tun, und an der Biegung der Welle ist jetzt außer der Fliehkraft wesentlich auch das Schleudermoment der Scheibe beteiligt. Indem wir zur genaueren Untersuchung der erwarteten Erscheinung schreiten, setzen wir dreierlei voraus: Erstens soll die Masse der Welle vernachlässigbar klein gegenüber der Masse der Scheibe sein. Zweitens soll die Schwerkraft keine Rolle spielen; sie soll entweder, wie bei einer aufrecht gestellten Welle, unwirksam gemacht sein oder zum mindesten infolge der Steifigkeit der Welle ohne merklichen Einfluß auf die Durchbiegung bleiben. Und drittens nehmen wir an, daß bei einer bestimmten Umlaufsgeschwindigkeit sich schließlich ein Gleichgewichtszustand eingestellt habe; ob dies überhaupt möglich ist, bedeutet eine Frage für sich, die wir nachher noch einmal streifen werden. Jedenfalls kümmern wir uns um die Schwingungen nicht, die dem Gleichgewichtszustand vorausgehen, sondern nur um diesen selbst.

Vor allem müssen wir einige Tatsachen aus der Biegungslehre übernehmen. Wir werden nämlich finden, daß die Welle, von einem mitumlaufenden Beobachter besehen, sich genau ebenso biegt, wie wenn sie in Ruhe wäre, aber durch eine Kraft P und durch ein Kräftepaar vom Moment M belastet würde. P und M hängen auf das engste mit der Fliehkraft und mit dem Schleudermoment der Scheibe zusammen, und ihre Vektoren stehen, wie sich zeigen wird, aufeinander und auf der ursprünglich geraden Wellenachse senkrecht.

Unter dem Einfluß von P und M biegt sich die Wellenachse zu einer ebenen Kurve. Solange die Durchbiegung allenthalben klein gegenüber der Wellenlänge l bleibt, ist sie nach aller Erfahrung proportional mit P und mit M; insbesondere besitzt sie am Angriffspunkt von P den Betrag

$$(1) \qquad y_0 = \alpha_0 P + \beta_0 M,$$

wo α_0 und β_0 feste, nur von den Abmessungen und dem Stoff der Welle abhängige Zahlen sind. Aber auch die Richtungsänderung,

Abb. 92.

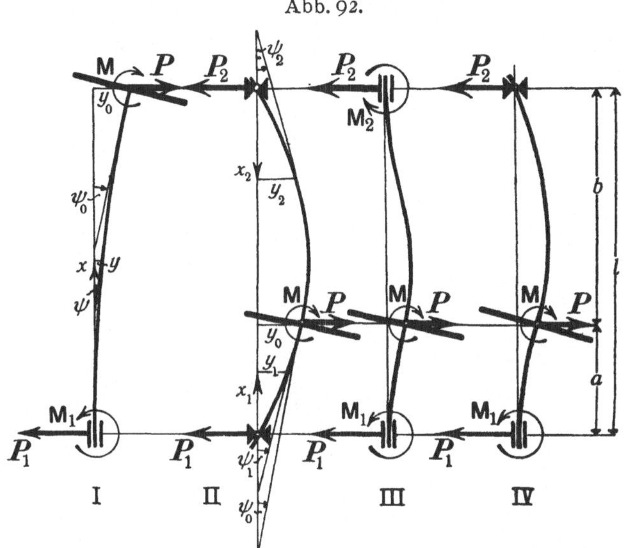

die irgend ein Element der Wellenachse bei der Biegung erlitten hat, ist proportional mit P und mit M; insbesondere wieder am Angriffspunkte der Kraft P ist diese Richtungsänderung

$$(2) \qquad \psi_0 = \gamma_0 P + \delta_0 M$$

mit zwei weiteren Wellenbeiwerten γ_0 und δ_0. P und M mögen dabei positiv gezählt sein, wenn sie die Biegung beide zu vergrößern streben.

Die Zahlen α_0, β_0, γ_0, δ_0 hängen wesentlich davon ab, wie die Welle gelagert ist. Die vier einfachsten Arten solcher Lagerung sind in Abb. 92 angedeutet: man hat entweder eine frei herausragende Welle (I) oder eine zweiseitig gelagerte, wobei dann die Lager entweder beide allseitig drehbar (II) oder beide fest (III) oder endlich teils drehbar, teils fest sein können (IV). Wenn E den Youngschen Elastizitätsmodul des Stoffes und

$$(3) \qquad J = \frac{\pi d^4}{64} \approx 0{,}05\, d^4$$

das sogenannte Flächenträgheitsmoment des kreisförmigen Wellenquerschnitts mit dem Durchmesser d bedeutet, und wenn zur Abkürzung die Steifigkeitszahl

$$(4) \qquad \lambda = \frac{1}{EJ}$$

gesetzt wird, so findet man in den vier Fällen mit den Bezeichnungen der Abb. 92 die folgenden Wellenbeiwerte:

$$(5) \qquad \text{I.} \quad \begin{cases} \alpha_0 = \lambda \dfrac{l^3}{3} \\[2mm] \beta_0 = \gamma_0 = \lambda \dfrac{l^2}{2} \\[2mm] \delta_0 = \lambda l \end{cases} \qquad\qquad \alpha_0 \delta_0 - \beta_0 \gamma_0 = \lambda^2 \dfrac{l^4}{12}$$

$$(6) \qquad \text{II.} \quad \begin{cases} \alpha_0 = \lambda \dfrac{a^2 b^2}{3 l} \\[2mm] \beta_0 = \gamma_0 = \lambda \dfrac{a b (b - a)}{3 l} \\[2mm] \delta_0 = \lambda \dfrac{a^3 + b^3}{3 l^2} \end{cases} \qquad\qquad \alpha_0 \delta_0 - \beta_0 \gamma_0 = \lambda^2 \dfrac{a^3 b^3}{9 l^2}$$

$$(7) \qquad \text{III.} \quad \begin{cases} \alpha_0 = \lambda \dfrac{a^3 b^3}{3 l^3} \\[2mm] \beta_0 = \gamma_0 = \lambda \dfrac{a^2 b^2 (b - a)}{2 l^3} \\[2mm] \delta_0 = \lambda \dfrac{a b (a^3 + b^3)}{l^4} \end{cases} \qquad\qquad \alpha_0 \delta_0 - \beta_0 \gamma_0 = \lambda^2 \dfrac{a^4 b^4}{12 l^4}$$

$$(8) \qquad \text{IV.} \quad \begin{cases} \alpha_0 = \lambda \dfrac{a^3 b^2 (3 a + 4 b)}{12 l^3} \\[2mm] \beta_0 = \gamma_0 = \lambda \dfrac{a^2 b (2 b^2 - a^2)}{4 l^3} \\[2mm] \delta_0 = \lambda \dfrac{a (4 b^3 + a^3)}{4 l^3} \end{cases} \qquad\qquad \alpha_0 \delta_0 - \beta_0 \gamma_0 = \dfrac{a^4 b^3}{12 l^3}$$

Wir können die Herleitung dieser Beiwerte nur eben kurz andeuten. Bei der Biegung eines Stabes werden seine Längsfasern teilweise gezogen, teilweise gedrückt. Die auf diese Weise in ihm entstehenden Spannungen setzen sich in jedem Querschnitt zu einem Kräftepaar zusammen, dessen Moment man das Biegungsmoment heißt. Sein Vektor liegt senkrecht zur Ebene der gebogenen Mittelachse und sein Betrag ist, wie in der Biegungslehre gezeigt wird und wie auch ohne weiteres einleuchtet, proportional mit der Krümmung der gebogenen Mittelachse. Bezeichnet x die Abszisse jenes Querschnittes, y die dort erreichte Durchbiegung, so mißt unter der Vor aussetzung kleiner Biegungspfeile der Differentialquotient dy/dx angenähert die Neigung ψ der Tangente der gebogenen Mittelachse gegen ihre ursprünglich gerade Lage (die x-Achse), und ebenso d^2y/dx^2 angenähert die Krümmung dieser Kurve; und es ist dann

$$(9) \qquad \frac{d^2y}{dx^2} = \lambda M_x,$$

wo M_x das Biegungsmoment, der Proportionalitätsfaktor λ aber die Zahl (4) bedeutet. Im Gleichgewichtszustand muß M_x nun gleich der Summe der Momente aller Kräfte und Kräftepaare sein, die auf der einen (oder, was auf das gleiche hinauskommt, auf der anderen) Seite des Querschnittes x sich befinden.

So wird im Falle I

$$\frac{d^2y}{dx^2} = \lambda M_x = \lambda\,[P(l-x)+M],$$

und daraus folgt durch zweimalige Integration und unter Beachtung der Tatsache, daß für $x=0$, d. h. am Lager, auch $y=0$ und $dy/dx=0$ sein soll,

$$\psi = \frac{dy}{dx} = \lambda\left[Px\left(l-\frac{x}{2}\right)+Mx\right],$$

$$y = \lambda\left[P\frac{x^2}{2}\left(l-\frac{x}{3}\right)+M\frac{x^2}{2}\right].$$

Hieraus ergeben sich für $x=l$, d. h. am Angriffspunkte der Kraft, sofort die Beiwerte (5).

Sind im Falle II P_1 und P_2 die Gegenkräfte der Lager, so erfordert das Gleichgewicht, daß die Momente um die Lagermitten $x=l$ und $x=0$ verschwinden, und dies gibt

$$(10) \qquad P_1 l = Pb - M, \quad P_2 l = Pa + M.$$

Kennzeichnen wir die beiden Wellenteile a und b durch die Zeiger 1 und 2, so wird

$$\frac{d^2y_1}{dx_1^2} = \lambda M_{x_1} = -\lambda P_1 x_1,$$

$$\frac{d^2y_2}{dx_2^2} = \lambda M_{x_2} = \lambda P_2 x_2,$$

und daraus mit zwei noch offenen Konstanten A und B

$$(11) \qquad \psi_1 = \lambda\left(A - P_1\frac{x_1^2}{2}\right), \qquad \psi_2 = \lambda\left(B + P_2\frac{x_2^2}{2}\right),$$

$$(12) \qquad y_1 = \lambda\left(A x_1 - P_1\frac{x_1^3}{6}\right), \qquad y_2 = \lambda\left(B x_2 + P_2\frac{x_2^3}{6}\right).$$

Man muß die Zahlen A und B so bestimmen, daß für $x_1 = a$ und $x_2 = b$ sowohl $y_1 = y_2$, wie auch $\psi_1 = -\psi_2$ wird. Dies gibt insbesondere

$$(13) \qquad A = \frac{1}{3l}\left[P_1 a^2\left(\frac{a}{2} + \frac{3b}{2}\right) + P_2 b^3\right].$$

Berechnet man dann schließlich die beiden Wellenteilen a und b gemeinsamen Werte $y_0 = y_1$ und $\psi_0 = \psi_1$ für $x_1 = a$ aus (12) und (11), so findet man zufolge (10) und (13) nach leichter Zwischenrechnung genau die Beiwerte (6).

Ganz ebenso bestätigt man für die Fälle III und IV die Beiwerte (7) und (8), indem man die zunächst noch unbekannten Einspannmomente M_1 und M_2 berücksichtigt, die ganz (III) oder teilweise (IV) an die Stelle der vorigen Integrationskonstanten A und B treten. Die Rechnungen sind ein wenig umständlicher, ohne jedoch zu irgendwelchen begrifflichen Schwierigkeiten zu führen. Auf den sehr einfachen Grund dafür, daß in allen Fällen $\beta_0 = \gamma_0$ wird, gehen wir hier nicht ein.

2. Eine einzelne Scheibe. Eine genau kreisrunde und genau senkrecht auf eine Welle von der Länge l aufgekeilte Scheibe, die wir uns durch ihre Mittelebene vorstellen, kann aus zwei Gründen anfangen, zu schleudern. Erstens läßt es sich nie erreichen, daß ihr geometrischer Mittelpunkt ganz auf der geometrischen Wellenachse liegt, und zweitens wird infolge kleiner Ungleichmäßigkeiten des Stoffes auch der Scheibenschwerpunkt niemals völlig mit dem geometrischen Mittelpunkte zusammenfallen. Beide Fehler haben je eine besondere Art des Schleuderns zur Folge, die wir beide für sich untersuchen.

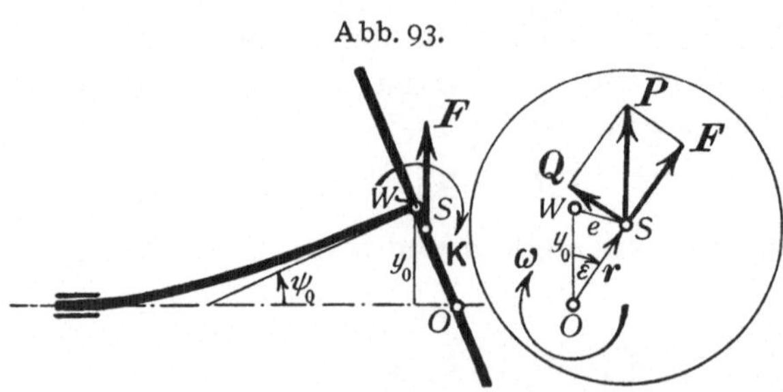

Erster Fall. Die Scheibe ist zwar homogen, aber ihr Mittelpunkt (Schwerpunkt) S hat vom Durchstoßungspunkt W der ursprünglich geraden Wellenachse die kleine Entfernung e (Abb. 93). Bei der Umlaufsgeschwindigkeit ω möge sich schließlich ein Gleichgewichtszustand ausgebildet haben, der durch die im früheren Sinne gebrauchten Zahlen y_0 und ψ_0 für die Auslenkung des Punktes W und die dortige Tangentenrichtung der gebogenen Wellenachse gekennzeichnet sein mag. Wir nennen O den Durchstoßungspunkt der ursprünglichen

Achse mit der Scheibe, so daß also $OW \approx y_0$ ist. Ferner setzen wir $OS = r$ und $\angle WOS = \varepsilon$, positiv von OW aus gerechnet im Drehsinn der Scheibe. Die Zahlen y_0/l sowie ψ_0 sind als klein angenommen; insbesondere wollen wir stets $\sin\psi_0$ mit ψ_0 und $\cos\psi_0$ mit 1 ver‑wechseln und Glieder mit ψ_0^2 ganz streichen.

Auf die Scheibe wirkt erstens die Fliehkraft [Einl. II (1), S. 164]

$$(14) \qquad\qquad F = m\omega^2 r,$$

zweitens das Schleudermoment $\boldsymbol{K}$ vom Betrage [Einl. II (2)]

$$(15) \qquad\qquad K = (A - B)\omega^2\psi_0;$$

dessen Achse steht senkrecht zu y_0 und zur Wellenachse und sucht die Auslenkung ψ_0 auf Null zurückzubringen. A ist das axiale, B das äquatoriale Trägheitsmoment der Scheibe. (Es mag hier eingeschaltet sein, daß das Kreiselmoment (15) allgemein bei allen Radsätzen als Wellen- und Lagerbeanspruchung in Rechnung zu setzen ist, wenn absichtlich oder zufällig die Figurenachse des Radsatzes mit der Wellenachse einen kleinen Winkel ψ_0 bildet, wenn der Radsatz also schief aufgekeilt ist.)

Solange auf die Scheibe keine weitere Kraft wirkt, muß der Winkel ε offenbar verschwinden, und die Fliehkraft zusammen mit dem Schleudermoment sind die alleinigen Ursachen der Ausbiegung y_0. In Wirklichkeit sind aber stets noch weitere Kräfte vorhanden, seien es antreibende (wenn die Scheibe beispielsweise am Umfange an-geblasene Schaufeln trägt), seien es bremsende (wenn die Scheibe in einem widerstehenden Mittel läuft). Der erste Fall trifft auf Turbinen-räder zu, der zweite auf Schiffsschrauben (die geometrische Symmetrie der Scheibe ist dann durch eine dynamische ersetzt). Mangels ge-nauerer Kenntnis dieser Zusatzkräfte machen wir die einleuchtende Annahme, daß ihre Gesamtwirkung, abgesehen von einem Drehmoment um die Wellenachse, in einer Einzelkraft Q sich äußere, die durch den Scheibenschwerpunkt S geht und auf OS senkrecht steht. Wir rechnen Q positiv, wenn es eine bremsende, negativ, wenn es eine antreibende Kraft ist. Das Drehmoment um die Wellenachse aber soll irgendwie ausgeglichen sein, so daß jedenfalls die Umlaufsgeschwindig-keit ω sich nicht ändert. Die Größe von Q setzen wir an zu

$$(16) \qquad\qquad Q = \varkappa m\omega^2 r,$$

wo $\varkappa$ einen Beiwert der Reibung (positiv), bzw. des Antriebes (negativ) bedeutet. Dieser Ansatz stimmt beispielsweise für den Umlauf in einem widerstehenden Mittel ganz gut mit der Erfahrung überein, wobei die Masse m der Scheibe nur aus Dimensionsgründen hinzu-gefügt ist.

Damit die auf OW senkrechten Komponenten von F und Q, weil sie ja keine Biegung hervorrufen, sich ausgleichen, muß

$$F \sin \varepsilon = Q \cos \varepsilon$$

sein, und daraus bestimmt sich zufolge (14) und (16) der Winkel ε als von Null verschieden und von ω unabhängig

$$(17) \qquad\qquad\qquad \operatorname{tg} \varepsilon = \varkappa.$$

Die in die Richtung OW fallenden Komponenten fügen sich zusammen zu einer Kraft P vom Betrage

$$P = m \omega^2 r \left(\cos \varepsilon + \varkappa \sin \varepsilon \right),$$

wofür man nach (17) kürzer hat

$$(18) \qquad\qquad\qquad P = \frac{m \omega^2 r}{\cos \varepsilon}.$$

Diese Kraft, zusammen mit dem Moment K (15), ruft die Biegung in solcher Weise hervor, daß zufolge (1) und (2) mit $M = -K$

$$y_0 = a_0 P - \beta_0 K,$$
$$\psi_0 = \gamma_0 P - \delta_0 K$$

wird. Setzen wir die Werte von P und K aus (18) und (15) ein, so kommt

$$(19) \qquad \begin{cases} y_0 = (a r - \beta \psi_0) \omega^2, \\ \psi_0 = (\gamma r - \delta \psi_0) \omega^2 \end{cases}$$

mit den neuen Wellenbeiwerten

$$(20) \qquad \begin{cases} a = a_0 \dfrac{m}{\cos \varepsilon}, & \beta = \beta_0 (A - B), \\[2mm] \gamma = \gamma_0 \dfrac{m}{\cos \varepsilon}, & \delta = \delta_0 (A - B), \end{cases}$$

und daraus berechnet sich durch Entfernen von ψ_0

$$y_0 = r \omega^2 \left(a - \frac{\beta \gamma \omega^2}{1 + \delta \omega^2} \right)$$

oder einfach

$$(21) \qquad\qquad\qquad y_0 = r \xi$$

mit der Abkürzung

$$(22) \qquad\qquad\qquad \xi = \omega^2 \left(a - \frac{\beta \gamma \omega^2}{1 + \delta \omega^2} \right).$$

Führt man schließlich noch die Exzentrizität e vermöge

$$(23) \qquad\qquad\qquad e^2 = y_0^2 + r^2 - 2 y_0 r \cos \varepsilon$$

ein, so berechnen sich aus (21) und (23)

$$(24) \qquad\qquad\qquad r^2 = \frac{e^2}{1 + \xi^2 - 2 \xi \cos \varepsilon},$$

$$(25) \qquad\qquad\qquad y_0^2 = \frac{e^2}{1 + \dfrac{1}{\xi^2} - \dfrac{2 \cos \varepsilon}{\xi}},$$

und dann aus der ersten Gleichung (19)

$$\psi_0 = \frac{y_0}{\beta\omega^2}\left(\frac{a\omega^2}{\xi} - 1\right)$$

oder endlich nach (22)

$$(26) \qquad \psi_0 = y_0\,\frac{\gamma}{a + (a\delta - \beta\gamma)\omega^2}$$

als die dem Beharrungszustand entsprechenden Werte.

Wir schreiten zur Besprechung der gefundenen Formeln. Zunächst geht aus (17) hervor: **Je nachdem die Kraft Q hemmt oder antreibt, eilt der Schwerpunktsfahrstrahl OS dem Fahrstrahl OW voraus oder nach.**

Würden wir auf die Kreiselwirkungen nicht achten, so wäre ferner mit $\beta = 0$, $\delta = 0$ zufolge (22) einfach $\xi = a\omega^2$; und deshalb wollen wir die Größe ξ vorläufig als Maß für die Umlaufsschnelligkeit gelten lassen und r sowie y_0 als Funktionen von ξ untersuchen. Wir stellen leicht fest, daß die Nenner in (24) und (25) für keinen reellen Wert von ξ verschwinden, solange ε nicht gleich Null ist, solange also eine Zusatzkraft Q vorhanden ist. Demgemäß wächst weder r noch y_0 jemals über alle Grenzen, und unsere Annahme, daß beide endlich, ja sogar klein bleiben sollten, muß für $\varepsilon \neq 0$ auf keinerlei Widerspruch stoßen. Die Höchstwerte von r und y_0 treten ein für $\partial r^2/\partial \xi = 0$ und $\partial y_0^2/\partial \xi = 0$, also für

$$\xi = \cos\varepsilon, \text{ bzw. } \xi = \frac{1}{\cos\varepsilon}.$$

Man berechnet sich schnell noch die folgende Tafel:

ξ	r	y_0
0	e	0
$\cos\varepsilon$	$e/\sin\varepsilon$	$e\,\mathrm{ctg}\,\varepsilon$
1	$e/2\sin\dfrac{\varepsilon}{2}$	$e/2\sin\dfrac{\varepsilon}{2}$
$1/\cos\varepsilon$	$e\,\mathrm{ctg}\,\varepsilon$	$e/\sin\varepsilon$
∞	0	e

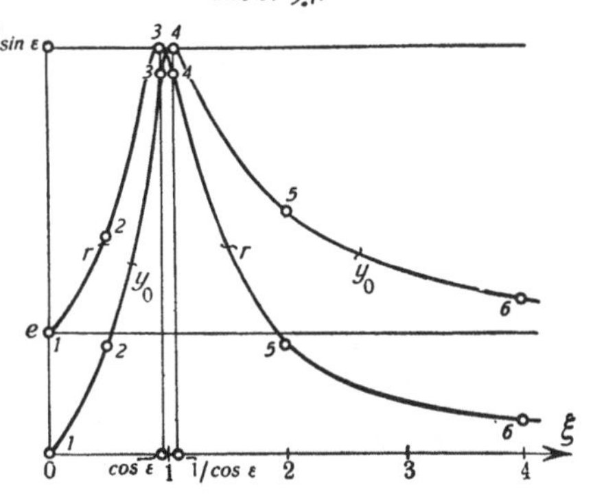

und trägt dann die Funktionen r und y_0 mühelos über den Abszissen ξ auf (Abb. 94) und macht sich auch über die gegenseitige Lage der drei Punkte O, S, W leicht ein klares Bild (Abb. 95, wo die einzelnen Lagen mit den gleichen Ziffern bezeichnet sind wie in Abb. 94). Es gibt also in der Umgebung von $\xi = 1$ einen Bereich stärksten Schleuderns; wir wollen ihn den **kritischen** nennen.

Jetzt gilt es noch, den Zusammenhang zwischen ξ und ω^2 festzustellen. Schreibt man statt (22)

$$(1 + \delta\omega^2)\xi - \omega^2[\alpha + (\alpha\delta - \beta\gamma)\omega^2] = 0$$

und multipliziert dieses Glied für Glied mit δ^2, so läßt es sich schnell umformen in

$$(27)\qquad [1 + \delta\omega^2][\delta^2\xi - \delta(\alpha\delta - \beta\gamma)\omega^2 - \beta\gamma] + \beta\gamma = 0.$$

Man deutet diese Gleichung in einem Koordinatensystem mit den Abszissen ξ und den Ordinaten ω^2 und erhält offenbar eine Hyperbel

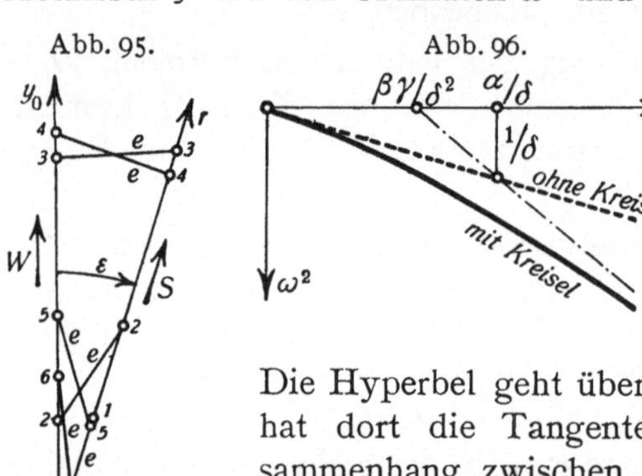

Abb. 95.　　　　　Abb. 96.

mit den beiden Asymptoten, deren Gleichungen durch Nullsetzen der beiden Klammern [ ] in (27) gewonnen werden (Abb. 96, wo die zweite Asymptote strichpunktiert eingezeichnet ist).

Die Hyperbel geht überdies durch den Ursprung und hat dort die Tangente $\xi = \alpha\omega^2$, die ja den Zusammenhang zwischen ξ und ω^2 ohne Berücksichtigung der Kreiselwirkung darstellen würde (in Abb. 96 gestrichelt). Beim Entwurf der Hyperbel ist zu beachten, daß nach (5) bis (8), S. 216, die Größen α_0, δ_0, $\alpha_0\delta_0 - \beta_0\gamma_0$ und $\beta_0\gamma_0$, und folglich nach (20) wegen $A > B$ und $\cos\varepsilon > 0$ auch α, δ, $\alpha\delta - \beta\gamma$ und $\beta\gamma$ stets positiv bleiben.

Wir können jetzt den Sachverhalt so aussprechen: Sehen wir zunächst von der Kreiselwirkung ganz ab, so schwingt mit wachsender Umlaufsgeschwindigkeit ω die Scheibe stärker und stärker aus, bis für $\omega_1 = \cos\varepsilon/\sqrt{\alpha_0 m}$ ihre Schwerpunktsamplitude r, für $\omega_2 = 2/\sqrt{\alpha_0 m}$ die Amplitude y_0 ihres Wellendurchstoßungspunktes einen Höchstwert erreicht hat, wonach die Ausschläge weiter und weiter abnehmen, bis für $\omega = \infty$ der Schwerpunkt sich in die Verbindungsgerade der Lagermitten eingestellt hat (Selbsteinstellung des Schwerpunktes).

Durch den Hinzutritt der Kreiselwirkung der Scheibe wird diese Erscheinung derart abgeändert, daß der betreffende Zustand jedesmal erst bei einer höheren Umlaufsgeschwindigkeit ω eintritt.

Die Kreiselwirkung ist hiernach günstig, solange man mit der Geschwindigkeit unterhalb des kritischen Bereiches bleibt; oberhalb desselben hingegen verschlechtert sie die Selbsteinstellung des Schwerpunktes.

Der Einfluß der Kreiselwirkung ist an sich um so größer, je höher ω schon liegt (Abb. 96). Nach (26) wird mit $\omega = \infty$ zugleich $\psi_{0\infty} = 0$:

Die Mittelebene der Scheibe stellt sich für unbegrenzt große Umlaufsgeschwindigkeit ω infolge der Kreiselwirkung senkrecht zur Verbindungsgeraden der Lagermitten ein.

Für das Verständnis später zu nennender Kreiselbauarten scheint hier noch die Bemerkung wichtig, daß der kritische Bereich ω_1 bis ω_2 um so niedriger liegt, je größer a_0, d. h. nach (4) bis (8) je geringer die Steifigkeit der Welle, insbesondere also je dünner die Welle ist. Man benutzt daher bei rasch laufenden Kreiseln mit Vorliebe nadeldünne Wellen, um zu erreichen, daß erstens der kritische Bereich schon tief bei ungefährlichen Drehzahlen überschritten ist, und daß zweitens die Selbsteinstellung dann weiterhin um so vollständiger wird.

Zweiter Fall. Die Scheibe ist nicht genau homogen; zwar fällt ihr geometrischer Mittelpunkt in den Durchstoßungspunkt W der ursprünglich geraden Wellenachse, aber der Schwerpunkt S hat davon die kleine Entfernung e. Stellt man dann die früheren Überlegungen an, so wird man darauf geführt, die Kraft Q senkrecht zu OW (statt OS) anzusetzen mit dem Betrag

$$(16a) \qquad Q = \varkappa m \omega^2 y_0$$

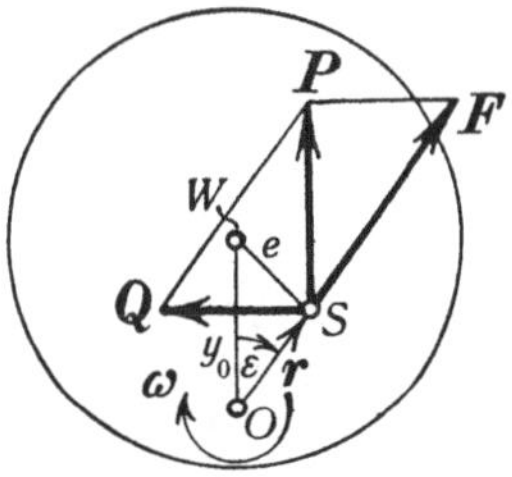

(Abb. 97). Der Gang der Rechnung ist dann ganz ähnlich. Man hat als Gleichgewichtsbedingung

$$Q = F \sin \varepsilon$$

oder

$$(17a) \qquad \sin \varepsilon = \frac{\varkappa y_0}{r},$$

und als biegende Kraft

$$P = F \cos \varepsilon = m \omega^2 r \cos \varepsilon.$$

Die Gleichungen (19) bleiben also bestehen, falls man dort statt α und γ

$$(20a) \qquad \begin{cases} \alpha' = a_0\, m \cos \varepsilon, \\ \gamma' = \gamma_0\, m \cos \varepsilon \end{cases}$$

setzt, so daß sich mit

$$(22a) \qquad \xi' = \omega^2 \left(\alpha' - \frac{\beta \gamma' \omega^2}{1 + \delta \omega^2} \right)$$

ergibt

$$(21a) \qquad y_0 = r \xi',$$

$$(17b) \qquad \sin \varepsilon = \varkappa \xi',$$

$$(24a) \qquad r^2 = \frac{e^2}{1 + \xi'^2 - 2\xi' \cos \varepsilon},$$

$$(25a) \qquad y_0^2 = \frac{e^2}{1 + \dfrac{1}{\xi'^2} - \dfrac{2 \cos \varepsilon}{\xi'}}.$$

Hier ist nun gemäß (17a) freilich ε nicht mehr unabhängig von ω, und auch ξ' ist jetzt nicht ohne weiteres ein geeignetes Maß für die Umlaufsschnelligkeit, weil ε gemäß (20a) auch in α' und γ' eingegangen ist. Wir wählen dafür lieber

$$(22\,\mathrm{b}) \qquad \xi'' = \frac{\xi'}{\cos \varepsilon} = \omega^2 \left(\alpha'' - \frac{\beta \gamma'' \omega^2}{1 + \delta \omega^2} \right)$$

mit

$$(20\,\mathrm{b}) \qquad \begin{cases} \alpha'' = a_0\, m, \\ \gamma'' = \gamma_0\, m \end{cases}$$

und haben dann zunächst

$$(17\,\mathrm{c}) \qquad \operatorname{tg} \varepsilon = \varkappa \xi''$$

und weiter durch Einsetzen von ξ'' und Entfernen von ε

$$(24\,\mathrm{b}) \qquad r^2 = e^2 \frac{1 + \varkappa^2 \xi''^2}{1 + (1 + \varkappa^2)\, \xi''^2 - 2\, \xi''},$$

$$(25\,\mathrm{b}) \qquad y_0^2 = e^2 \frac{\xi''^2}{1 + (1 + \varkappa^2)\, \xi''^2 - 2\, \xi''}.$$

Da die Nenner auch jetzt für keinen reellen Wert von ξ'' verschwinden, so tritt nach wie vor keine unendliche, unseren Annahmen widersprechende Auslenkung ein. Der Höchstwert von y_0 (und nur dieser erscheint uns hier wichtig) gehört zu $\xi'' = 1$ und hat den Betrag $e/\varkappa$, wogegen für $\xi'' = \infty$

$$(28) \qquad \begin{cases} r_\infty = \dfrac{e\,\varkappa}{\sqrt{1 + \varkappa^2}}, \\[2ex] y_{0\,\infty} = \dfrac{e}{\sqrt{1 + \varkappa^2}} \end{cases}$$

beide von Null verschieden ausfallen. Man stellt den Verlauf von y_0 (Abb. 98)

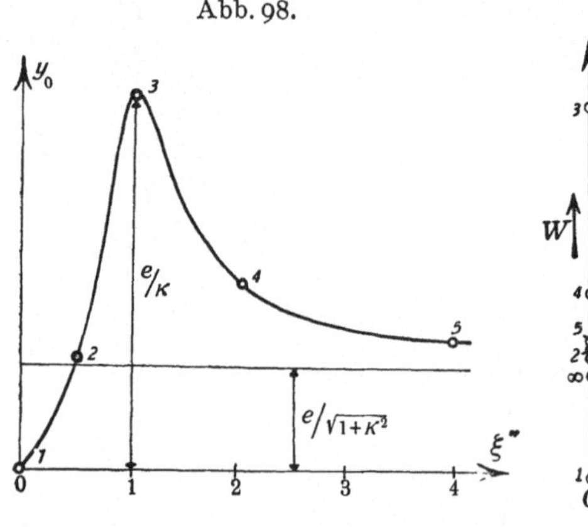
Abb. 98.

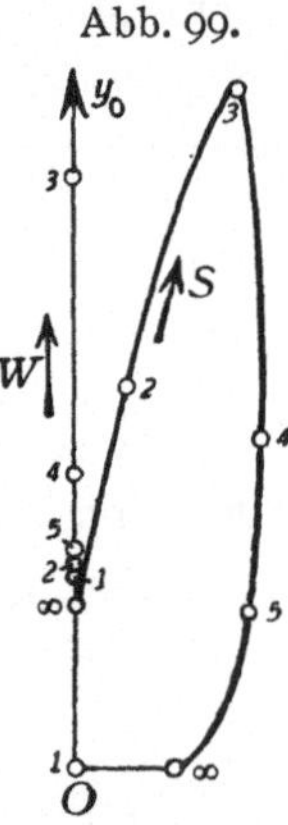
Abb. 99.

sowie den Zusammenhang zwischen r und y_0 (Abb. 99) leicht graphisch dar, und desgleichen denjenigen zwischen ξ'' und ω^2, der sich einfach in der früheren Hyperbel (Abb. 96) wiederfindet, wenn man dort α und γ gegen α'' und γ'' vertauscht. Die Gleichung (26) für ψ_0 aber geht über in

$$(26\,\mathrm{a}) \qquad \psi_0 = y_0 \frac{\gamma''}{\alpha'' + (\alpha'' \delta - \beta \gamma'')\, \omega^2}$$

mit dem Grenzwert $\psi_{0\infty} = 0$ für unendlich große Umlaufsgeschwindigkeit.

Wir ziehen aus (17c) und (28) folgende Schlüsse:

Mit zunehmender Geschwindigkeit stellt sich der Schwerpunktsfahrstrahl mehr und mehr senkrecht zu OW, und zwar vorauseilend oder nachhinkend, je nachdem die Kraft Q hemmt oder antreibt.

Es gibt eine kritische Geschwindigkeit ω_0 mit starker Auslenkung der Welle. Bei rascherem Umlauf sinkt diese Auslenkung; aber es tritt bei unbegrenzt großen Geschwindigkeiten keine völlige Selbsteinstellung des Schwerpunktes ein, sondern nur eine Selbsteinstellung der Mittelebene der Scheibe senkrecht zur Verbindungsgerade der Lagermitten.

Der Einfluß der Kreiselwirkung äußert sich dabei in der gleichen Weise wie beim ersten Falle.

Die kritische Geschwindigkeit folgt mit $\xi'' = 1$ aus (22b) zu

$$(29) \qquad \omega_0^2 = \frac{\delta - \alpha'' + \sqrt{(\delta - \alpha'')^2 + 4(\alpha''\delta - \beta\gamma'')}}{2(\alpha''\delta - \beta\gamma'')}.$$

Das negative Vorzeichen vor der Quadratwurzel ist auszuschließen, weil es auf einen negativen Wert ω_0^2 führen würde, zu welchem keine reelle Zahl ω_0 gehören kann.

Es sind hier noch einige Bemerkungen zuzufügen, welche beide Fälle angehen. Die wirklichen Verhältnisse liegen, wie schon eingangs erwähnt, in der Mitte zwischen beiden, und es ist daher angebracht, das Gemeinsame der beiden Fälle kurz hervorzuheben. Es besteht darin, daß ohne Zusatzkraft Q die Auslenkung bei der kritischen Geschwindigkeit mit $\varkappa = 0$, $\varepsilon = 0$ theoretisch über alle Grenzen wächst, sofort aber endlich und bei kleiner Exzentrizität e sogar klein bleibt, wenn eine merkliche Kraft Q vorhanden ist; und dies ist ja stets der Fall.

Oberhalb der kritischen Geschwindigkeit ist die Kreiselwirkung schädlich, und es ist dort erwünscht, sie soweit als möglich auszuschalten. Dies kann in den Fällen II, III und IV von Abb. 92, S. 215, leicht erreicht werden. Es genügt nämlich nach (20), (22) und (22b), daß β_0 verschwinde, und dies geschieht nach (6) und (7) in den Fällen II und III, wenn man mit $a = b$ die Scheibe auf die Mitte der Welle aufkeilt, im Falle IV aber nach (8), wenn man die Welle im Verhältnis $a:b = \sqrt{2}:1$ unterteilt, die Scheibe also näher am drehbaren Lager aufsetzt. Lediglich im Falle I ist die Ausschaltung der schädlichen Kreiselwirkung nicht möglich. Er kommt indessen fast nur bei herausragenden Wellen von Schiffsschrauben vor, und eben da ist die Reibungskraft Q so bedeutend, daß gefährliche Auslenkungen kaum zu befürchten sind.

Wir wollen den Einfluß der Kreiselwirkung im Falle I (Abb. 92), wo er am stärksten ist, zahlenmäßig abschätzen. Es möge sich beispielsweise um eine Scheibe von $G = 10$ kg Gewicht und $a = 0{,}1$ m Halbmesser handeln, die auf einer Welle von $0{,}2$ m Länge und $d = 3{,}8$ mm Durchmesser am freien Ende aufsitzt. Der Elastizitätsmodul sei $E = 2 \cdot 10^{10}$ kgm^{-2}, ungefähr Stahl entsprechend. Man hat, alles in runden Zahlen, $m = 1$ kgsek^{2}m^{-1} und nach § 2 (10), S. 27, mit angenähert $B = A/2$

$$A - B = \frac{m\,a^2}{4} = 2{,}5 \cdot 10^{-3} \text{ mkgsek}^2,$$

sowie nach (4) und (3)

$$\lambda = 4{,}8 \text{ m}^{-2}\text{kg}^{-1}.$$

Ferner wird nach (5)

$$a_0 = 12{,}8 \cdot 10^{-3} \text{ mkg}^{-1}, \qquad \delta_0 = 0{,}96 \text{ m}^{-1}\text{kg}^{-1}.$$

$$a_0\,\delta_0 - \beta_0\,\gamma_0 = 3{,}2 \cdot 10^{-3} \text{ kg}^{-2},$$

also nach (20) und (20 b)

$$a'' = 12{,}8 \cdot 10^{-3} \text{ sek}^2, \qquad \delta = 2{,}4 \cdot 10^{-3} \text{ sek}^2,$$

$$a''\,\delta - \beta\,\gamma'' = 7{,}7 \cdot 10^{-6} \text{ sek}^4.$$

Wir wollen uns auf den zweiten Fall (Scheibenmitte in W) beschränken und finden dann die kritische Geschwindigkeit aus (29) zu

$$\omega_0 = 9{,}35 \text{ sek}^{-1},$$

das sind

$$n_0 = 91 \text{ Umläufe in der Minute.}$$

Ohne Berücksichtigung der Kreiselwirkung fände man

$$\omega_0' = \sqrt{\frac{1}{a''}},$$

also

$$n_0' = 84 \text{ Umläufe in der Minute.}$$

Infolge der Kreiselwirkung liegt die kritische Geschwindigkeit um 7 Umläufe höher.

Endlich müssen wir noch daran erinnern, daß, sobald die Scheibe ungleiche äquatoriale Hauptträgheitsmomente B und C hat, wie z. B. im Falle einer zweiflügeligen Schraube, ein Beharrungszustand überhaupt nicht eintreten kann, weil das Schleudermoment jetzt pulsiert. Die ganze Erscheinung ist dann auf das engste mit den Eigenschwingungen der Welle verknüpft, die wir jetzt wenigstens noch streifen müssen.

Denken wir uns nämlich zur Ausschaltung der Kreiselwirkung die Masse der Scheibe kugelförmig im Schwerpunkt S vereinigt, der überdies genau auf der Wellenachse sitze, so kann diese Masse infolge der Elastizität der Welle Schwingungen mannigfacher Art ausführen, auch ohne daß die Welle sich zu drehen braucht. Diese Schwingungen, durch irgendeine Störung angeregt, klingen infolge der stets vorhandenen Dämpfung im Laufe der Zeit ab, es sei denn, daß sie in Resonanz mit der Wellendrehung ω geraten. Vollzieht aber der Schwerpunkt eine Schwingung auf einer Kreisbahn vom Halbmesser y_0 mit der Winkelgeschwindigkeit μ_0, so müssen sich die

Fliehkraft $m\mu_0^2 y_0$ und die elastische Gegenkraft der Welle das Gleichgewicht halten. Diese Gegenkraft folgt aus (1), indem man dort M streicht, zu y_0/a_0, so daß

$$m\mu_0^2 y_0 = \frac{y_0}{a_0}$$

wird, woraus sich die Frequenz der kreisförmigen Eigenschwingungen der Masse m zu

$$\mu_0 = \frac{1}{\sqrt{a_0\,m}}$$

berechnet. Wir stellten aber schon oben fest, daß in den beiden behandelten Fällen die kritische Geschwindigkeit des größten Ausschlages y_0 ohne Kreiselwirkung ebenfalls den Wert

$$\omega_0' = \frac{1}{\sqrt{a_0\,m}}$$

besitzt. Ohne Kreiselwirkung liegt die kritische Geschwindigkeit bei der Eigenfrequenz der Welle, mit Kreiselwirkung liegt sie etwas höher. Die Erhöhung ist in Abb. 96 an der Abszisse $\xi = 1$ abzulesen.

Wenn die Wellendrehung ω und die Kreisschwingung μ nicht nur dem Betrage nach, sondern auch im Umlaufssinn übereinstimmen, so handelt es sich um diejenige Resonanz, die Veranlassung gibt zu den jetzt erledigten kritischen Geschwindigkeiten mit stationärem Bewegungscharakter. A. Stodola entdeckte nun durch Versuche, daß — was von vornherein einleuchtet — Resonanz auch dann eintritt, wenn ω und μ zwar von gleichem Betrage, aber von entgegengesetztem Vorzeichen sind. Bei dieser Resonanz zweiter Art gibt es offenbar, solange eine Kraft Q vorhanden ist, überhaupt keinen Gleichgewichtszustand. Ein solcher ist nur möglich, wenn mit genauester Zentrierung des Schwerpunktes auf der Wellenachse Q und also auch ε verschwinden. Beschränken wir uns, um die weitere Rechnung ansetzen zu können, auf diese Voraussetzung, so verwischen wir allerdings sozusagen die Feinstruktur der ganzen Erscheinung; aber es kommt uns hier nur darauf an, zu entscheiden, in welcher Weise die kritische Geschwindigkeit ω_0' bei Resonanz zweiter Art durch die Kreiselwirkung geändert wird.

Die Scheibe ist jetzt zu behandeln als Kreisel, der außer seiner Präzessionsdrehung $\mu = -\omega$ noch eine Eigendrehung $\nu = 2\omega$ vollzieht, insofern die Summe $\mu + \nu = \omega$ eben die Umlaufsgeschwindigkeit der Welle darstellen muß (früher war $\mu = \omega$, $\nu = 0$). Und

15*

demnach tritt zu dem bisherigen Schleudermoment K (15) noch ein Kreiselmoment im engeren Sinne K' mit dem Betrage [Einl. II (3), S. 165]

$$K' = -2\,A\,\omega^2\,\psi_0,$$

so daß jetzt als Biegungsmoment die Summe

$$M = -(K-K') = (A+B)\,\omega^2\,\psi_0$$

anzusetzen ist. Indem wir dann noch $r = y_0$ und $\varepsilon = 0$ wählen, kommt an Stelle von (19) und (20) bzw. (20a)

$$(19\,\mathrm{c}) \qquad \begin{cases} y_0 = (\alpha_1\,y_0 + \beta_1\,\psi_0)\,\omega^2, \\ \psi_0 = (\gamma_1\,y_0 + \delta_1\,\psi_0)\,\omega^2 \end{cases}$$

mit den neuen Wellenbeiwerten

$$(20\,\mathrm{c}) \qquad \begin{cases} \alpha_1 = \alpha_0\,m, & \beta_1 = \beta_0\,(A+B), \\ \gamma_1 = \gamma_0\,m, & \delta_1 = \delta_0\,(A+B). \end{cases}$$

Die Gleichungen (19c), homogen in y_0 und ψ_0, werden im allgemeinen nur durch $y_0 = \psi_0 = 0$ erfüllt, d. h. im allgemeinen erfolgt überhaupt keine Auslenkung. Eine solche ist nur dann möglich (und tritt bei der geringsten Störung auch wirklich ein), wenn die zweite Gleichung (19c) eine Folge der ersten ist, so daß in der allein noch übrigbleibenden ersten Gleichung die eine Unbekannte, etwa y_0, noch ganz willkürlich gewählt werden kann. Damit dies der Fall sei, muß der Quotient ψ_0/y_0, aus beiden Gleichungen berechnet, denselben Wert haben:

$$\frac{\psi_0}{y_0} = \frac{1 - \alpha_1\,\omega^2}{\beta_1\,\omega^2} = \frac{\gamma_1\,\omega^2}{1 - \delta_1\,\omega^2},$$

woraus für die Geschwindigkeiten ω, bei welchen die Auslenkung möglich ist, und die wir die kritischen Geschwindigkeiten zweiter Art heißen, die Gleichung folgt

$$(30) \qquad (1 - \alpha_1\,\omega^2)(1 - \delta_1\,\omega^2) = \beta_1\,\gamma_1\,\omega^4$$

mit den beiden positiven Wurzelquadraten

$$(29\,\mathrm{c}) \qquad \omega_{1,2}^2 = \frac{(\alpha_1 + \delta_1) \mp \sqrt{(\alpha_1 + \delta_1)^2 - 4\,(\alpha_1\,\delta_1 - \beta_1\,\gamma_1)}}{2\,(\alpha_1\,\delta_1 - \beta_1\,\gamma_1)},$$

wo die Radikanden offenbar stets positiv bleiben. Es sind also zwei neue kritische Geschwindigkeiten zu erwarten.

Ist zunächst mit $\beta_1 = \delta_1 = 0$ keine Kreiselwirkung vorhanden, so liefert (30) unmittelbar

$$\omega_1' = \sqrt{\frac{1}{\alpha_1}}, \qquad \omega_2' = \infty,$$

also neben einer ungefährlichen, unendlich großen kritischen Geschwindigkeit ω_2' wieder den schon bei der Resonanz erster Art gefundenen Wert $1/\sqrt{\alpha_0\,m}$. Infolge der Kreiselwirkung, deren Moment die entgegengesetzt gerichteten Vektoren μ und ν zur Deckung zu bringen, die Welle folglich (im Gegensatz zu früher) umzubiegen strebt, müssen die kritischen Zustände schon bei geringeren Umlaufsgeschwindigkeiten eintreten. **Die Kreiselwirkung setzt die beiden kritischen Geschwindigkeiten zweiter Art herab.**

Für die frei herausragende Welle findet man mit den früheren Zahlen

$$A + B = \frac{3\,m\,a^2}{4} = 7{,}5 \cdot 10^{-3}\ \text{mkgsek}^2,$$

also

$$a_1 = 12{,}8 \cdot 10^{-3}\ \text{sek}^2, \qquad \delta_1 = 7{,}2 \cdot 10^{-3}\ \text{sek}^2,$$

$$a_1\,\delta_1 - \beta_1\,\gamma_1 = 23{,}1 \cdot 10^{-6}\ \text{sek}^4$$

und somit

$$\omega_1 = 7{,}4\ \text{sek}^{-1}, \qquad \omega_2 = 28{,}5\ \text{sek}^{-1},$$

das heißt

$$n_1 = 70, \qquad n_2 = 272$$

Umläufe in der Minute. Zu der früher ermittelten kritischen Zahl $n_0 = 91$ tritt mithin eine etwas niedrigere n_1 und außerdem noch eine sehr hohe, aber erfahrungsgemäß glücklicherweise ziemlich ungefährliche kritische Zahl n_2.

Läßt man die Welle langsam anlaufen, so beobachtet man in der Tat, daß sie zuerst mit rückläufiger Präzession (S. 42) zu schleudern beginnt (ω_1), sich dann beruhigt, bald darauf mit vorschreitender Präzession von neuem und zwar sehr heftig schleudert (ω_0) und schließlich sich der Selbsteinstellung nähert, welche nur noch einmal vorübergehend bei ganz hoher Umlaufsgeschwindigkeit (ω_2) durch ein kurzes Schleudern mit rückläufiger Präzession unterbrochen wird.

3. Viele Scheiben. Sitzen auf der Welle mehrere Scheiben, so wird die Rechnung natürlich viel umständlicher; sie vereinfacht sich aber wieder ganz erheblich, wenn die Zahl der Scheiben so groß geworden ist, daß man unbedenklich so rechnen darf, als säßen die unendlich dünn gedachten Scheiben, ohne sich jedoch gegenseitig zu berühren, unendlich dicht auf der Welle. Im Mittel ist ihre Exzentrizität e dann als verschwindend · anzusehen, da die Vektoren e in den einzelnen Scheiben die verschiedensten Richtungen und Größen haben werden. Es soll unter m jetzt die auf die Längeneinheit der Welle entfallende Masse der Scheiben verstanden sein. Wir setzen m sowie den Scheibenhalbmesser R als überall gleich voraus. Dann ist für jede Scheibe streng $B = A/2$ und demnach für die Längeneinheit der Welle nach § 2 (10), S. 27,

$$(31) \qquad A - B = m\,\frac{R^2}{4}.$$

Sind wieder x und y die Koordinaten eines Punktes der gebogenen Wellenachse und ψ ihre dortige Tangentenrichtung (vgl. Abb. 92, I,

S. 215), so tritt als biegende Kraft und biegendes Moment für die Längeneinheit der Welle die entsprechende Fliehkraft und das Schleudermoment auf, nämlich

$$(32) \qquad F_x = m\omega^2 y,$$

$$(33) \qquad K_x = \frac{m\omega^2 R^2}{4}\,\psi = \frac{m\omega^2 R^2}{4}\,\frac{dy}{dx},$$

wenn wir zunächst nur die Resonanz erster Art berücksichtigen und unter der Voraussetzung kleiner Durchbiegungen den Winkel ψ mit seiner trigonometrischen Tangensfunktion dy/dx verwechseln. Die Reibungs- bzw. Antriebskräfte ergeben hier im Mittel nur ein Drehmoment um die Wellenachse, dürfen also außer Betracht bleiben.

Der zu erwartende Gleichgewichtszustand ist dadurch gekennzeichnet, daß das Biegungsmoment M_x (vgl. S. 216) in jedem beliebigen Wellenquerschnitte x gleich ist der Summe der Momente, welche in bezug auf diesen Querschnitt herrühren von den Auflagerkräften, den Fliehkräften und den Kreiselwirkungen oberhalb oder unterhalb dieses Querschnittes. Und demnach muß auch die auf die Längeneinheit gerechnete Zunahme dM_x/dx des Biegungsmomentes, wenn man längs der Welle fortschreitet, gleich sein der Summe der Zunahmen der genannten drei Momente. Das Schleudermoment (als das dritte) ist dabei aber seiner Definition gemäß gerade um den Betrag K_x gewachsen; ebenso das Moment der am Querschnitt $x = 0$ angreifenden Auflagerkraft P_1 gerade um P_1 selbst (da der Hebelarm beim Vorrücken des Bezugspunktes x um die Einheit zugenommen haben soll), und ganz entsprechend das Moment der zwischen den Querschnitten 0 und x angreifenden Fliehkräfte um den Betrag ihrer Summe

$$\int_0^x F_x\,dx$$

(da der Hebelarm jedes Summanden $F_x\,dx$ um 1 gewachsen ist). Es gilt somit im Beharrungszustande

$$(34) \qquad \frac{dM_x}{dx} = K_x + P_1 + \int_0^x F_x\,dx$$

oder nach nochmaliger Ableitung nach x und in Verbindung mit (9), (32) und (33)

$$(35) \qquad \frac{d^4 y}{dx^4} - \lambda m\omega^2\left(\frac{R^2}{4}\frac{d^2 y}{dx^2} + y\right) = 0.$$

Dies ist die Differentialgleichung der gebogenen Wellenachse. Ihre Partialintegrale sind wieder von der Form

$$y = a\,e^{\varrho x}.$$

Für die Kennziffern ϱ kommt sofort die Bestimmungsgleichung

$$(36) \qquad \varrho^4 - \lambda\, m\, \omega^2 \left(\frac{R^2}{4}\varrho^2 + 1 \right) = 0.$$

Setzt man zwei reelle Zahlen

$$(37) \qquad \left.\begin{matrix} \sigma^2 \\ -\tau^2 \end{matrix}\right\} = \frac{\lambda\, m\, \omega^2 R^2}{8} \pm \sqrt{\left(\frac{\lambda\, m\, \omega^2 R^2}{8} \right)^2 + \lambda\, m\, \omega^2},$$

so sind die vier Kennziffern mit $i = \sqrt{-1}$

$$\varrho_1 = \sigma, \qquad \varrho_2 = -\sigma, \qquad \varrho_3 = i\tau, \qquad \varrho_4 = -i\tau,$$

also das allgemeine Integral (mit komplexem dritten und vierten Gliede)

$$y = a_1 e^{\sigma x} + a_2 e^{-\sigma x} + \tfrac{1}{2}(a_3 - i\,a_4)e^{i\tau x} + \tfrac{1}{2}(a_3 + i\,a_4)e^{-i\tau x}$$

oder kürzer

$$(38) \qquad y = a_1 e^{\sigma x} + a_2 e^{-\sigma x} + a_3 \cos \tau x + a_4 \sin \tau x$$

mit vier reellen Integrationskonstanten a_1, a_2, a_3, a_4.

Wir bemerken, daß dann und nur dann

$$(39) \qquad \sigma^2 = \tau^2 = \omega \sqrt{\lambda\, m}$$

ist, wenn mit $R = 0$ die Kreiselwirkung verschwindet. Fürderhin soll aber $R \neq 0$ vorausgesetzt werden.

Es handelt sich jetzt hauptsächlich darum, das Vorhandensein von kritischen Geschwindigkeiten festzustellen. Zu dem Zweck haben wir die Bestimmung der Integrationskonstanten a_i in Angriff zu nehmen und müßten von hier ab wieder die vier verschiedenen Unterfälle I, II, III, IV voneinander trennen (vgl. Abb. 92). Wir beschränken uns indessen auf einen davon, nämlich auf den der Rechnung am leichtesten zugänglichen Fall II.

Die Welle besitze also beiderseits drehbare Lager. Wir haben zum Ausdruck zu bringen, daß an beiden Enden die Durchbiegung, aber auch das Biegungsmoment (9) verschwindet, da kein Einspannmoment vorhanden ist:

$$y = 0 \quad \text{für} \quad x = 0 \quad \text{und} \quad x = l,$$
$$\frac{d^2 y}{d x^2} = 0 \quad \text{für} \quad x = 0 \quad \text{und} \quad x = l.$$

Dies ergibt ausführlich nach (38)

$$(40) \qquad a_1 + a_2 + a_3 \hspace{8.5cm} = 0,$$
$$(41) \qquad a_1 e^{\sigma l} + a_2 e^{-\sigma l} + a_3 \cos \tau l + a_4 \sin \tau l \hspace{3cm} = 0,$$
$$(42) \qquad a_1 \sigma^2 + a_2 \sigma^2 - a_3 \tau^2 \hspace{7cm} = 0,$$
$$(43) \qquad a_1 \sigma^2 e^{\sigma l} + a_2 \sigma^2 e^{-\sigma l} - a_3 \tau^2 \cos \tau l - a_4 \tau^2 \sin \tau l = 0.$$

Diese vier Gleichungen, homogen in den Unbekannten a_i, werden im allgemeinen nur durch $a_1 = a_2 = a_3 = a_4 = 0$ erfüllt, d. h. im allgemeinen erfolgt überhaupt keine Auslenkung. Wenn aber die Zahlen σ und τ so beschaffen sind, daß eine der vier Gleichungen eine Folge der drei übrigen ist, so bestimmen diese drei auch drei der vier Unbekannten als Funktion der vierten, die noch ganz beliebig gewählt werden kann. Die vierte Gleichung muß dann identisch erfüllt sein.

Um zu sehen, ob etwas Derartiges in unserem Falle eintreten kann, wählen wir etwa a_4 willkürlich und sehen (43) als eine Folge von (40) bis (42) an. Zunächst folgt aus (40) und (42)

$$(44) \qquad a_3 = 0, \qquad a_1 = -a_2.$$

Alsdann gibt (41)

$$(45) \qquad \begin{cases} a_1(e^{\sigma l} - e^{-\sigma l}) = -a_4 \sin \tau l \\ a_2(e^{\sigma l} - e^{-\sigma l}) = a_4 \sin \tau l, \end{cases}$$

und jetzt wird aus (43)

$$(46) \qquad a_4(\sigma^2 + \tau^2)\sin \tau l = 0.$$

Damit diese Gleichung für jeden Wert von a_4 erfüllt ist, damit also wenigstens a_4 ungleich Null werde, muß der Beiwert $\varDelta$ von a_4 in (46) verschwinden

$$(47) \qquad \varDelta \equiv (\sigma^2 + \tau^2)\sin \tau l = 0.$$

[Die Größe $\varDelta$ ist der Wert der vierreihigen Determinante aus den Beiwerten der a_i in (40) bis (43), und es wird in der Algebra gezeigt, daß unsere vier homogenen linearen Gleichungen gerade nur dann von Null verschiedene Lösungen haben können, wenn ihre Determinante $\varDelta$ verschwindet; unsere Rechnung ist nur eine verkappte Auswertung dieser Determinante.]

Der Ausdruck (47) verschwindet, abgesehen von dem gleichgültigen Falle $\omega = 0$, dann und nur dann, wenn $\sin \tau l$ Null ist, d. h. wenn τl ein ganzzahliges Vielfaches von π wird, oder ausführlicher nach (37), wenn

$$(48) \qquad \omega^2 = \frac{n^4 \pi^4}{m \lambda l^4 \left(1 - \dfrac{n^2 \pi^2 R^2}{4 l^2}\right)}$$

ist, wo n jede beliebige ganze Zahl sein darf. Setzt man der Reihe nach $n = 1, 2, 3 \ldots$, so heißen die aus (48) sich ergebenden Geschwindigkeiten $\omega_1, \omega_2, \omega_3 \ldots$ die kritischen Geschwindigkeiten erster, zweiter, dritter Ordnung usw., weil bei ihnen eine Auslenkung der Welle stattfinden kann — und auch wirklich stattfindet, sobald eine wenn auch noch so kleine Störung den Anstoß dazu gegeben hat. Die Welle ist bei den kritischen Geschwindigkeiten ω_1, $\omega_2, \omega_3, \ldots$ labil, fängt augenblicklich an zu schleudern und biegt sich.

Weil nachträglich mit $\sin \tau l = 0$ nach (45) auch $a_1 = a_2 = 0$ sein muß, so wird die Gestalt der gebogenen Welle nach (38) durch

$$y = a_4 \sin \tau x = a_4 \sin n\pi \frac{x}{l}$$

dargestellt (Abb. 100); die Amplituden a_4 dieser Sinuslinien vermögen wir freilich nicht anzugeben, ohne auf die für größere Auslenkungen gültigen Gesetze der Biegungslehre einzu- gehen. Es genügt aber, zu verbieten, daß die Welle überhaupt mit einer kritischen Geschwindigkeit umlaufe.

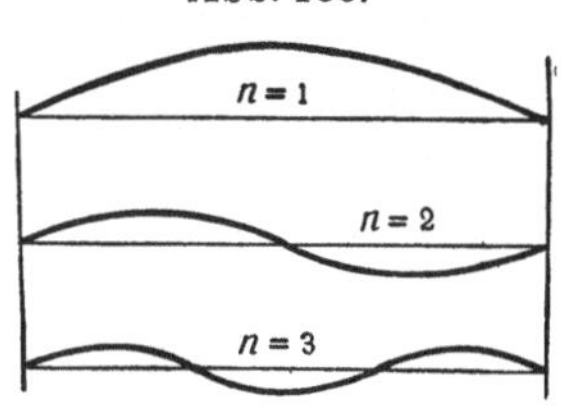
Abb. 100.

Die kritische Geschwindigkeit erster Ordnung ($n = 1$) ist natürlich die wichtigste. Sie liegt um so höher, je kürzer die Welle und je steifer ihr Stoff ist ($1/\lambda$ ist ein Maß der Festigkeit) und je größer mit R die Kreiselwirkung wird. Die Kreiselwirkung vergrößert also auch hier scheinbar die Steifheit der Welle.

Ohne Kreiselwirkung ($R = 0$) gibt es unendlich viele kritische Geschwindigkeiten, die sich dann wie $1 : 4 : 9 \ldots$ verhalten. Mit Kreiselwirkung gibt es nur eine endliche Anzahl kritischer Geschwindigkeiten, weil man n nur soweit steigern darf, daß der Nenner in (48) gerade noch positiv bleibt; d. h. n darf nicht größer sein als die Zahl

$$(49) \qquad p = \frac{4l}{2R\pi} = \frac{\text{vierfache Wellenlänge}}{\text{Scheibenumfang}},$$

und daraus schließen wir, soweit es sich um Resonanz erster Art handelt:

Wenn die Länge der Welle kleiner als der vierte Teil des Scheibenumfanges ist, so verhindert die Kreiselwirkung jedes Schleudern.

Dies ist das bemerkenswerteste Ergebnis, auf das es uns hier ankommt. Dagegen verzichten wir, wie gesagt, darauf, nun auch die drei anderen Unterfälle der verschiedenen Lagerungsarten zu behandeln, wiewohl sie sich bis zu der Gleichung, welche (47) entsprechen würde, jedesmal ganz ebenso leicht durchrechnen ließen. Aber die Weiterbehandlung jener Gleichung wird bei ihnen, sobald man die Kreiselwirkung berücksichtigt, eine zahlenmäßig so umständliche Aufgabe, daß wir hier auf die Wiedergabe der Lösung verzichten mögen. Es würde sich dabei natürlich wieder zeigen, daß die Kreiselwirkung der Scheiben die Steifigkeit der Welle erhöht und die kritischen Geschwindigkeiten hinaufsetzt. Und auch der vorhin ausgesprochene Satz, wonach bei einem Scheibenumfange von mindestens der vierfachen Wellenlänge das Schleudern überhaupt verhindert wird, läßt sich auf die Fälle III und IV übertragen. Es sei aber ausdrücklich daran erinnert, daß uns unsere Voraussetzungen durchaus an das Gebiet der stationären Bewegung binden. Inwieweit in der Welle Schwingungen auftreten, inwiefern periodischer Antrieb oder, bei schiefer oder wagerechter Lagerung, das Gewicht den Lauf der Welle beeinflußt, dies wäre Aufgabe einer besonderen Untersuchung.

Hier merken wir nur noch an, daß kritische Geschwindigkeiten auch durch die Resonanz zweiter Art (rückläufige Präzession) erzeugt werden. Um sie zu erhalten, haben wir zufolge unserer früheren Überlegungen [vgl. (19) und (20) mit (19c) und (20c)] den Ausdruck $A - B$ überall durch $-(A + B)$ und also wegen $B = A/2$ durchweg [vgl. (31)] R^2 durch $-3\,R^2$ zu ersetzen. So kommen wir auf

$$(48\,\mathrm{a}) \qquad \omega^2 = \frac{n^4\,\pi^4}{m\,\lambda\,l^4\left(1 + \dfrac{3\,n^2\,\pi^2\,R^2}{4\,l^2}\right)}$$

als Bestimmungsgleichung für die kritischen Geschwindigkeiten zweiter Art, welche mit zunehmendem R sinken. **Die Kreiselwirkung verkleinert jetzt scheinbar die Steifigkeit der Welle.**

Im Gegensatz zu den kritischen Geschwindigkeiten erster Art gibt es kritische Geschwindigkeiten zweiter Art (48a) in unbeschränkter Menge, und man stellt auf Grund von (48a) nach bekannter Rechenregel leicht fest, daß mit steigender Ordnungszahl n auch die kritischen Zahlen ω_n zweiter Art unablässig größer und größer werden.

Weil erfahrungsgemäß die Resonanz zweiter Art weit weniger gefährlich ist als diejenige erster Art, so wird man nach wie vor bei solchen Wellen, die kürzer sind als der vierte Teil des Scheibenumfanges, nichts zu befürchten haben.

Man könnte jetzt noch weiterschreiten einerseits in der Richtung, daß man die Größen m, R und λ, also Scheibengröße und Wellendicke, sich längs der Achse ändern ließe, wie dies bei Dampfturbinen tatsächlich der Fall ist. Andererseits kann man auch die Masse der Welle berücksichtigen, und dann wird die Mannigfaltigkeit der kritischen Werte von ω noch erheblich größer. Wir müssen uns versagen, auf diese Untersuchungen näher einzugehen, da sie einwandfrei nur mit den Hilfsmitteln der Lehre von den sogenannten Integralgleichungen geführt werden können, deren Kenntnis wir hier nicht vorauszusetzen wagen.

Mittelbare Stabilisatoren.

§ 18. Astatische Kreisel.

1. Das Foucaultsche Gyroskop. Indem wir von den Radsätzen zu den Stabilisatoren übergehen, betreten wir sogleich das eigenste Gebiet des Kreisels, auf welchem er als wissenschaftliches wie als technisches Werkzeug seine bestechendsten Erfolge aufzuweisen hat. Zur Stabilisation ist, neben und wohl auch in Verbindung mit der durch ihre Richtung ausgezeichneten Schwerkraft, vor allem der schnelle, mit großem Schwung begabte Kreisel zufolge seiner scharf ausgeprägten Trägheitseigenschaften vorzüglich geeignet. Für die mittelbare Stabilisation, mit der wir es zunächst zu tun haben, genügt es allemal, daß der Kreisel eine Richtung oder Richtungsänderung anzeige und gegebenenfalls einer Hilfsmaschine, welche die eigentliche Stabilisierung zu besorgen hätte, geeignete Anweisungen erteile. Insofern der Kreisel hier also höchstens einen Zeiger zu steuern oder vielleicht einen elektrischen Strom zu schließen oder einen Druck anzuzeigen hat, kann er fast beliebig klein und leicht gestaltet sein, so klein und so leicht, als es eben mit den technischen Möglichkeiten seines Antriebs, seiner Lagerung und namentlich seines Schutzes vor unvermeidlichen Störungen zu vereinbaren ist. Der Theorie seiner Störungsfehler werden wir unsere besondere Aufmerksamkeit zuwenden müssen.

Schon seit langem und immer wieder hat man versucht, den astatischen, d. h. im Schwerpunkt möglichst reibungsfrei gestützten Kreisel, dem wir fürs erste seine drei Freiheitsgrade voll belassen, zu stabilisierenden Zwecken zu verwenden. Wir sprachen schon früher (§ 6, 3., S. 60) von einer Art Richtungssinn seiner Figurenachse, wenn diese den Schwungvektor trägt. L. Foucault und nahezu gleichzeitig Person sowie G. Sire hatten den sehr geistreichen Gedanken, diesen Richtungssinn des Kreisels zum Nachweise der Erddrehung zu verwenden, und L. Foucault verwirklichte den Gedanken im Jahre 1852, also ein Jahr nach seinem berühmten Pendelversuche, allerdings mit zweifelhaftem Erfolge. Von einem Stabilisator zu sprechen, ist hier wenigstens im weitesten Sinne erlaubt, insofern der Kreisel die uns sonst nur mittelbar ersichtliche Drehbewegung unserer Erde unmittelbar anzeigen soll; Foucault nennt seinen Kreisel treffend ein Gyroskop.

Hätte man einen astatischen, reibungsfrei in einem masselosen Gehänge gelagerten symmetrischen Kreisel zur Verfügung, so müßte dieser, gleichgültig mit welchem Schwung begabt, eine reguläre Präzession um seine ruhende Schwungachse vollziehen (§ 4, 1., S. 40). Wählte man zur Schwungachse die Figurenachse selbst, so stünde diese völlig still in dem Raum, in welchem unsere Mechanik gilt, und auf welchen bezogen das System der uns umgebenden Fixsterne mit großer Genauigkeit als ruhend angesehen werden darf. Die tägliche Drehung der Erde gegen diesen Raum müßte sich bekunden in einer scheinbaren entgegengesetzten Drehung jener Schwungachse gegen die irdische Umgebung des Beobachters, vorausgesetzt, daß die Schwungachse nicht zufällig die Richtung der Erdachse besitzt. Die Möglichkeit, diesen Versuch auszuführen, hat ihre Grenzen lediglich in technischen Schwierigkeiten, weil der Kreisel äußerst störungsfrei arbeiten muß, wenn die scheinbare Drehung seiner Schwungachse zuverlässig sichtbar sein soll. Aus der Winkelgeschwindigkeit der Erddrehung

$$(1) \qquad \omega = \frac{2\,\pi}{86\,164}\ \text{sek}^{-1}$$

(der Nenner gibt die Zahl der Zeitsekunden eines Sternentages an) folgt nämlich, daß jene scheinbare Drehung in der Zeitminute nur etwa 15 Bogenminuten ausmacht, ein Betrag, der ohne besondere Vorsichtsmaßregeln natürlich innerhalb der Fehlergrenzen des Versuches liegen wird. Solche Fehler verschuldet einerseits die Schwere, andererseits die Reibung.

Es ist nämlich unmöglich, einen Kreisel völlig astatisch zu bauen. Das geringste Herausrücken des Schwerpunktes aus dem Stützpunkt hat aber eine pseudoreguläre Präzession der Figurenachse um die Lotlinie des Beobachtungsortes zur Folge, und diese kann jene scheinbare Drehung dann vollständig übertönen. Da die Präzessionsgeschwindigkeit des schweren Kreisels nach § 9 (21), S. 94, um so kleiner bleibt, je größer der Schwung ist, so wird man den Kreisel so stark wie möglich antreiben.

Und man wird außerdem dafür zu sorgen haben, daß der Kreisel möglichst reibungsfrei gelagert ist. Foucault hängte den äußeren Ring seines Cardangehänges an einem langen, torsionsfreien Faden auf und vermied so wenigstens die Reibung in dem druckfreien unteren

Zapfen (Abb. 101). Als störend blieb indessen immer noch die Reibung in den Lagern des inneren Ringes, und diese war trotz aller Vorsichtsmaßregeln doch noch so groß, daß Foucault auch nur mit Mühe gerade noch wenigstens den Sinn der zu erwartenden scheinbaren Drehung, keineswegs aber ihren Betrag (1) festzustellen vermochte.

Es sind gegen den Foucaultschen Versuch zwei grundsätzliche Einwände erhoben worden, die wir noch zu entkräften haben. Der erste betrifft die Störung, die durch die träge Masse der Ringe bedingt ist. Der äußere Ring wird von der Erde mitgedreht, den inneren hat der Kreisel entsprechend zu steuern. Ist A das Trägheitsmoment des letzteren um einen Durchmesser, so empfängt demnach der Ring vom Kreisel einen Schwung, der den Betrag $A\omega$ niemals übersteigen kann. Dieser Schwung ist gegen den Eigenschwung des Kreisels vollkommen zu vernachlässigen, wenn man bedenkt, daß selbst bei nur einem Eigenumlauf in der Sekunde und nur gleich großem Trägheitsmoment um die Figurenachse der Eigenschwung doch schon mindestens 86 164 mal größer als jener zusätzliche Schwung wird.

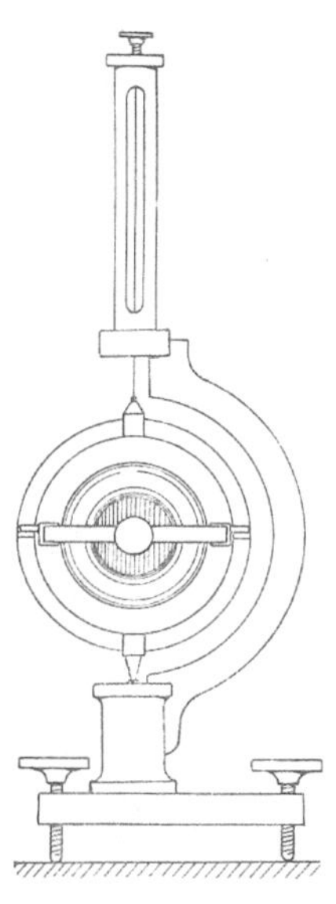

Abb. 101.

Und damit erledigt sich auch der zweite Einwand, nämlich daß es nicht möglich sei, die Figurenachse genau genug mit der Schwungachse zur Deckung zu bringen, wie dies doch streng vorausgesetzt wurde. Dazu ist nämlich zu bemerken, daß, wenn man die Figurenachse des Kreisels gegenüber der Erde während des Antriebs festhält, der Kreisel zwar offenbar noch einen von der Erddrehung ω herrührenden Zusatzschwung mitbekommt, dessen Vektor im ungünstigsten Falle auf der Figurenachse senkrecht steht, aber eben nur wieder den 86 164sten Teil der Länge des Eigenschwungvektors mißt, falls wir bei den vorigen Zahlen und etwa einem Kugelkreisel bleiben. Die Figurenachse steht jetzt freilich im Raum nicht still, sondern beschreibt eine reguläre Präzession um die resultierende raumfeste Schwungachse; der Erzeugungswinkel des Präzessionskegels, in unserem Falle gleich $\omega/2\pi$, beträgt aber weniger als $2\frac{1}{2}$ Bogensekunden, und das ist vernachlässigbar klein gegenüber dem bereits in einer Zeitminute zu erwartenden Winkel von $15'$ der scheinbaren Drehung.

2. Geradläufer. Der Foucaultsche Gedanke ist viel später zu einem sehr brauchbaren Instrument durchgebildet worden, welches freilich einem ganz anderen Zwecke dient: wir meinen die technisch

wichtigste Anwendung des astatischen Kreisels von drei Freiheitsgraden, nämlich den von Obry im Jahre 1898 erfundenen Geradläufer,
einen wesentlichen Bestandteil der Steuereinrichtung des Whitehead-
Torpedos. Der astatisch gebaute Geradlaufkreisel ist im Heck des
fischförmigen Torpedokörpers vermittelst eines Cardangehänges gelagert
(Abb. 102). Die Figurenachse (a) des Kreiselkörpers (k) weist in die
Schußrichtung. Von den beiden Cardanringen (r_1 und r_2) trägt der

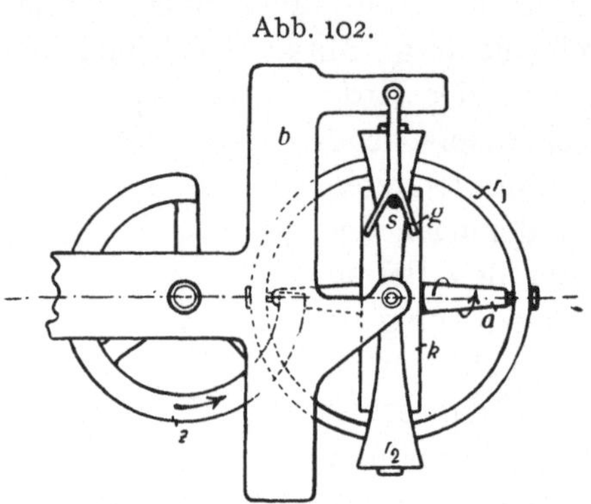

Abb. 102.

äußere einen Stift (s), der in eine
Gabel (g) eingreift, und diese ist
ebenso wie der äußere Cardanring (r_2) drehbar an einem mit
dem Torpedokörper verbundenen
Bügel (b) befestigt. Der Stift (s)
sowie die Drehachse des äußeren
Cardanringes weisen für gewöhnlich lotrecht. Der Eigenschwung wird dem Kreisel mitgeteilt durch einen von einer
Feder gespannten Zahnradsektor
(z), der, in eine Verzahnung
der Figurenachse eingreifend und beim Abschuß des Torpedos los-
schnellend, den leicht und fein gearbeiteten Kreisel auf eine Geschwindigkeit von 2400 bis 10000 minutlichen Umdrehungen antreibt,
die er mehrere Minuten lang nahezu beibehält. Es sind neuerdings
eine ganze Reihe anderer Geradläufer bekannt geworden, die auf den
gleichen Grundsätzen beruhen und sich nur durch die Art des Antriebes unterscheiden; so wird beim Kaselowskischen Geradläufer der
Kreisel sehr sinnreich als Luftturbine bis auf 18000 Umdrehungen
in der Minute angeblasen. · Doch dies ist für uns nebensächlich.

    Nachdem der bis dahin gehemmte Kreisel zugleich mit dem Ein-
tauchen des Torpedos in das Wasser angetrieben und freigegeben ist
bildet seine Figurenachse die ideale Schußrichtung. Eine besondere
Tiefensteuereinrichtung regelt die Eintauchtiefe des Torpedos; die
Geradsteuerung dagegen besorgt von nun ab der Kreisel, und zwar
dadurch, daß er den wagerechten Durchmesser des äußeren Cardanringes, wenn wir von den Roll- und Stampfbewegungen des Torpedos
(vgl. S. 186) absehen, dauernd zur idealen Schußrichtung senkrecht
hält. Jede Kursabweichung des Torpedos, d. h. jede Verdrehung des
Bügels (b) gegen jenen Durchmesser hat dann auch eine Verdrehung
der Gabel (g) gegen den Bügel (b) zur Folge (Abb. 103). Indem die
Gabel jetzt eine kleine Seitenrudermaschine steuert, wird die fehlerhafte Kursänderung des Torpedos rückgängig gemacht.

Der Obrysche Kreisel muß auf das sorgfältigste gearbeitet sein; er bewährt sich dann vorzüglich und ermöglicht recht große Schußweiten. Seine Zielsicherheit ist durch eine Reihe von Fehlerquellen begrenzt, die wir kurz aufzuzählen und zu prüfen haben.

Eine erste Störung wird von der Gabel ausgeübt, deren Bewegung eine in Wirklichkeit allerdings sehr kleine Kraft zwischen Stift und Gabel voraussetzt. Als Rückwirkung entsteht ein Störungsmoment M, dessen Vektor in die lotrechte Drehachse des äußeren Cardanringes fällt. Wir wollen den Einfluß dieses Moments abschätzen.

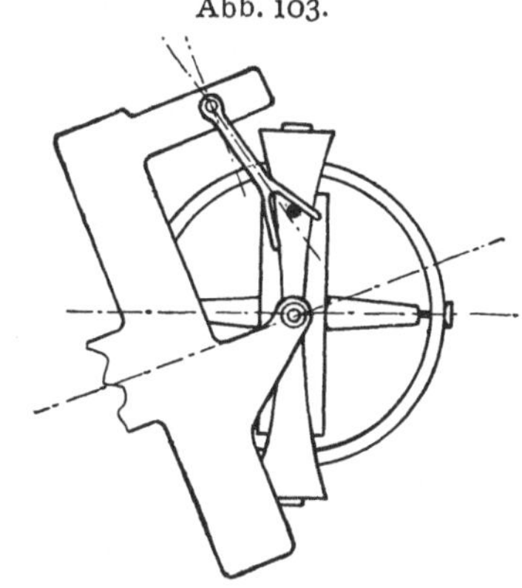

Abb. 103.

Ist das Moment beispielsweise eine Zeitlang wenigstens dem Sinne nach unveränderlich, ein Fall, der dann eintreten mag, wenn der Torpedo aus irgendwelchen Gründen dauernd zu einer Kursabweichung nach derselben Seite neigt, so wird die Figurenachse sich nach der Regel vom gleichstimmigen Parallelismus (S. 60) aufrichten und in die Achse von M einzustellen streben. Sie beginnt diese präzessionsartige Bewegung mit der Winkelgeschwindigkeit

$$(2) \qquad \mu = \frac{M}{\Theta},$$

wie aus Einl. II (4), S. 165 oder § 6 (11), S. 64, folgt. Gleichzeitig sinkt die Steuerfähigkeit des Kreisels, um schließlich zu erlöschen, sobald die Figurenachse sich ganz aufgerichtet hat.

Mit der Verlagerung der Schwungachse sind notwendig Nutationen verbunden, deren Amplituden bei hinreichend starkem Schwung gewiß völlig unmerklich bleiben, solange nicht besondere Resonanzerscheinungen Platz greifen (wir haben dies früher ausführlich untersucht; vgl. S. 61). Resonanz aber tritt dann und nur dann ein, wenn das Störungsmoment M gerade im Takte der Nutationen pulsiert, für deren Frequenz wir in § 6 (13), S. 64, die Zahl

$$(3) \qquad \mu' = \frac{\Theta}{B}$$

gefunden haben, unter B das äquatoriale Trägheitsmoment des Kreisels verstanden. (Inwieweit dabei das Trägheitsmoment der mitbewegten Cardanringe mitzuzählen ist, bleibt ohne genauere Rechnung unentschieden; die Größenordnung von μ', auf die es hier allein ankommt, wird davon jedoch nicht berührt.)

Nun ist allerdings ein pulsierendes Störungsmoment von vornherein zu erwarten. Denn der Torpedokörper, nach einer kleinen Kursänderung vom Kreisel in die Schußrichtung zurückgesteuert, schwingt infolge seiner Trägheit über diese seine Nullage nach der anderen Seite etwas hinaus, und das Spiel wiederholt sich, so daß seine Bahn in Wirklichkeit keine Gerade, sondern eine sanfte Wellenlinie bilden wird. Aber eben infolge der Trägheit des Torpedokörpers ist auch die Gefahr der Resonanz dieser Wellenbewegung mit den Kreiselnutationen ganz und gar ausgeschlossen. Auf eine Sekunde mögen höchstens wenige solcher Schwingungen entfallen (wahrscheinlich nicht einmal eine einzige volle Schwingung); die Zahl der Nutationen aber ist nach (3) wegen $\Theta = A\nu$ von der Größenordnung der Zahl der sekundlichen Eigendrehungen, also ungefähr 40 bis 300.

Während das durch die Steuergabel (g) verursachte Störungsmoment also lediglich die Steuerfähigkeit des Kreisels durch Heben oder Senken seiner Figurenachse vermindert, so ist eine zweite, viel bedenklichere Störung von der Reibung in den wagerechten Lagern des inneren Cardanringes zu befürchten. Die unvermeidlichen Stampfbewegungen des Torpedokörpers übertragen so kleine Störungsmomente M' mit wagerechter Achse auf den Kreisel, dessen Figurenachse sich ihnen zu gleichstimmigem Parallelismus anzupassen sucht, indem sie nun wagerecht zu präzessieren beginnt. Naturgemäß pulsiert das Moment M', und so pulsiert auch der Drehsinn dieser Präzession und die von ihr eingeleitete fehlerhafte Seitensteuerung: die Folge ist eine Schußbahn, die, von oben gesehen wellenförmig, in Wirklichkeit als eine Art lang gestreckter Schraubenlinie sich durch das Wasser zieht. Der hiedurch bedingte Zielfehler übersteigt die zuerst erwähnte Störung so stark, daß wir dort auf eine ausführliche Rechnung (wie sie wohl hin und wieder angestellt worden ist) als zwecklos verzichten durften.

Ein dritter, wieder belangloser Fehler rührt von der Erddrehung her. Wir können ihn abtun mit der Bemerkung, daß die Figurenachse zwar nicht gegen die Erdoberfläche, sondern gegen den Weltraum stille zu stehen trachtet, daß aber ihre scheinbare Drehung gegen die Erdoberfläche selbst am Pol nur die Geschwindigkeit ω (1) besäße, die dort in vier Zeitminuten (wohl der längsten Schußdauer bei 20 bis 30 m/sek Schußgeschwindigkeit) eine Mißweisung von erst einem Bogengrad hervorriefe. Am Äquator fällt jede Mißweisung fort, wie man bei nördlicher oder südlicher Schußrichtung ohne weiteres sieht; aber auch bei östlicher oder westlicher Schußbahn würde sich die Figurenachse nur eben um jenen kleinen Betrag langsam heben. In beliebiger geographischer Breite φ ist die Mißweisung des Seitensteuers nach vier Minuten offenbar gleich $1^0 \cdot \sin \varphi$; dieser Betrag liegt gerade an der Grenze der Empfindlichkeit des Geradläufers, der auf eine Kursänderung von $1/_2^0$ eben noch anspricht. Bei gesteigerten Schußweiten freilich müßte man die Erddrehung ebenso berücksichtigen, wie dies in der Ballistik schon längst üblich ist.

Ein vierter Fehler des Geradläufers ist, wie beim Gyroskop, darin zu suchen, daß der Kreisel nicht vollkommen astatisch gebaut werden kann. Nehmen wir der Einfachheit halber an, daß der Schwerpunkt nahe am Stützpunkt wenigstens auf der Figurenachse läge, und ist in unserer alten Bezeichnung (§ 9, S. 89) Q das hiervon herrührende kleine Stützpunktsmoment, so beschreibt die Figurenachse eine wagerechte Präzession mit der Geschwindigkeit

Abb. 104.

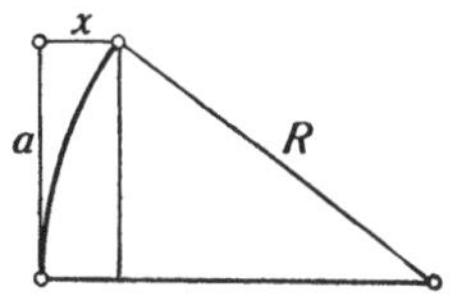

$$(4) \qquad \mu'' = \frac{Q}{\Theta}.$$

Der Instinkt des Torpedos, wie man seinen Geradläufer wohl auch treffend genannt hat, erscheint gefälscht, und aus der geraden Schußbahn wird bei der Schußgeschwindigkeit v ein Kreis vom Halbmesser

$$(5) \qquad R = \frac{v}{\mu''} = \frac{v\,\Theta}{Q},$$

der bei einer Zielentfernung a eine Seitenabweichung x erzeugt, die sich aus

$$a^2 = x\,(2\,R - x) \approx 2\,R\,x$$

(Abb. 104) zu angenähert

$$(6) \qquad x = \frac{a^2}{2\,R} = \frac{a^2\,Q}{2\,v\,\Theta}$$

ergibt. Die Lagerreibung des inneren Ringes gegen den äußeren setzt diesen Fehler nicht unerheblich herab.

Man hat übrigens gelegentlich versucht, durch ein absichtlich auf der Figurenachse angebrachtes Übergewicht eine Bahn von vorgeschriebener Krümmung zu erzwingen; doch ist über die Erfolge dieser sogenannten Winkeltorpedos genaueres nicht bekannt geworden.

Der zahlenmäßigen Abschätzung der aufgeführten Fehler legen wir einen Geradläufer zugrunde, dessen bronzener Schwungring bei 795 g Gewicht und 7,5 cm Durchmesser die Trägheitsmomente

$$A = 7 \text{ cmgsek}^2, \qquad\qquad B = 4 \text{ cmgsek}^2$$

besitzen möge. Wir haben bei 10 000 minutlichen Umdrehungen mit einem Schwung von rund

$$\Theta = 7000 \text{ cmgsek}$$

zu rechnen. Wir finden zunächst $\mu' = 1750$, also 280 Nutationsschwingungen in jeder Sekunde, so daß von irgendwelcher Resonanz mit den Torpedoschwankungen keine Rede sein kann. Schätzen wir den größten Widerstand der Gabel auf $2\,g$, so ist mit einem Hebelarm von $1{,}5\,cm$

$$M = 3\ cmg$$

der Höchstwert des Störungsmomentes. Dieses gibt, falls unveränderlich, Veranlassung zu einer Geschwindigkeit μ (2), mit der sich die Figurenachse hebt; die Hebung beträgt in der Minute $1{,}5^0$. Bei einer Schußweite von $3000\,m$, einer Schußgeschwindigkeit von $20\,m/sek$ und also einer Schußdauer von $2{,}5$ Minuten ist die Figurenachse mithin am Ziel um $3{,}75^0$ gehoben, ohne von ihrer Steuersicherheit etwas Wesentliches verloren zu haben.

Liegt indessen der Schwerpunkt auch nur um $0{,}01\,mm$ exzentrisch auf der Figurenachse, so wird mit einem Gesamtgewicht des Kreisels und Gehänges von $1000\,g$, also mit $Q = 1\ cmg$ die Seitenabweichung

$$x = 32\ m,$$

ein außerordentlich lästiger Betrag, der, obwohl durch die Reibung etwas verringert, doch deutlich genug die Forderung unterstreicht, den Kreisel mit jeder erdenklichen Sorgfalt auszugleichen.

Es ist hiermit der innere Grund dafür völlig aufgedeckt, daß astatische Kreiselstabilisatoren für längere Dauerwirkung, wie sie vielfach beispielsweise bei Flugzeugen vorgeschlagen worden sind, niemals zu irgendwelchen befriedigenden Erfolgen führen konnten: ihr Richtungssinn wird mehr und mehr und unwiderruflich gestört durch **Erddrehung** und **Schwere**. Nicht im fruchtlosen Kampfe gegen diese beiden, vielmehr erst durch ihre bewußte Ausnutzung sind, wie wir sehen werden, wichtige Fortschritte weiterhin errungen worden.

3. Elastische Bindung eines Freiheitsgrades. Dem astatischen Kreisel möge jetzt einer seiner drei Freiheitsgrade genommen werden, etwa dadurch, daß der innere Cardanring gegen den äußeren festgeklemmt wird. Wir wissen im voraus, daß der Kreisel damit seinen Richtungssinn verloren hat und einem Moment M um die Drehachse des äußeren Ringes hemmungslos nachgibt, als besäße er überhaupt keinen Eigenschwung. Versucht man indessen diese Behauptung schärfer zu begründen, so ist man alsbald gezwungen, ihr einige nicht unwichtige Beschränkungen aufzuerlegen. Wie der **starre Körper** nur ein angenähert richtiges Gedankenbild der Wirklichkeit ist, so auch der Kreisel von **zwei** Freiheitsgraden. Weder die Festklemmung der Ringe gegeneinander, noch ihre stoffliche Natur vermag zu verhindern, daß der Kreisel wenigstens in kleinem Umfang auch noch den dritten Grad seiner alten Freiheit besitzt. Dies kann aber bei hohem Eigenschwung recht bedeutsam werden, und es ist auch für künftige Fälle durchaus nötig, daß wir uns an dieser Stelle hierüber genauere Rechenschaft geben.

Wir nehmen beispielsweise an, daß das Störungsmoment M sich nicht ändere und auf der Figurenachse des schnellen Kreisels merklich senkrecht stehe (Abb. 105), daß aber die Elastizität der Festklemmung (der nicht gezeichneten Ringe) sowie des Stoffes jeder Annäherung des Schwungvektors Θ an den Störungsvektor M um den kleinen Winkel ϑ ein widerstehendes Moment $-h\vartheta$ entgegenstelle, wie es den Gesetzen der Elastizitätslehre entspricht. Die positive Zahl h ist ein Maß für die innere Nachgiebigkeit des Systems, und zwar bedeutet $h = \infty$ Starrheit (zwei Freiheitsgrade), $h = 0$ vollständige Nachgiebigkeit (drei Freiheitsgrade). Es sei außerdem ψ der Winkel, um welchen die Figurenachse dem Moment M gefolgt ist, und es bedeuten B und C die unter sich jedenfalls nur wenig verschiedenen Hauptträgheitsmomente des ganzen Systems um die Achsen der Drehungen ϑ und ψ.

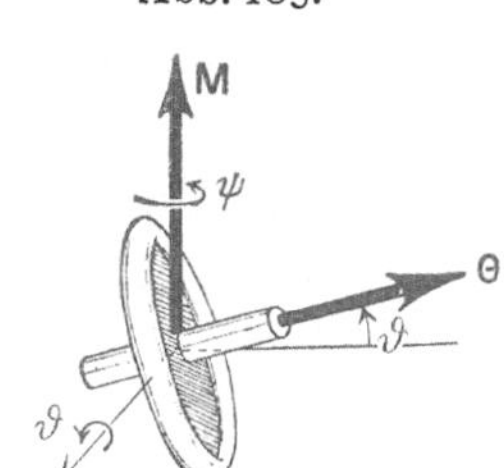

Abb. 105.

Wir brauchen auf die Eigendrehung des Kreisels gar nicht weiter zu achten, falls wir die Kreiselmomente, die er kraft seiner Trägheit jeder Zwangsdrehung entgegenstellt, wie äußere Momente in Rechnung setzen. Nach Einl. II (4), S. 165, ruft die Drehung ψ ein Moment $\Theta\, d\psi/dt$ im positiven Drehsinn von ϑ hervor, die Drehung ϑ ein solches $\Theta\, d\vartheta/dt$ im negativen Drehsinn von ψ.

Zufolge der schon früher (§ 16, 1., S. 192) benutzten Form des Drehgesetzes [Einl. I (29), S. 14], wonach unter Vernachlässigung der nur geringen Schleuderwirkungen für jede Hauptachse eines starren Systems, auch wenn sie selbst bewegt ist, das äußere Moment gleich dem Trägheitsmoment multipliziert mit der Winkelbeschleunigung sein muß, dürfen wir die beiden folgenden Gleichungen jetzt ohne weiteres anschreiben

$$(7) \qquad B\frac{d^2\vartheta}{dt^2} = \Theta\,\frac{d\psi}{dt} - h\vartheta,$$

$$(8) \qquad C\frac{d^2\psi}{dt^2} = -\Theta\,\frac{d\vartheta}{dt} + M.$$

Ihre Gültigkeit ist durchaus an kleine Werte von ϑ gebunden. Ihre Form ist uns nicht fremd [vgl. z. B. § 16 (48) bis (50), S. 199]: es sind lineare Differentialgleichungen, die durch die Kreiselglieder mit dem Beiwert Θ gekoppelt sind.

Solche Gleichungen stellen, wie wir von früher wissen, allemal eine von Eigenschwingungen begleitete Bewegung der Figurenachse dar. Die Eigenschwingungen sind hier die Nutationen, und auf diese kommt es uns jetzt nicht an. Der wesentliche Teil der Bewegung aber ist dargestellt durch die leicht zu erratenden partikulären Integrale

$$(9) \qquad \vartheta = at, \qquad \psi = \tfrac{1}{2}bt^2,$$

wo die Zahlen a und b nur noch so zu bestimmen sind, daß die Gleichungen (7) und (8) befriedigt werden. Durch Einsetzen kommt

$$\Theta b = ah, \qquad Cb = -\Theta a + M$$

und hieraus durch Auflösen nach a und b und Einführen dieser Werte in (9)

$$(10) \qquad \vartheta = \frac{\Theta}{\Theta^2 + Ch} Mt,$$

$$(11) \qquad \psi = \frac{Ch}{\Theta^2 + Ch} \frac{Mt^2}{2C}.$$

Ohne die (natürlich leicht aufzufindenden) allgemeinen Integrale von (7) und (8) auszurechnen, können wir alle wesentlichen Schlüsse schon aus (10) und (11) ziehen. Wir differentiieren (11) noch einmal nach der Zeit und bekommen durch Vergleich mit (10)

$$(12) \qquad \vartheta = \frac{\Theta}{h} \frac{d\psi}{dt}.$$

Indem wir $h = \infty$ setzen, bestätigen wir aus (11) nur wieder, daß der Kreisel von streng zwei Freiheitsgraden dem Moment M so nachgibt, wie wenn keine Eigendrehung vorhanden wäre. Ist aber, wie bei allen wirklichen Stoffen, h endlich, wenn auch vielleicht sehr groß, so genügt es, wie aus (11) hervorgeht, den Schwung hinreichend stark zu machen, um die Nachgiebigkeit ψ der Figurenachse gegenüber dem Moment M beliebig herabzudrücken. Infolge der Elastizität des Stoffes besitzt der Kreisel von zwei Freiheitsgraden um so mehr die Eigenschaften eines Kreisels von drei Freiheitsgraden, je größer sein Schwung ist.

Einen noch wichtigeren Schluß aber ziehen wir aus (12). Die von dem Moment M unterhaltene Bewegung $d\psi/dt$ hat nach (12) unweigerlich ein Anwachsen des Winkels ϑ zur Folge, und zwar auch dann, wenn das Moment M an sich klein ist. Da die Nachgiebigkeit des Stoffes nur bis zu einer gewissen Grenze geht, so muß das Anwachsen des Winkels ϑ, der ja ein Maß für diese Nachgiebigkeit ist, früher oder später eine Zerstörung des Systems herbeiführen, und zwar, wie (12) zeigt, bei vorgeschriebener Drehgeschwindigkeit $d\psi/dt$ um so rascher, je größer Θ ist. Es ist gefährlich, einen Kreisel von zwei Freiheitsgraden und großem Schwung zu einer Drehung zu zwingen, deren Achse von seiner Figurenachse verschieden ist.

Um uns von der erstaunlichen Größe dieser Gefahr ein klares Bild zu verschaffen, nehmen wir beispielsweise die Zahlenwerte des Obryschen Geradläufers und denken uns dessen Cardanringe gegeneinander festgeklemmt. Es möge also etwa sein

$$\Theta = 7000 \,\text{cmgsek}, \qquad C = 4 \,\text{cmgsek}^2.$$

Die Festigkeit des Stoffes möge so groß sein, daß ein am Ende der Figurenachse, sagen wir 5 cm vom Cardanmittelpunkt entfernt angehängtes Übergewicht von 10 kg eine elastische Auslenkung der Figurenachse abwärts um 1^0 erzeugt. Daraus folgt

$$h = 50\,000 \cdot \frac{180}{\pi}\,\text{cmg},$$

also rund

$$Ch = 11 \cdot 10^6\,\text{cm}^2\,\text{g}^2\,\text{sek}^2.$$

Der äußere Ring werde von einer Kraft gleich 100 g ebenfalls mit einem Hebelarm von 5 cm gedreht, so daß

$$M = 500\,\text{cmg}$$

anzusetzen ist. Dies gibt bereits nach einer Sekunde einen Verdrehungswinkel

$$\vartheta = 0{,}06 = 3{,}5^0,$$

wodurch jedenfalls die Koppelung der beiden Ringe schon stark gefährdet ist.

Die Gefahr steigt erheblich, wenn man aus den früher (S. 223) besprochenen Gründen die Figurenachse des Kreisels sehr dünn zu wählen gezwungen ist. Bei den üblichen Bauarten würde ein Biegungsmoment vom fünfzigsten Teil des obigen Betrages von 50 000 cmg schon eine merkliche Auslenkung des ruhenden Schwungringes um mindestens 1^0 erzeugen, so daß wir also mit

$$h = 1000 \cdot \frac{180}{\pi}\,\text{cmg}$$

zu rechnen haben. Wir dürfen jetzt das Glied Ch gegen Θ^2 geradezu vernachlässigen, wonach (10) und (11) im wesentlichen dasselbe besagen wie die für den Kreisel von drei Freiheitsgraden gültige Beziehung (2). Aus (12) aber wird rund

$$\vartheta = \frac{1}{8}\,\frac{d\psi}{dt}.$$

Wenn der Schwungring ohne Beschädigung eine Auslenkung seiner Äquatorebene um höchstens $\vartheta = 3^0$ erträgt, so muß also eine Zwangsdrehung $d\psi/dt$ von über 24^0 in der Sekunde, was doch noch keineswegs übermäßig rasch ist, ganz unweigerlich die Zerstörung des Kreisels nach sich ziehen.

4. Inklinations- und Deklinationskreisel. Der astatische Kreisel von zwei Freiheitsgraden kann, wie ebenfalls L. Foucault zuerst klar erkannt hat, dazu verwendet werden, den Meridian und die geographische Breite eines Ortes ohne jede astronomische Beobachtung aufzufinden. Man denke sich nämlich den äußeren Cardanring gegenüber der Erde starr festgehalten (von der elastischen Nachgiebigkeit sehen wir fürderhin ab); dann kann sich die Figurenachse nur noch in einer Ebene E (Abb. 106) frei bewegen, welche gegenüber der

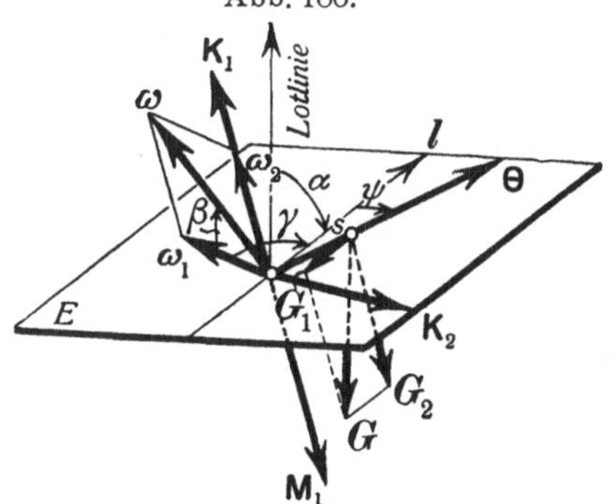

Abb. 106.

Erde fest ist und mithin deren tägliche Drehung ω mitzumachen gezwungen wird. Wenn man die Lotlinie des Ortes auf die Ebene E projiziert — der Projektionswinkel heiße α —, so erhält man die

Linie l des stärksten Anstiegs der Ebene E. Zerlegt man den Vektor $\boldsymbol{\omega}$ der Erddrehung in eine Komponente $\boldsymbol{\omega}_1$ in der Ebene E und eine Komponente $\boldsymbol{\omega}_2$ senkrecht zu E, nennt man ferner β und γ die Winkel, welche $\boldsymbol{\omega}_1$ mit $\boldsymbol{\omega}$ und mit l bildet, und ψ den Winkel zwischen l und dem Schwungvektor $\boldsymbol{\Theta}$ des schnellen Kreisels, so werden durch die beiden Zwangsdrehungen $\boldsymbol{\omega}_1$ und $\boldsymbol{\omega}_2$ zwei Kreiselmomente geweckt, die nach Einl. II (4), S. 165, die Größe

$$(13) \qquad K_1 = \Theta \omega_1 \sin(\gamma + \psi) = \Theta \omega \cos \beta \sin(\gamma + \psi),$$

$$(14) \qquad K_2 = \Theta \omega_2 \qquad\qquad = \Theta \omega \sin \beta$$

besitzen, falls wir die Winkel γ und ψ im gleichen Sinne positiv zählen, von $\boldsymbol{\omega}_1$ aus gerechnet etwa im entgegengesetzten Drehsinne von $\boldsymbol{\omega}_2$.

Der Vektor $\boldsymbol{K}_2$ liegt in der Ebene E; er sucht die Figurenachse lediglich aus dieser Ebene herauszudrehen; deren Gegenwirkung macht das Moment $\boldsymbol{K}_2$ von selbst unschädlich; es wäre bloß bei der Abschätzung der Reibung weiter zu beachten. Das Moment $\boldsymbol{K}_1$, dessen Vektor, soweit positiv, die Richtung von $\boldsymbol{\omega}_2$ hat, gibt dagegen Veranlassung zu einer Drehung der Figurenachse in der Ebene E.

Wir wollen hier die Möglichkeit zulassen, daß die Figurenachse des Kreisels ein kleines Übergewicht G trage, und zwar im Abstand s vom Schwerpunkt (Gehängemittelpunkt) auf der positiven Schwungachse. Zerlegen wir auch G in eine unwirksame Komponente G_2 senkrecht zur Ebene E und eine Komponente G_1 vom Betrag

$$G_1 = G \cos \alpha$$

in E, so besitzt das Übergewicht ein mit $\boldsymbol{K}_1$ entgegengesetzt gerichtetes Moment $\boldsymbol{M}_1$ vom Betrage

$$(15) \qquad M_1 = s\, G \cos \alpha \sin \psi.$$

Die beiden Momente $\boldsymbol{K}_1$ und $\boldsymbol{M}_1$ veranlassen die Figurenachse innerhalb der Ebene zu Schwingungen, die ohne Berücksichtiguug dämpfender Widerstände der Differentialgleichung gehorchen

$$(16) \qquad B \frac{d^2 \psi}{d t^2} = -K_1 + M_1;$$

B soll dabei das äquatoriale Trägheitsmoment des Kreisels nebst der etwa mitbewegten sonstigen Massen sein.

Die Ruhelage ψ_0 der Figurenachse folgt mit $K_1 = M_1$ nach (13) und (15) aus

$$(17) \qquad \operatorname{tg} \psi_0 = -\frac{\Theta \omega \cos \beta \sin \gamma}{\Theta \omega \cos \beta \cos \gamma - s\, G \cos \alpha}.$$

Bildet man hieraus durch eine kleine Zwischenrechnung

$$\sin(\psi - \psi_0) = \frac{\sin\psi - \cos\psi\, \mathrm{tg}\,\psi_0}{\sqrt{1 + \mathrm{tg}^2\psi_0}}$$

$$= \frac{K_1 - M_1}{R}$$

mit der Abkürzung

$$(18) \qquad R^2 = (\Theta\,\omega\cos\beta\cos\gamma - s\,G\cos\alpha)^2 + (\Theta\,\omega\cos\beta\sin\gamma)^2,$$

so lautet die Bewegungsgleichung (16) kurz

$$(19) \qquad B\frac{d^2\psi}{dt^2} + R\sin(\psi - \psi_0) = 0.$$

In dieser Form läßt sie sich unmittelbar mit der Gleichung § 2 (18), S. 30, eines mathematischen Pendels vergleichen, in welche sie mit $\varphi = \psi - \psi_0$ und

$$(20) \qquad l = \frac{Bg}{R}$$

übergeht.

Die Figurenachse vollzieht um die Ruhelage ψ^0 Schwingungen, die synchron sind mit denen eines mathematischen Pendels von der Länge l. Die volle Schwingungsdauer (Hin- und Hergang) ist demzufolge für mäßige Ausschläge

$$(21) \qquad t_0 = 2\,\pi\sqrt{\frac{l}{g}} = 2\,\pi\sqrt{\frac{B}{R}}.$$

Es liegt auf der Hand, daß man aus der Beobachtung der Schwingungsdauer t_0 und der Ruhelage ψ_0 gewisse Schlüsse ziehen kann in bezug auf die Drehgeschwindigkeit ω der Erde und auf die Winkel β und γ, welche die Stellung der Ebene gegen die Richtung ω der Erdachse angeben. Nach dem Vorschlage von L. Foucault wählt man dabei die Ebene E entweder lotrecht oder wagerecht.

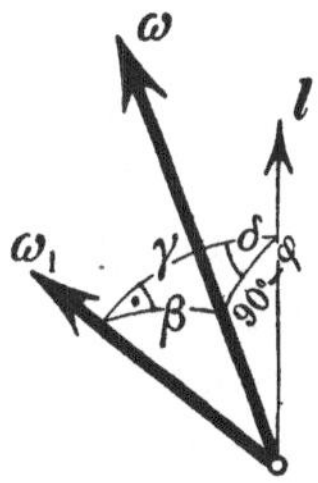

Erster Fall: Die Ebene E liegt lotrecht, die Lotlinie rückt mit $a = 0$ in die Linie l des stärksten Anstiegs. Bildet man aus l und den Vektoren ω und ω_1 ein Dreikant, so ist dieses bei ω_1 rechtwinklig (Abb. 107), der Winkel zwischen l und ω ist das Komplement der geographischen Breite φ, der bei l zu messende Keilwinkel δ gibt das Azimut der Beobachtungsebene $E \equiv (l, \omega_1)$ an, und zwar gemessen am Horizont vom Nordpunkt aus positiv nach Osten.

Abb. 107.

In diesem rechtwinkligen Dreikant gelten die Formeln der sphärischen Trigonometrie

$$\cos \beta \cos \gamma = \sin \varphi,$$
$$\cos \beta \sin \gamma = \cos \varphi \cos \delta,$$

so daß jetzt statt (17) und (18)

$$(22) \qquad \operatorname{tg} \psi_0 = - \frac{\Theta \omega \cos \varphi \cos \delta}{\Theta \omega \sin \varphi - s\, G},$$

$$(23) \qquad R^2 = (\Theta \omega \sin \varphi - s\, G)^2 + (\Theta \omega \cos \varphi \cos \delta)^2$$

kommt.

Mit $\Theta = 0$ wäre auch $\psi_0 = 0$, die Figurenachse also lotrecht;
wird der Kreisel jetzt angetrieben, so zieht die Kreiselwirkung der
Erddrehung die Figurenachse aus der Lotlinie heraus und stellt sie,
nachdem ihre Schwingungen zum Abklingen gebracht sind, gegen
die Lotlinie unter dem Winkel ψ_0 ein. Dieser verschwindet nur dann,
wenn die Beobachtungsebene E entweder am Pol ($\varphi = 90^0$) oder in
der Ostwestlage ($\delta = 90^0$) aufgestellt ist; er ist dagegen am größten
in der Südnordlage ($\delta = 0$) und wächst mit der Annäherung an den
Aquator ($\varphi \rightarrow 0$).

Man hat es im letzteren Falle, d. h. bei Einstellung der Versuchs-
ebene in den Meridian, mit einem nichtmagnetischen Inklinatorium
zu tun; der Winkel ψ ist positiv von der Lotlinie nach Süden zu
zählen, wobei ohne Übergewicht einfach

$$\psi_0 = - (90^0 - \varphi),$$
$$t_0 = 2\,\pi \sqrt{\frac{B}{\Theta \omega}}$$

würde: die Figurenachse vollzöge in der Meridianebene um die Richtung
der Erdachse Schwingungen, aus deren Dauer t_0 die Geschwindigkeit ω der Erddrehung zu berechnen wäre. Diesen Versuch hat
L. Foucault in der Tat durchzuführen gestrebt; ein einwandfreies
Ergebnis konnte er jedoch infolge unüberwindlicher Störungen nicht
erzielen.

Die Hauptschwierigkeit liegt auch hier in der völligen Astasie-
rung des Kreisels: gegenüber der außerordentlichen Kleinheit der
Kreiselwirkung K_1 ist selbst die kleinste, aber der Messung sich ent-
ziehende Ungenauigkeit der Schwerpunktslage nicht vernachlässigbar.
Man umgeht die Schwierigkeit, indem man an die Figurenachse ein
Übergewicht G hängt, das zwar ebenfalls klein, aber doch im Vergleich mit der möglichen Ungenauigkeit der Schwerpunktslage als
groß anzusehen ist. Die Figurenachse dieses Kreisels, der von
Ph. Gilbert vorgeschlagen und Barygyroskop genannt worden ist

(Abb. 108), stellt sich freilich nicht in die Erdachsenrichtung ein, aber sie neigt sich doch bei hinreichend großer Eigendrehung merklich aus der Lotlinie gegen die Erdachse.

Und zwar ist bemerkenswert, daß die Auslenkung ψ_0 der Figurenachse aus der Lotlinie nach (22) bei positivem s größer als bei negativem s wird (wenigstens auf der nördlichen Erdhälfte, wo φ positiv ist). Das Barygyroskop ist empfindlicher, wenn das Übergewicht auf der positiven Schwungachse angebracht wird. Allerdings sind dann aber auch die mit abnehmendem R wachsenden Schwingungsdauern entsprechend länger, was die Beobachtung erschweren kann. Mit

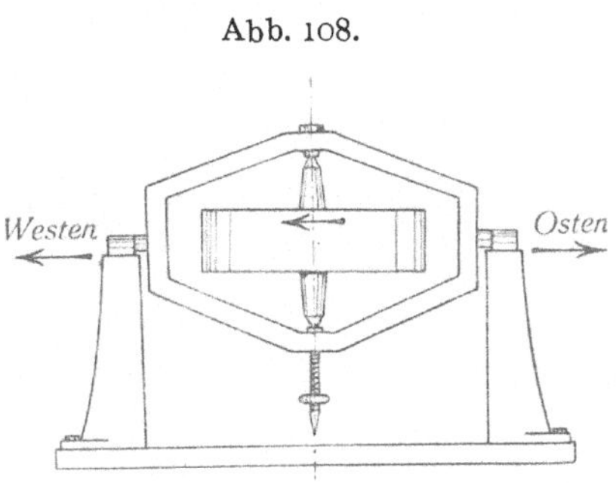

$$ s = \frac{\Theta\,\omega\sin\varphi}{G} $$

würde $\psi_0 = -90^0$, die Ruhelage der Figurenachse also wagerecht; bei dem von Hand durch Schnurabzug angetriebenen Gilbertschen Kreisel läßt sich diese Lage aber nicht erreichen, weil s die für jede zuverlässige Beobachtung vorgeschriebene untere Grenze weit unterschreiten müßte.

Es mag hier angemerkt werden, daß dasselbe Kreiselmoment, welches im Inklinatorium die Figurenachse in die Richtung der Erdachse hineinzuziehen sucht, wohl auch bei den sogenannten Zyklonen eine wichtige Rolle zu spielen scheint. Die Zyklonen sind Wirbelstürme, die stets im Sinne der Erddrehung verlaufen, deren Drehvektor also mit dem Vektor $\boldsymbol{\omega}$ den Winkel $90^0 - \varphi$ bildet. Dürfte man die Zyklone als einen starren Körper vom Schwung Θ ansehen, der längs der Erdoberfläche dahingleiten kann, so würde das durch die Erddrehung in ihm geweckte Kreiselmoment·

$$ K = \Theta\,\omega\cos\varphi $$

(vom Schleudermoment darf man unbedenklich absehen) die Zyklone in gleichstimmigen Parallelismus mit der Erddrehung zu bringen, also unter Überwindung der entgegenstehenden Reibungskräfte in den Nord- oder Südpol hineinzuziehen streben, je nachdem sie sich auf der nördlichen oder südlichen Halbkugel befindet. Man beobachtet nun tatsächlich ein solches Wandern der Zyklone polwärts, und sicherlich ist die Vermutung berechtigt, daß daran die Kreiselwirkung wesentlich beteiligt ist, obwohl es sich um einen starren Kreisel eigentlich nicht handelt. W. Koenig hat an Hand einer genauer beobachteten Zyklone abgeschätzt, daß das Kreiselmoment K wenigstens der Größenordnung nach eben diejenige Kraft liefert, die zur Erklärung der polwärts gerichteten Komponente der Wanderungsgeschwindigkeit der Zyklone vorhanden sein muß. Solange es eine einwandfreie hydrodynamische Theorie der Zyklonen nicht gibt, müssen wir jedoch auf die rechnerische Verfolgung dieser eigenartigen Kreiselwirkung verzichten.

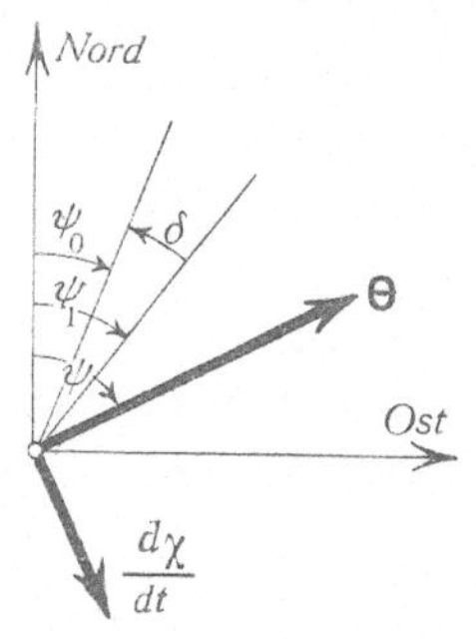

Abb. 109.

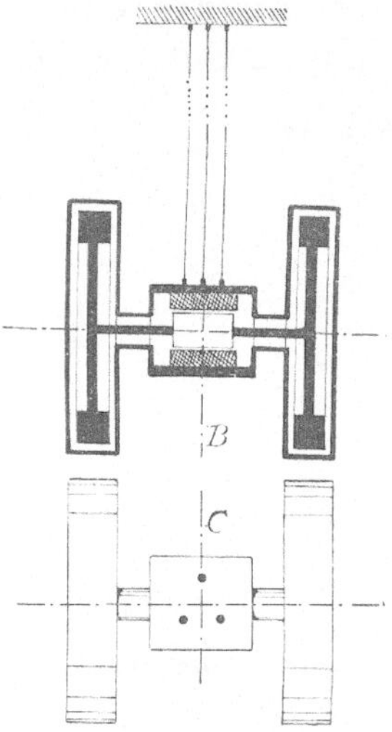

Abb. 110.

Zweiter Fall: Die Ebene E ist wagerecht. Jetzt verliert die Linie l zunächst ihren Sinn. Es steht uns indessen frei, uns vorzustellen, daß die Ebene E aus einer nicht wagerechten, aber zur Meridianebene senkrechten Stellung durch eine Drehung um die Ostwestlinie in ihre wagerechte Lage gebracht worden sei. Dann ist von vornherein $\gamma = 0$ und zuletzt $\alpha = 90^0$, $\beta = \varphi$, da β jetzt einfach die Polhöhe des Beobachtungsortes mißt. Nunmehr wird, ohne daß das Übergewicht G noch von Einfluß wäre, zufolge (17), (18), (21) .

$$\psi_0 = 0, \qquad t_0 = 2\pi \sqrt{\frac{B}{\Theta\,\omega\,\cos\varphi}} .$$

Man hat es also jetzt mit einem Deklinatorium zu tun: die Figurenachse vollzieht um die Nordsüdlinie Schwingungen, indem sie sich möglichst weit mit der Achse der Erddrehung in gleichstimmigen Parallelismus zu bringen strebt. Dieses ebenfalls von Foucault versuchte Deklinatorium stellt die ursprünglichste Art aller Kreiselkompasse vor.

Will man vermittelst eines solchen Kreisels die Nordrichtung oder gar die Geschwindigkeit ω der Erddrehung feststellen, so muß man alle Reibungswiderstände so sorgfältig wie möglich ausschalten. Dies hat in mustergültiger Versuchsanordnung A. Föppl dadurch erreicht, daß er den Kreisel trifilar aufhängte (Abb. 109). Die Figurenachse trug zwei Schwungringe von je 30 kg Gewicht; diese wurden elektrisch bis auf 2400 minutliche Umdrehungen angetrieben. Die Aufhängefäden vermittelten die Stromzuführung. Zur Verminderung der Luftreibung war der ganze, 100 kg schwere Kreisel in ein Gehäuse eingekapselt; durch Öldämpfung wurden die auftretenden Schwingungen ausgelöscht.

Verstehen wir nach wie vor unter ψ das von Norden nach Osten gezählte Azimut des Schwungvektors Θ (Abb. 110), so kommt zu dem Kreiselmoment K_1 das rückdrehende Moment der trifilaren Aufhängung an Stelle des Momentes M_1 der Schwere hinzu. Dieses ist, wie schon von der bifilaren Aufhängung her bekannt, proportional mit der Sinusfunktion des Verdrehungswinkels. Wir haben also anstatt (13) und (15) mit $\beta = \varphi$, $\gamma = 0$

$$(24) \qquad K_1 = \Theta\,\omega\,\cos\varphi\,\sin\psi,$$

$$(25) \qquad M_1 = -\,h\,\sin(\psi - \psi_1),$$

wo ψ_1 das Azimut der Ruhelage des nichtlaufenden Kreisels und h eine von Fadenlänge und Fadenabstand abhängige positive Zahl bedeutet.

Die Mittellage der Schwingungen des laufenden Kreisels besitzt das Azimut ψ_0, das sich aus $K_1 = M_1$ bestimmt und durch

$$\operatorname{tg}\psi_0 = \frac{h\,\sin\psi_1}{\Theta\,\omega\,\cos\varphi + h\,\cos\psi_1}$$

gegeben ist. Man bildet daraus durch eine kleine Rechnung für den von Osten nach Norden positiv gezählten Winkel δ zwischen der Ruhelage ψ_1 und der Mittellage ψ_0 der Schwingungen

$$(26) \qquad \mathbf{tg}\,\delta = \operatorname{tg}(\psi_1 - \psi_0) = \frac{\Theta\,\omega\,\cos\varphi\,\sin\psi_1}{\Theta\,\omega\,\cos\varphi\,\cos\psi_1 + h}.$$

Diese Auslenkung δ ist der Beobachtung leicht zugänglich, sie wächst gegen den Erdäquator hin und ist am größten für $\psi_1 = 90^0$, d. h. wenn die Figurenachse ursprünglich in die Ostwestlinie fiel. Aus (26) konnte A. Föppl die Drehgeschwindigkeit der Erde bis auf 2 Proz. genau übereinstimmend mit den astronomischen Beobachtungen berechnen.

Um so auffallender mußte es sein, daß die Dauern der azimutalen Schwingungen nicht entfernt in Einklang mit dem aus (21) fließenden Werte zu bringen war. A. Föppl erkannte alsbald, daß hieran die elastische Nachgiebigkeit der Fäden schuld ist. Die lotrechte Komponente der Erddrehung erzeugt nämlich ein zweites Kreiselmoment (14) vom Betrag

$$(27) \qquad K_2 = \Theta\,\omega\,\sin\varphi;$$

dieses will die Figurenachse aus der wagerechten Ebene um einen kleinen Winkel χ herausheben, den wir bei einer Erhebung der positiven Schwungachse positiv zählen mögen und für so klein halten, daß seine Cosinusfunktion durchweg mit 1 verwechselt werden darf. Dabei wird erstens ein elastisches Gegenmoment

$$(28) \qquad M_2 = k\,\chi$$

geweckt — unter k eine vom Stoffe der Fäden abhängige ebenfalls positive Zahl verstanden — und zweitens ein Kreiselmoment vom Betrage

$$(29) \qquad K_3 = \Theta \frac{d\chi}{dt}$$

und positiv in entgegengesetzter Richtung wie $\boldsymbol{K}_1$. Endlich aber tritt zu dem Moment $\boldsymbol{K}_2$ noch ein letztes Kreiselmoment

$$(30) \qquad K_4 = \Theta \frac{d\psi}{dt}$$

positiv in entgegengesetzter Richtung.

Sind B und C die Hauptträgheitsmomente des ganzen Systems (vgl. Abb. 109) um die Achsen der Drehungen ψ und χ, so häben wir also für diese Drehungen statt der einen Gleichung (16) die beiden anzusetzen

$$(31) \qquad B \frac{d^2\psi}{dt^2} = - K_1 + K_3 + M_1,$$

$$(32) \qquad C \frac{d^2\chi}{dt^2} = + K_2 - K_4 - M_2,$$

worin noch die Werte der Momente aus (24) bis (30) einzuführen wären. Die Dämpfungsglieder sind auch jetzt als belanglos weggeblieben.

Wir können die zweite dieser Gleichungen ganz wesentlich vereinfachen durch die Erwägung, daß ω vernachlässigbar klein gegen $d\psi/dt$ ist; folglich streichen wir K_2 gegen K_4 fort. Mit nahezu dem gleichen Recht dürfen wir aber zweifellos das Beschleunigungsglied $C d^2\chi/dt^2$ weglassen; denn die Schwingungen um die χ-Achse haben doch auf alle Fälle äußerst kleine Amplituden, also auch fast unmerkliche Beschleunigung, und wir dürfen für χ einfach seine durch $K_4 = - M_2$ gegebene, mit ψ sich stetig ändernde Mittellage nehmen. Auf diese Weise ist aus (31) und (32) geworden

$$(33) \qquad B \frac{d^2\psi}{dt^2} + \Theta \omega \cos\varphi \sin\psi - \Theta \frac{d\chi}{dt} + h \sin(\psi - \psi_1) = 0,$$

$$(34) \qquad k\chi = - \Theta \frac{d\psi}{dt}.$$

Die Mittellage χ schwankt also synchron mit ψ, und wir finden für die azimutalen Schwingungen, indem wir den Wert dieser Mittellage aus (34) in (33) einsetzen und zugleich dieselbe Umformung mit (33) vornehmen, die von (16) zu (19) führte,

$$(35) \qquad \left(B + \frac{\Theta^2}{k}\right) \frac{d^2\psi}{dt^2} + R \sin(\psi - \psi_0) = 0.$$

Daraus geht hervor, daß das Trägheitsmoment B infolge der elastischen Nachgiebigkeit der Fäden scheinbar um den ganz erheblichen Betrag Θ^2/k vergrößert ist; dies hat ein entsprechendes Anwachsen der Schwingungsdauer von dem Wert (21) auf den Wert

$$(36) \qquad t_0 = 2\,\pi\,\sqrt{\frac{B}{R} + \frac{\Theta^2}{k\,R}}$$

zur Folge, und diese größere Zeit ist denn auch von dem Versuche Föppls wohl bestätigt worden.

Wir sind mit den letzten Überlegungen, die der Figurenachse aus der wagerechten Ebene ein wenig herauszutreten erlaubten, bereits sehr nahe herangetreten an die Theorie des Kompaßkreisels (Einl. II, S. 162), die sich in der Tat hier vollends ganz ungezwungen anschließt und alsbald in Angriff genommen werden soll. Es ist indessen zuvor noch eine letzte Anwendung des astatischen Kreisels zu erwähnen.

5. Der Steuerzeiger. Der astatische Kreisel von zwei Freiheitsgraden hat neuerdings auch als wirklicher Stabilisator, namentlich bei Flugzeugen, eine wichtige Bedeutung gewonnen. Es scheint, daß ihn zu diesem Zwecke zuerst Delaporte vorgeschlagen und versucht hat, ohne jedoch Erfolg damit zu haben. Soviel bekannt geworden ist, soll die Figurenachse dieses Kreisels in der Querebene des Flugzeuges drehbar gewesen sein und im ungestörten Flug lotrecht gestanden haben. Der Antrieb des Kreisels geschah durch einen Elektromotor, dessen Strom ein kleiner, von einem Windrad getriebener Generator lieferte. Die durch jede Kippbewegung des Flugzeuges veranlaßte Präzession der Figurenachse wurde auf einen ebenfalls elektrischen Steuermotor übertragen, der das Höhenruder bediente und so die Längsstabilität sichern sollte.

Die Figurenachse muß in ihre Nullage durch eine Feder oder, was allerdings bedenklicher wäre, durch die Schwere zurückgezogen worden sein. Dem Entstehen von Schwingungen war durch starke hydraulisch wirkende Dämpfung vorgebeugt. Man überlegt rasch, daß die Drehebene der Figurenachse allgemeiner jede beliebige, durch die Querachse des ·Flugzeuges gehende Ebene sein durfte, wobei die Nullage zweckmäßigerweise nach wie vor auf der Querachse senkrecht zu stehen hätte.

In entsprechender Weise müßte die Querstabilisierung durch einen zweiten Kreisel besorgt werden; dessen Figurenachse dürfte sich entweder bei wagerechter Nullage in einer senkrechten Ebene bewegen — sie spräche dann auf alle Wendungen des Flugzeuges an — oder aber in einer durch die Längsachse des Flugzeuges gehenden Ebene bei einer Nullage senkrecht zu dieser Achse — der Kreisel antwortete dann auf alle Rollbewegungen des Flugzeuges.

Daß der Delaportesche Stabilisator sich nicht bewährte, mag neben den Mängeln seiner Ausführung namentlich daran gelegen haben, daß die für die geweckten Ruderausschläge maßgebende Auslenkung der Figurenachse bei elastischer Gegenwirkung proportional war mit dem Kreiselmoment und folglich mit der Geschwindigkeit der zu verhindernden Flugzeugdrehung, nicht aber mit dem Betrag des Drehwinkels. Das hat zur Folge, daß beispielsweise ein Kippwinkel, soweit er von einer nicht vollständig rückgängig gemachten Kippbewegung übrig blieb, dauernd weiterbestehen konnte, ohne daß der Kreisel dies bemerken mußte. Ähnliches gilt auch für die anderen Flugzeugdrehungen.

Verzichtete man hingegen von vornherein darauf, dem Kreisel die selbständige Steuerung des Flugzeuges zu überlassen, so könnte er doch ein wertvoller Helfer insofern werden, als er dem Flieger bei Nacht oder unsichtigem Wetter jene Drehungen wenigstens anzeigt. In der Tat ist er in solcher Gestalt als sogenannter Steuerzeiger von F. Drexler zu einem brauchbaren und technisch vorzüglich durch-

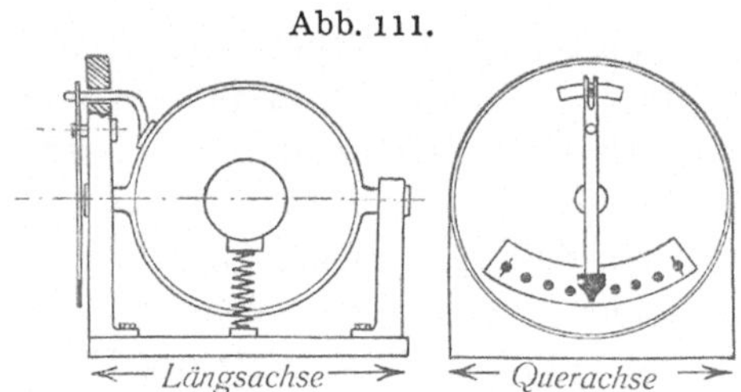

gebildeten Instrument ausgebaut worden, welches sich gut bewähren soll.

Eine Übersicht über die ursprüngliche Anordnung seiner Teile gibt Abb. 111. Zwei Federn suchen die Figurenachse des in einem als Kapsel ausgebildeten Cardanring hängenden (in der Abbildung unsichtbaren) Kreisels parallel zur Querachse des Flugzeuges zu halten. Aus dieser Parallellage tritt die Figurenachse lediglich bei Wendebewegungen des Flugzeuges heraus, und zwar, wie gesagt, um einen Winkel α, dessen Ruhelage nach Abklingen etwaiger Schwingungen durch die Gleichung bestimmt ist:

$$(37) \qquad\qquad \alpha\sigma = \Theta\mu\cos(\varphi - \alpha).$$

Dabei bedeutet σ eine Federzahl, nämlich das Moment, welches nötig wäre, um bei ruhendem Kreisel die Figurenachse um den Winkel $\alpha = 1$ zu verdrehen; μ ist die Wendegeschwindigkeit und φ die Querneigung des Flugzeuges, und zwar müssen wir μ und φ positiv zählen bei einer Rechtswendung mit Rechtsneigung, falls der Schwungvektor Θ von rechts nach links weist; der Vektor μ soll lotrecht stehen, wie es einem wagerechten Flug entspricht. Der Winkel α ist dann im entgegengesetzten Sinne von φ positiv zu zählen.

Die Querneigung φ des Flugzeuges hängt von der Wendegeschwindigkeit μ und von der Bauart und Größe des Flugzeuges ab
und soll sich wohl auch nach dem persönlichen Wunsche des Fliegers
richten. In der Regel durchmißt das Flugzeug die Kurve dann am
ruhigsten und sichersten, wenn seine Neigung φ etwas geringer ist
als die Neigung der aus Schwere- und Fliehbeschleunigung zusammengesetzten scheinbaren Lotlinie gegen die wahre Lotlinie.

Daraus geht jedenfalls hervor, daß die durch (37) gegebene Abhängigkeit des Kreiselausschlages α von der Wendegeschwindigkeit μ
rechnerisch recht verwickelt sein wird. Überträgt man α auf einen
über einer Gradeinteilung spielenden Zeiger, so müßte diese für
jeden einzelnen Fall gesondert berechnet werden, und sie wäre überdies nur dann richtig, wenn die Kurve mit der vorschriftsmäßigen
Querneigung φ geflogen würde. Drexler umgeht diese Schwierigkeit, indem er von dem Kreisel gar nicht die Anzeigung der Wendegeschwindigkeit μ selbst verlangt, sondern lediglich der Komponente

$$\mu' = \mu \cos(\varphi - \alpha)$$

senkrecht zur Figurenachse des Kreisels. Die Kenntnis dieser Komponente reicht für das Bedürfnis des Fliegers um so eher aus, je kleiner
der Spielraum für den Winkel α belassen wird, je genauer sie also
übereinstimmt mit der Komponente $\mu \cos \varphi$ in der Flugzeughochachse.
Der Zeigerausschlag aber ist jetzt genau proportional mit μ' geworden.

In den späteren Formen des Drexlerschen Steuerzeigers hat es
sich als zweckmäßig erwiesen, die Figurenachse in die Längsachse
des Flugzeuges zu legen und sie möglichst wagerecht zu halten.
Sie ist in dieser Lage offenbar geringeren Störungen ausgesetzt; die
Wirkungsweise ist im wesentlichen die alte, nur die Übertragung der
Ausschläge auf den Zeiger hat anders zu geschehen.

Bei den verschiedenen Ausführungen des Steuerzeigers, die
neuerdings in einem für alle Flugzeugarten passenden Einheitsmodell
zusammengefaßt worden sind, wird durch Libellen, Pendel u. dgl.
auch die Quer- und Längsneigung der scheinbaren Lotlinie angezeigt,
so daß der Flieger nicht nur die Drehgeschwindigkeit des Kurvenfluges, sondern auch die richtige Lage des Flugzeuges in der Kurve
überprüfen kann. Er ist so einer fortlaufenden Beobachtung des
Horizontes enthoben. Dies muß bei Tag und guter Sicht die Er-
müdung seiner Augen verringern, bei Nacht und im Nebel das Gefühl
der Sicherheit erhöhen und so jedenfalls seine Nerven wesentlich ent-
lasten.

Der Kreiselkörper bildet (vgl. Abb. 112, S. 257) den Kurzschluß-
anker eines Drehstrommotors, dessen Stator ganz in das Innere des

Kreisels eingebettet ist und die Achse kelchartig umgibt. Diese ist infolge der hohen Umlaufszahl von 20000 Drehungen in der Minute nadelartig dünn gebaut (vgl. § 17, S. 223). Den zugehörigen Strom liefert ein von einer Luftschraube angetriebener Generator. Außerdem ist für gute Abdämpfung aller Schwingungen des Systems Sorge getragen.

Es ist von dem Drexlerschen Steuerzeiger nur ein kleiner Schritt vollends zu dem Kreisel von einem Grad der Freiheit, dessen Figurenachse also ganz festgehalten wird. Auch er besitzt stabilisierende Fähigkeiten in hohem Maße. Ist er in ein Flugzeug eingebaut, so antwortet er auf alle Drehungen, soweit diese nicht gerade um eine zur Figurenachse parallele Achse erfolgen, mit Kreiselmomenten, die sich in Drücken auf die Lager seiner Figurenachse äußern. Man hat nur nötig, diese Drücke in geeigneter Weise, sei es elektrisch oder hydraulisch, zu messen, um die mit ihnen proportionalen Drehgeschwindigkeiten des Flugzeuges ablesen zu können. So würde beispielsweise ein Kreisel, dessen Figurenachse in die Querachse eines Flugzeuges gelegt ist, in den lotrechten Lagerdrücken die Kursänderungen, in den wagerechten die Rollbewegungen des Flugzeuges anzeigen. Eine auf diesem Gedanken beruhende Ausführung ist bis jetzt nicht bekannt geworden.

Es müssen sich übrigens Kreiselwirkungen gleicher Art infolge der Erddrehung bei allen auf der Erde festen Radsätzen in kleinen Zusatzdrücken auf deren Lager äußern. Diese Drücke sind im Vergleich mit den gewöhnlichen Lagerbeanspruchungen freilich selbst bei raschlaufenden Maschinen so gering, daß sie die Grenze der Meßbarkeit kaum je erreichen dürften.

§ 19. Kompaßkreisel.

1. Der Einkreiselkompaß. Die Figurenachse eines Kreisels, die genügend reibungsfrei an eine wagerechte Ebene gebunden ist, stellt sich in die Nordsüdlinie ein (§ 18, 3.). Schon L. Foucault hat vorgeschlagen, diese nordweisende Eigenschaft zum Bau eines von magnetischen Störungen unbeeinflußten Kreiselkompasses auszunutzen. Einen ersten Schritt zu diesem Ziele machte 1865 G. Trouvé, indem er einerseits zu elektromotorischem Antrieb des Kreisels überging und andererseits die starre Bindung der Figurenachse an die wagerechte Ebene dadurch aufhob, daß er diese Achse cardanisch mit voller Freiheit lagerte und sie nur durch ein angehängtes Gewicht wagerecht stabilisierte. Lord Kelvin versuchte 1884, die Reibung durch Verwenden einer torsionsfreien Fadenaufhängung statt der cardanischen Lagerung zu verringern, und schlug schließlich vor, das ganze System auf einer Flüssigkeit schwimmen zu lassen. Damit war nun in der Tat auch der richtige Weg gegeben. Um das Ziel in Gestalt eines brauchbaren Kompasses wirklich zu erreichen, bedurfte es allerdings jahrzehntelanger mühseliger Versuche, die von M. G. van den Bos begonnen, von Werner von Siemens weitergeführt und von H. Anschütz-Kämpfe zum entscheidenden Abschluß gebracht worden sind, wobei auch die theoretischen Untersuchungen von O. Martienssen und M. Schuler neue Anregungen gegeben zu haben scheinen.

Das Ergebnis dieser Versuche bildete der Einkreiselkompaß von Anschütz-Kämpfe, den wir als Grundlage weiterer Entwickelungsstufen hier zunächst zu besprechen haben (Abb. 112). Der Kreisel ruht in einer Kapsel (k) und ist in gleicher Weise wie der Drexlersche Steuerzeiger als Drehstrommotor auf 20000 minutliche Umdrehungen angetrieben. Die Kapsel (k) ist an einem Schwimmer (s) befestigt, der die Windrose (r) trägt und in einem mit Quecksilber gefüllten, cardanisch und elastisch aufgehängten Becken (b) ruht. Der Schwerpunkt des schwimmenden Systems liegt etwas tiefer als der Schwerpunkt der verdrängten Queck-

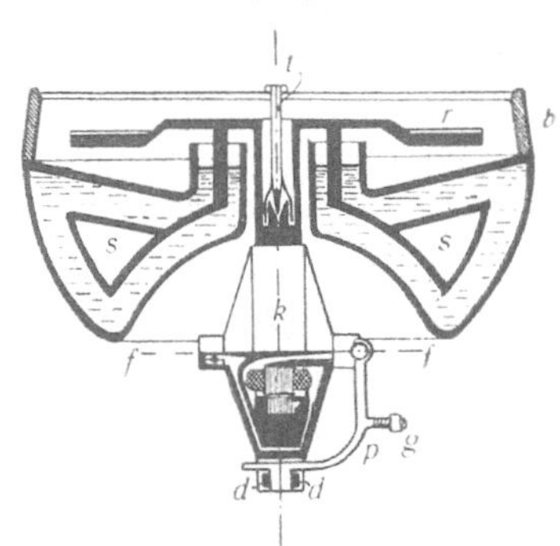

Abb. 112.

silbermasse, so daß die Figurenachse (f) im Ruhezustande wagerecht liegt. Die Zentrierung und zugleich die Zuführung des elektrischen Stromes besorgt ein am Becken (b) befestigter Stift (t).

Die Theorie dieses Kreisels gliedert sich von selbst in zwei Teile, wovon der erste die Einstellung des Kreisels in die Nordrichtung, der zweite die Störungen dieser Lage durch die Bewegungen des durch die Stiftspitze dargestellten Stützpunktes behandelt.

Was zunächst die Einstellung betrifft, so können wir ganz unmittelbar an die Theorie des Föpplschen Kreiselversuchs (§ 18, 4., S. 250) anknüpfen; es genügt, dort an den Bewegungsgleichungen (31) und (32), S. 252, zwei Änderungen anzubringen. Einmal fällt jetzt das Glied M_1 fort, welches die Torsionssteifigkeit der trifilaren Aufhängung bedeutete, und zweitens rührt das rückdrehende Moment M_2 [vgl. § 18 (28)] jetzt nicht von der Fadensteifigkeit, sondern von der Schwerkraft her; es besitzt also die Form

$$(1) \qquad M_2 = s\,G\,\chi,$$

falls wir die Erhebung χ der Figurenachse von vornherein wieder als einen nur kleinen Winkel ansehen und mit s die sogenannte Metazenterhöhe, d. h. die Entfernung des Verdrängungsschwerpunktes vom Schwerpunkt des schwimmenden Systems, mit G dessen Gewicht bezeichnen.

Demnach sind das von Norden nach Osten gezählte Azimut ψ und die Erhebung χ des Nordendes der Figurenachse dargestellt durch die beiden Differentialgleichungen [§ 18 (31), (32) mit (24), (27), (29),. (30) und § 19 (1)]

$$(2) \qquad B_1 \frac{d^2\psi}{dt^2} + \Theta \omega \cos\varphi \sin\psi - \Theta \frac{d\chi}{dt} = 0,$$

$$(3) \qquad C_1 \frac{d^2\chi}{dt^2} - \Theta \omega \sin\varphi + \Theta \frac{d\psi}{dt} + s G \chi = 0.$$

Wir erinnern daran, daß B_1 und C_1 die Trägheitsmomente des schwimmenden Systems um die Lotachse und um die wagerechte Querachse (senkrecht zur Figurenachse durch den Stützpunkt), φ aber die geographische Breite bedeuten.

Anstatt, was möglich wäre, die allgemeinen Integrale dieser Gleichungen anzuschreiben, suchen wir lieber über ihren Inhalt schrittweise Aufklärung zu bekommen. Die Gleichungen stellen, wie sogleich noch näher auszuführen ist, Schwingungen dar, und zwar, wie durch Nullsetzen aller zeitlichen Ableitungen folgt, um die Ruhelage

$$(4) \qquad \psi_0 = 0, \qquad \chi_0 = \frac{\Theta \omega \sin\varphi}{s G}.$$

Die positive Schwungachse (Figurenachse) zeigt also nach Abklingen etwaiger Schwingungen nordwärts und ist dabei um den Winkel χ_0 über die Wagerechte gehoben oder gesenkt, je nachdem die geographische Breite φ positiv oder negativ ist.

Der Winkel χ_0 wächst mit dem Schwung Θ. Wir werden sehen, daß .man diesen so hoch wie möglich steigert; man muß dann durch Vergrößern der Metazenterhöhe s dafür sorgen, daß trotzdem die Erhebung χ_0 der ·Figurenachse klein genug bleibt.

Es liegt nahe, die Schwingungen um die Ruhelage (4) weiter zu verfolgen unter der Voraussetzung, daß zwar das anfängliche Azimut ψ beliebig, die Erhebung χ aber unmerklich klein war, und zu vermuten, daß dann dauernd die Schwingung χ auch klein bleibt. Streichen wir also, wie schon in § 18, 4., die beiden ersten Glieder von (3) und führen den verbliebenen Wert von χ in (2) ein, so kommt

$$(5) \qquad \left(B_1 + \frac{\Theta^2}{s G}\right) \frac{d^2\psi}{dt^2} + \Theta \omega \cos\varphi \sin\psi = 0.$$

Dies ist eine Schwingung der Figurenachse um die Nordsüdlinie unter der Wirkung des Kreiselmoments (Richtmoments) $\Theta \omega \cos \varphi$; das Bemerkenswerteste dabei ist wieder, daß das Trägheitsmoment B_1 um den dynamischen Betrag Θ^2/sG vergrößert erscheint. Dieser Betrag überwiegt praktisch den ursprünglichen Wert B_1 so erheblich, daß man diesen dagegen ganz außer acht lassen kann: Die Trägheit des schwimmenden Systems um die Lotachse ist wesentlich dynamischer Natur.

Für mäßige Ausschläge ψ ist die Schwingungsdauer mithin angenähert

$$(6) \qquad t_0 = 2\pi \sqrt{\frac{\Theta}{sG\omega\cos\varphi}},$$

und dies ist infolge des außerordentlich großen Quotienten Θ/ω immer eine sehr lange Zeit.

Neben dieser Hauptschwingung sind alle sonstigen Nebenschwingungen von ganz geringer Bedeutung. Vor allem brauchen wir uns um die unmerklichen Nutationen, deren Frequenz von der Größenordnung Θ/B_1 ist, gar nicht zu kümmern. Es bleibt also nur noch zu bestätigen, daß auch die Erhebungsschwingungen χ zugleich mit χ_0 selbst klein bleiben. Um dies nachzuweisen, nehmen wir an, die Figurenachse sei unter dem nicht zu großen Azimut ψ_1 zur Zeit $t = 0$ losgelassen worden. Ihre Azimutschwingungen werden dann angenähert durch

$$(7) \qquad \psi = \psi_1 \cos\frac{2\pi t}{t_0}$$

dargestellt. Verkürzt man Gleichung (3) um das erste (sicherlich nach wie vor bedeutungslose) Glied und führt χ_0 aus (4) ein, so kommt

$$(8) \qquad (\chi - \chi_0) = -\frac{\Theta}{sG}\frac{d\psi}{dt},$$

und es folgt dann durch Einsetzen von (7) in Rücksicht auf (6) und (4)

$$(9) \qquad \chi = \chi_0 + \psi_1\sqrt{\chi_0}\,\mathrm{ctg}\,\varphi \sin\frac{2\pi t}{t_0}.$$

Daraus ergibt sich zweierlei: einmal, daß in der Tat χ unter der gleichen Voraussetzung klein bleibt, unter welcher dies auch χ_0 tut, und sodann in Verbindung mit (7), daß die Kreiselspitze, d. h. das Nordende der Figurenachse angenähert eine Ellipse beschreibt, deren wagerechter und senkrechter Durchmesser sich wie $1 : \sqrt{\chi_0}\,\mathrm{ctg}\,\varphi$ verhalten. Die Ellipse ist infolge der Kleinheit von χ_0 so schmal, daß bei ungenauer Beobachtung die χ-Schwingung, welche übrigens der

ψ-Schwingung immer um etwa die Zeit $t_0/4$ vorauseilt, völlig übersehen wird.

Von irgend einer Dämpfung dieser Schwingungen ist bis jetzt noch nicht die Rede gewesen. Es ist aber klar, daß der Kreisel als Kompaß nur dann wirklich brauchbar sein kann, wenn alle seine Schwingungen so rasch wie möglich zum Erlöschen gebracht werden, da doch die Beobachtung von Umkehrpunkten wegen der langen Schwingungsdauer t_0 viel zu umständlich wäre. In der Tat haben die Erbauer ihre besondere Aufmerksamkeit stets auch gerade der Schaffung guter Dämpfungseinrichtungen zugewandt. Es sind zahlreiche Ausführungen versucht worden, die darauf hinzielen, die Energie jener ellipsenförmigen Schwingung durch Umwandlung in Wärme zu vernichten, sei es durch hydraulische, sei es durch Wirbelstrombremsung. Beim Anschützschen Einkreiselkompaß ist ein anderes, sehr geistreiches Verfahren angewendet, das wir seiner Eigenart wegen besprechen mögen.

Die in der Kreiselkapsel (k in Abb. 112, S. 257) eingeschlossene Luft wird von dem außerordentlich rasch umlaufenden Kreisel mitgerissen und von der Fliehkraft gegen die äußere Wand der Kapsel gepreßt. Besitzt die Kapsel nahe der Achse des Kreisels eine erste Öffnung und am Rande eine zweite, so wird beständig Luft durch die erste eingesogen und durch die zweite ausgeblasen. Der ausgeschleuderte Strahl möge beispielsweise (es gibt auch andere Ausführungsarten) durch eine Düse (d) wagerecht nach der Westseite austreten, die Düsenöffnung aber durch ein quer zur Figurenachse schwingendes Pendel (p) teilweise, aber symmetrisch gedeckt sein, so entsteht eine rückwirkende Kraft des Strahles, die zu einem durch Gegengewicht auszugleichenden Drehmoment um die Figurenachse Veranlassung gibt. Sobald jedoch eine Erhebung χ eintritt, öffnet sich die Nordseite der Düse weiter, die Südseite schließt sich mehr, und die Folge ist offenbar ein um die Lotrechte wirkendes Drehmoment $\boldsymbol{M_3}$, das bei positiver Erhebung χ von Norden nach Osten dreht, und dessen Betrag mit χ proportional gesetzt werden kann:

$$M_3 = D\chi,$$

wo D eine von Fall zu Fall leicht zu berechnende Konstante bedeutet.

Fügt man dieses Moment der rechten Seite von (5) zu, so kommt, indem wir vollends B_1 gegen $\Theta^2/s\,G$ als belanglos weglassen,

$$(10) \qquad \frac{\Theta^2}{s\,G}\frac{d^2\psi}{dt^2} - D\chi + \Theta\omega\cos\varphi\sin\psi = 0;$$

und diese Gleichung haben wir mit (8) zu verbinden.

Zunächst fällt auf, daß die Nullage (4) sich jetzt etwas geändert hat; sie ist angegeben durch den alten Wert χ_0 und durch

$$(11) \qquad \sin \psi_0 = \frac{D \chi_0}{\Theta \omega \cos \varphi} = \frac{D}{s\,G}\,\mathrm{tg}\,\varphi$$

und beträgt in Wirklichkeit höchstens ganz wenige Bogengrade östlicher oder westlicher Auslenkung, je nachdem φ wieder positiv oder negativ ist. Natürlich könnte man ψ_0 zum Verschwinden bringen, indem man das Pendel (p) mit einem verschieblichen Gewichtchen (g) versieht und die ursprüngliche Lotachse des Pendels damit so regelt, daß sie unter der allerdings von der geographischen Breite abhängigen Neigung χ_0 einspielt. Man verzichtet jedoch auf diese Verbesserung, indem man sich die Mißweisung ψ_0 ein für allemal als Funktion der geographischen Breite berechnet. Bei neueren Einkreiselkompassen bleibt dann auch vollends das Pendel (p) ganz weg, und man überzeugt sich leicht davon, daß bei einer Erhebung der Figurenachse das Moment der rückwirkenden Kraft des Luftstrahles immer noch eine Komponente um die Lotlinie von der Form M_3 besitzt.

Entfernt man χ aus (10) vermittelst (8), so kommt zufolge (11)

$$\frac{d^2 \psi}{d t^2} + \frac{D}{\Theta}\,\frac{d\psi}{dt} + \frac{s\,G}{\Theta}\,\omega \cos \varphi\,(\sin \psi - \sin \psi_0) = 0,$$

also die Gleichung einer proportional zur Geschwindigkeit gedämpften Schwingung. Beschränken wir uns auf kleine Ausschläge, ersetzen also $\sin \psi - \sin \psi_0$ durch $\psi - \psi_0$, so lautet die Lösung (die wir als bekannt voraussetzen dürfen, die man aber auch durch nachträgliches Einsetzen bestätigen kann)

$$(12) \qquad \psi = \psi_0 + \psi_1\, e^{-\frac{Dt}{2\Theta}} \cos \frac{2\pi t}{t_0'}.$$

Sie gehört zum Anfangswert $\psi_0 + \psi_1$ und stellt eine harmonische Schwingung mit abnehmenden Amplituden und der vollen Schwingungsdauer (Hin- und Hergang)

$$(13) \qquad t_0' = 2\pi \sqrt{\frac{\Theta}{s\,G\,\omega \cos \varphi - \dfrac{D^2}{4\,\Theta}}}$$

vor, welche immer größer als die Dauer t_0 (6) der ungedämpften Schwingung bleibt. Der Nenner in (13) ist in Wirklichkeit immer reell, die Bewegung also nicht aperiodisch. Das logarithmische Dekrement (d. h. der natürliche Logarithmus des Quotienten zweier aufeinander folgender Ausschläge) wird

$$(14) \qquad \lambda = \frac{D t_0'}{2\,\Theta}.$$

Schließlich folgt die Erhebung χ aus (8) und (12) nach einigen Umformungen zu

$$(15) \qquad \chi = \chi_0 + \frac{2\pi}{t_0} \frac{\Theta}{sG} \psi_1 e^{-\frac{Dt}{2\Theta}} \cos\left(\frac{2\pi t}{t_0'} - \varepsilon\right),$$

wo zur Abkürzung ein Hilfswinkel ε eingeführt ist, der durch

$$(16) \qquad \cos\varepsilon = \sqrt{\frac{D^2}{4\,\Theta s G \omega \cos\varphi}}$$

bestimmt sein soll. Und nun ist der gesamte Verlauf der Schwingung nach (12) und (15) nicht mehr durch eine Ellipse, sondern durch eine

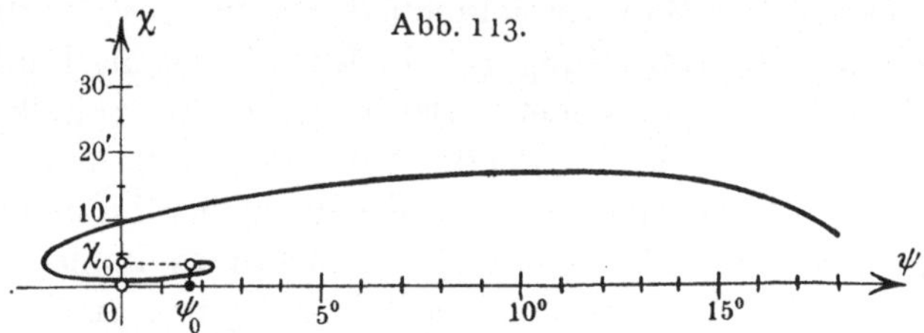

elliptische Spirale darzustellen, von deren Aussehen die in der Richtung der χ-Werte etwa zehnfach vergrößerte Abb. 113 eine Vorstellung gibt.

Wir fügen noch einige Zahlenwerte bei, die den ausgeführten Kreiselkompassen ungefähr entsprechen. Der 5 kg schwere Schwungring soll bei einem axialen Trägheitsarm von 5,3 cm auf 20 000 minutliche Umdrehungen gebracht sein. Das stabilisierende Schweremoment soll herrühren von einem Gewicht von $G = 7{,}5$ kg des schwimmenden Systems bei einem Abstande $s = 2{,}7$ cm zwischen Schwerpunkt und Verdrängungsmittelpunkt. Die geographische Breite sei $\varphi = 54{,}3^0$ (Kiel). Wir finden

$$\Theta = 29{,}4 \cdot 10^4 \text{ cmgsek},$$
$$sG = 2 \cdot 10^4 \text{ cmg},$$

und daraus für das ungedämpfte System

$$\chi_0 = 3', \qquad t_0 = 61{,}3 \text{ min}.$$

Beim gedämpften System möge die Schwingungsdauer auf $t_0' = 68{,}5$ min angestiegen sein. Dann berechnet sich

$$D = 433 \text{ cmg}, \qquad \lambda = 3{,}05,$$

und dies entspricht einer Abnahme des Ausschlages nach einer vollen Schwingung auf den einundzwanzigsten Teil; so viel läßt sich in der Tat mit Luftdämpfung gut erreichen. Die Mißweisung beträgt

$$|\psi_0| = 1{,}7^0.$$

Das dynamische Trägheitsmoment um die Ostwestachse wird

$$\frac{\Theta^2}{sG} = 4{,}3 \cdot 10^6 \text{ cmgsek}^2$$

und ist ungefähr 20000 mal größer als das statische B_1, welches etwa gleich 200 cmgsek^2 sein mag.

2. Die Fahrtfehler. Bis jetzt ist nur klargelegt, wie der Kompaß auf ruhiger Unterlage aus einem beliebigen Azimut in die Nordrichtung einschwingt. Es kann ein bis zwei Stunden dauern, bis diese Einstellung merklich beendet ist. Dann aber fragt sich, wie die Bewegungen des Schiffes auf den Kreisel einwirken, welche Störungen sie an ihm hervorrufen.

Wir wenden uns zuerst den Fehlern zu, die durch die Schiffsgeschwindigkeit bedingt sind. Das Schiff fahre unter dem Azimut ψ' mit der Geschwindigkeit v, die wir in Seemeilen messen wollen. (Es sei daran erinnert, daß eine Seemeile soviel wie eine in der Stunde durchfahrene Bogenminute des Meridians, also 1852 m/Std bedeutet, und daß dieselbe Strecke, auf einem Breitenkreise gemessen, soviel wie $1/\cos\varphi$ Bogenminuten der geographischen Breite ausmacht.) Die östliche (westliche) Komponente $v\sin\psi'$ dieser Geschwindigkeit wirkt ebenso wie eine Vergrößerung (Verkleinerung) der Erddrehgeschwindigkeit ω um den Betrag

$$(17) \qquad \omega' = \frac{\pi}{180 \cdot 60 \cdot 3600} \frac{v \sin\psi'}{\cos\varphi} \, \text{sek}^{-1},$$

der in unseren Breiten höchstens einige Hundertstel von ω ausmacht, so daß das nordweisende Richtmoment wenig beeinflußt wird. Die nördliche (südliche) Komponente $v\cos\psi'$ der Schiffsgeschwindigkeit, als Drehvektor vom Betrag

$$(18) \qquad \omega'' = \frac{\pi}{180 \cdot 60 \cdot 3600} \, v \cos\psi' \, \text{sek}^{-1}$$

senkrecht auf der Meridianebene nach Westen (Osten) errichtet und zur wagerechten Komponente $\omega\cos\varphi$ geometrisch addiert, verlagert diese scheinbar nach Westen (Osten) um das kleine Azimut

$$(19) \qquad \psi_2 = -\frac{\omega''}{\omega \cos\varphi} = -\frac{\pi}{180 \cdot 60 \cdot 3600} \frac{v \cos\psi'}{\omega \cos\varphi}.$$

Dieser Winkel gibt [zuzüglich des Winkels ψ_0 aus (11)] zugleich die Mißweisung des Kreiselkompasses an; sie beträgt beispielsweise bei 25 Seemeilen Fahrt im Meridian am Äquator $1{,}6^0$, unter der Breite $\varphi = 54{,}3^0$ schon $2{,}7^0$ und steigt gegen die Pole hin rasch bis auf 90^0.

Sodann fragen wir nach den Störungen des Kreisels, die durch die Schiffsbeschleunigungen hervorgerufen werden. Was zunächst solche Beschleunigungen b in der Nord-(Süd-)Richtung betrifft, so erzeugen sie zufolge der Gegenwirkung der trägen Masse des schwimmenden Systems ein Drehmoment vom Betrag

$$M = b s \frac{G}{g},$$

dessen Vektor westwärts (ostwärts) zeigt und nach dem Grundgesetz Einl. I (29), S. 14, den Schwungvektor und mit ihm die Figurenachse unseres schnellen Kreisels verlagert mit der aus

$$\Theta \frac{d\psi}{dt} = -M$$

folgenden Geschwindigkeit

$$(20) \qquad \frac{d\psi}{dt} = -\frac{bsG}{g\Theta} = -\frac{b}{g}\frac{4\pi^2}{t_0^2\,\omega\cos\varphi}.$$

Diese Geschwindigkeit und mithin auch der Betrag der ganzen Mißweisung ist dem Quadrat der Schwingungsdauer t_0 umgekehrt proportional, und daraus geht sehr klar hervor, wie ungemein wichtig die Erreichung einer möglichst hohen Schwingungsdauer, also eines möglichst großen Schwunges Θ ist, wiewohl hierdurch andererseits die Anlaßzeit des Kreisels bis zu seiner Gebrauchsfertigkeit unliebsam gesteigert wird.

Insgesamt ergibt (20) schließlich einen sogenannten ballistischen Ausschlag von der Größe

$$\psi_3 = -\frac{sG}{g\Theta}\int b\,dt,$$

wo das Integral einfach den Geschwindigkeitszuwachs $v\cos\psi'$ in nördlicher (südlicher) Richtung bedeutet. Indem wir ihn wieder in Seemeilen ausdrücken, wird mit dem Halbmesser R der Erde

$$\psi_3 = -\frac{\pi}{180.60.3600}\frac{sGRv\cos\psi'}{g\Theta}.$$

Damit dieser übrigens immer sehr kleine Ausschlag übereinstimme mit dem zu der erhöhten Fahrtgeschwindigkeit gehörigen Ausschlag ψ_2 (19), muß der Kompaß so gebaut sein, daß

$$\frac{\Theta}{sG\omega\cos\varphi} = \frac{R}{g}$$

oder nach (6)

$$(21) \qquad t_0 = 2\pi\sqrt{\frac{R}{g}}$$

wird.

Der Kreisel stellt sich nach jeder Änderung der Fahrtgeschwindigkeit ohne Schwingungen in seine neue Ruhelage ψ_2 ein, wenn seine ungedämpfte Schwingung synchron mit einem mathematischen Pendel von der Länge des Erdhalbmessers ist.

Die Schwingungsdauer eines solchen Pendels beträgt 84 Minuten, und so ist man denn auch bei späteren Ausführungsformen auf diesen Betrag gegangen.

Gegenüber den nördlichen oder südlichen Beschleunigungen haben die westlich oder östlich gerichteten offenbar nichts zu besagen, da sie im wesentlichen nur ein Verkanten des schwimmenden Systems um die Figurenachse des Kreisels erzeugen. Etwas bedenklicher, aber auch noch ziemlich gering sind endlich die Störungen, welche die nördliche oder südliche Beschleunigung außerdem durch Vermittelung der oben geschilderten Dämpfungseinrichtung auf den Kreisel übertragen. Die Auslenkung des Pendels (p) ruft fälschlicherweise ein Drehmoment um die Lotachse hervor und dieses unmittelbar eine Erhebung χ, mittelbar dann eine Mißweisung ψ, auf deren Berechnung wir jedoch verzichten.

3. Der Schlingerfehler. Dem bis dahin gediehenen Kreiselkompaß, welcher befriedigend genau zu sein schien, ist in den Schlingerbewegungen des Schiffes ein Widersacher erwachsen, dessen Entlarvung und Überwindung einen der schönsten Erfolge der Theorie darstellt. Es ist das Verdienst von M. Schuler, diesen sogenannten Schlingerfehler entdeckt und beseitigt zu haben.

Das schwimmende System verhält sich hinsichtlich seiner Schwingungen um die zur Figurenachse parallele (oder nahezu parallele) Nordsüdachse durch den Stützpunkt wie ein physikalisches Pendel. Diese Achse ist eine Hauptträgheitsachse des Systems, das zugehörige Trägheitsmoment A_1 ist von der gleichen Größenordnung wie das axiale A des Kreisels selbst. Nennen wir ϑ den Ausschlag, positiv etwa bei einer Erhebung des Schwerpunktes nach Westen, so gehorchen die Schwingungen, falls wir uns auf kleine Amplituden beschränken, der Gleichung

$$(22) \qquad A_1 \frac{d^2\vartheta}{dt^2} + sG\,\vartheta = 0.$$

Die zweite Hauptachse des schwimmenden Systems ist die Ostwestachse. Für die χ-Schwingungen um diese Achse leitet man schnell eine ganz ähnliche Gleichung aus (9), S. 259, her. Wenn man sich nämlich etwa die Erhebung χ_0 durch ein kleines Übergewicht ausgeglichen denkt, bestätigt man ohne weiteres, daß mit $\chi_0 = 0$ aus (9) durch zweimaliges Ableiten nach der Zeit folgt

$$\frac{d^2\chi}{dt^2} = -\frac{4\pi^2}{t_0^2}\,\chi,$$

und dafür werden wir mit Rücksicht auf (6) und fast gleichlautend mit (22) schreiben

$$(23) \qquad C_0 \frac{d^2\chi}{dt^2} + sG\,\chi = 0,$$

indem wir bei der Eigendrehgeschwindigkeit ν des Kreisels unter

$$(24) \qquad C_0 = \frac{\Theta}{\omega \cos\varphi} = A \frac{\nu}{\omega \cos\varphi}$$

das scheinbare, dynamische Trägheitsmoment um die Ostwestachse verstehen, welches, gegen A gehalten, ersichtlich ungeheuer groß ist.

Die Gleichungen (22) und (23) zeigen, daß das schwimmende System sich ganz ebenso wie ein Raumpendel verhält, das in der Meridianebene eine viel größere Trägheit als in der Ostwestebene besitzt. Wir haben festzustellen, wie dieses Pendel auf die Schiffsschwingungen antwortet. Bedeutungslos, weil in der Richtung der Pendelachse, sind die lotrechten Schwankungen des Aufhängepunktes; gefährlicher sind schon die um die Querachse erfolgenden Stampfbewegungen des Schiffes, die allerdings infolge der großen Trägheit des Schiffes um diese Achse langsam und also nicht mit sehr großen Beschleunigungen verknüpft sind; ferner die Erzitterungen des Schiffes, welche durch die Maschinenstöße hervorgerufen werden. Wichtig und verhängnisvoll erweisen sich aber vor allem die Rollbewegungen um die Längsachse; sie sind der Hauptbestandteil der Schlingerbewegungen, mit heftigen Beschleunigungen in der Richtung der Schiffsquerachse verbunden und durch Aufhängen des Kreisels in der Schwingungsachse deswegen nicht unschädlich zu machen, weil diese Achse eigentlich fortwährend wechselt.

Ist b_0 der Höchstwert dieser Beschleunigungen und α ihre Frequenz (Zahl der Schlingerschwingungen in $2\,\pi$ Sekunden), so mag, wenigstens eine Zeit lang und im Mittel, ihr zeitlicher Verlauf durch

$$(25) \qquad b = b_0 \sin \alpha t$$

dargestellt sein. Wir dürfen uns auf den Standpunkt eines mit dem Aufhängepunkt in dieser Weise bewegten Beobachters stellen, wenn wir uns die Beschleunigung (25) im Schwerpunkte des Pendels mit entgegengesetzter Richtung angebracht denken. Da s der Abstand des Schwerpunkts vom Aufhängepunkt ist, so bedeutet dies ein um die Längsachse des Schiffes durch den Aufhängepunkt wirkendes Moment (etwa positiv nach vorn gerechnet) vom Betrag

$$(26) \qquad M = \frac{b}{g}\, s\, G.$$

Ist β das Azimut des Schiffskurses gegen die Nordrichtung, so müssen wir die rechten Seiten der Gleichungen (22) und (23) durch die Glieder $M \cos \beta$ bzw. $M \sin \beta$ ergänzen und haben zufolge (25) und (26)

$$(27) \quad \begin{cases} A_1 \dfrac{d^2 \vartheta}{d t^2} + s\,G\,\vartheta = \dfrac{b_0}{g}\,s\,G \cos \beta \sin \alpha t, \\[2mm] C_0 \dfrac{d^2 \chi}{d t^2} + s\,G\,\chi = \dfrac{b_0}{g}\,s\,G \sin \beta \sin \alpha t. \end{cases}$$

Diese Gleichungen stellen erzwungene Schwingungen vor; ihre partikulären, den Zwang für sich berücksichtigenden Integrale lauten

$$(28) \quad \begin{cases} \vartheta = \dfrac{b_0}{g}\,\dfrac{s\,G \cos \beta}{s\,G - A_1 \alpha^2}\,\sin \alpha t, \\[2mm] \chi = \dfrac{b_0}{g}\,\dfrac{s\,G \sin \beta}{s\,G - C_0 \alpha^2}\,\sin \alpha t, \end{cases}$$

wovon man sich durch nachträgliches Einsetzen leicht überzeugt. Dazu kämen dann noch die Eigenschwingungen; diese sind aber für uns bedeutungslos, weil die eine, die ϑ-Schwingung, gegenüber der Schlingerbewegung sehr rasch, die andere, die χ-Schwingung sehr langsam erfolgt, wie wir wissen, und weil beide in Wirklichkeit gut gedämpft sind. Würden wir die zugehörigen Dämpfungsglieder in Rücksicht ziehen, so würden sich allerdings auch die partikulären Integrale (28) etwas anders darstellen; auf die Art der Schlüsse, die wir nun ziehen werden, ist dies aber ohne merklichen Einfluß.

Aus (28) geht nämlich hervor, daß das Pendel nicht, wie man vermuten möchte, in der Ebene der Beschleunigung, also um eine Achse mit dem Azimut β schwingt, sondern um eine solche mit dem Azimut γ, das sich aus

$$(29) \quad \operatorname{tg} \gamma = \frac{\chi}{\vartheta} = \frac{s\,G - A_1 \alpha^2}{s\,G - C_0 \alpha^2}\,\operatorname{tg} \beta \,.$$

ergibt. Weil C_0 wesentlich größer als A_1 ist, stimmen β und γ nur dann überein, wenn das Schiff auf einem Kardinalkurse (N, W, S, O) fährt. Bei allen anderen Kursen hat die Schwingungsebene gegen die Beschleunigungsebene das von Null verschiedene Azimut $\gamma - \beta$, und die Beschleunigung besitzt demnach neben ihrer in die Schwingungsebene fallenden und die Schwingung (28) unterhaltenden Komponente auch noch eine Komponente $b \sin (\gamma - \beta)$ senkrecht zu dieser Ebene. Da der Schwerpunkt in der Nord- bzw. Westrichtung zur Zeit t um die Beträge $s\chi$ bzw. $s\vartheta$ ausgelenkt ist, so hat er von seiner Ruhelage den Abstand $s \sqrt{\chi^2 + \vartheta^2}$, und mithin erzeugt die letztere Komponente der Beschleunigung ein Drehmoment um die Lotachse vom Betrag

$$M_0 = \frac{b}{g}\,s\,G \sin (\gamma - \beta) \sqrt{\chi^2 + \vartheta^2}$$

oder ausführlicher nach (25) und (28) und zufolge einer kleinen Zwischenrechnung zur Entfernung von γ

$$(30) \qquad M_0 = \frac{c}{2}\frac{b_0^2}{g^2}\, s\, G \sin 2\,\beta . \sin^2 \alpha t$$

mit der dimensionslosen Zahl

$$(31) \qquad c = s\,G\left(\frac{1}{s\,G - C_0\,\alpha^2} - \frac{1}{s\,G - A_1\,\alpha^2}\right).$$

Beachten wir, daß, über die Dauer $2\,\pi/\alpha$ einer Schlingerschwingung integriert, die Funktion $\sin^2 \alpha t$ den Wert π/α ergibt, so folgt der Mittelwert

$$(32) \qquad \overline{M_0} = \frac{\alpha}{2\,\pi}\int\limits_0^{2\,\pi/\alpha} M_0 = \frac{c}{4}\frac{b_0^2}{g^2}\, s\, G \sin 2\,\beta.$$

Dieses um die Lotachse wirkende Schlingermoment behält, im Gegensatz zu der Beschleunigung b, sein Vorzeichen unablässig bei, solange das Schiff zwischen den gleichen Kardinalkursen bleibt; es ist am größten für die Interkardinalkurse NW, SW, SO, NO, und verschwindet nur auf den Kardinalkursen selbst.

Mit anderen Worten: das Schlingermoment sucht entweder die Figurenachse oder die Querachse des Kreisels querschiffs zu stellen. Der Kreisel strebt so einer Gleichgewichtslage zu, welche von der Nordrichtung wesentlich verschieden sein kann und sich im übrigen ebenso berechnen ließe wie beim Föpplschen Kreiselversuch (§ 18, 4.), wo das nordweisende Richtmoment der Erddrehung mit dem Torsionsmoment der trifilaren Aufhängung zum Ausgleich zu bringen war.

4. Der Mehrkreiselkompaß. Aus den vorigen Überlegungen geht sofort hervor, auf welche Weise der Schlingerfehler zu beseitigen sein wird. Er verschwindet nach (32) für jedes Kursazimut β dann und nur dann, wenn $c = 0$ wird, d. h. nach (31), wenn man dafür sorgt, daß das Trägheitsmoment A_1 um die Nordsüdachse so groß wird wie das scheinbare Trägheitsmoment C_0 um die Ostwestachse des schwimmenden Systems. Diese ungeheure Vergrößerung von A_1 ist natürlich statisch, d. h. durch Hinzufügung von Massen, unmöglich und auch wieder nur auf dynamischem Wege zu erreichen, also durch Einfügung weiterer Kreisel in das schwimmende System. Man kommt grundsätzlich aus mit zwei Kreiseln, deren wagerechte Figurenachsen mit der Nordachse des Systems gleiche Winkel bilden müssen, falls die beiden Kreisel gleich großen Schwung besitzen. Es hat sich aber als vorteilhaft herausgestellt, lieber drei Kreisel zu verwenden, wie dies beim Anschützschen Dreikreiselkompaß (Abb. 114 zeigt die Anordnung der Kreisel im Grundriß) geschehen ist.

Neben einem nordweisenden Hauptkreisel (k_1) sind zwei Nebenkreisel (k_2 und k_3) an den Schwimmer gehängt. Den Hauptkreisel denken wir uns starr mit dem Schwimmer verbunden (daß er in der Regel eine kleine, durch starke Federn beschränkte Drehbarkeit gegen den Schwimmer besitzt, ist für unsere Zwecke belanglos); die Nebenkreisel sind durch ein Gestänge (g) zwangsweise so geführt, daß ihre Figurenachsen mit der Nordachse des Schwimmers stets dieselben Azimutwinkel nach Westen und Osten bilden, und zwar sucht eine Feder (f) diesen Winkel auf einem festen Betrag ε zu halten.

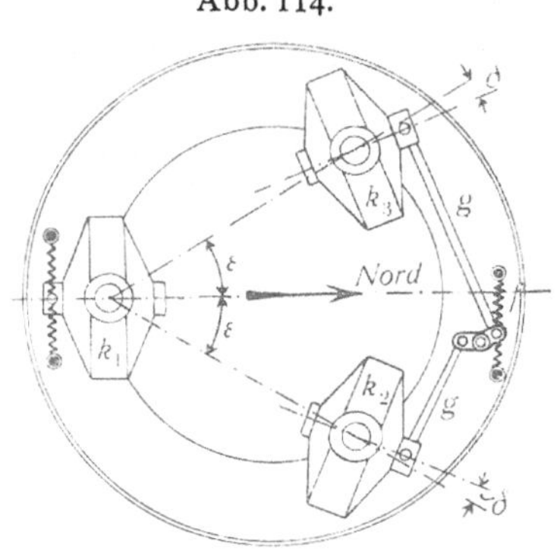

Abb. 114.

Hinsichtlich dem nordweisenden Richtmoment verhält sich das System wie ein einziger Kreisel vom Schwung $\Theta(1 + 2\cos\varepsilon)$, vorausgesetzt, daß die Schwünge aller drei Kreisel gleich groß sind. Demnach ist das dynamische Trägheitsmoment (24) um die Ostwestachse

$$(33) \qquad C_0 = \frac{\Theta}{\omega}\frac{1 + 2\cos\varepsilon}{\cos\varphi}.$$

Andererseits gilt für die Schwingungen des Systems um die Nordsüdachse in den alten Bezeichnungen bei kleinen Ausschlägen

$$(34) \qquad A_1 \frac{d^2\vartheta}{dt^2} + sG\vartheta + 2\Theta\frac{d\delta}{dt}\sin\varepsilon = 0;$$

das letzte Glied stellt dabei das Kreiselmoment vor, welches die beiden Nebenkreisel auf das schwimmende System um die ϑ-Achse ausüben, wenn sie aus ihrem Ruheazimut ε gegen die Nordsüdachse zu um den Winkel δ ausschwingen. Nennen wir D_1 die Summe der äquatorialen Trägheitsmomente der beiden Nebenkreisel, so folgt in gleicher Weise für deren Drehungen δ

$$(35) \qquad D_1 \frac{d^2\delta}{dt^2} + h\delta - 2\Theta\frac{d\vartheta}{dt}\sin\varepsilon - 2\Theta\omega\cos\varphi\sin\varepsilon = 0,$$

und zwar bedeutet hier das zweite Glied das rückdrehende Moment der Feder (f), das dritte das Kreiselmoment einer ϑ-Schwingung, das vierte endlich die Kreiselwirkung der Erddrehung.

Für die Ruhelage finden wir aus (34) und (35) die Winkel

$$(36) \qquad \vartheta_0 = 0, \qquad \delta_0 = \frac{2\,\Theta\,\omega\cos\varphi\sin\varepsilon}{h}.$$

Die Federzahl h muß so groß sein, daß δ_0 ein kleiner Winkel bleibt.

Um jetzt aus (34) und (35) das scheinbare dynamische Trägheitsmoment um die Nordsüdachse zu berechnen, streichen wir vor allem wieder die Beschleunigungsglieder mit A_1 und D_1, und zwar aus gleichen Gründen und mit gleichem Rechte wie schon in (3) und später auch in (2). Den verbliebenen Wert von δ setzen wir aus (35) in (34) ein und erhalten

$$(37). \qquad \frac{4\,\Theta^2\sin^2\varepsilon}{h}\frac{d^2\vartheta}{dt^2} + s\,G\,\vartheta = 0,$$

so daß das gesuchte dynamische Trägheitsmoment

$$(38) \qquad A_0 = \frac{4\,\Theta^2\sin^2\varepsilon}{h}$$

wird.

Die völlige Beseitigung des Schlingerfehlers würde verlangen, daß $C_0 = A_0$, also nach (33) und (38), daß die Federzahl

$$h = \Theta\,\omega\cos\varphi\frac{4\sin^2\varepsilon}{1 + 2\cos\varepsilon}$$

gewählt würde. Dieser Wert ist praktisch wegen der Kleinheit von ω so niedrig, daß von einer elastischen Koppelung so gut wie nichts mehr zu merken wäre; er ist auch schon deswegen unzulässig, weil der aus (36) damit folgende Winkel

$$\delta_0 = \frac{1 + 2\cos\varepsilon}{2\sin\varepsilon}$$

viel zu groß würde.

Aus dieser Schwierigkeit rettet die folgende Überlegung. Das Schlingermoment (32) ist wesentlich durch die Größe c (31) bestimmt, die wir gerne zu Null gemacht hätten. Schreibt man sie in der Form

$$c = \frac{1}{1 - C_0'} - \frac{1}{1 - A_0'}$$

mit den Abkürzungen

$$(39) \qquad C_0' = \frac{C_0\,a^2}{s\,G}, \qquad A_0' = \frac{A_1\,a^2}{s\,G},$$

so ist C_0' eine ungemein große Zahl wegen des großen Faktors Θ/ω, der nach (33) in C_0' steckt. Umgekehrt war A_0' beim Einkreiselkompaß ein recht kleiner Bruch (etwa von der Größenordnung $^1/_{200}$, insofern die Frequenz a der Schlingerbewegungen in der Regel in der Nähe von $^1/_2$ liegt). Für den Einkreiselkompaß war also angenähert $c = -1$, für einen möglichst vom Schlingerfehler freien Kompaß muß auch A_0' eine große Zahl und mithin angenähert

$$c = -\frac{1}{C_0'} + \frac{1}{A_0'}$$

sein, oder

$$A_0' = \frac{C_0'}{1 + c\,C_0''}.$$

Anstatt nun zu verlangen, daß c streng verschwinde, werden wir uns auch damit begnügen dürfen zu fordern, daß der absolute Betrag von c, sagen wir, von 1 auf $^1/_{50}$ herabgedrückt werde. Dann ist immer noch $c\,C_0'$ groß gegen 1 und also in neuer Annäherung einfach

$$A_0' = \frac{1}{c}$$

oder ausführlicher nach (38) und (39)

$$h = \frac{4\,c\,a^2\,\Theta^2\,\sin^2 \varepsilon}{s\,G},$$

und diese Federzahl gibt schon eine recht wirksame elastische Koppelung.

Beispielsweise wählen wir

$$c = \frac{1}{50}, \qquad a = \frac{1}{2}, \qquad \varepsilon = 30^0,$$

ferner entprechend 30 000 minutlichen Umläufen (die beim Dreikreiselkompaß dadurch erreicht werden, daß die Kreiselkapseln zur Verminderung der Reibung mit Wasserstoff gefüllt sind)

$$\Theta = 45 \cdot 10^4\ \text{cmgsek}^2, \qquad s\,G = 5 \cdot 10^4\ \text{cmg}$$

und finden rund

$$h = 2 \cdot 10^4\ \text{cmg}.$$

Dies bedeutet, daß zu einer Verdrehung um $\delta = 6^0$ eine Kraft von 200 g an einem Hebelarm von 10 cm nötig ist. Der Ausschlag δ_0 aber erreicht jetzt nach (36) in unseren Breiten nur 3,3'.

Die Störungen des Kreiselkompasses werden bei modernen Bauarten namentlich auch noch dadurch herabgemindert, daß man ihn an möglichst geschützter Stelle des Schiffes unterbringt. Man überträgt dann die Anzeige dieses Mutterkompasses durch elektrische Koppelung auf beliebig viele Tochterrosen, die über das ganze Schiff verteilt sein können.

Es mag schließlich erwähnt werden, daß außer dem Anschützschen, soweit uns bekannt geworden, noch zwei andere, in wesentlichen Teilen davon verschiedene Kreiselkompasse bis zum praktischen Gebrauch durchgebildet worden sind, nämlich derjenige von Ach für Riesenflugzeuge und ein von E. A. Sperry für nautische Zwecke ersonnener und sehr fein durchgearbeiteter. Wir verzichten darauf, diese zu besprechen; der Sperrysche ist trotz einiger vorzüglichen Eigenschaften dem Anschützschen unterlegen, wie die von der deutschen Marine angestellten Versuche ergeben haben; über die Bewährung des Achschen vermögen wir nichts auszusagen.

Beim Dreikreiselkompaß wird der Schlingerfehler also dadurch auf ein erträgliches Maß herabgedrückt, daß das schwimmende System an Stelle völliger (dynamischer) Trägheitssymmetrie um die Lotachse wenigstens eine außerordentlich hohe Steifigkeit gegen Störungen um alle wagerechten Achsen bekommen hat. Um dies zu erreichen, gibt es noch ein zweites, ganz anderes Mittel, nämlich die Koppelung des Kompaßkreisels mit einem Pendelkreisel, dessen Theorie wir uns nunmehr zuwenden.

§ 20. Pendelkreisel.

1. Störungstheorie der Pendelkreisel. Vom Kompaßkreisel, dessen Schwerpunkt, ohne mit umzulaufen, in der Äquatorebene liegt, führt eine stetige Linie zum Pendelkreisel, dessen Schwerpunkt auf der Figurenachse, aber außerhalb des Stützpunktes sich befindet. Allen diesen Kreiseln einschließlich der Zwischenstufen beliebiger Schwerpunktslage bei entsprechender Schrägstellung der Figurenachse ist gemeinsam, daß sie durch die Schwerkraft gezwungen sind, an der Erddrehung ω teilzunehmen, und sich demnach in gleichstimmigen Parallelismus mit dem Vektor $\boldsymbol{\omega}$ so weit zu bringen streben, als die Schwerkraft im Ausgleich mit dem diesbezüglichen Richtmoment das zuläßt. So kam die Nordweisung der Kreiselkompasse zustande; so müßte die Figurenachse eines Kreisels, dessen Schwerpunkt, wieder ohne umzulaufen, vom Kreiseläquator den gleichen Winkelabstand φ hätte wie der Beobachtungspunkt vom Erdäquator, viel sicherer nach dem Himmelspole zeigen, als der astatische Kreisel Foucaults (§ 18, 1.); so muß aber auch der Pendelkreisel infolge der Erddrehung eine kleine Abweichung vom Lote nach der Richtung der Erdachse hin erleiden, wie bereits Foucault bemerkt hat. Es genügt hier, an den Betrag dieser Ablenkung zu erinnern, der in § 18 (22), S. 248, berechnet worden ist; das dortige Azimut δ der Auslenkungsebene ist Null, und wir schreiben dann besser

$$(1) \qquad \operatorname{tg} \vartheta_0 = \frac{\Theta'\omega \cos \varphi}{\Theta \omega \sin \varphi - Q},$$

indem wir unter $Q = s\,G$ wieder unser altes Stützpunktsmoment und unter ϑ_0 den Winkel verstehen, den die Figurenachse mit der wahren Lotlinie bildet. Als wahre Lotlinie bezeichnen wir dabei die Richtung

des Vektors g der Schwerbeschleunigung (einschließlich der Fliehbeschleunigung der Erddrehung, vgl. Einl. II, S. 162). Das Wort
Figurenachse aber bedeute den vom Stützpunkt nach dem Schwerpunkt hin gezogenen Halbstrahl; wir bleiben damit im Einklang mit
dem dritten Abschnitt des ersten Teiles, und in der Tat ist ja die
Theorie des Kreiselpendels einfach wieder die Theorie des dort behandelten schweren Kreisels. Aber von den dort gewonnenen Ergebnissen brauchen wir hier nur die, welche sich auf den schnellen
Kreisel beziehen. Je nachdem der Schwungvektor Θ die Richtung
der Figurenachse oder die entgegengesetzte hat, sprechen wir von
einem rechts- oder linksdrehenden Kreisel und zählen dann Θ
positiv oder negativ; Q rechnen wir immer positiv.

Hiernach schließen wir von vornherein aus (1): Bei gleich-
großem Schwung stellt sich der linksdrehende Pendelkreisel
auf der nördlichen Halbkugel der Erde genauer in die Lotlinie ein als der rechtsdrehende. Wir werden von der Auslenkung (1) künftig ganz absehen, weil sie bei allen wirklich ver-
wendeten Pendelkreiseln recht klein, wenn auch gerade noch merklich
ist. Mit anderen Worten, wir beziehen uns künftig nicht genau auf
die wahre Lotlinie g selbst, sondern auf eine um den kleinen
Winkel ϑ_0 nach Norden bzw. Süden geneigte Linie, die wir das
Kreisellot nennen mögen, und in deren Richtung wir uns von nun
ab auch die Schwere wirkend denken. Befindet sich unser Pendelkreisel auf einem bewegten Fahrzeug, so sind übrigens an diesem
Kreisellote alle die kleinen Richtungsänderungen anzubringen, die
von der Geschwindigkeit des Fahrzeuges herrühren und ebenso leicht
zu berechnen sind wie die entsprechenden Fahrtfehler des Kreiselkompasses (§ 19, 2.): eine östliche (westliche) Fahrtkomponente wirkt
wie eine Vergrößerung (Verkleinerung) von ω, eine nördliche (südliche)
Fahrtkomponente wie eine Polverlagerung nach Westen (Osten), also
wie eine entsprechende Verlagerung der Meridianebene, in welcher ϑ_0
zu messen ist.

Viel wichtiger aber als die kleine Auslenkung ϑ_0 ist für uns die
Frage, ob der Pendelkreisel auch dann noch die Lotlinie merklich
genau anzugeben imstande sein kann, wenn er auf einem irgendwie
schwankenden oder beliebig beschleunigten Fahrzeug aufgehängt ist.
Ein gewöhnliches Pendel wäre dazu offenbar nur dann fähig, wenn
es eine ganz außerordentliche Länge besäße. Um die Frage für das
Kreiselpendel zu beantworten, ist es am zweckmäßigsten, wieder so
zu rechnen, als ob sich der Aufhängepunkt in Ruhe befände und
seine tatsächliche Beschleunigung b am Schwerpunkt des Kreisels
mit entgegengesetzter Richtung (als Trägheitswirkung) angriffe. Die

Kreiselspitze (nach § 10, S. 96, der Punkt auf der Figurenachse im Abstand 1 vom Stützpunkt) bewegt sich dann, solange die Figurenachse nur kleine Ausschläge ϑ aus der Lotlinie macht, angenähert in einer wagerechten Ebene des Abstandes 1 unter dem Aufhängepunkt; dessen lotrechte Projektion sehen wir als Nullpunkt O dieser Bezugsebene an (Abb. 115) und setzen die Auslenkungen ϑ weiterhin als klein voraus. Der Fahrstrahl r von O nach der Kreiselspitze P möge das von Norden ostwärts gezählte Azimut ψ besitzen; sein Betrag mißt die Neigung ϑ der Figurenachse

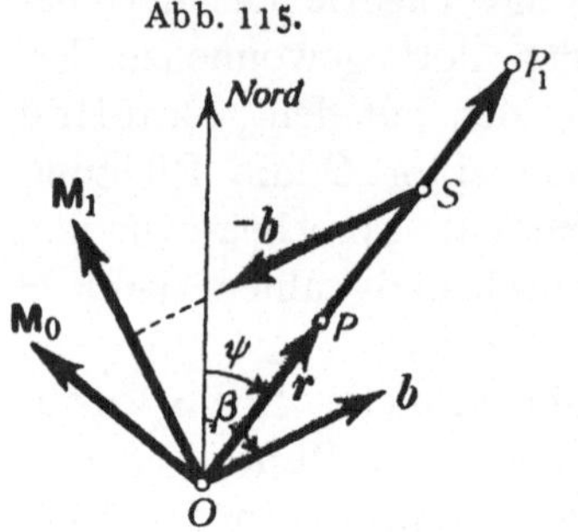

(2) $$r = \vartheta.$$

Lotrechte Beschleunigungskomponenten können außer Betracht bleiben, weil sie bei kleinen Auslenkungen ϑ im wesentlichen nur den Stützdruck beeinflussen. Der Vektor b der wagerechten Beschleunigung des Stützpunktes soll das Azimut β besitzen. Das Schweremoment M_0 vom Betrag

(3) $$M_0 = Q\vartheta$$

bezüglich des Stützpunktes hat das Azimut $\psi - 90^0$. Die negative Beschleunigung $-b$ erzeugt, im Schwerpunkt S angreifend, mit einem Hebelarm von sehr nahezu der Länge s ein sehr nahezu wagerechtes Moment M_1 vom Betrag

(4) $$M_1 = bs\frac{G}{g} = \frac{bQ}{g}$$

und Azimut $\beta - 90^0$. Die lotrechte Komponente von M_1 dürfen wir offenbar vernachlässigen.

Wir haben jetzt auszudrücken, daß die Geschwindigkeit des Endpunktes des Schwungvektors Θ geometrisch gleich der Summe der Momente M_0 und M_1 ist. Da beide wagerecht liegen, so bewegt sich auch jener Endpunkt wagerecht, und zwar völlig gleich wie seine Projektion P_1 auf unsere Bezugsebene (Abb. 115). Der Fahrstrahl OP_1 aber fällt auf den Fahrstrahl r und besitzt die Länge $\Theta\vartheta = \Theta r$. Und folglich muß die radiale Geschwindigkeit von P_1, nämlich $\Theta\, dr/dt$, gleich der radialen Komponente $M_1 \sin(\beta - \psi)$ sein, die tangentiale $\Theta r\, d\psi/dt$ gleich der tangentialen $-M_1 \cos(\beta - \psi)$ zuzüglich $-M_0$:

$$\Theta\frac{dr}{dt} = M_1 \sin(\beta - \psi),$$

$$\Theta r\frac{d\psi}{dt} = -M_1 \cos(\beta - \psi) - M_0.$$

Dafür schreiben wir mit den Abkürzungen

$$(5) \qquad \mu = \frac{Q}{\Theta}, \qquad p = \frac{b}{g}$$

und in Rücksicht auf (2) bis (4)

$$(6) \qquad \frac{dr}{dt} = \mu p \sin(\beta - \psi),$$

$$(7) \qquad r\frac{d\psi}{dt} = -\mu [r + p \cos(\beta - \psi)];$$

und dies sind die Bewegungsgleichungen der Kreiselspitze P. Die Zahl μ aber ist einfach unsere wohlbekannte Präzessionsgeschwindigkeit der Figurenachse um die Lotlinie [§ 9 (21), S. 94], wie sich sofort zeigt, wenn wir $p = 0$ setzen. Es wird dann aus (6) und (7)

$$\frac{dr}{dt} = 0, \qquad \frac{d\psi}{dt} = -\mu,$$

zwei Gleichungen, die beim rechtsdrehenden Kreisel ($\mu > 0$) eine Linkspräzession, beim linksdrehenden ($\mu < 0$) eine Rechtspräzession bedeuten. Andererseits ist p nach (5) gleich der Tangensfunktion des Neigungswinkels γ der scheinbaren Lotlinie h (Abb. 116) gegen die wahre Lotlinie g. Die scheinbare Lotlinie zeigt als Resultante der Erdbeschleunigung g und der negativen Bahnbeschleunigung $-b$ die Richtung an, in welcher sich ein augenblicklich gedämpftes, der Luftreibung entzogenes Pendel einstellen würde.

Abb. 116.

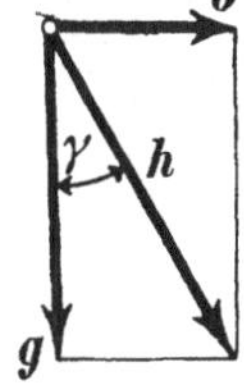

Im allgemeinen ist p nicht Null, sondern ebenso wie das Azimut β eine gegebene Funktion der Zeit. Um die Gleichungen (6) und (7) dann rasch zu integrieren, beschreiten wir am besten einen komplexen Weg, multiplizieren die erste mit $e^{i\psi}$, die zweite mit $ie^{i\psi}$, addieren beide und haben

$$\frac{d}{dt}(r\,e^{i\psi}) = -\mu i(r\,e^{i\psi} + p\,e^{i\beta}).$$

Diese in $r e^{i\psi}$ lineare Differentialgleichung hat als Lösung, die der Anfangsbedingung $r = 0$ für $t = 0$ genügt, das Integral

$$(8) \qquad r\,e^{i\psi} = -i\mu e^{-i\mu t} \int_0^t p\,e^{i(\beta + \mu t)}\,dt,$$

wie man durch Einsetzen bestätigt.

Als Störungsquellen des Pendelkreisels kommen in Betracht: gleichförmige Beschleunigungen (Anfahrt und Abbremsung des Fahrzeuges), periodische Beschleunigungen (Schlingern des Fahrzeuges oder Erschütterungen durch die Motoren), Fliehbeschleunigungen (Kurvenfahrt). Wir erledigen diese drei Fälle der Reihe nach.

Erster Fall: Der Aufhängepunkt wird gleichförmig beschleunigt, beispielsweise in der Nordrichtung. Es ist also $\beta = 0$ und p unveränderlich. Hiernach wird aus (8)

$$r\,e^{i\psi} = p\,(e^{-i\mu t} - 1),$$

oder, indem wir zwei neue Koordinaten r' und ψ' durch

$$(9) \qquad\qquad r\,e^{i\psi} + p = r'\,e^{i\psi'}$$

einführen,

$$(10) \qquad\qquad r'\,e^{i\psi'} = \dot{p}\,e^{-i\mu t}.$$

Die Koordinatentransformation (9) hat eine einfache Bedeutung: r' und ψ' sind Fahrstrahl und Azimut der Kreiselspitze, gerechnet von dem um das Stück p in der Südrichtung verschobenen neuen Nullpunkt O' aus (Abb. 117); denn der reelle bzw. imaginäre Teil von (9) stellt ja gerade fest, daß die Projektion des Linienzuges $O'OP$ auf die Nordsüd- bzw. Ostwestrichtung mit der Projektion des Fahrstrahls $O'P$ übereinstimmt. O' aber ist offenkundig der Durchstoßungspunkt der scheinbaren Lotlinie h durch unsere Bezugsebene.

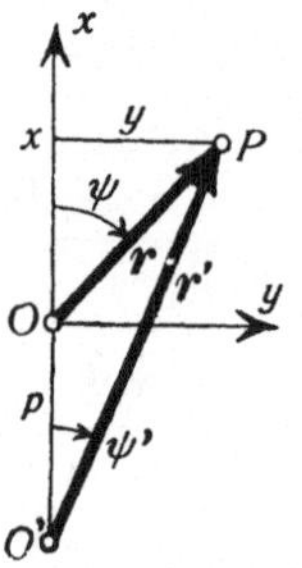

Wir folgern jetzt aus (10)

$$(11) \qquad\qquad r' = p, \qquad \psi' = -\mu t$$

und deuten dies so: **Die Figurenachse beschreibt ihre natürliche Präzession um die scheinbare Lotlinie, indem sie in der wahren Lotlinie (genauer im Kreisellot) beginnt.**

Dieses Ergebnis war ziemlich ohne jede Rechnung vorauszusehen. Seine praktische Folge ist die, daß die Auslenkung der Figurenachse aus der wahren Lotlinie trotz starker Beschleunigung unmerklich bleibt, wenn die Präzessionsgeschwindigkeit μ hinreichend klein ist. Denn naturgemäß kann die Beschleunigung des Fahrzeugs nur eine beschränkte Zeit lang dieselbe Richtung behalten, und es wird dann in dieser Zeit auch nur ein unmerklich kleiner Teil des Präzessionskegels durchlaufen sein.

Zweiter Fall: Der Aufhängepunkt macht eine Schwingungsbewegung von der Frequenz α, beispielsweise in der Nordsüdlinie. Es sei also $\beta = 0$ und

$$(12) \qquad\qquad p = p_0 \sin \alpha t.$$

Wir finden aus (8), falls zunächst $\alpha^2 > \mu^2$ vorausgesetzt wird,

$$(13) \qquad r\,e^{i\psi} = \frac{\mu\,p_0}{\alpha^2 - \mu^2}\,(\mu \sin \alpha t + i\,\alpha \cos \alpha t - i\,\alpha\,e^{-i\mu t}).$$

Bezeichnen wir mit x und y (Abb. 117) die nördliche und östliche cartesische Koordinate der Kreiselspitze, so wird

$$(14) \qquad r\,e^{i\psi} = r\,(\cos\psi + i\sin\psi) = x + iy$$

und also, indem wir in (13) den Realteil vom Imaginärteil spalten,

$$(15) \qquad \begin{cases} x = \dfrac{\mu\,p_0}{a^2 - \mu^2}\,(\mu\sin at - a\sin\mu t), \\[2ex] y = \dfrac{a\,\mu\,p_0}{a^2 - \mu^2}\,(\cos at - \cos\mu t). \end{cases}$$

Einer Bewegung der Kreiselspitze von dieser Art waren wir schon beim aufrechten unsymmetrischen Kreisel [§ 13 (30), S. 148] begegnet; wir nannten sie eine Epiellipsoide (vgl. Abb. 69, S. 150). Für uns ist von Wichtigkeit nur der größte Ausschlag, der überhaupt vorkommen kann. Es wird

$$x_{max} = p_0\,\frac{|\mu|\,(a + |\mu|)}{a^2 - \mu^2}\,,$$

$$y_{max} = p_0\,\frac{2\,a\,|\mu|}{a^2 - \mu^2}\,,$$

und von diesen beiden ist wegen $a^2 > \mu^2$ wieder y_{max} der größere Wert. In der Regel dauert der Präzessionsumlauf mehrere Minuten, wogegen die Dauer einer Störungsschwingung nur nach Sekunden zählen wird. Dann ist angenähert

$$(16) \qquad \vartheta_{max} = y_{max} = p_0\,\frac{2\,|\mu|}{a}\,,$$

und der größte Ausschlag der Figurenachse ist gegen den größten Ausschlag p_0 (genauer arc tg p_0) der scheinbaren Lotlinie im Verhältnis $2\,|\mu|:a$ verkleinert; er bleibt also um so unmerklicher, je größer die Störungsfrequenz a und je kleiner die Präzessionsgeschwindigkeit $|\mu|$ ist.

Jetzt muß noch der bislang ausgeschlossene Fall der Resonanz zwischen Störungsfrequenz und Präzessionsgeschwindigkeit erledigt werden. Man erhält mit $a = \pm\,\mu$ aus den alsdann die Form 0/0 annehmenden Ausdrücken (15) durch Anwendung bekannter Rechenregeln

$$(17) \qquad \begin{cases} x = +\,\dfrac{p_0}{2}\,(\mu t\cos\mu t - \sin\mu t), \\[2ex] y = \mp\,\dfrac{p_0}{2}\,\mu t\sin\mu t, \end{cases}$$

also eine Art elliptischer Spirale (Abb. 118) als Bahn der Kreiselspitze.

Die unbeschränkte Zunahme des Ausschlages der Figurenachse steht mit unserer Voraussetzung kleiner Winkel ϑ im Widerspruch, und auch die Ausdrücke (17) gelten daher nur für einen geringen Zeitraum und sind dann besser zu ersetzen durch die Anfangsglieder der nach Potenzen von t aufsteigenden Reihenentwicklung:

Abb. 118.

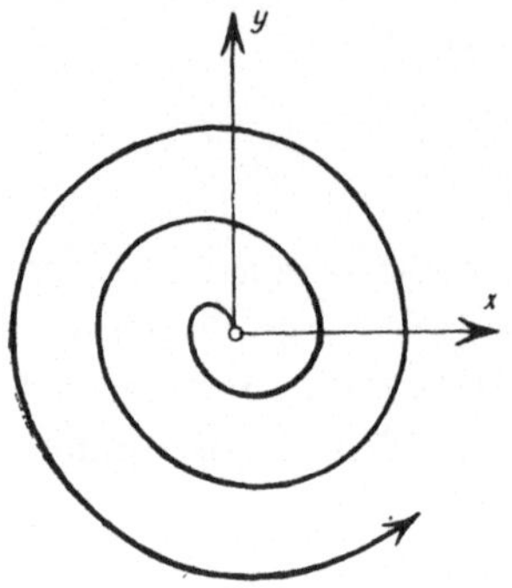

$$(18) \qquad x = + \frac{p_0}{6}\,\mu^3 t^3, \qquad y = + \frac{p_0}{2}\,\mu^2 t^2,$$

aus welcher hervorgeht, daß für kleine Präzessionsgeschwindigkeiten μ der Ausschlag der Figurenachse nur langsam anwächst. Das Zustandekommen merklicher Resonanz setzt also voraus, daß eine große Zahl synchroner Schwingungen b aufeinander folgt; dies wird um so unwahrscheinlicher, je kleiner deren Frequenz a ist, und somit genügt es zur Verhütung gefährlicher Resonanz in Wirklichkeit vollständig, daß man $|\mu|$ wesentlich kleiner als solche Frequenzen a wählt, bei denen noch eine längere harmonische Schwingung b überhaupt zu erwarten ist.

Dritter Fall: Der Aufhängepunkt wird mit der Bahngeschwindigkeit v und der Winkelgeschwindigkeit ε auf einem wagerechten Kreise bewegt. Wir bleiben im Einklang mit unseren bisherigen Bezeichnungen, wenn wir dem Vektor v das Azimut $\beta - 90^0$ beilegen, den Kreis also in der Richtung nach Westen beginnen lassen. Wir wählen v und ε unveränderlich und setzen

$$(19) \qquad\qquad \beta = \varepsilon t, \qquad b = \varepsilon v.$$

Positive Werte von ε entsprechen einer Rechtskurve, negative einer Linkskurve.

Hiernach wertet sich (8) unter der Bedingung $\varepsilon \neq -\mu$ aus zu

$$r\,e^{i\psi} = -\frac{\mu\,p}{\varepsilon + \mu}\,(e^{i\varepsilon t} - e^{-i\mu t}).$$

Man formt die Klammer rechter Hand um in

$$e^{i\frac{\varepsilon - \mu}{2} t}\,\Big(e^{i\frac{\varepsilon + \mu}{2} t} - e^{-i\frac{\varepsilon + \mu}{2} t}\Big)$$

und hat also

$$r\,e^{i\psi} = -\frac{2\,\mu\,p\,i}{\varepsilon + \mu}\,\sin \frac{\varepsilon + \mu}{2}\,t \cdot e^{i\frac{\varepsilon - \mu}{2} t}$$

oder wegen $-i = e^{-i\frac{\pi}{2}}$

$$r\,e^{i\psi} = \frac{2\,\mu\,p}{\varepsilon + \mu}\,\sin \frac{\varepsilon + \mu}{2}\,t \cdot e^{i\left(\frac{\varepsilon - \mu}{2} t - \frac{\pi}{2}\right)}.$$

Der Vergleich beider Seiten liefert

$$(20) \quad \begin{cases} r = \dfrac{2\,\mu\,p}{\varepsilon + \mu} \sin \dfrac{\varepsilon + \mu}{2} t, \\[2mm] \psi = \dfrac{\varepsilon - \mu}{2} t - \dfrac{\pi}{2}. \end{cases}$$

Die Deutung dieser Gleichungen ist einfach: **Eine Azimut-gerade dreht sich, von der Ostwestlage beginnend, mit der Winkelgeschwindigkeit** $\frac{1}{2}(\varepsilon - \mu)$ **um den Nullpunkt; auf ihr vollzieht die Kreiselspitze harmonische Schwingungen von der Amplitude**

$$(21) \quad \vartheta_{max} = \left| \dfrac{2\,\mu\,p}{\varepsilon + \mu} \right|$$

und der Frequenz $\frac{1}{2}(\varepsilon + \mu)$. Der größte Ausschlag ϑ_{max} der Figurenachse ist bei einer im Sinne der Kreiseldrehung durchfahrenen Kurve geringer als bei einer entsprechenden, aber umgekehrt durchlaufenen. Denn Rechtskurve und rechtsdrehender Kreisel gehören zu positiven Werten von ε und μ, Linkskurve und linksdrehender Kreisel zu negativen.

Bei allen nicht übermäßig weiten Kurven ist $|\varepsilon|$ groß gegen $|\mu|$ und also nach (20) angenähert

$$(22) \quad \begin{cases} r = 2p\,\dfrac{\mu}{\varepsilon} \sin \dfrac{\varepsilon}{2} t, \\[2mm] \psi = \dfrac{\varepsilon}{2} t - \dfrac{\pi}{2}, \end{cases}$$

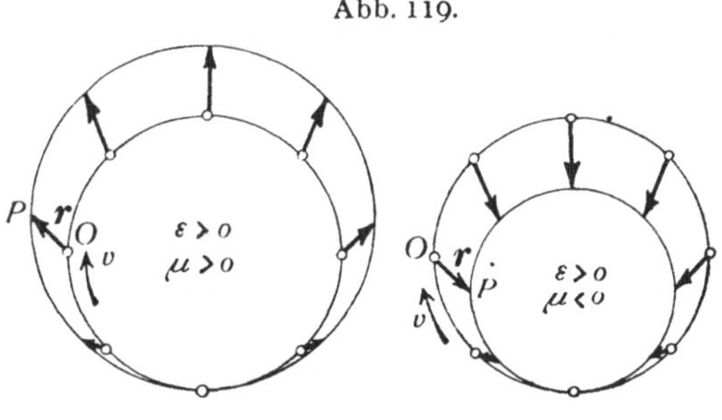

und diese Gleichungen stellen einfach einen mit der Winkelgeschwindigkeit ε durchschrittenen Kreis dar, der die Ostwestlinie im Nullpunkte berührt und nach Norden oder Süden liegt, je nachdem ε und μ gleiches oder ungleiches Zeichen haben.

Dies, mit gehöriger Überlegung vom Fahrzeug auf den Raum übertragen, besagt (Abb. 119): **Die Figurenachse beschreibt im Raume einen Kegel und ist dabei nach dem Äußeren oder Inneren des Bahnkreises geneigt, je nachdem dieser im Sinne der Kreiseldrehung oder umgekehrt durchlaufen wird.** Das Erstaunliche bleibt hier nur, daß sich die Figurenachse also unter Umständen entgegen der Fliehkraft nach innen zu neigen vermag. Auch hier ist ihr größter Ausschlag gegen die Neigung der scheinbaren Lotlinie im Verhältnis $2\,|\mu| : |\varepsilon|$ verkleinert.

Schließlich holen wir noch den Fall $\varepsilon = -\mu$ nach, der offenbar der Resonanz entspricht und nur dann eintreten kann, falls Bahn und Kreisel von entgegengesetztem Drehsinne sind. Indem wir auf (8) zurückgreifen, finden wir jetzt

$$r e^{i\psi} = -i p \mu t e^{-i\mu t} = p \mu t e^{-i\left(\mu t + \frac{\pi}{2}\right)}$$

oder

$$(23)\qquad\qquad r = p\,\mu\,t, \qquad \psi = -\mu t - \frac{\pi}{2}.$$

Die Bahn der Kreiselspitze ist eine archimedische Spirale und vom Standpunkt eines immer in die Richtung des Geschwindigkeitsvektors v blickenden Beobachters eine Gerade von entgegengesetzter Richtung: die Figurenachse scheint sich ihm mehr und mehr nach hinten zu heben. Diese Auslenkung erfolgt aber wieder sehr langsam, falls nur $|\mu|$ hinreichend groß ist, und wir werden merkliche Resonanz auch hier für um so unwahrscheinlicher ansehen dürfen, je größer die Präzessionsdauer an sich ist.

Wir sind jetzt hinreichend darüber aufgeklärt, wie groß die Abweichungen der Figurenachse von der wahren Lotlinie, genauer vom Kreisellote sein können, und wollen sie bei wirklich ausgeführten Pendelkreiseln nun auch noch zahlenmäßig abschätzen.

2. Künstliche Horizonte und Lotlinien. Der Gedanke, den Pendelkreisel zur Schaffung eines künstlichen Horizontes oder eines künstlichen Lotes auf schwankendem Fahrzeug, namentlich auf Schiffen zu verwenden, ist außerordentlich alt; er geht wohl auf Serson (1751) zurück und wurde von Troughton später (1819) wieder aufgenommen. Die von diesen beiden gebauten Kreisel (Serson setzte einfach eine Scheibe senkrecht auf die Figurenachse auf) vermochten infolge mangelhaften Antriebes ihre Aufgabe nur höchst unvollkommen zu lösen, nämlich dem Seemanne die bei seinen Ortsbestimmungen wichtige, bei Nebel oder Nacht unsichtbare Horizontlinie anzuzeigen. Die ganz ähnlich gebauten Kreisel von Piazzi Smith (1863) und Pâris (Vater und Sohn, 1867), ebenfalls noch von Hand angetrieben, waren dazu bestimmt, die Schiffsschwankungen aufzuzeichnen, desgleichen der schon elektrisch bewegte Oszillograph von Frahm. Befriedigen konnten diese Apparate jedoch ebensowenig wie ein Versuch B. Towers, auf diese Weise ein Podium zur ruhigen Aufstellung von Scheinwerfern und leichten Geschützen auf Schiffen wagerecht zu halten, wobei der stabilisierende Kreisel als Turbine angetrieben wird.

Der erste, wirklich gut brauchbare Pendelkreisel scheint der künstliche Horizont von G. Fleuriais gewesen zu sein (Abb. 120). Der in einer feinen Spitze nur wenig, etwa 1 mm, über seinem Schwerpunkt gestützte Kreisel (*k*) von 175 g Gewicht wird hier vor der Benutzung gleichfalls als Turbine (besser gesagt als Flügelrad) durch Preßluft angetrieben, welche durch die Handhabe (*h*) zuströmt, so daß er während der Beobachtung mit mindestens 50 sekundlichen Umdrehungen läuft und eine Präzessionsdauer von etwa 2 Minuten besitzt. Er trägt zwei Plankonvexlinsen (*l*), deren Brennweite ihrem Abstande gleich ist, derart, daß ein feiner, die optische Achse schneidender und zur Figurenachse genau senkrechter Strich auf der ebenen Fläche jeder Linse im Fernrohr eines Sextanten (*s*) scharf abgebildet wird, so oft die optischen Achsen sich decken. Wenn die Figurenachse ungestört lotrecht steht, so verschmelzen die aufeinanderfolgenden Bilder dieser Striche im Auge des Beobachters zu einer Linie, die den Horizont darstellt. Wenn der Kreisel jedoch infolge schiefer Lage der Figurenachse eine Prä-

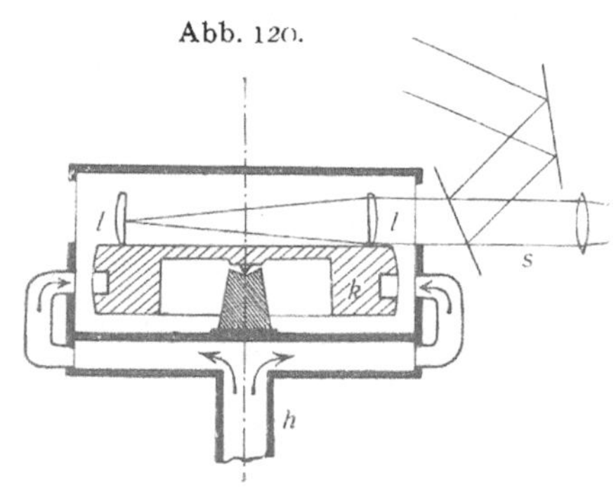

Abb. 120.

zession um die Lotlinie beschreibt, so müssen die Striche während eines Präzessionsumlaufes offenbar einmal auf und ab schwanken, wobei sie in der Mitte schräg, in den Umkehrlagen aber wagerecht weisen. Der Beobachter hat die Mittellage zu bestimmen und verwendet sie dann in bekannter Weise zur Ablesung der Höhe eines Sternes am Sextanten. Die Handhabung des Apparates soll ziemliche Übung erfordern, dann aber auch recht gute Ergebnisse zeitigen.

Statt der Linsen ist von den Zeisswerken eine elektromagnetische Ablesevorrichtung versucht worden, während Anschütz vorgeschlagen hat, ohne Erhöhung der die Beobachtung langwierig machenden Präzessionsdauer die Genauigkeit des Horizontes in der Beobachtungsrichtung dadurch zu vergrößern, daß der Kreisel in eigenartiger Weise cardanisch aufgehängt wird. Die Drehachse des inneren Ringes liegt in der Beobachtungsrichtung und geht nur sehr wenig über dem Schwerpunkt vorbei, diejenige des äußeren ist wesentlich höher und wird tunlich wagerecht gehalten. Die Präzessionsdauer ist dann umgekehrt proportional zum geometrischen Mittel der beiden Achsenabstände des Schwerpunktes, wie eine kurze, hier unterdrückte Überschlagsrechnung zeigt. Dagegen sind die Ausschläge, die von Beschleunigungen parallel zur äußeren Ringachse herrühren und in kleinen Drehungen um eben diese Achse sich kundtun, offenbar nur mit dem kleinen Abstand der inneren Achse vom Schwerpunkte

proportional. Die entsprechenden Ausschläge um die innere Achse
bei Beschleunigungen in der Beobachtungsrichtung sind dafür zwar
wesentlich größer, aber für die Beobachtungsgenauigkeit ohne Belang.
Die Ablesung ist dann im wesentlichen nur noch um den von der
Erddrehung herrührenden Ausschlag ϑ_0 (1) zu berichtigen.

Neuerdings ist dann der Pendelkreisel in einer technisch sehr
sorgfältig durchgebildeten Form von Anschütz zum Bau eines
Fliegerhorizontes verwendet worden (Abb. 121). Der linksdrehende

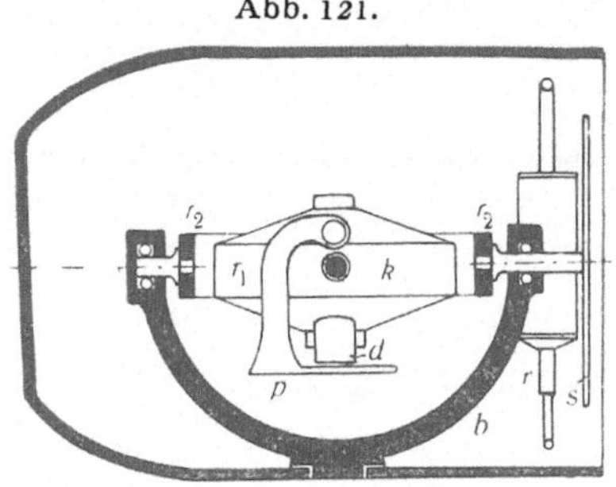

Abb. 121.

Kreisel (k) ist hier als Drehstrommotor in gleicher Weise wie
der Kompaßkreisel (§ 19) auf 20000
minutliche Umläufe angetrieben.
Er ruht in einem Cardangehänge
(r_1, r_2), dessen Innenring (r_1) als
Kapsel gestaltet ist, und dessen
Außenring (r_2) auf einem am Flugzeug festen Bügel (b) sitzt. Die
Achse des Außenringes weist in
die Längsrichtung des Flugzeuges
und trägt, dem Flieger zugewandt, eine mit einem Horizontbild
versehene Scheibe (s), welche die Querneigungen des Flugzeuges·
ohne weiteres abzulesen gestattet. Es sind dann noch geeignete
Dämpfungsvorrichtungen vorgesehen, nämlich eine mit der Horizont-
scheibe verbundene kreisförmige, mit Verengungen versehene und
mit Öl gefüllte Röhre (r) zur Dämpfung der Querneigungen, sowie
eine nach Art des Kreiselkompasses wirkende Pendeldämpfung mit
Pendel (p) und lotrechter Luftdüse (d). Andere Bauarten sind von
F. Drexler und von der Gesellschaft für nautische Instrumente
ausgeführt worden. Auch hat man mit Erfolg versucht, den Kreisel-
horizont mit Zielfernrohren zu verbinden (E. A. Sperry u. a.).

Wir wollen die mutmaßlichen Fehler eines solchen Fliegerhorizontes zahlenmäßig abschätzen. Bei 20000 minutlichen Umdrehungen, einem Kreiselgewicht
$G = 5000\,g$, einer Entfernung $s = 0{,}25\,cm$ des Schwerpunktes vom Stützpunkt,
sowie einem axialen Trägheitsarm von 4 cm haben wir mit

$$\Theta = -17 \cdot 10^4\,cmgsek, \qquad Q = 1250\,cmg$$

zu rechnen und finden zunächst

$$\mu = -0{,}0073\,sek^{-1} \approx \frac{\pi}{430}\,sek^{-1},$$

also eine Präzessionsdauer von 860 sek oder 14,3 min. Die Erddrehung bedingt eine
Neigung der Figurenachse gegen Norden um 20'. Die im Vergleich mit der Präzessionsdauer sehr kurze Anfahr- und Auslaufzeit des Flugzeuges kann keinen merklichen Fehler verursachen.

Wenn die mittlere Fluggeschwindigkeit $v_0 = 50$ m/sek um $1/10$ ihres Betrages periodisch in jeder Minute dreimal schwankt, so ist die Geschwindigkeit des Aufhängepunktes in cm/sek

$$v = 5000 - 500 \cos \frac{\pi t}{10},$$

mithin die Beschleunigung

$$b = 50\,\pi \sin \frac{\pi t}{10}\ \mathrm{cmsek^{-2}};$$

durch Vergleich mit (12) kommt also

$$p_0 = \frac{50\,\pi}{981}, \qquad a = \frac{\pi}{10},$$

und demnach ist ein größter Ausschlag (16)

$$\vartheta_{max} = 25{,}6'$$

zu erwarten, der ebenfalls ohne Bedeutung sein wird.

Bei einem kreisförmigen Kurvenflug mit der vorigen Geschwindigkeit v_0, wo T in Minuten die Dauer eines vollen Bahnkreises ist, erhält man mit

$$\varepsilon = \frac{\pi}{30\,T}, \qquad p = \frac{\pi v_0}{30\,g\,T}$$

den größten Ausschlag (21) in Bogengraden

$$\vartheta_{max} = \frac{61{,}2}{\lceil 14{,}3 - T\rceil};$$

dieser Ausschlag nimmt mit T nach einem hyperbolischen Gesetze zu (Abb. 122), um bei Resonanz von T mit der Präzessionsdauer über alle Grenzen zu wachsen. Negative Werte von T gehören dabei zu einer im Sinne der Kreiseldrehung durchlaufenen Bahn. Der zeitliche Anstieg dieses größten Ausschlages geschieht indessen so langsam, daß auch jetzt nur dann unbequemere Mißweisungen zu befürchten sind, wenn eine ganz außerordentlich große Zahl von Bahnkreisen hintereinander durchflogen wird. Man stellt leicht fest, daß selbst im Falle der Resonanz die Figurenachse in der Zeitminute erst um nicht ganz eine Bogenminute sich erhoben hat. Doch soll nicht verschwiegen werden, daß sich so bei verwickelteren Kurvenflügen die Ausschläge infolge unglücklicher Zufälle schließlich zu recht bedeutenden Beträgen summieren können, die dann in einem darauffolgenden geraden Flug durch die Dämpfungseinrichtungen nur langsam wieder vernichtet werden.

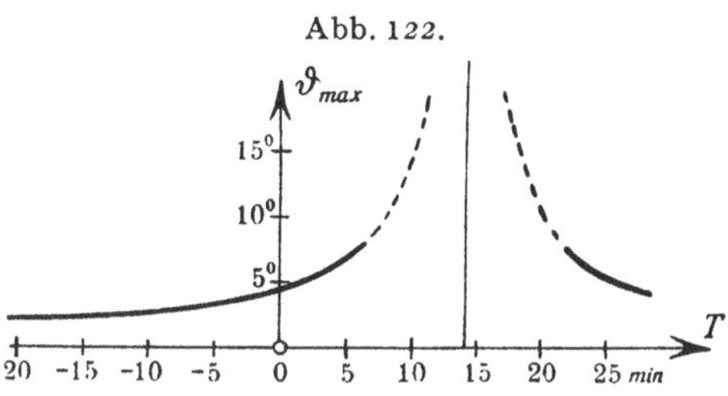

Abb. 122.

3. Flugzeugstabilisatoren. Während der Anschützsche Fliegerhorizont wie auch der schon früher besprochene Drexlersche Steuerzeiger sich damit begnügen, dem Flieger Anhaltspunkte für die Lage des Flugzeuges im Raume zu geben, so ist doch der Gedanke, die Absturzgefahr durch einen selbsttätig eingreifenden Stabilisator zu beseitigen, so alt wie das Flugzeug selber. Und es ist sehr natürlich, daß man hierbei immer wieder an die Verwendung von Pendelkreiseln dachte, da die Sicherheit des Flugzeuges hauptsächlich, wenn auch keineswegs ausschließlich durch seine richtige wagerechte Stellung im Fluge gewährleistet ist.

Den ersten Versuch in dieser Richtung machte H. S. Maxim (1889), damals freilich noch mit untauglichen Mitteln. Sein Versuch mußte aber auch schon deswegen erfolglos bleiben, weil der Kreisel ein großes Stützpunktsmoment Q besaß, und vor allem, weil sein dritter Freiheitsgrad nur verkümmert vorhanden war. Der mit Preßluft (ursprünglich war an Dampf gedacht) betriebene Kreisel sollte ebenfalls mit Preßluft arbeitende Steuermotoren regeln.

Demgegenüber stellt der Stabilisator von P. Regnard (1910) einen wesentlichen Fortschritt dar. Der cardanisch aufgehängte, von einem Akkumulatorenstrom auf 10 000 minutliche Umläufe angetriebene Kreisel betätigt hier mit dem unteren Ende seiner Figurenachse elektrische Kontakte, die bei jeder Schräglage der Flugzeughochachse gegen die Figurenachse Relaisströme schließen, welche auf geeignete Steuermotoren einwirken. Der Stabilisator soll sich an Modellen einigermaßen bewährt haben, in größeren Flugzeugen scheint er aber doch nicht verwendet worden zu sein.

Dies hat, soweit uns bekannt geworden ist, zuerst F. Drexler gewagt, der nach Verlassen des astatischen Kreisels (§ 18, 2., S. 242) zunächst einen mit Preßluft angeblasenen Pendelkreisel verwandte, dessen Figurenachse einen die Ruderausschläge beaufsichtigenden Ölservomotor steuerte. Von seinem sogenannten Fluglagenregler kehrte Drexler dann wieder zu dem nach Art des Fliegerhorizontes elektrisch angetriebenen Kreisel zurück und gestaltete namentlich den Ölservomotor und dessen Steuerung zu einer technisch vorzüglich durchgebildeten und verhältnismäßig leichten Maschine aus, die denn auch wirklich geflogen ist.

Man kann vorläufig gegen diese Stabilisatoren, auch wenn sie noch so gut gebaut sind, doch das Bedenken nicht unterdrücken, daß die unvermeidlichen kleinen Fehlweisungen des Kreisels sich auf das Flugzeug übertragen müssen und so unter gewissen Umständen geradezu destabilisierend wirken können. Während man früher in der Schaffung geeigneter Stabilisatoren das beste Schutzmittel gegen Abstürze sehen wollte, so geht neuerdings das Bestreben des Flugzeugbauers unverkennbar dahin, die Sicherheit des Fluges lieber dadurch zu erhöhen, daß das Flugzeug dem Steuer möglichst rasch und leicht gehorcht und zudem eine gewisse natürliche Stabilität in der Weise besitzt, daß es sich aus jeder beliebigen Lage beim Absturze von selbst wieder „fängt". So ist wenigstens bei kleineren Flugzeugen die Stabilisierung dem Muskel des Fliegers in derjenigen Weise anvertraut, die sich doch schon bei Vogel und Insekt, aber auch beim Radfahrer wohl bewährt hat.

Anders liegen die Dinge bei sehr großen Flugzeugen. Hier fühlt der Flieger die Lage des Flugzeuges keineswegs mehr ganz so unmittelbar, und er wird sich bei seinen Steuerbewegungen mehr von bewußten Überlegungen als von der unbewußten Eingebung seines Rauminstinktes leiten lassen müssen. Hier scheint deswegen auch künftig ein guter Stabilisator am rechten Orte zu sein. Bleibt man beim Pendelkreisel, so wäre die Aufgabe des Erbauers die, dessen Mißweisungen noch wesentlich weiter herabzusetzen. Verfügt man dann wirklich über eine einwandfreie Lotlinie, so läßt sich auch die Frage beantworten, unter welchen Umständen und mit welcher Sicherheit die Stabilisierung eines bestimmten Flugzeuges möglich ist. Wir haben diese Antwort bereits in § 16, 1. so weit vorbereitet, daß wir sie jetzt vollends ohne Schwierigkeit geben können.

4. Theorie der künstlichen Flugzeugstabilisierung. Wir gehen also aus von einer durch den Pendelkreisel gesicherten Lotlinie und, der Vollständigkeit halber, von einer (etwa durch einen Kompaßkreisel gehaltenen) festen Azimutrichtung und setzen einen Steuermotor voraus, der auf jede Auslenkung der Hochachse aus der Lotlinie sowie der Längsachse aus dem festen Azimut mit Ruderausschlägen antwortet, welche eben jenen Auslenkungen proportional sind. Greifen wir auf die Bewegungsgleichungen § 16 (47), S. 198, des Flugzeuges zurück, so haben wir demnach die dortigen Ruderausschläge a_h, a_q und a_s des Höhen-, Quer- und Seitenruders nicht mehr als willkürlich anzusehen, sondern mit drei Übersetzungszahlen $\varkappa_h'$, $\varkappa_q'$, $\varkappa_s'$

$$(24) \qquad a_h = \varkappa_h' \chi, \qquad a_q = \varkappa_q' \varphi, \qquad a_s = \varkappa_s' \psi$$

zu wählen, indem wir den Ausgleich der Längsneigung χ, der Querneigung φ und der Kursabweichung ψ (vgl. Abb. 89, S. 190) der Reihe nach dem Höhen-, Quer- und Seitenruder aufbürden. Wir schreiben dann zweckmäßigerweise statt der in § 16 (55), S. 200, eingeführten Ruderzahlen u_h, u_q, u_s die Produkte $\varkappa_h \chi$, $\varkappa_q \varphi$ und $\varkappa_s \psi$ an, mit den Stabilisatorzahlen

$$(25) \qquad \varkappa_h = \frac{\mathfrak{U}_h}{G} \varkappa_h', \qquad u_q = \frac{\mathfrak{U}_q}{G} \varkappa_q', \qquad u_s = \frac{\mathfrak{U}_s}{G} \varkappa_s',$$

wo die Bedeutung der $\mathfrak{U}_h$, $\mathfrak{U}_q$ und $\mathfrak{U}_s$ aus § 16 (44) bis (46) hervorgeht und G das Flugzeuggewicht sein soll. Endlich streichen wir jetzt in den dimensionslos gemachten Bewegungsgleichungen § 16 (48) bis (53) die mit σ behafteten Glieder, sehen also von den Kreiselwirkungen der Schrauben ab, die ja bei großen Flugzeugen in der Regel paarweise und sich ausgleichend vorhanden sind. Dann dürfen wir die Gleichungen der Längsstabilität § 16 (49), (51), (52) für sich behandeln und ebenso die der Querstabilität (48), (50), (53), und diese Trennung führen wir jetzt auch vollständig durch.

a) Die Längsstabilität. Die Differentialgleichungen

$$(26) \qquad b t_0^2 \frac{d^2\chi}{dt^2} + m t_0 \frac{d\chi}{dt} + j\eta + \varkappa_h \chi = 0,$$

$$(27) \qquad t_0 \frac{d\xi}{dt} + 2 s_0 \xi + \chi + (d-1)\eta = 0,$$

$$(28) \qquad 2\xi - t_0 \frac{d\chi}{dt} + t_0 \frac{d\eta}{dt} + o\,\eta + \varkappa_h \chi = 0$$

(für die Bezeichnungen vgl. Abb. 89, S. 190) stellen das Verhalten des Flugzeuges nach einer Störung seiner Längslage und Fluggeschwindigkeit dar. Wir suchen über das Aussehen der gestörten Bewegung dadurch Aufschluß zu bekommen, daß wir zuerst den Fall $j = 0$ des statisch indifferenten (S. 207) Flugzeuges untersuchen.

Hier spaltet sich (26) für sich ab mit Teilintegralen von der Form

$$(29) \qquad \chi = A\, e^{\varrho \frac{t}{t_0}},$$

wo die Kennziffern ϱ die Gleichung

$$(30) \qquad b\varrho^2 + m\varrho + \varkappa_h = 0$$

befriedigen müssen. Ohne Stabilisator, d. h. mit $\varkappa_h = 0$ ist $\varrho = 0$ eine Wurzel von (30), und dies gibt nach (29) einen von Null verschiedenen Ausschlag χ, worin sich eben die Indifferenz ausspricht: das Flugzeug kann (innerhalb gewisser Grenzen) in jeder Lage χ fliegen. Mit Stabilisator dagegen, d. h. mit $\varkappa_h > 0$, werden die Wurzeln von (30)

$$(31) \qquad \varrho_{1,\,2} = -\frac{m}{2b} \pm \sqrt{\frac{m^2}{4b^2} - \frac{\varkappa_h}{b}}.$$

Liegt zunächst die Stabilisatorzahl $\varkappa_h$ in dem Bereich

$$(32) \qquad 0 < \varkappa_h < \frac{m^2}{4b},$$

so sind beide Kennziffern $\varrho_{1,\,2}$ reell negativ, und das vollständige Integral

$$\chi = A_1 e^{\varrho_1 \frac{t}{t_0}} + A_2 e^{\varrho_2 \frac{t}{t_0}}$$

drückt dann die Tatsache aus, daß der Stabilisator das Flugzeug nach der Störung wieder aperiodisch in die alte Längslage $\chi = 0$ zurückführt.

Überschreitet $\varkappa_h$ den Bereich (32) nach oben hin, so werden die Kennziffern $\varrho_{1,\,2}$ komplex mit negativem Realteil, und wir wissen von früher (vgl. S. 211), daß die Bewegung alsdann eine gegen $\chi = 0$ hin gedämpfte Schwingung ist. Stabilisierung ist also auch jetzt noch vorhanden (und für den Grenzfall $\varkappa_h = m^2/4b$ gilt ähnliches); aber man will Schwingungen doch in der Regel vermeiden, und somit ist vorzuschlagen, die Stabilisatorzahl $\varkappa_h$ im Bereiche (32) zu wählen, wenn gute Stabilität verbürgt sein soll.

Gehen wir zweitens zu dem Fall $j \neq 0$ des nicht indifferenten Flugzeuges über, so müssen wir notwendigerweise auch die Gleichungen (27) und (28) noch zuziehen. Die entscheidende Frage ist dann die, ob es möglich sein mag, $\varkappa_h$ so zu bestimmen, daß die Kennziffern ϱ aller Teilintegrale

$$(33) \qquad \chi = A\,e^{\varrho\frac{t}{t_0}}, \qquad \eta = B\,e^{\varrho\frac{t}{t_0}}, \qquad \xi = C\,e^{\varrho\frac{t}{t_0}}$$

negative Realteile besitzen; denn dann und nur dann kehrt das Flugzeug nach der Störung in seinen alten Flugzustand $0 = \chi = \eta = \xi$ zurück: es ist nach unserer Auffassung entweder künstlich stabilisiert oder schon von vornherein dynamisch stabil.

Um diese Frage zu beantworten, setzen wir (33) in (26) bis (28) ein und erhalten

$$(34) \qquad \begin{cases} (b\varrho^2 + m\varrho + \varkappa_h)\,A + j\,B = 0, \\ A + (d-1)\,B + (\varrho + 2\,s_0)\,C = 0, \\ (\varkappa_h - \varrho)\,A + (\varrho + o)\,B + 2\,C = 0 \end{cases}$$

als Bestimmungsgleichungen einerseits für das Verhältnis $A:B:C$ der Integrationskonstanten und andererseits für die Kennziffern ϱ. Entnehmen wir aber die Werte der Quotienten B/A und C/A den beiden ersten Gleichungen und setzen sie in die dritte ein, so kommt, gehörig nach Potenzen von ϱ geordnet,

$$(35) \qquad a_0\varrho^4 + a_1\varrho^3 + a_2\varrho^2 + a_3\varrho + a_4 = 0$$

[dies ist wieder die Determinante der Beiwerte von A, B und C in (34)] mit den folgenden Abkürzungen

$$(36) \qquad \begin{cases} a_0 = b, \\ a_1 = b\,(o + 2\,s_0) + m, \\ a_2 = \varkappa_h + 2\,b\,(1 - d + o\,s_0) + m\,(o + 2\,s_0) + j, \\ a_3 = \varkappa_h\,(o + 2\,s_0 - j) + 2\,m\,(1 - d + o\,s_0) + 2\,j\,s_0, \\ a_4 = 2\,\varkappa_h\,(1 - d + o\,s_0 - s_0) + 2\,j. \end{cases}$$

Und nun lautet unsere Frage einfach so: Wie müssen die Koeffizienten (36) beschaffen sein, damit die Wurzeln ϱ der Gleichung (35) lauter negative Realteile besitzen? Und ist es möglich, den Koeffizienten durch geeignete Wahl von $\varkappa_h$ diese Beschaffenheit zu geben?

Diese rein algebraischen Fragen entscheiden wir rasch, indem wir uns die Koeffizienten (36) beliebig verändert denken, beispielsweise, indem wir der Zahl $\varkappa_h$ alle möglichen Werte beilegen. Die Stabilitätsgrenze ist dadurch gekennzeichnet, daß eine oder mehrere Wurzeln ϱ entweder Null oder rein imaginär werden; denn nur dort können Wurzeln mit positivem Realteile (instabilen Teilbewegungen zugehörend) in solche mit negativem Realteile übergehen. Das erstere tritt ein, falls

$$(37) \qquad\qquad a_4 = 0$$

ist, das letztere mit $\varrho = i\bar\varrho$ (wo $\bar\varrho$ reell), wenn

$$a_0\bar\varrho^4 - ia_1\bar\varrho^3 - a_2\bar\varrho^2 + ia_3\bar\varrho + a_4 = 0$$

oder wenn gleichzeitig

$$(38) \qquad\qquad a_1\bar\varrho^2 - a_3 = 0,$$
$$(39) \qquad\qquad a_0\bar\varrho^4 - a_2\bar\varrho^2 + a_4 = 0$$

wird. Nun sind nach unseren Feststellungen über die Vorzeichen der aerodynamischen Beiwerte b, d, j, m, o, s_0 (S. 200) sicherlich a_0 und a_1 positiv, und folglich muß es nach (38) auch a_3 bleiben, da doch $\bar\varrho$ reell sein sollte:

$$(40) \qquad\qquad a_3 > 0.$$

Setzen wir den hiernach positiven Wert $\bar\varrho^2 = a_3/a_1$ aus (38) in (39) ein, so folgt

$$(41) \qquad\qquad \Delta \equiv a_1 a_2 a_3 - a_0 a_3^2 - a_1^2 a_4 = 0.$$

Durch (37) und (41) in Verbindung mit (40) ist die Grenze des Stabilitätsbereiches dargestellt.

Es ist aber vollends ganz leicht einzusehen, daß im Inneren dieses Bereiches sowohl a_4 als auch Δ positiv sein müssen. Denn wäre a_4 negativ, so würde die linke Seite von (35) für $\varrho = +\infty$ positiv, für $\varrho = 0$ aber negativ, und somit wäre eine reelle positive Wurzel ϱ vorhanden, was doch nicht sein darf. Machen wir aber andererseits die Koeffizienten a_0, a_2 und a_3 zu ganz kleinen, dagegen a_1 und a_4 zu sehr großen positiven Zahlen, so wird Δ sicher negativ, die Gleichung (35) aber geht über in angenähert die folgende

$$a_1\varrho^3 + a_4 = 0,$$

und diese hat zwei Wurzeln mit positiven Realteilen, was wieder verboten war.

Es ist für einige spätere Anwendungen nützlich, schon jetzt gleich zu betonen, daß, was vorläufig allerdings von selbst eintritt, mit a_0 auch a_1 unbedingt positiv sein muß. Denn wenn ϱ keinen positiven Realteil besitzen soll, so darf dies offenbar auch $1/\varrho$ nicht tun. Die

Gleichung für $1/\varrho$ aber entsteht aus (35) einfach dadurch, daß man die Reihenfolge der Koeffizienten gerade umkehrt; und dann gilt für die letzten Koeffizienten a_1 und a_0 dasselbe, was soeben für a_3 und a_4 bewiesen worden ist, nämlich daß sie gleiches Zeichen haben müssen.

Wir stellen hiernach zusammenfassend fest: Das Flugzeug ist dynamisch stabil dann und nur dann, wenn unter der Voraussetzung $a_0 > 0$ gleichzeitig

$$(42) \qquad a_1 > 0, \quad a_3 > 0, \quad a_4 > 0, \quad \varDelta > 0$$

wird. Die zweite und dritte dieser Bedingungen sind nach (36) in $\varkappa_h$ linear, die vierte quadratisch und in jedem einzelnen Falle zahlenmäßig auf das leichteste zu überblicken. Sie geben die untere Grenze für die Stabilisatorzahl $\varkappa_h$ an. Auf die Ermittelung einer oberen Grenze für $\varkappa_h$ etwa nach der Forderung, daß die Rückführung des Flugzeuges in die Nullage aperiodisch erfolgen soll, können wir hier nicht eingehen.

Dagegen müssen wir noch klarlegen, wann künstliche Stabilisation überhaupt notwendig und ob sie dann auch immer möglich ist. Wie $j = 0$ das indifferente Flugzeug kennzeichnet, so $j \neq 0$ das nicht indifferente, und zwar bedeutet $j < 0$ Labilität und folglich $j > 0$ Stabilität. Zum Beweise setzen wir in (36) $\varkappa_h = 0$; dann wird zugleich mit j auch a_4 negativ, das Flugzeug also nach (42) in der Tat labil. Und umgekehrt stellt man mit $\varkappa_h = 0$ fest, daß bei positivem j auch alle Bedingungen (42) erfüllt sind, sobald der Ausdruck $1 - d + o s_0$ positiv bleibt. Das ist aber bei allen vernünftig gebauten Flugzeugen der Fall, wie man rasch einsieht, wenn man die Bedeutung der Zahlen d, o und s_0 in Betracht zieht (S. 200).

Ist aber $j < 0$, so kann, behaupten wir, Stabilität doch wenigstens künstlich erreicht werden, indem man die Stabilisatorzahl $\varkappa_h$ hinreichend groß wählt. Denn in der Tat wird dann sicher a_3 positiv, desgleichen a_4, weil auch noch der Ausdruck $1 - d + o s_0 - s_0$ praktisch immer positiv bleibt. Der Koeffizient der höchsten Potenz $\varkappa_h^2$ von $\varDelta$ aber ist

$$(o + 2 s_0 - j)[1 - b(o + 2 s_0 - j)] > 0,$$

weil die Zahl b allemal einen sehr kleinen Bruch vorstellt. Und demnach wird auch $\varDelta$ positiv, wenn nur $\varkappa_h$ genügend groß ist.

Die künstliche Stabilisation kann höchstens daran scheitern, daß der erforderliche Wert $\varkappa_h$ aerodynamisch von den vorgesehenen Ruderflächen gar nicht mehr geleistet werden kann; und dies kommt bei sehr labilen Flugzeugen, die sich auch von Hand nur noch schwer stabilisieren lassen, tatsächlich gelegentlich vor.

b) **Die Querstabilität.** Von den Bewegungsgleichungen § 16 (48) bis (53) bleiben jetzt noch diejenigen (48), (50) und (53) übrig, welche die Querstabilität betreffen, nämlich

$$(43) \qquad a\,t_0^2\,\frac{d^2\varphi}{dt^2} + l\,t_0\,\frac{d\varphi}{dt} - p\,t_0\,\frac{d\psi}{dt} - h\,\vartheta - \frac{z_0}{y_0}\,\varkappa_s\,\psi + \varkappa_q\,\varphi = 0,$$

$$(44) \qquad c\,t_0^2\,\frac{d^2\psi}{dt^2} + n\,t_0\,\frac{d\psi}{dt} - q\,t_0\,\frac{d\varphi}{dt} + k\,\vartheta + \varkappa_s\,\psi = 0,$$

$$(45) \qquad \varphi - t_0\,\frac{d\psi}{dt} + t_0\,\frac{d\vartheta}{dt} + r\,\vartheta + \varkappa_s\,\psi = 0$$

(für die Bezeichnungen vgl. Abb. 89, S. 190). Es versteht sich, daß die Entscheidung darüber, ob die Querstabilität gesichert ist oder sich wenigstens künstlich sichern läßt, auf dieselbe Weise und schließlich nach denselben Bedingungen (42) zu fällen ist, wie vorhin bei der Längsstabilität. Aus diesem Grunde dürfen wir uns damit begnügen, einige Bemerkungen beizufügen, die das indifferente Flugzeug betreffen.

Mit $h = 0$, $k = 0'$ werden die beiden ersten Gleichungen ein in sich geschlossenes System, das den Integrationsansätzen

$$\varphi = A\,e^{\varrho\frac{t}{t_0}}, \qquad \psi = B\,e^{\varrho\frac{t}{t_0}}$$

die zwei Bedingungen auferlegt

$$(a\varrho^2 + l\varrho + \varkappa_q)\,A - \left(p\,\varrho + \frac{z_0}{y_0}\,\varkappa_s\right)B = 0,$$

$$-q\varrho\,A + (c\varrho^2 + n\varrho + \varkappa_s)\,B = 0,$$

aus welchen durch Entfernen des Quotienten A/B als Bestimmungsgleichung für ϱ folgt

$$(46) \qquad (a\varrho^2 + l\varrho + \varkappa_q)(c\varrho^2 + n\varrho + \varkappa_s) - q\varrho\left(p\,\varrho + \frac{z_0}{y_0}\,\varkappa_s\right) = 0.$$

Die Zahl q drückt aus, wie eine Rollbewegung φ des Flugzeuges auf dessen Kursrichtung ψ einwirkt. Zweifellos ist diese Einwirkung sehr gering, wenn auch merkbar. In erster Annäherung dürfen wir also schlechthin $q = 0$ setzen. Dann aber zerfällt (46) in zwei quadratische Gleichungen von derselben Form wie (30), und wir ziehen, wie dort, so auch hier die Schlüsse: Wählt man die Stabilisatorzahlen $\varkappa_q$ und $\varkappa_s$ in den Bereichen

$$(47) \qquad 0 < \varkappa_q < \frac{l^2}{4\,a}, \qquad 0 < \varkappa_s < \frac{n^2}{4\,c},$$

so ist gute Stabilität in dem Sinne verbürgt, daß das Flugzeug nach jeder Störung aperiodisch, also ohne Schwingungen in die alte Nullage zurückkehrt.

In Wirklichkeit ist q ein kleiner positiver Bruch, und dann sind die oberen Grenzen der Bereiche (47) ein wenig, indessen praktisch kaum merklich zu verschieben.

Wir verdeutlichen die gefundenen Ergebnisse an einem Zahlenbeispiel, welches ein sehr großes Flugzeug betrifft. Es möge in den Bezeichnungen von § 16, 1. gegeben sein:

$$F = 400\,\mathrm{m}^2, \qquad F_h = 20\,\mathrm{m}^2, \qquad F_s = 10\,\mathrm{m}^2,$$
$$G = 15\,000\,\mathrm{kg}, \qquad S_0 = 3000\,\mathrm{kg}, \qquad v = 40\,\mathrm{m/sek},$$
$$r_\varphi = 5\,\mathrm{m}, \qquad r_\chi = 3\,\mathrm{m}, \qquad r_\psi = 5\,\mathrm{m},$$
$$x_0 = 20\,\mathrm{m}, \qquad y_0 = 20\,\mathrm{m}, \qquad e' = 20\,\mathrm{m}.$$

Die letzte Zahl ist die vierfache Flügeltiefe; die Auftriebs- und Widerstandsbeiwerte wählen wir wie in § 16 (56), S. 201, und nehmen einfach auch

$$c'_{ah} = c'_a, \qquad c'_{as} = c'_a.$$

Hieraus berechnen wir die Zahlen § 16 (55)

$$a = 0,0077, \qquad b = 0,0028, \qquad c = 0,0077,$$
$$l = 0,51, \qquad m = 0,077, \qquad n = 0,046,$$
$$d = 1, \qquad j = -0,375, \qquad o = 12,5, \qquad s_0 = 0,2$$

und dann die Koeffizienten (36)

$$a_0 = 0,0028, \qquad a_1 = 0,113,$$
$$a_2 = \varkappa_h + 0,639,$$
$$a_3 = 12,5\,\varkappa_h - 1,12,$$
$$a_4 = 4,6\,\varkappa_h - 0,75,$$

sowie
$$\varDelta \equiv 0,97\,\varkappa_h^2 + 0,80\,\varkappa_h - 0,071.$$

Die Bedingungen (42) verlangen also der Reihe nach

$$\varkappa_h > 0,09, \qquad \varkappa_h > 0,16, \qquad \varkappa_h > 0,081,$$

so daß zur Stabilisierung des an sich längslabilen $(j < 0)$ Flugzeuges eine Stabilisatorzahl

$$\varkappa_h > 0,16$$

erforderlich ist.

Desgleichen finden wir nach (47) die Bereiche von $\varkappa_q$ und $\varkappa_s$, falls das Flugzeug mit $h = k = 0$ querindifferent ist,

$$0 < \varkappa_q < 8,45, \qquad 0 < \varkappa_s < 0,069.$$

Anschauliche Bedeutung besitzen indessen nicht die Stabilisatorzahlen, sondern die Übersetzungszahlen

$$\varkappa'_h = \frac{G}{\mathfrak{U}_h}\,\varkappa_h, \qquad \varkappa'_q = \frac{G}{\mathfrak{U}_q}\,\varkappa_q, \qquad \varkappa'_s = \frac{G}{\mathfrak{U}_s}\,\varkappa_s$$

[vgl. (25)]. Die hier auftretenden Größen $\mathfrak{U}$ stellen nach § 16 (44) und (46), S. 198, diejenigen Kräfte vor, die beim Ausschlag 1 des Höhen-, Quer- und Seitenruders entstünden, falls lineare Extrapolation soweit erlaubt wäre. Man darf nun bei der üblichen Gestalt der genannten Ruder annehmen, daß für die Flugzeuggeschwindigkeit $v = 40\,\mathrm{m/sek}$ bei einem Ruderausschlag von der Größe $^1/_{10}$ ($\approx 6^0$) auf jedes Quadratmeter der zugehörigen Leitwerksflächen F_h, F_q und F_s je 7,5 kg, 5 kg und 10 kg ausgeübt werden. Dies gibt mit $F_q = 100\,\mathrm{m}^2$

$$\mathfrak{U}_h = 1500\,\mathrm{kg}, \qquad \mathfrak{U}_q = 10\,000\,\mathrm{kg}, \qquad \mathfrak{U}_s = 500\,\mathrm{kg},$$

und somit haben wir vorzuschreiben:

$$\varkappa'_h > 1,6, \qquad 0 < \varkappa'_q < 12,5, \qquad 0 < \varkappa'_s < 2.$$

19*

Es muß also zur Erreichung der Längsstabilität jeder Kippung χ ein mindestens 1,6 mal so großer Ausschlag des Höhenruders zugeordnet werden. Ferner darf zur Sicherung schwingungsfreier Querstabilität jede Kursänderung ψ einen höchstens doppelt so großen Ausschlag des Seitenruders wecken, jede Rollung φ einen höchstens 12,5 mal so großen Ausschlag des Querruders. Die letzte Zahl ist natürlich aerodynamisch nie zu erreichen und besagt lediglich, daß infolge der starken Querdämpfung das Flugzeug stets ohne Rollschwingungen in die Nullage zurückgeführt werden kann.

Es versteht sich, daß hiermit die Theorie der künstlichen Stabilisierung keineswegs erledigt ist. Einerseits müßte, auch wenn die Stabilität des geraden, wagerechten Fluges verbürgt erscheint, nun noch weiterhin untersucht werden, wo bei nicht indifferenten Flugzeugen die oberen Grenzen der Übersetzungszahlen zu wählen sind, und ob der Stabilisator beim Versagen der Flugzeugmotoren selbsttätig einen stabilen Gleitflug veranlaßt oder mindestens unterhält. Die zweite Frage knüpft an die Variation der Zahl s_0 an und ist in der Regel rasch zu bejahen. Zur Beantwortung der ersten Frage bedarf es der Kenntnis der freien und erzwungenen Schwingungen des Flugzeuges, zu deren Erforschung geeignete Methoden in der Tat entwickelt worden sind. Endlich würde man den Kreiselstabilisator zweckmäßig mit anderen Stabilisatoren zu verbinden haben, beispielsweise mit einem Geschwindigkeitsmesser, und schließlich noch erwägen müssen, ob es sich nicht vielleicht empfiehlt, von der stillschweigend vorausgesetzten starren zu einer nachgiebigen Rückführung der Steuermaschine überzugehen, so daß die Ruderausschläge nicht bloß von den Neigungen der Flugzeugachsen abhängen, sondern auch von den Drehgeschwindigkeiten, oder daß die Ruderausschläge den Flugzeugneigungen verzögert oder beschleunigt folgen. Man kann alle diese Fragen mit den in § 16, 1. entwickelten Ansätzen ohne allzu große Mühe entscheiden, auf die Rechnungen selbst mögen wir indessen hier nicht eingehen.

Dritter Abschnitt.

Unmittelbare Stabilisatoren.

———

§ 21. Richtkreisel.

1. Die Erde. Bereits beim Fahrrad (§ 15, 5.), aber auch bei den schleudernden Scheiben (§ 17) konnten wir darauf hinweisen, daß dem Kreiselmoment eine gewisse stabilisierende Wirkung innewohnt, die dort allerdings nur als Nebenerscheinung zu bewerten war. Wo der Kreisel indessen diese Wirkung voll entfalten kann, da wird er zum unmittelbaren Stabilisator; und er wird dies auf die unmittelbarste Weise in der Gestalt des Richtkreisels (Einl. II., 1., S. 162), also eines Körpers, dessen Raumlage dadurch gesichert erscheint, daß er mit einem genügend starken Schwung um eine stabile permanente Drehachse (§ 3, 3., S. 37) ausgestattet ist. Meistens wird es sich um einen schnellen symmetrischen Kreisel handeln, dessen ausgezeichnetste Merkmale in dem ausgeprägten Richtungssinn seiner Figurenachse und in ihrer Unempfindlichkeit gegen äußere Störungen bestehen.

Die bei weitem großartigsten Richtkreisel sind die Himmelskörper und unter ihnen als für uns wichtigster die Erde selbst. Die Erde, ziemlich genau von der Gestalt eines ganz schwach abgeplatteten Rotationsellipsoids, besitzt ein ebenfalls rotationssymmetrisches, etwas weniger (§ 2, S. 28) abgeplattetes Trägheitsellipsoid und trotz ihrer kleinen Drehgeschwindigkeit ω einen Schwung, der außerordentlich groß ist gegenüber den geringen äußeren Einflüssen, welchen sie, als Kreisel, ausgesetzt ist. Sehen wir zunächst einmal von diesen Einflüssen gänzlich ab, so haben wir es zu tun mit einem kräftefreien symmetrischen Kreisel, der um seine Figurenachse umläuft. Aus dem Zusammenfallen der Drehachse und der Figurenachse (und mithin auch der Schwungachse) schließen wir, daß die Gestalt der Erde sich eben infolge dieser Drehung so ausgebildet hat, wie sie heute ist, nämlich im Ausgleich der allgemeinen Massenanziehung mit den Fliehkräften der Erddrehung, wie dies zuerst A. C. Clairaut näher untersucht hat.

Setzen wir indessen den Fall, daß irgend eine Ursache die Achsen des Schwunges und der Drehung von der Figurenachse nachträglich wieder getrennt hätte, so würde die Erde an Stelle ihrer einfachen Drehung eine Poinsotbewegung vollziehen, wie sie in § 4, 1. unter dem Bilde der regulären Präzession geschildert worden ist. Sie bestünde darin (vgl. Abb. 19, S. 40), daß ein um die Figurenachse gelegter Polhodiekegel auf einem um die Schwungachse gelegten Herpolhodiekegel perizykloidisch, d. h. ihn umschließend, abrollte. Bezeichnen wir mit A und B das axiale und das davon nur wenig verschiedene, etwas kleinere äquatoriale Trägheitsmoment der Erde, ferner mit ϑ den Winkel zwischen den Vektoren μ und ν der Präzessions- und der Eigendrehung, und beachten wir, daß die Vektoren μ und ν sicherlich nahezu genau entgegengesetzt gerichtet sein müssen (da doch eine etwaige Abweichung der Schwungachse von der Figurenachse nur ganz gering sein kann und da die perizykloidische Präzession rückläufig ist, vgl. S. 42 sowie Abb. 21, S. 41), so so werden wir uns berechtigt halten, $\cos\vartheta = -1$ zu setzen und haben dann zufolge § 4 (6), S. 42,

$$(1) \qquad \frac{\nu}{\mu} = \frac{A - B}{A}$$

oder

$$\frac{\mu - \nu}{\mu} = \frac{B}{A}.$$

Hierbei ist nun offenbar $\mu - \nu = \omega$ die siderische Umlaufsgeschwindigkeit der Erde, so daß sich also die Präzessionsdauer t_1 zum siderischen Tag t_0 verhält wie

$$(2) \qquad \frac{t_1}{t_0} = \frac{B}{A}.$$

Die sehr kleinen Erzeugungswinkel α und β des Polhodie- und des Herpolhodiekegels (vgl. Abb. 33, S. 73) besitzen, wie wir aus § 7 (17), S. 74, wissen, den Quotienten

$$(3) \qquad \frac{\alpha}{\beta} = \frac{\mu}{\nu} = \frac{A}{A - B}.$$

Schließlich überlegen wir, daß die Eigendrehgeschwindigkeit ν zugleich angibt, wie rasch der Drehvektor ω auf dem Polhodiekegel, also in der Erde um die Figurenachse wandert. Seine volle Umlaufsdauer t_2 läßt sich also ohne weiteres mit dem siderischen Tag t_0 vergleichen; man findet nach (1)

$$(4) \qquad \frac{t_2}{t_0} = \frac{\mu - \nu}{\nu} = \frac{B}{A - B}.$$

Es lohnt, die drei Quotienten (2), (3) und (4) auch zahlenmäßig
anzusetzen. Wenn die Erde ein zwar nicht homogener, aber aus
homogenen Ellipsoidschichten bestehender Körper vom axialen und
äquatorialen Halbmesser a und b ist, so wird nach § 2 (13), S. 28
(mit $b = c$), gelten

$$\frac{A}{B} = \frac{2\,b^2}{a^2 + b^2} = \frac{2}{1 + \varepsilon},$$

wo ε, das Quadrat des Achsenverhältnisses, nach F. W. Bessel den Wert

$$\varepsilon = \frac{a^2}{b^2} = 0{,}9933$$

besitzt. Man findet so in runden Zahlen

$$t_1 = \frac{1 + \varepsilon}{2}\, t_0 = 0{,}997 \text{ Sterntagen,}$$

$$t_2 = \frac{1 + \varepsilon}{1 - \varepsilon}\, t_0 = 300 \text{ Sterntagen,}$$

$$\frac{\alpha}{\beta} = \frac{2}{1 - \varepsilon} = 300.$$

Die Präzessionsdauer würde demnach etwas weniger als einen Tag
betragen, der Umlauf der Drehachse um die Figurenachse in der Erde
etwa zehn Monate, eine von L. Euler theoretisch, wenn auch noch
nicht ihrem Zahlenwert nach entdeckte Periode; der Erzeugungswinkel
des Herpolhodiekegels wäre ungefähr $1/_{300}$ von demjenigen des Polhodiekegels, welcher auf der Erdoberfläche um den Nordpol herum einen
Kreis ausschneiden würde. Die Wanderung des eigentlichen Dreh-
poles auf diesem Kreise, im Sinne der Erddrehung, also von Westen
nach Osten erfolgend, müßte sich in Schwankungen der geographischen Breite aller Punkte der Erde mit etwa zehnmonatiger Periode
äußern.

Solche Schwankungen werden nun in der Tat beobachtet; ihre
mittlere Amplitude ist etwa $1/_8''$, woraus der Halbmesser des Bahnkreises der Drehpole zu rund $4\,\mathrm{m}$ folgt. Aber in Wirklichkeit ist die
Bahn weder ein genauer Kreis, noch wird sie in zehn Monaten ganz
durchlaufen. Es scheint sich vielmehr um die Überlagerung mehrerer
Bewegungen zu handeln, unter welchen zwei von S. C. Chandler
entdeckte mit Perioden von 14 und 12 Monaten die wichtigsten sind.
Die erste läßt sich, wie F. Klein und A. Sommerfeld gezeigt haben,
ansehen als diejenige Präzession, welche der Erdkreisel vollzöge, wenn
er nicht die von uns stillschweigend vorausgesetzte Starrheit besäße,
sondern elastisch nachgiebig wäre, und zwar genügt es, der Erde einen
Youngschen Elastizitätsmodul gleich dem 1,24 fachen von Stahl bei-
zulegen, um von der 10- zur 14 monatigen Periode zu kommen.

Die zweite Chandlersche Bewegung dürfte wohl mit den durch die Jahreszeiten bedingten Massenverlagerungen auf der Erdoberfläche zu erklären sein, wobei man namentlich an die periodisch ab- und zunehmenden polaren Eiskappen zu denken hat.

Wichtig ist hier nur noch die Erkenntnis, daß der Öffnungswinkel des raumfesten Herpolhodiekegels, nämlich $1/_{300}$ von der vorhin genannten Amplitude $1/_8''$, so außerordentlich klein ist, daß die Drehachse auch bei den äußersten Anforderungen an die astronomische Beobachtungsgenauigkeit als vollkommen raumfest gelten kann, soweit die Bewegung des Erdkreisels als kräftefrei anzusehen ist.

Aber auch von dem kleinen Richtungsunterschied zwischen Schwung-, Dreh- und Figurenachse dürfen wir ganz absehen, wenn wir weiterhin danach fragen, inwiefern die natürliche Poinsotbewegung der Erde gestört wird durch die im wesentlichen auf Anziehungskräfte beschränkte Einwirkung der übrigen Himmelskörper, von denen natürlich nur der kleine, aber nahe Mond und die entfernte, aber dafür sehr große Sonne in Betracht kommen.

Die Äquatorebene der Erde bildet mit der Ekliptik, d. h. mit der Ebene der Erdbahn, einen Winkel von rund 23,5°. In der Ekliptik befindet sich die Sonne und, wenigstens nahezu, auch der Mond; und zwar umlaufen sie scheinbar die Erde von Westen nach Osten in einem siderischen Jahre bzw. Monat je einmal. Wir werden alsbald finden, daß die Störungen, welche Sonne und Mond an der Richtung der Erdachse verursachen, im großen ganzen sich erst nach sehr vielen scheinbaren Umläufen, sozusagen erst in Jahrhunderten, zu merklichen Beträgen anhäufen. Zur Ermittelung dieser sogenannten säkularen Störung wird es aber genügen, mit einem Mittelwert der jährlichen bzw. monatlichen Einwirkung von Sonne bzw. Mond zu rechnen, indem man deren scheinbare Bahnen als Kreise ansieht und sich ihre Masse auf diesen Bahnkreisen symmetrisch verteilt denkt.

Wir führen zunächst einige Bezeichnungen ein. In der Astronomie heißt die Schnittgerade der Ekliptik mit der Äquatorebene der Erde die Knotenlinie (erst von hier aus ist dieses Wort auch in die Kreiseltheorie eingegangen). Die in die Knotenlinie fallenden Durchmesser des Erdäquators sowie der scheinbaren Bahnkreise der störenden Körper (Sonne und Mond) mögen die Knotendurchmesser genannt werden, die jedesmal darauf senkrechten die Querdurchmesser. Die letzteren liegen in der zur Knotenachse senkrechten Querebene durch den Erdmittelpunkt. Und nun denken wir uns die Sonnenmasse m_1 und die Mondmasse m_2 in je vier gleichen Teilen auf die Endpunkte der Knoten- und Querdurchmesser verteilt.

Die Erde besteht infolge ihrer Abplattung sozusagen aus einer als homogen anzusehenden Kugel, welche einen vom Äquator nach den Polen abnehmenden Ringwulst trägt. Die Anziehung der störenden Körper m_1 und m_2 auf den Kugelteil ist ganz gleichmäßig und hebt sich im Mittel wenigstens scheinbar auf. Die Anziehung auf den Wulst dagegen bildet eben die Ursache für die Umlagerung des Erdschwunges, die wir zu kennen wünschen. Und zwar sieht man schon im voraus ohne jede Rechnung, daß die störenden Körper den Wulst und mit ihm den Erdäquator in die Ekliptik hineinzuziehen streben, indem sie ein Drehmoment um die Knotenlinie wecken.

Um den Mittelwert dieses Drehmomentes zu berechnen, dürfen wir offenbar auch die Masse m des Wulstes irgendwie symmetrisch über den Erdäquator verteilen. Denn die große Entfernung der störenden Körper verwischt sozusagen die Feinstruktur der Massenanordnung in der Erde. Wir denken uns auch hier wieder je ein Viertel von m auf die Endpunkte des Knoten- und Querdurchmessers des Erdäquators gesetzt. Wenn wir hinsichtlich der Berechnung der Massenanziehung diese Viertel stille stehen, genauer gesagt, nur die zu berechnende, sehr langsame Drehung der Knotenlinie mitmachen lassen, so müssen wir natürlich ihren Schwung zuvor dem Kugelbestandteil der Erde beigezählt denken.

Die in die Knotenlinie verteilten Massen dürfen wir weiterhin ganz außer acht lassen. Denn soweit sie dem Erdwulste zugehören, erfahren sie aus Gründen der Symmetrie von allen störenden Massen zusammen die Kraft Null. Aus gleichen Gründen aber üben die in der Knotenlinie liegenden störenden Massen auf den ganzen Erdwulst ebenfalls die Kraft Null aus. Es bleiben weiterhin also nur die Massen in der Querebene übrig.

Wir betrachten zunächst als störenden Körper die Sonne allein. Die Entfernungen der Massen $m_1/4$ vom Erdmittelpunkte O und von den Wulstmassen $m/4$ seien der Reihe nach mit r_1, r_1' und r_1'' bezeichnet (Abb. 123, wo die Bezeichnungen nur für die linke Sonnenmasse eingetragen sind). Der äquatoriale

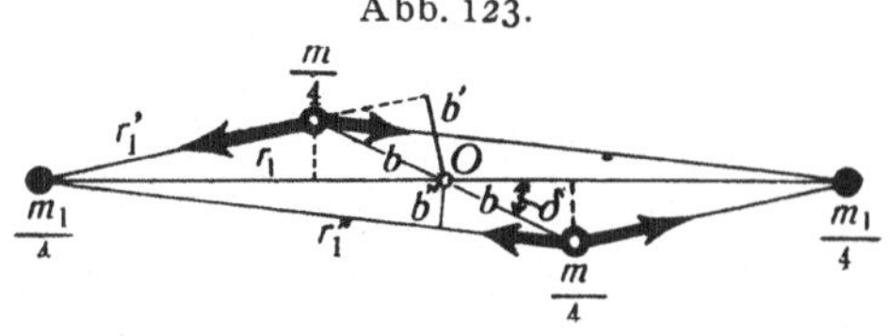

Erdhalbmesser sei b, die Ekliptikschiefe δ, die Hebelarme vom Erdmittelpunkte O auf die mit den Fahrstrahlen r_1' und r_1'' zusammenfallenden Kraftrichtungen seien b' und b''. Da die Anziehungskräfte mit dem Produkt der Massen sowie mit dem umgekehrten Quadrat ihrer Entfernungen proportional sind, so wird das gesuchte Moment M_1

um die Knotenachse mit einem als Gravitationskonstante bezeichneten Beiwert f insgesamt gleich

$$(5) \qquad M_1 = 2f\frac{m}{4}\frac{m_1}{4}\left(\frac{b'}{r_1'^2} - \frac{b''}{r_1''^2}\right).$$

Wir haben dieses Moment in dreifacher Weise umzuformen. Erstens beachten wir, daß in sehr guter Annäherung die Maßbeziehungen

$$r_1' = r_1 - b\cos\delta, \qquad r_1'' = r_1 + b\cos\delta$$

und ebenso die Proportionen

$$\frac{b'}{r_1} = \frac{b\sin\delta}{r_1 - b\cos\delta}, \qquad \frac{b''}{r_1} = \frac{b\sin\delta}{r_1 + b\cos\delta}$$

gelten. Daraus folgt

$$\frac{b'}{r_1'^2} - \frac{b''}{r_1''^2} = r_1 b\sin\delta\left[\frac{1}{(r_1 - b\cos\delta)^3} - \frac{1}{(r_1 + b\cos\delta)^3}\right]$$

$$= r_1 b^2\sin\delta\cos\delta\,\frac{6\,r_1^2 + 2\,b^2\cos^2\delta}{(r_1^2 - b^2\cos^2\delta)^3}$$

oder, indem wir das Quadrat von $b\cos\delta$ gegen das außerordentlich viel größere Quadrat von r_1 folgerichtig streichen,

$$(6) \qquad \frac{b'}{r_1'^2} - \frac{b''}{r_1''^2} = \frac{6\,b^2}{r_1^3}\sin\delta\cos\delta.$$

Zweitens bringen wir zum Ausdruck, daß die Summe der Anziehungsbeschleunigungen der Sonnenmasse m_1 auf die Erdmasse m_0 und ebenso der Erdmasse auf die Sonnenmasse, nämlich

$$f\frac{m_1}{r_1^2} + f\frac{m_0}{r_1^2},$$

in Wirklichkeit gerade durch die Fliehbeschleunigung der nahezu in einem Kreise um die Sonne laufenden Erde ausgeglichen werden muß. Dies gibt mit der Umlaufsdauer T_0 von einem siderischen Jahre nach Einl. I (19), S. 12,

$$f\frac{m_1 + m_0}{r_1^2} = r_1\frac{4\,\pi^2}{T_0^2}$$

ode

$$(7) \qquad f\frac{m_1}{r_1^3} = \frac{m_1}{m_1 + m_0}\frac{4\,\pi^2}{T_0^2},$$

nebenbei bemerkt die formelmäßige Aussage des dritten Kepplerschen Gesetzes.

Drittens endlich müssen wir noch ausdrücken, daß die Wulstmassen $m/4$ gerade in solcher Größe verteilt sein sollen, daß die tatsächlichen Trägheitsmomente A und B der Erde herauskommen. Ist C das Trägheitsmoment des Kugelteiles, so muß mithin

$$A = C + m\,b^2,$$
$$B = C + \tfrac{1}{2}\,m\,b^2$$

oder

$$(8) \qquad m\,b^2 = 2\,(A - B)$$

gewählt werden.

Setzen wir endlich (6), (7) und (8) in (5) ein, so kommt

$$(9) \qquad M_1 = R_1 \sin \delta \cos \delta$$

mit der Abkürzung

$$(10) \qquad R_1 = 6\,\pi^2\,\frac{m_1}{m_1 + m_0}\,\frac{A - B}{T_0^2}.$$

Die Erde ist gegenüber diesem kleinen Drehmoment als ein schneller Kreisel vom Schwung $\Theta = A\,\omega$ anzusehen, dessen Figurenachse, wie wir schon feststellten, dauernd in größter Nähe der Schwungachse bleibt. Genau wie beim schweren Kreisel das um die Knotenachse wirkende Moment M_0 [§ 9 (5), S. 89] eine pseudoreguläre Präzession um die Lotlinie, d. h. um die Senkrechte des geometrischen Ortes aller Knotenachsen erzeugte und unterhielt, so ruft unser jetziges Moment M_1 eine pseudoreguläre Präzession der Erdachse um die ·Lotlinie der Ekliptik hervor. Vergleicht man die Momente M_0 und M_1, so zeigt sich, daß lediglich das ehemalige Stützpunktsmoment Q durch $R_1 \cos \delta$ zu ersetzen ist; und die gesuchte Präzessionsgeschwindigkeit wird so nach § 9 (21), S. 94,

$$(11) \qquad \mu_1 = \frac{R_1 \cos \delta}{A\,\omega} = \frac{6\,\pi^2}{\omega\,T_0^2}\,\frac{m_1}{m_1 + m_0}\,\frac{A - B}{A}\cos \delta.$$

Auch der Sinn dieser Präzession ist leicht festzustellen. Sie erfolgt von der Nordseite der Ekliptik aus gesehen wie die Drehung des Uhrzeigers, also umgekehrt wie die Eigendrehung der Erde und ihr Umlauf um die Sonne. Dies hat offenbar zur Folge, daß der auf der Knotenlinie liegende Frühlingspunkt mit der Geschwindigkeit μ_1 vorrückt derart, daß das tropische Jahr sich gegen das siderische verkürzt. Das Vorrücken beträgt im Jahre

$$(12) \qquad \varDelta_1 \psi = \mu_1 T_0 = \frac{6\,\pi^2}{\omega\,T_0}\,\frac{m_1}{m_1 + m_0}\,\frac{A - B}{A}\cos \delta.$$

Hier dürfen wir nun zunächst die Erdmasse m_0 gegen die Sonnenmasse gänzlich streichen. Beachten wir weiter, daß

$$\omega\,T_0 = 2\,\pi\,.\,366{,}2, \qquad \frac{A - B}{A} = \frac{1}{300}$$

ist — die zweite Zahl ist schon oben berechnet worden, die erste bedeutet den in einem Jahre gleich 366,2 Sterntagen von der Eigendrehung der Erde zurückgelegten Winkel —, so finden wir

$$\Delta_1 \psi = 16''.$$

Einen zweiten, ganz ebenso zu berechnenden Beitrag liefert der Mond. Ist T_2 seine siderische Umlaufszeit um die Erde und m_2 seine Masse, so bewirkt er ein Vorrücken des Frühlingspunktes mit der Geschwindigkeit

$$(13) \qquad \mu_2 = \frac{6\,\pi^2}{\omega\,T_2^2} \frac{m_2}{m_2 + m_0} \frac{A - B}{A} \cos\delta.$$

Bildet man aus (11) und (13) den Quotienten μ_2/μ_1 und vernachlässigt dabei wieder die Erdmasse m_0 gegen die Sonnenmasse m_1, so kommt

$$(14) \qquad \frac{\mu_2}{\mu_1} = \left(\frac{T_0}{T_2}\right)^2 \frac{1}{1 + \dfrac{m_0}{m_2}}$$

oder in Zahlen mit $T_0 = 365{,}2$ und $T_2 = 27{,}3$ Sonnentagen und dem Massenverhältnis $m_0/m_2 = 82$ von Erde und Mond

$$\frac{\mu_2}{\mu_1} = 2{,}13,$$

so daß also entsprechend

$$\Delta_2 \psi = 34''$$

wird. Die Wirkung des Mondes ist also über doppelt so stark wie die der Sonne, ein Tatbestand, der auch schon von Ebbe und Flut her bekannt ist.

Insgesamt rückt der Frühlingspunkt jährlich um den Winkel

$$\Delta\psi = \Delta_1\psi + \Delta_2\psi = 50''.$$

vor, und dies bedeutet, daß die Erdachse in rund 26000 Jahren ihren Präzessionskegel um die Lotlinie der Ekliptik mit einem Erzeugungswinkel von 23,5° beschreibt.

An diesem Ergebnis muß die genauere Astronomie allerdings eine ganze Reihe kleiner Verbesserungen anbringen, deren wesentlichste wir wenigstens aufzählen wollen.

Die Momente M_1 und M_2 der Wirkung von Sonne und Mond waren als Mittelwerte über ein siderisches Jahr bzw. einen siderischen Monat angesetzt. In Wirklichkeit schwanken sie offenkundig zwischen Null und dem doppelten Betrag jener Mittelwerte hin und her mit der doppelten Umlaufsfrequenz der Erde um die Sonne und des Mondes um die Erde. Synchrone Schwankungen muß also auch die

Präzession der Erdachse zeigen. Ferner wären die Exzentrizität der Erd- und Mondbahn sowie das Vorrücken des Perihels und Perigäums zu berücksichtigen. Die Amplitude aller so geweckten Schwankungen macht beim jährlichen Vorrücken des Frühlingspunktes nur ungefähr $1''$ aus.

Wichtiger ist der Einfluß der Schiefe der Mondbahn gegen die Ekliptik; er beträgt etwa 5^0. Denkt man sich aber die Mondmasse gleichmäßig auf die Mondbahn verteilt und sieht den so entstandenen Ring als Kreisel an, so leuchtet ein, daß die Sonne diesen Ring in die Ekliptik, der Erdwulst ihn dagegen in die Ebene des Erdäquators hereinzuziehen strebt. Die Folge ist, daß, genau wie vorhin bei der Erde selbst, die Mondknotenachse, d. h. die Schnittlinie der Mond- und Erdbahn, langsam vorrückt. Wir könnten dieses Vorrücken mit unseren früheren Formeln ohne weiteres berechnen und würden rasch für die jährlichen, von Sonne und Erde herrührenden Beträge finden

$$\Delta_1\psi' = 20^0, \quad \Delta_2\psi' = -8''.$$

Hier ist $\Delta_2\psi'$ gegen $\Delta_1\psi'$ unbedenklich zu vernachlässigen. Ein voller Umlauf der Mondknotenlinie dauert also 18 siderische Jahre, eine Zahl, die sich mit Berücksichtigung der Exzentrizität der Mondbahn auf $18^2/_3$ Jahre, genauer 6793 Tage erhöht.

Dieselbe Periode von fast 19 Jahren muß sich natürlich infolge der Rückwirkung des Mondes·auf die Erde in deren Präzession wieder äußern. Sie wurde von J. Bradley entdeckt, und zwar zeigen Rechnung wie Beobachtung, daß die Erdachse außer ihrem Präzessionskegel von $23{,}5^0$ eben in $18^2/_3$ Jahren einen viel kleineren elliptischen Kegel von $7''$ bis $9''$ Erzeugungswinkel beschreibt. Die Größe dieses Betrages ist nicht verwunderlich in Anbetracht der starken Einwirkung des Mondes; auf die Berechnung dieser sogenannten „Nutation" der Erdachse können wir nicht eingehen. Es wird aber nützlich sein zu betonen, daß diese „Nutation", wiewohl ihr Name von hier aus in die Kreiseltheorie übernommen worden ist, mit unserem bisherigen Begriffe der Nutation eines pseudoregulär präzessierenden Kreisels nicht das mindeste zu tun hat, vielmehr eine erzwungene präzessionsartige Bewegung darstellt, die sich von den eigentlichen Nutationen schon durch ihre Periode gewaltig unterscheidet. Die letzteren müßten ja doch, wie wir von § 9 (22), S. 94, her wissen, ungefähr die Dauer eines Tages haben; man kann sie übrigens nicht im geringsten nachweisen.

2. Geworfene Körper. Wir wenden uns zu Richtkreiseln von viel bescheidenerer Bedeutung, indem wir geworfene Körper betrachten, welche beim Abschleudern eine mehr oder minder heftige Eigendrehung mitbekommen haben. Naheliegende Beispiele hierfür sind Diskus und Bumerang. Wir wollen uns hier jeder Rechnung enthalten und nur ganz allgemein folgendes feststellen.

Der Luftwiderstand sucht geworfene, nicht kugelförmige, sondern längliche oder scheibenartige Körper quer zur Flugbahntangente zu stellen. Die mit solcher Querlage verbundene Erhöhung der Widerstandskraft vermeidet man, wo es auf möglichst große Wurfweite ankommt, dadurch, daß man eine geeignete Achse des Körpers mit hinreichendem Schwung und also hinreichender Richtungssteifigkeit begabt, welche die Querkippung verhindert. So werden Diskus und Bumerang in ihrer eigenen Scheibenebene geschleudert, wobei der Schwungvektor in die zur Scheibe senkrechte Hauptachse fällt und so das Heraustreten dieser Ebene aus der Flugbahn nach Kräften verhindert. Die Eigendrehung, welche dem leicht schraubenförmig gewundenen Bumerang mitgegeben wird, hat allerdings noch einen zweiten Zweck: sie soll den Bumerang nach Art einer Hubschraube in die Höhe winden.

Hierher gehört auch das unter dem Namen Diabolo bekannte Spielzeug, welches seine Richtungssteifigkeit der hohen Eigendrehgeschwindigkeit verdankt, die ihm durch die Spielleine erteilt wird. In die Höhe geschleudert, kehrt es ohne Richtungsänderung seiner Figurenachse zurück und kann so mühelos zu neuem Antrieb mit der Leine aufgefangen werden.

In einem anderen, wesentlich wichtigeren Falle legt man die Schwungachse in die Wurfrichtung selbst, nämlich bei den Langgeschossen unserer Feuerwaffen. Auch hier läßt sich die Kreiselwirkung im großen ganzen sehr einfach überblicken. Nachdem das Geschoß durch die spiraligen Züge des Geschützrohres bzw. des Gewehrlaufes eine rasche Eigendrehung von einigen hundert sekundlichen Umläufen erhalten hat, den sogenannten Drall, fliegt es gut stabilisiert zunächst mit seiner Figurenachse in der Bahntangente fort. Diese Tangente fängt aber alsbald an, sich nach einem recht verwickelten ballistischen Gesetze mehr und mehr abwärts zu neigen, während die Figurenachse ihre Richtung beizubehalten sucht. Der Luftwiderstand äußert sich in einer Einzelkraft, die wir im Geschoßschwerpunkt angreifen lassen können, und in einem Moment M, welches die Geschoßachse zunächst aufzurichten trachtet, mit dem Neigungswinkel zwischen Bahntangente und Geschoßachse wächst und als Vektor auf der Ebene dieses Winkels senkrecht steht. Unter dem Einfluß dieses Momentes beschreibt die Figurenachse eine pseudoreguläre Präzession um die Bahntangente im gleichen Sinne wie die Eigendrehung und überhaupt ungefähr in derselben Weise, wie dies ein schneller schwerer Kreisel

um die Lotlinie tut, nur daß jetzt die Präzessionsachse nicht still
steht, sondern, von einem mitbewegten Beobachter beurteilt, selber
sozusagen eine Präzessionsdrehung abwärts ausführt.

Das Ergebnis wird sein, daß die Geschoßspitze, die Bahntangente
umtanzend, für jenen Beobachter, abgesehen von den winzigen Nutationen, eine zykloidenartige Kurve zu beschreiben scheint, deren
Bögen bei Rechtsdrall nach links, bei Linksdrall nach rechts offen
sind und sich im Verlauf des Fluges vermutlich mehr und mehr erweitern, bei flachen Bahnkurven aber doch dauernd sehr nahe der
Bahntangente bleiben. Eine kurze Rechnung wird uns dies bestätigen.

Die Bewegung des Geschosses um seinen Schwerpunkt gehorcht
der Eulerschen Gleichung § 5 (1), S. 44, nämlich

$$(15) \qquad \frac{d'\,\boldsymbol{\Theta}}{dt} + [\boldsymbol{\omega}\,\boldsymbol{\Theta}] = \boldsymbol{M}.$$

Hierin bedeutet $\boldsymbol{\omega}$ die Drehgeschwindigkeit des Bezugssystems.
Ist dieses mit dem vorhin genannten Beobachter fest verbunden, so
mißt $\boldsymbol{\omega}$ einfach die Drehung der Bahntangente oder des Vektors $\boldsymbol{v}$
der Geschoßgeschwindigkeit. Wir legen der Rechnung ein rechts-
händiges cartesisches Ko-
ordinatensystem durch den
Geschoßschwerpunkt zu-
grunde, dessen x-Achse in
der Bahntangente vorwärts
weist, während die y-Achse
senkrecht zur Schußebene
wagerecht nach rechts
zeigt und die z-Achse in
die Hauptnormale der Bahn
abwärts fällt (Abb. 124).

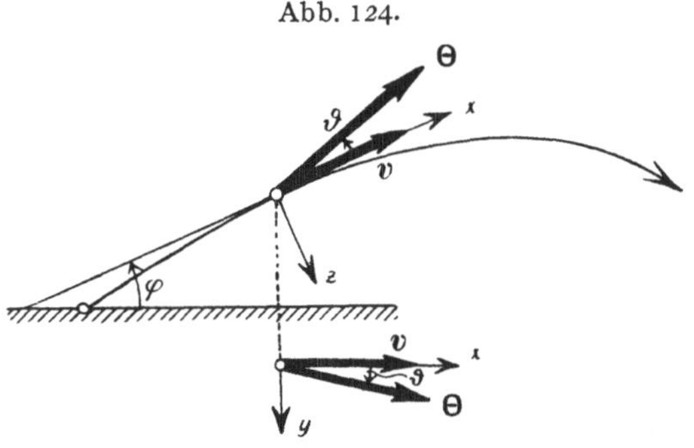

Abb. 124.

Der Vektor $\boldsymbol{\omega}$ liegt hier in der negativen y-Achse. Ist aber φ die
Neigung der Bahntangente gegen die Wagerechte, so stellt $g\cos\varphi$
die Komponente der Erdbeschleunigung in der Hauptnormale dar;
und diese muß mit der Zentripetalbeschleunigung $v\omega$ (vgl. Einl. I,
S. 12) übereinstimmen, weshalb $\boldsymbol{\omega}$ die Komponenten

$$(16) \qquad \boldsymbol{\omega} = \left(0,\ -\frac{g\cos\varphi}{v},\ 0\right)$$

besitzt.

Das Widerstandsmoment gibt der Versuch in der Form an

$$(17) \qquad \boldsymbol{M} = \frac{\varkappa\,v^{n}}{\Theta}[\boldsymbol{v}\,\boldsymbol{\Theta}],$$

wo $\varkappa$ ein von der Geschoßform abhängiger Beiwert und n eine Zahl
bedeutet, die gleich 1 ist, solange v stark unter der Schallgeschwindig-

keit bleibt; für höhere Geschwindigkeiten ist n größer. Die Formel (17) besagt nach Einl. I (3), S. 7, daß das Widerstandsmoment mit der Sinusfunktion des Winkels ϑ zwischen Bahntangente und Figurenachse (d. h. Schwungachse des schnellen Kreisels) wächst, was freilich nur bei nicht zu großen Winkeln ϑ (etwa $< 45^0$), wie wir sie hier voraussetzen, richtig sein mag.

Benennen wir die Komponenten des Schwunges mit $\varXi$, H und Z und beachten, daß diejenigen von v gleich $(v, 0, 0)$ sind, so erhalten wir für (15) ausführlicher nach (16), (17) und Einl. I (11), S. 10,

$$(18) \qquad \begin{cases} \dfrac{d\,\varXi}{d\,t} = \dfrac{g\cos\varphi}{v}\,Z, \\[2ex] \dfrac{dH}{d\,t} = -\dfrac{\varkappa\,v^{n+1}}{\varTheta}\,Z, \\[2ex] \dfrac{dZ}{d\,t} = -\dfrac{g\cos\varphi}{v}\,\varXi + \dfrac{\varkappa\,v^{n+1}}{\varTheta}\,H \end{cases}$$

als Gleichungen für die sogenannte Geschoßpendelung. Hier führen wir zwei Abkürzungen

$$(19) \qquad t_0 = \frac{v}{g\cos\varphi}, \qquad t_1 = \frac{\varTheta}{\varkappa\,v^{n+1}}$$

ein und haben statt (18)

$$(20) \qquad \begin{cases} \dfrac{d\,\varXi}{d\,t} = \dfrac{Z}{t_0}, \\[2ex] \dfrac{dH}{d\,t} = -\dfrac{Z}{t_1}, \\[2ex] \dfrac{dZ}{d\,t} = -\dfrac{\varXi}{t_0} + \dfrac{H}{t_1}. \end{cases}$$

Die Ausdrücke t_0 und t_1 besitzen ganz einfache Bedeutungen. Es ist nämlich t_0 die Zeit, welche das Geschoß brauchen würde, um auf der Bahnnormalen fallend seine augenblickliche Geschwindigkeit v zu erlangen; $1/t_0$ stellt nach (16) zugleich die Drehgeschwindigkeit ω der Bahntangente vor. Schreibt man ferner

$$t_1 = \frac{\varTheta \sin\vartheta}{M},$$

so erkennt man nach § 6 (12), S. 64, rasch, daß $2\pi t_1$ die Zeit ist, in welcher das Geschoß gerade einen Präzessionsumlauf vollzöge, wenn die Präzessionsachse v still läge.

Die Zeiten t_0 und t_1 ändern sich längs der Schußbahn, weil die Geschwindigkeit v und die Neigung φ der Tangente stetig andere Werte annehmen; aber sie ändern sich — wenigstens wollen wir dies hier voraussetzen — nur langsam gegenüber der Geschwindigkeit der Geschoßpendelungen, die wir eben ermitteln wollen. Demnach halten wir uns für berechtigt, die Gleichungen (20) in der Weise zu integrieren, daß wir die Schußbahn in hinreichend viele Bereiche einteilen und in jedem Bereich mit festen Mittelwerten für t_0 und t_1 rechnen. Dieses Verfahren ist um so genauer, je flacher die Schußbahn verläuft.

Gleichungen von der Form (20) sind uns schon früher (S. 137) begegnet; wir integrieren sie mit Hilfe von trigonometrischen Funktionen in der uns bereits bekannten Weise, und zwar lauten die Integrale, wie man durch nachträgliches Einsetzen bestätigt,

$$(21) \quad \begin{cases} \dfrac{\varXi}{\varTheta} = \dfrac{t_0^2}{t_0^2 + t_1^2}\left(1 + \dfrac{t_1^2}{t_0^2}\cos\dfrac{t\sqrt{t_0^2 + t_1^2}}{t_0 t_1}\right), \\[2ex] \dfrac{H}{\varTheta} = \dfrac{t_0 t_1}{t_0^2 + t_1^2}\left(1 - \cos\dfrac{t\sqrt{t_0^2 + t_1^2}}{t_0 t_1}\right), \\[2ex] \dfrac{Z}{\varTheta} = -\dfrac{t_1}{\sqrt{t_0^2 + t_1^2}}\sin\dfrac{t\sqrt{t_0^2 + t_1^2}}{t_0 t_1}. \end{cases}$$

Die Integrationskonstanten sind hierbei so gewählt, daß zur Zeit $t = 0$, d. h. beim Beginn des Bereiches, die Figurenachse mit $\varXi = \varTheta$, $H = Z = 0$ in die Bahntangente fiel. Dies setzt beim ersten Bereich glatten Abschuß ohne seitlichen Stoß voraus (wie er bei nicht abgenutzten Rohren die Regel ist). Weil aber die Lösungen (21) periodisch sind, so fällt dann die Figurenachse jedesmal nach Ablauf der Zeit

$$(22) \quad t_3 = \frac{2\pi t_0 t_1}{\sqrt{t_0^2 + t_1^2}} = \frac{2\pi t_1}{\sqrt{1 + \dfrac{t_1^2}{t_0^2}}}$$

wiederum in die Tangente; diese Zeit ist etwas geringer als die „Präzessionsdauer" $2\pi t_1$, und demnach wiederholt sie sich im ersten Bahnbereich viele Male. Infolgedessen können wir diesen Bereich gerade nach einem Vielfachen der Zeit t_3 in den zweiten Bereich so übergehen lassen, daß in diesem Augenblicke die Bahntangente gerade in der Figurenachse liegt. Die Integrale (21) gelten also mit anderen Zahlen t_0, t_1 auch für den zweiten Bereich, usw.

Richten wir unsere Aufmerksamkeit nur auf die Komponenten H und Z, so besagt die Lösung (21), daß die Figurenachse bei Rechtsdrall ($\varTheta$ positiv) im Mittel unter einem Winkel ϑ_0 nach rechts, bei Linksdrall ($\varTheta$ negativ) nach links aus der Schußebene herausweist, welcher sich aus

$$(23) \quad \operatorname{tg}\vartheta_0 = \frac{t_0 t_1}{t_0^2 + t_1^2}$$

berechnet. Um die Mittellage beschreibt die Geschoßachse im xyz-System einen elliptischen Kegel mit der Umlaufsdauer t_3; die Öffnungswinkel $2\vartheta_1$ und $2\vartheta_2$ dieses Kegels in der zx- und xy-Ebene sind bestimmt durch

$$(24) \qquad \operatorname{tg}\vartheta_1 = \frac{t_0 t_1}{t_0^2 + t_1^2}, \qquad \operatorname{tg}\vartheta_2 = \frac{t_1}{\sqrt{t_0^2 + t_1^2}}.$$

Denkt man sich diese Pendelung von der Geschoßspitze auf einer ohne Drehung mitbewegten Kugel um den Schwerpunkt aufgezeichnet, so entsteht also — was wir ohne Rechnung voraussagten — eine **sphärische Zykloide, welche elliptisch verzerrt ist**. Weil anfangs und dann immer wieder nach Ablauf der Zeit t_3 die lotrechte Relativgeschwindigkeit des Vektors Θ nach (16), (18) und (19)

$$\frac{d}{dt}\left(\frac{Z}{\Theta}\right) = -\frac{1}{t_0} = -\omega$$

wird, so ist infolge unserer Voraussetzungen jene Zykloide **gespitzt**, und ihre Spitzen liegen allemal auf der Bahntangente. Indessen ist dies nicht wesentlich, indem die Kurven bei seitlichem Anfangsstoß durch die Pulvergase ebensogut verschlungen oder gestreckt sein können.

Die elliptische Verzerrung ist übrigens nur gering, falls der Schwung Θ nicht zu groß gewählt wird, falls also die Präzessionsdauer $2\pi t_1$ klein gegen die Zeit t_0 bleibt, welche etwa zwischen 20 und 100 Sekunden liegen mag. Dann aber darf man t_1^2 gegen t_0^2 vernachlässigen und hat statt (21) die weiteren Näherungen

$$(25) \qquad \begin{cases} \dfrac{H}{\Theta} = \dfrac{t_1}{t_0}\left(1 - \cos\dfrac{t}{t_1}\right), \\[2ex] \dfrac{Z}{\Theta} = -\dfrac{t_1}{t_0}\sin\dfrac{t}{t_1}, \end{cases}$$

eine sphärische Zykloide ohne Verzerrung darstellend. Damit das Geschoß „folgsam" sei, d. h. dauernd seine Achse nähe der Bahntangente halte, muß also t_1 klein gegen t_0 sein, oder nach (19)

$$(26) \qquad \Theta \ll \frac{\varkappa\, v^{n+2}}{g\cos\varphi}.$$

Der Schwung ist mithin die für die Folgsamkeit des Geschosses maßgebende Größe. Man wählt ihn füglich so klein, als es mit der Stabilität des Geschosses überhaupt verträglich ist. Damit das Geschoß nämlich beim Verlassen des Rohres, wo Geschwindigkeit und Widerstand in der Regel am größten sind, nicht sofort umkippe und sich quer gegen die Bahn lege, muß es offenbar dieselbe Stabilitätsbedingung erfüllen wie ein aufrechter schwerer symmetrischer Kreisel, dessen Schweremoment M_0 mit dem jetzigen Widerstandsmoment M übereinstimmt. Dies führt nach § 9 (20), S. 93, mit dem äquatorialen Trägheitsmoment B des Geschosses, der Anfangsgeschwindigkeit v_0 und mit $\mathcal{Q} = \varkappa v_0^{n+1}$ auf die Forderung

$$(27) \qquad \Theta > 2\sqrt{B\varkappa v_0^{n+1}}.$$

Mit dem axialen Trägheitsmoment A, der lichten Rohrweite $2r$ und dem Drallwinkel δ der Züge wird

$$\Theta = \frac{A v_0}{r}\,\mathrm{tg}\,\delta$$

und man hat statt (26) und (27) die Bedingungen

$$(28) \qquad v_0\,\mathrm{tg}\,\delta \lessgtr \frac{r\varkappa v^{n+2}}{Ag\cos\varphi}, \qquad v_0^{\frac{1-n}{2}}\,\mathrm{tg}\,\delta > \frac{2r}{A}\sqrt{B\varkappa}\,.$$

für Folgsamkeit und Stabilität.

Diese beiden Bedingungen lassen sich bei Flachbahnen stets ohne weiteres erfüllen; man geht aus Sicherheitsgründen mit dem Schwung Θ über die untere Grenze (27) sogar erheblich hinaus, ohne die Folgsamkeit ernstlich zu gefährden. Bei Steilbahnen können die Forderungen (28) dagegen in Widerspruch zueinander geraten, insofern im Bahnscheitel die Geschwindigkeit v recht klein werden mag.

Für solche sogenannnte „Bombenschüsse" gelten unsere Lösungen überhaupt nicht mehr. Wir verzichten darauf, sie auf solche Fälle zu erweitern, und erwähnen nur, daß diese Rechnungen neuerdings von A. Sommerfeld und F. Noether erfolgreich in Angriff genommen worden sind.

Da die Geschoßpendelungen bei Rechtsdrall rechts von der Schußebene erfolgen, so ist ersichtlich, daß das Geschoß im Sinne der Aerodynamik dem Widerstande durchschnittlich einen nach rechts positiven Anstellwinkel (S. 193) darbietet und also eine Abtrift nach rechts erfahren muß, — bei Linksdrall nach links. Die Berechnung dieser Seitenabweichung des Geschosses ist dann vollends ziemlich einfach, soweit man von gewissen schwer zu erklärenden Unregelmäßigkeiten dabei absieht, wie gelegentliche Linksabweichung bei Minen mit Rechtsdrall.

Übrigens wirken die Geschoßpendelungen ihrerseits wieder auf den Widerstand zurück und damit auch auf die ballistische Kurve, deren Elemente v, φ wir bei unseren Pendelungsformeln als bekannt angenommen haben. Dadurch aber wird die genauere Theorie der soeben erörterten Erscheinungen so ungemein verwickelt, daß wir an ihre bis jetzt noch keineswegs restlos gelungene Berechnung gar nicht herantreten könnten, ohne die Grundlagen der Ballistik in weitem Umfange aufzurollen. Das aber kann hier unsere Aufgabe nicht sein.

3. Die Atome. Indem wir aus der Welt der sichtbaren Erscheinungen zu den mikrokosmischen Vorgängen hinabsteigen, stoßen wir in den Atomen auf winzige Kreisel, die das eigenartige Gegenstück zu den ungeheuren planetarischen Kreiseln bilden, und deren Erforschung mit Recht als die wichtigste Aufgabe der gegenwärtigen Physik gilt. Wir stellen uns heute vor, daß die Bausteine aller trägen Massen, die Atome, aus einem elektropositiven Kern bestehen, um welchen elektronegative Teilchen, die Elektronen, kreisen. Obwohl über den Bau der Atome im einzelnen bis jetzt nur wenig Zuverlässiges bekannt ist, so weiß man doch, daß die umlaufenden Elektronen eine scheinbare (elektromagnetisch begründete) träge Masse besitzen. Jedes Atom verhält sich also wie ein Kreisel, und zwar liefert jedes einzelne Elektron mit seiner Masse m zu dem Schwung dieses Kreisels den Beitrag

$$(29) \qquad \vartheta = m\,r^2\,\omega,$$

falls ω seine Umlaufsgeschwindigkeit und r seine Entfernung vom positiven Kern ist, und falls seine Bahn kreisförmig vorausgesetzt wird.

Man hat Grund zu der Vermutung, daß die umlaufenden Elektronen zugleich die elektrischen „Molekularströme" bilden, welche A. M. Ampère zur Erklärung der magnetischen Eigenschaften der para- und ferromagnetischen Stoffe benutzt hat. Nach den Grundgesetzen des Elektromagnetismus erzeugt der „Strom" des mit der Geschwindigkeit $v = \omega r$ wandernden Elektrons von der elektromagnetisch gemessenen (negativen) Ladung e ein magnetisches Moment μ vom Betrage $e\omega F/2\pi$, wo F die umflossene Kreisfläche πr^2 ist; und zwar hat der Vektor

$$\mu = \tfrac{1}{2}\,e\,r^2\,\omega,$$

abgesehen von dem in e steckenden negativen Vorzeichen, die gleiche Richtung wie ϑ, so daß

$$(30) \qquad \vartheta = \frac{2\,m}{e}\,\mu$$

wird.

In einem unmagnetischen Körper haben die Vektoren μ der einzelnen Elementarströme die verschiedensten Richtungen; sie heben sich also in ihrer Gesamtwirkung nach außen hin auf. Wird der Körper aber magnetisiert, so stellen sich die magnetischen Vektoren μ der Elementarströme in die magnetische Achse ein, und diese Einstellung ist bei allen beendet, sobald die Sättigungsmagnetisierung erreicht ist. Setzen wir

$$\Sigma\,\vartheta = \Theta, \qquad\qquad \Sigma\,\mu = M$$

und beachten, daß nach unseren heutigen Kenntnissen das Verhältnis m/e als eine universelle Konstante angesehen werden muß, so folgt aus (30) der durch die „Molekularströme" bedingte innere Schwung

$$(31) \qquad \Theta = \frac{2\,m}{e}\,\boldsymbol{M}$$

des Magneten vom magnetischen Gesamtmomente $\boldsymbol{M}$.

Das auf die Raumeinheit bezogene magnetische Moment kann höchstens etwa bis zu 1700 CGS-Einheiten gesteigert werden, wogegen zufolge zuverlässiger Beobachtungen an den in Kathodenstrahlen wandernden Elektronen der Quotient

$$(32) \qquad \frac{m}{e} = -\,0{,}56 \cdot 10^{-7} \text{ CGS-Einheiten}$$

beträgt, so daß der innere Schwung Θ eines Magneten immer nur eine ganz außerordentlich kleine Größe darstellt. Sie muß sich, so oft man den Magneten um eine andere als die magnetische Achse schwenkt, in einem als „magnetomotorische Kraft" anzusprechenden Kreiselmoment äußern, welches sich jedoch infolge seiner Kleinheit der unmittelbaren Wahrnehmung entzieht. Schon J. C. Maxwell hat vergeblich versucht, dasselbe zu beobachten, und erst ganz neuerdings ist es S. J. Barnett gelungen, sein Vorhandensein einwandfrei festzustellen.

Unabhängig von Barnett kamen A. Einstein und W. J. de Haas auf den geistreichen Gedanken, die Kreiseleigenschaften der Atome dadurch nachzuweisen, daß sie nicht den Magneten als Ganzen umdrehten, sondern — durch plötzliches Ummagnetisieren — lediglich seine Bausteine, die um den positiven Kern kreisenden Elektronen. Damit kehrt sich auch der Vektor Θ des inneren Schwunges plötzlich um und die Folge ist ein Kreiselmoment

$$(33) \qquad \boldsymbol{K} = -\,\frac{d\,\Theta}{d\,t},$$

welches den Magneten stoßartig in Bewegung versetzt. Um die durch das Ummagnetisieren selbst bedingten Störungen unschädlich zu machen, und um gleichzeitig die zu erwartende Stoßwirkung des Momentes $\boldsymbol{K}$ zu verstärken, haben Einstein und de Haas als Magneten einen weichen Eisenstab genommen und diesen mit lotrechter Achse in einer koaxialen, mit Wechselstrom beschickten Spule an einem Faden so aufgehängt, daß die Torsionsschwingungen des Stabes um die lotrechte Achse in Resonanz mit den Stromwechseln geriet.

Nimmt man nämlich an, daß das Ummagnetisieren des Stabes durch den Wechselstrom nach dem Gesetze

$$(34) \qquad M = M_s \sin \alpha t$$

erfolgt, wo a die Wechselzahl in 2π Sekunden und M_s die Sättigungsmagnetisierung bedeutet, so schwankt der Vektor $\boldsymbol{K}$ ohne Richtungsänderung in der magnetischen, also sehr nahezu lotrechten Achse hin und her nach der Vorschrift

$$K = \frac{2\,m}{e}\,a M_s \cos a t,$$

ist also durchaus in der Lage, die Torsionsschwingungen des Stabes zur Resonanz zu erregen.

Wenn A das axiale Trägheitsmoment des Stabes, ε die Dämpfung und h, wie schon ähnlich in § 18, S. 251, die elastische Gegenwirkung des tordierten Aufhängefadens messen, so gehorcht der Ausschlag ψ des Stabes um die Lotachse der Gleichung

$$(35) \qquad A\frac{d^2\psi}{dt^2} + 2\,\varepsilon\frac{d\,\psi}{d\,t} + h\,\psi = K = \frac{2\,m}{e}\,a M_s \cos a t.$$

Hier stellt die linke Seite für sich, gleich Null gesetzt, die bald abklingenden Eigenschwingungen des tordierten Systems vor. Wenn, wie dies bei den Versuchen tatsächlich der Fall war, die Dämpfung nur ganz schwach ist, so berechnet sich die Eigenschwingungsdauer angenähert aus

$$A\frac{d^2\psi}{dt^2} + h\,\psi = 0$$

zu $t_0 = 2\,\pi\,\sqrt{A/h}$ und also die Zahl der Eigenschwingungen in 2π Sekunden, welche mit der Wechselzahl a übereinstimmen sollte, zu

$$a = \sqrt{\frac{h}{A}}\,.$$

Man stellt dann durch Einsetzen leicht fest, daß unter dieser Bedingung das von K abhängige Integral der Resonanzschwingung von (35) die Form hat

$$\psi = \frac{m\,M_s}{e\,\varepsilon}\sin a t$$

mit der Amplitude

$$(36) \qquad \psi_0 = \frac{m\,M_s}{e\,\varepsilon}\,,$$

welche der Messung ohne weiteres zugänglich war und bei bekannter Sättigungsmagnetisierung M_s und Dämpfung ε für den Quotienten m/e einen Wert ergab, der recht gut mit dem schon anderweitig bekannten (32) übereinstimmte.

Diese zahlenmäßige Übereinstimmung ist allerdings durch neuere sorgfältige Versuche von E. Beck nicht ganz bestätigt worden. Indessen wird man sich hierüber kaum wundern, wenn man erwägt, daß die intraatomistischen Vorgänge doch wohl erheblich verwickelter sein werden, als unsere einfachen Ansätze (29) und (34) annehmen. Insbesondere verläuft die Magnetisierung, wie man weiß, nicht nach dem einfachen Sinusgesetz (34), sondern nach einer wesentlich umständlicheren Fourierreihe; wir wollen dies hier aber nicht genauer verfolgen. Daß Kreiselwirkungen der geschilderten Art vorhanden sind, kann sicherlich nicht mehr bezweifelt werden.

Übrigens machen Einstein und de Haas noch die wichtige kosmologische Bemerkung, daß das magnetomotorische Moment K möglicherweise die Ursache dafür darstellt, daß die Drehachse der Erde nahezu mit der magnetischen Achse zusammenfällt. Wäre die Abweichung zwischen beiden Achsen groß, so würde die Erddrehung (als Zwangsdrehung ausgeübt auf den Erdkreisel mit der magnetischen Achse als Achse des inneren Schwunges) ein Kreiselmoment von solchem Sinne wecken, daß die magnetische Achse in die Drehachse mehr und mehr hineingezogen würde.

§ 22. Stützkreisel.

1. Der Howell-Torpedo. Man wird vom Langgeschoß (§ 21, 2.) ohne weiteres zum Torpedo als dem Unterwassergeschoß geführt. Auch bei ihm handelt es sich darum, die Längsachse in die Bahnrichtung zu stabilisieren, und man könnte wohl daran denken, dies dadurch zu erreichen, daß dem Torpedo eine große Eigendrehung um jene Achse erteilt würde. In Wirklichkeit hat man hier wesentlich andere Wege eingeschlagen, von denen der eine zu dem bereits be-besprochenen, mittelbar stabilisierten Whitehead-Torpedo geführt hat (§ 18, 2.), während der zweite den Howell-Torpedo entstehen ließ, bei welchem die Stabilisierung unmittelbar versucht wird. Wie und mit welchem Erfolge, soll jetzt erörtert werden.

Der fischförmige Körper des Howell-Torpedos enthält ein um die Querachse drehbares Schwungrad, welches etwa den

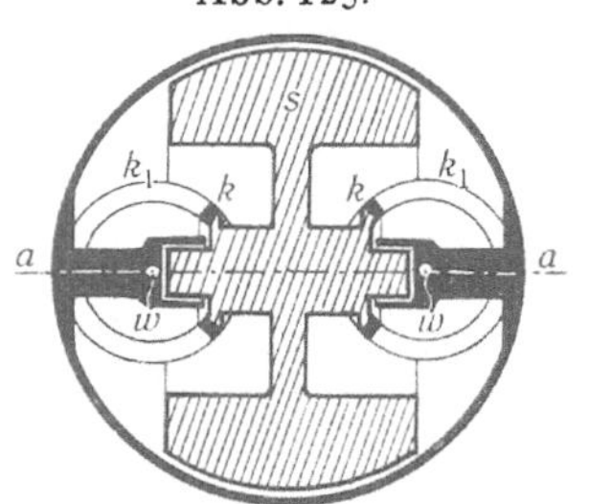

Abb. 125.

dritten Teil der Gesamtmasse ausmacht, beim Abschuß des Torpedos auf 10000 minutliche Umläufe angetrieben wird und in seiner Drehwucht zugleich einen Energievorrat mitbekommt, aus welchem die Vortriebsmaschinen, zwei kleine Schrauben am Heck, gespeist werden (Abb. 125 zeigt in einem Querschnitt des Torpedos den um die Querachse aa drehbaren Schwungring s, der vermittelst zweier Kegelradsätze kk_1 die um die Achsen w umlaufenden Schraubenwellen treibt). Wie beim Whitehead-Torpedo, so sorgt auch hier ein Tiefenapparat für die wagerechte Haltung der Längsachse. Ein Seitenruder ist dagegen nicht vorhanden. Gelegentlich ist dem einen Schwungrad noch ein zweites mit paralleler Achse beigegeben, dessen Schwung wir dann einfach zum Schwung Θ des ersten hinzuzuzählen haben. Der Vektor Θ möge nach rechts zeigen.

Wir wollen beweisen, daß, entgegen der Meinung seines Erbauers J. A. Howell, der Kreisel den Torpedo nicht zu stabilisieren vermag, falls dessen Längsachse in der Schußrichtung labil ist, daß er aber eine schon vorhandene Stabilität wesentlich erhöht.

Um dies zu zeigen, benutzen wir genau die Überlegungen, die wir schon beim Flugzeug (§ 16 und § 20, 4.) mit Erfolg angestellt haben, insbesondere die damaligen Lagekoordinaten φ, ψ und ϑ (Abb. 89, S. 190) für die Drehungen um die Längs- und Hochachse und für die Abweichung der Fahrtrichtung von der Längsachse. Die Rotationssymmetrie des Torpedokörpers bringt es mit sich, daß wir uns um die Längsstabilität, d. h. die Bewegungen um die Querachse, gar nicht zu kümmern brauchen, weil sie vom Tiefenapparat gesichert wird und weil der Kreisel sie in keiner Weise mit der zu untersuchenden Querstabilität verkoppelt. So bleiben von den damaligen Bewegungsgleichungen § 16 (47), S. 198, für uns nur noch die erste, die dritte und die letzte übrig, und hierbei sind überdies starke Vereinfachungen zulässig. Die neuen Gleichungen lauten nämlich, wenn wir allenthalben nur kleine Ausschläge zulassen und die Beiwerte zur Vermeidung von Verwechslungen mit den früheren aerodynamischen Zahlen jetzt etwas anders bezeichnen,

$$(1) \qquad A \frac{d^2\varphi}{dt^2} = -L \frac{d\varphi}{dt} - sG\varphi + \Theta \frac{d\psi}{dt},$$

$$(2) \qquad C \frac{d^2\psi}{dt^2} = -N \frac{d\psi}{dt} + K\vartheta - \Theta \frac{d\varphi}{dt},$$

$$(3) \qquad mv\left(\frac{d\psi}{dt} - \frac{d\vartheta}{dt}\right) = R\vartheta.$$

Und zwar stellt die erste die Rollbewegungen φ um die Längsachse vor, mit dem Trägheitsmoment A, der Dämpfungszahl L und dem rückdrehenden Moment $sG\varphi$, wo G das Torpedogewicht und s die Tiefe des Schwerpunktes unter dem geometrischen Mittelpunkt (die Metazenterhöhe) bedeutet. Die zweite Gleichung stellt ebenso die Kursänderungen ψ vor, mit dem Trägheitsmoment C und der Dämpfungszahl N, sowie dem destabilisierenden Moment $K\vartheta$, welches den Torpedokörper um so rascher querzulegen sucht, je größer der

Ausschlag ϑ der Längsachse aus der Fahrtrichtung ist. Über Sinn und Herkunft der uns geläufigen Kreiselmomente braucht nichts mehr gesagt zu werden. Die letzte Gleichung endlich stellt mit der Masse m und der Fahrtgeschwindigkeit v des Torpedos den Ausgleich der Fliehkraft (links) gegen den Seitentrieb $R\vartheta$ vor, welcher sich aus einem schon in $K\vartheta$ steckenden Seitentrieb des Wassers und aus der entsprechenden Komponente des Schraubenschubes zusammensetzt.

Da es uns hier nur auf allgemeine Erwägungen ankommt, so ist es nicht nötig, die Größen K, L, N und R hydrodynamisch näher zu untersuchen; sie sind praktisch immer positiv.

Wir wollen vor allem die Koordinate ϑ aus unseren Gleichungen entfernen. Zu dem Zwecke führen wir zunächst die Abkürzung

$$(4) \qquad R_0 = \frac{R}{m\,v}$$

ein und addieren dann zu der aus (3) folgenden Gleichung

$$K\left(\frac{d\vartheta}{dt} - \frac{d\psi}{dt}\right) = -K R_0\,\vartheta$$

erstens die mit R_0 multiplizierte Gleichung (2) und zweitens außerdem die nach der Zeit abgeleitete Gleichung (2); so erhalten wir, gehörig geordnet,

$$C\,\frac{d^3\psi}{dt^3} + (N + CR_0)\frac{d^2\psi}{dt^2} + (NR_0 - K)\frac{d\psi}{dt} + \Theta\left(\frac{d^2\varphi}{dt^2} + R_0\frac{d\varphi}{dt}\right) = 0.$$

Indem wir diese Gleichung nachträglich wieder nach der Zeit integrieren und dabei durch ψ_0 eine additive Integrationskonstante ausdrücken, so erscheint unter Vorantritt von (1) das folgende System:

$$(5) \quad A\,\frac{d^2\varphi}{dt^2} + L\,\frac{d\varphi}{dt} + sG\,\varphi - \Theta\,\frac{d\psi}{dt} = 0,$$

$$(6) \quad C\,\frac{d^2\psi}{dt^2} + (N + CR_0)\frac{d\psi}{dt} + (NR_0 - K)(\psi - \psi_0) + \Theta\left(\frac{d\varphi}{dt} + R_0\varphi\right) = 0.$$

Beide Gleichungen sind ganz ähnlich gebaut; und so werden wir auch (6) dahin deuten müssen, daß infolge der Seitenausweichung ϑ die Dämpfungszahl um die Hochachse von N scheinbar auf $(N + CR_0)$ gestiegen ist, während die Rückdrehung in das Azimut ψ_0 von dem Moment $(NR_0 - K)$ besorgt wird, welches sehr wohl positiv ausfallen kann.

Die Gleichungen (5) und (6) stellen, zunächst ohne Kreisel, also mit $\Theta = 0$, gedämpfte Schwingungen dar, solange

$$(7) \qquad NR_0 - K > 0$$

ist. Wir wollen diesen Zustand in naheliegender Weise vorläufig als stabil bezeichnen. Wenn dagegen

$$(8) \qquad N R_0 - K < 0$$

ist, so bedeutet (6) mit $\Theta = 0$ eine divergente Bewegung, etwa in der Art, wie sie ein aus seiner höchsten Lage losgelassenes Pendel im widerstehenden Mittel zu beschreiben anfängt. Jetzt ist der Torpedo sicher als labil anzusprechen.

Mit Kreisel erweisen sich (5) und (6) als ein gekoppeltes System, dessen Integration mit den Ansätzen

$$\varphi = a\,e^{\varrho t}, \qquad \psi - \psi_0 = b\,e^{\varrho t}$$

zu den beiden Bedingungen

$$(A\varrho^2 + L\varrho + s\,G)\,a - \Theta\varrho\,b = 0,$$
$$\Theta(\varrho + R_0)\,a + [C\varrho^2 + (N + CR_0)\varrho + (NR_0 - K)]\,b = 0$$

führt, aus welchen durch Entfernen der Integrationskonstanten a und b die Bestimmungsgleichung für die Kennziffern ϱ folgt:

$$(9) \quad \left\{ \begin{aligned} (A\varrho^2 + L\varrho + s\,G)[C\varrho^2 + (N + CR_0)\varrho + (NR_0 - K)] \\ + \Theta^2\varrho(\varrho + R_0) = 0. \end{aligned} \right.$$

Und nun handelt es sich einfach darum, auf Grund der in § 20, 4., S. 289, ermittelten Kriterien festzustellen, ob der Kreisel imstande ist, zu verhindern, daß die Wurzeln ϱ der Gleichung (9) positiv reelle Teile erhalten.

Zu dem Zweck ordnen wir (9) nach Potenzen von ϱ in der Form

$$a_0\varrho^4 + a_1\varrho^3 + a_2\varrho^2 + a_3\varrho + a_4 = 0$$

mit den Koeffizienten

$$(10) \quad \left\{ \begin{aligned} a_0 &= A\,C, \\ a_1 &= A(N + CR_0) + CL, \\ a_2 &= A(NR_0 - K) + L(N + CR_0) + Cs\,G + \Theta^2, \\ a_3 &= L(NR_0 - K) + s\,G(N + CR_0) + R_0\,\Theta^2, \\ a_4 &= s\,G(NR_0 - K). \end{aligned} \right.$$

Für die Stabilität ist gemäß § 20 (42), S. 289, notwendig, daß a_4 positiv werde. Das aber trifft nach (7) ganz unabhängig von Θ dann und nur dann zu, wenn die Fahrt schon ohne Kreisel stabil war, und damit ist der erste Teil unserer eingangs aufgestellten Behauptung erwiesen: der Kreisel vermag Labilität nicht aufzuheben. Daß er eine schon vorhandene Stabilität verbessert, ist ohne weiteres klar auf Grund der ihm innewohnenden Richtungssteifigkeit.

Der Howell-Torpedo scheint nun in der Tat eine, wenn auch kleine, natürliche Stabilität zu besitzen, die der Kreisel wirksam unterstützt, so daß Vergleichsversuche, die 1891 zwischen dem damals noch nicht mit einem Geradläufer ausgestatteten Whitehead- und dem Howell-Torpedo angestellt worden sind, durchaus zugunsten des letzten ausfielen. Es handelte sich dabei allerdings nur um kurze Schußweiten, bei welchen ein grundsätzlicher Nachteil des Howell-Torpedos noch nicht so sehr bemerklich sein mußte, nämlich seine Unfähigkeit, eine einmal verlorene Schußrichtung wiederzufinden. Was wir nämlich soeben Stabilität nannten, verdient diese Bezeichnung nur bedingt. In den Bewegungsgleichungen (1) bis (3) kommt das Richtungsazimut ψ nur in seinen Ableitungen $d\psi/dt$ und $d^2\psi/dt^2$ vor, in (6) drückte sich das Fehlen dieses Richtungssinnes durch die Konstante ψ_0 aus: der „stabile“ Torpedo vollzieht zwar gedämpfte Schwingungen um eine feste Nullage ψ_0, aber diese kann mit jeder neuen Störung sich ein wenig ändern, um so weniger freilich, je stärker der Kreisel ist.

Dazu tritt als äußerst bedenklich hinzu die Verkoppelung, welche der Kreisel zwischen den φ- und ψ-Bewegungen herstellt: selbst jede Störung um die Längsachse, also jeder Anstoß zu einer Rollbewegung, durch den Wellenschlag auf das leichteste hervorgerufen, muß zu einer Azimutstörung des Howell-Torpedos führen. So wurde dieser denn später rasch vom Whitehead-Torpedo überflügelt, als diesem mit dem Obryschen Geradläufer ein zuverlässiger Richtungsweiser beigegeben war; und er vermochte dessen Vorsprung auch nicht dadurch einzuholen, daß die Kreiselachse bei gleichzeitiger Vergrößerung des Schwunges in die Längsachse gelegt wurde, wonach der Howell-Torpedo ungefähr die Stabilität eines Langgeschosses für sich beanspruchen konnte. Heute jedenfalls kommt ihm nur noch geschichtliche Bedeutung zu.

Wir haben uns bis jetzt nur mit der notwendigen Stabilitätsbedingung $a_4 > 0$ befaßt; es wäre aber ganz leicht zu zeigen, daß diese unter der Voraussetzung (7) auch schon hinreicht, d. h. daß dann außer $a_1 > 0$ von selbst auch die beiden letzten Bedingungen § 20 (42), S. 289, erfüllt sind, nämlich $a_3 > 0$ und

$$(11) \qquad \varDelta \equiv a_1 a_2 a_3 - a_0 a_3^2 - a_1^2 a_4 > 0.$$

Für das Folgende ist nun von Belang die Bemerkung, daß mangelnde Stabilität durch den Kreisel doch noch ausgeglichen werden kann, wenn außer dem ψ-Freiheitsgrad auch der φ-Freiheitsgrad labil ist, d. h. wenn die rückdrehenden Momente $(NR_0 - K)$ und sG beide negativ sind und der Torpedo sich auch hinsichtlich der Drehungen um die φ-Achse wie ein Pendel in höchster Lage verhält.

In der Tat werden nach (10) jetzt a_1 und a_4 wieder von selbst positiv; aber auch a_3, wenn nur mit dem Kreiselschwung auch Θ^2

hinreichend groß ist. Was schließlich Δ anbetrifft, so berechnet man nach (11) rasch, daß dieser Ausdruck nach Potenzen von Θ geordnet in der Form

$$\Delta = (AN + CL)R_0\,\Theta^4 + a'\,\Theta^2 + a''$$

erscheint, wobei wir die Koeffizienten a' und a'' gar nicht zu beachten brauchen. Der Koeffizient von Θ^4 ist nämlich wesentlich positiv, und so kann man es durch die Wahl eines genügend starken Schwunges auf alle Fälle erzwingen, daß auch Δ positiv bleibt.

Zwei labile Freiheitsgrade lassen sich mithin durch den Kreisel stabilisieren, einer allein nicht. Dieser Satz, dessen sehr allgemeine Gültigkeit zuerst Lord Kelvin klar erkannt hat, ist zwar von minderer Wichtigkeit für die Stabilisierung des Torpedos, bei welchem man sich ‘lieber an die Forderung (7) einer von vornherein sicheren Stabilität halten wird; er ist aber von grundlegender Bedeutung für die Stabilisierung der sogenannten Einschienenbahn, welcher wir uns jetzt zuzuwenden haben.

2. Stabilisierung der Einschienenbahnen. Im Gegensatz zu den bereits in § 15, 3. und 4. behandelten Hänge- und Schwebebahnen der Systeme Langen und Behr, bei welchen im wesentlichen auch nur eine Schiene verwendet wird, hat man sich, nicht ganz folgerichtig, daran gewöhnt, von einer Einschienenbahn im engeren Sinne zu sprechen, wenn es sich um Fahrzeuge handelt, deren Schwerpunkt höher als der Schienenkopf liegt, welche also ohne geeignete Stütze labil wären und bei der geringsten Störung umfielen.

Eine solche Stütze hat man im Kreisel gesucht und gefunden; und zwar sind Fahrzeuge, die auf derartige Weise stabilisiert waren, nahezu gleichzeitig um das Jahr 1909 von L. Brennan, von A. Scherl und von P. Schilowsky der Öffentlichkeit vorgeführt worden. Die technischen Einzelheiten dieser drei unter sich ziemlich verschiedenen Systeme sind nur in beschränktem Umfange bekannt geworden; auch ist bis jetzt der praktische Beweis dafür, daß sie sich bewähren, nicht einwandfrei geliefert worden. Die Stabilisierungstheorie solcher Bahnen ist, wenn wir von der geringen Kreiselwirkung der Laufräder (§ 15, 1.) absehen, ganz einfach.

Wir können dabei unmittelbar an die Schlußbemerkungen zum Howell-Torpedo anknüpfen, welchem wir soeben in Gedanken zwei instabile Grade der Freiheit gegeben haben. Der Instabilität des Torpedos um seine Längsachse entspricht die Instabilität des Wagens um die Schiene, besser um die Verbindungsgerade der untersten Radpunkte, der sogenannten Fahrachse. (Die Schiene selbst ist nur eine zufällige Beigabe, von welcher Schilowskys automobilartiger

Wagen auch ganz frei ist.) Der Kursinstabilität des Torpedos um die Hochachse entspricht beim Fahrzeug zunächst überhaupt gar kein zweiter Grad der Drehfreiheit. Ein solcher ist aber, wie wir eingesehen haben, durchaus erforderlich, und daraus folgt zwingend die **Notwendigkeit, den Kreisel selbst im Wagen so anzuordnen, daß seine Figurenachse sich um eine nicht mit der Fahrachse parallele, sondern am besten zu ihr senkrechte Achse labil drehen kann,** also entweder, wie beim Torpedo, um die Hochachse (System **Brennan**) oder um die Querachse (Systeme **Scherl**

Abb. 126.
Abb. 127.

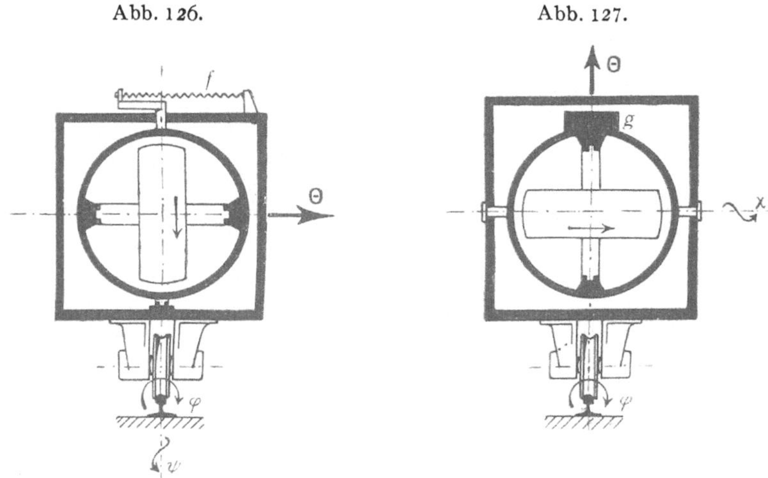

und **Schilowsky**). Weil die Kreiselmomente allemal dann am größten sind, wenn die Figurenachse auf den Achsen den Zwangsdrehungen senkrecht steht, so wird man im ersten Falle (**Brennan**) den Schwungvektor in die Querachse legen (Abb. 126), im zweiten Falle (**Scherl** und **Schilowsky**) in die Hochachse (Abb. 127) und im zweiten Falle die erforderliche Instabilität durch ein Übergewicht (g), im ersten Falle durch eine Feder (f) oder sonst eine leicht auszudenkende Einrichtung erzeugen.

Es bietet keinerlei Schwierigkeit, diese Verhältnisse auch analytisch auszudrücken, wenn wir uns von vornherein wieder auf kleine Ausschläge aus der Ruhelage beschränken. Messen wir, genau wie beim Flugzeug und beim Torpedo, die Drehungen des Wagens um die Fahrachse mit dem Winkel φ, diejenigen des Kreiselrahmens um die Hoch- bzw. Querachse mit ψ bzw. χ; bezeichnen wir ferner mit A das Trägheitsmoment des Wagens um die Fahrachse, mit B und C diejenigen des Kreisels samt seinem Rahmen um die Quer- bzw. Hochachse, mit L, M und N die zugehörigen Dämpfungszahlen und mit

H (statt $-sG$), J und K die destabilisierenden Momente von Wagen und Kreisel, so gelten im zweiten Falle (Scherl und Schilowsky) die Ansätze [vgl. (5)]

$$(12)\quad \begin{cases} A\dfrac{d^2\varphi}{dt^2} + L\dfrac{d\varphi}{dt} - H\varphi - \Theta\dfrac{d\chi}{dt} = 0,\\[2ex] B\dfrac{d^2\chi}{dt^2} + M\dfrac{d\chi}{dt} - J\chi + \Theta\dfrac{d\varphi}{dt} = 0; \end{cases}$$

im ersten Falle (Brennan) dagegen

$$(13)\quad \begin{cases} A\dfrac{d^2\varphi}{dt^2} + L\dfrac{d\varphi}{dt} - H\varphi - \Theta\dfrac{d\psi}{dt} = 0,\\[2ex] C\dfrac{d^2\psi}{dt^2} + N\dfrac{d\psi}{dt} - K\psi + \Theta\dfrac{d\varphi}{dt} = 0. \end{cases}$$

Beide Gleichungspaare sind gleich gebaut, führen also zu ganz denselben Ergebnissen. Aus beiden fließt die Bestimmungsgleichung für die Kennziffern ϱ der Teilbewegungen

$$(14)\qquad a_0\varrho^4 + a_1\varrho^3 + a_2\varrho^2 + a_3\varrho + a_4 = 0$$

mit den Koeffizienten — wir schreiben sie nur für (12) an —

$$(15)\quad \begin{cases} a_0 = AB,\\ a_1 = AM + BL,\\ a_2 = LM - AJ - BH + \Theta^2,\\ a_3 = -HM - JL,\\ a_4 = HJ. \end{cases}$$

Diese Koeffizienten unterscheiden sich nun freilich ein wenig in ihrem Bau von den Ausdrücken (10), und eben dies wird sogleich zu eigenartigen Folgerungen führen. An Hand der Stabilitätsbedingungen § 20 (42), S. 289, bestätigen wir zunächst, daß a_4 in der Tat positiv wird, wenn neben dem notwendig positiven Destabilisierungsmoment H des Wagens mit $J > 0$ auch der Kreiselrahmen für sich labil ist. Nun aber erfordern die weiteren Bedingungen $a_1 > 0$ und $a_3 > 0$, daß gleichzeitig

$$(16)\qquad AM + BL > 0, \qquad HM + JL < 0$$

werde. Weil A und B, aber ebenso jetzt auch H und J wesentlich positiv sind, so muß von den Dämpfungszahlen L und M unter allen Umständen die eine positiv, die andere negativ sein, d. h. es muß entweder das Umfallen (φ) des Wagens oder die Präzession (χ bzw. ψ) des Kreisels beschleunigt werden — eine Forderung, die außerordentlich überrascht, aber sofort verständlich wird, wenn man folgendes bedenkt: Durch Erhöhung des Schwunges Θ allein vermag an sich die Stabilität nicht erzwungen zu werden, weil Θ weder in a_1 noch in a_3 eingegangen ist; das stabilisierende Kreiselmoment aber wird bei unverändert gehaltenem Schwung offenbar sowohl dadurch vergrößert, daß die Präzession des Kreiselrahmens beschleunigt wird, als auch dadurch, daß das um die φ-Achse umkippende Moment auf den Kreiselrahmen gesteigert wird.

Jedenfalls haben wir zwei Möglichkeiten zur Auswahl, nämlich

erstens: $L < 0$, $M > 0$ mit der aus (16) folgenden Bedingung

$$(17) \qquad \frac{A}{B} > -\frac{L}{M} > \frac{H}{J},$$

die nur dann einen Sinn hat, wenn von vornherein

$$(18) \qquad \frac{A}{H} > \frac{B}{J}$$

ist. Da die beiden Quotienten in (18) bis auf einen Faktor 2π [vgl. etwa § 18 (21) S. 247] die Schwingungsdauern zweier ungedämpften Systeme mit den Trägheitsmomenten A und B und den rückdrehenden Momenten H und J darstellen, so bedeutet diese Ungleichung: Wenn bei fehlender Dämpfung und umgedrehter Richtung der Schwere (bzw. im Falle von Abb. 126 der Federspannung) der Wagen langsamer schwingen würde als der Kreiselrahmen, so ist Stabilisierung nur dadurch möglich, daß der Wagen ein Moment im Sinne beschleunigten Umfallens erfährt, während die Präzession des Kreisels verzögert wird. Diese Möglichkeit begegnet praktisch neben ihrer etwas unheimlichen Gewagtheit dem wesentlichen Bedenken, daß zufolge (17) der positive Quotient $-L/M$ noch größer bleiben soll, als die sicherlich ziemlich große Zahl H/J, so daß das umwerfende Moment weit kräftiger als das verzögernde sein müßte. Man wird also jedenfalls seine Hoffnung weit mehr auf die andere Möglichkeit setzen, nämlich

zweitens: $L > 0$, $M < 0$ mit der Bedingung

$$(19) \qquad \frac{A}{B} < -\frac{L}{M} < \frac{H}{J},$$

welche verlangt, daß von vornherein

$$(20) \qquad \frac{A}{H} < \frac{B}{J}$$

sei. Wir deuten dies so: Wenn (unter den gleichen Umständen wie vorhin) der Wagen schneller schwingen würde als der Kreiselrahmen, so ist Stabilisierung des gedämpft umfallenden Wagens dadurch möglich, daß die Präzession des Kreisels im Verhältnis der Bedingung (19) beschleunigt wird.

Die erforderliche Größe des Schwunges Θ liefert schließlich die letzte Stabilitätsbedingung $\Delta > 0$, für welche man [vgl. (11)] nach kurzer Zwischenrechnung findet

$$L M (A J - B H)^2 - (\Theta^2 + L M)(A M + B L)(H M + J L) > 0$$

oder kürzer

$$(21) \qquad \Theta^2 > L\,|M|\left[1 + \frac{(A J - B H)^2}{a_1 a_3}\right].$$

Natürlich gelten die zunächst für die Systeme Scherl und Schilowsky angesetzten Formeln (15) bis (21) nebst den daraus gezogenen Schlüssen ohne weiteres auch für das System Brennan, wofern man nur B und J gegen C und K vertauscht.

Auf die zahlreichen Vorrichtungen, welche dazu ersonnen worden sind, die künstliche Beschleunigung der Präzession zu besorgen, gehen wir, da sie nur durch Patentschriften bekannt gegeben wurden, jetzt nicht näher ein; doch kommen wir auf eine der geistreichsten später noch zu sprechen.

Einen vielleicht noch tieferen Einblick in das Kräftespiel gewinnen wir, indem wir die Kennziffern ϱ selbst berechnen. Wir tun dies unter der praktisch immer erfüllten Voraussetzung, daß der Schwung so stark ist, daß alle additiv zu Θ^2 tretenden Größen neben Θ^2 vernachlässigt werden können. Je mehr dies der Fall ist, um so genauer darf man, wie nachträgliches Ausrechnen sofort dartut, die Gleichung (14) ersetzen durch die bequemere

$$(a_0 \varrho^2 + a_1 \varrho + \Theta^2)(\Theta^2 \varrho^2 + a_3 \varrho + a_4) = 0,$$

welche sich sofort in zwei quadratische mit angenähert den Wurzeln

$$(22) \qquad \varrho_{1,2} = -\frac{a_3}{2\,\Theta^2} \pm i\,\frac{\sqrt{a_4}}{\Theta}, \qquad \varrho_{3,4} = -\frac{a_1}{2\,a_0} \pm i\,\frac{\Theta}{\sqrt{a_0}}$$

spaltet.

Diese Wurzelpaare gehören zu zwei übereinandergelagerten Teilbewegungen; und zwar handelt es sich um zwei Schwingungen, deren Frequenzen durch die rein imaginären Teile ausgedrückt werden (vgl. S. 212), wogegen die reellen Teile, falls negativ, ein unmittelbares Maß für das Abklingen der Schwingungen darstellen. Die Kennziffern ϱ_1 und ϱ_2 bedeuten eine Bewegung mit niederer Frequenz, die Kennziffern ϱ_3 und ϱ_4 eine solche mit hoher Frequenz. Die erstere werden wir beim Kreisel als die eigentliche Präzession, die letztere als die Nutation anzusprechen haben; beim Wagen reden wir von einer langsamen und einer darübergelagerten raschen Schwingung. Und nun sieht man wieder ganz deutlich, daß, falls L und M beide positiv wären, zwar mit $a_1 > 0$ die Nutation und die kurze Schwingung noch immer gedämpft wären, daß aber dann mit $a_3 < 0$ die Ampli-

tuden der Präzession und der langsamen Schwingung anwachsen
würden, anstatt abzunehmen: der Wagen sowie der Kreisel wären
labil. Umgekehrt würde die Nutation und die kurze Schwingung
sich immer mehr vergrößern, falls von den beiden Zahlen L und M
zwar die eine negativ, die andere aber Null wäre, so daß zwar a_3
positiv, aber a_1 negativ bliebe. Mithin ist neben wirksamer Beschleunigung der Präzession für gute Dämpfung des Wagens
zu sorgen. Und endlich ist es überhaupt unerläßlich, einen gut
durchdachten Ausgleich zu schaffen zwischen den beiden einander
offenbar widerstrebenden Forderungen, daß a_1 und a_3 möglichst stark
positiv werden; denn nur dann klingen beide Teilbewegungen gemäß
(22) rasch genug ab. Auch wird man aus gleichem Grunde einerseits
mit a_0 die Trägheitsmomente A und B tunlichst klein halten und
andererseits mit dem Schwung Θ nicht allzuweit über die von (21)
verlangte untere Grenze hinaufsteigen.

3. Fahrtfehler der Einschienenbahnen. Scheint sonach die Stabilität der geraden, gleichmäßigen Fahrt gesichert, so ist es doch un-
umgänglich notwendig, das Verhalten des Wagens in der Kurve, bei
Geschwindigkeitsänderungen und bei Schienenstößen näher zu untersuchen. Es möge sich zunächst um die Systeme Scherl und Schilowsky handeln (aufrechte Figurenachse). Wir stellen das Moment
der Fliehkräfte, welches den Wagen im Sinne wachsender Winkel φ
umzuwerfen suchen mag, durch ein der rechten Seite der ersten
Gleichung (12) anzuhängendes Glied p dar; desgleichen die Fahrt-
beschleunigungen und Schienenstöße in der Fahrtrichtung durch ein
Glied q auf der rechten Seite der zweiten Gleichung (12) und haben also

$$(23) \qquad \begin{cases} A\,\dfrac{d^2\varphi}{dt^2} + L\,\dfrac{d\varphi}{dt} - H\varphi - \Theta\,\dfrac{d\chi}{dt} = p, \\[2mm] B\,\dfrac{d^2\chi}{dt^2} + M\,\dfrac{d\chi}{dt} - J\chi + \Theta\,\dfrac{d\varphi}{dt} = q. \end{cases}$$

Die rechten Seiten bedeuten den Zwang, der von außen her auf
Wagen und Kreisel ausgeübt wird. Wir dürfen als bekannt voraussetzen, daß die durch einen solchen Zwang eingeleitete Bewegung
sich zusammensetzt aus den Eigenschwingungen des Systems, deren
Frequenzen und Abdämpfungen durch (22) ermittelt sind, und einer
erzwungenen Bewegung im engeren Sinne, die sich aus (23) als partikuläres, die Zwangsglieder p und q enthaltendes Integral ergibt. Auf
dies letztere müssen wir weiterhin unsere Aufmerksamkeit allein
richten, wenn wir es als gesichert ansehen, daß die Eigenschwingungen
bei jeder Störung rasch abklingen.

Wir wenden uns erstens der Kurvenfahrt zu, und zwar wählen wir eine gleichförmig durchfahrene Kreiskurve, nehmen also p unveränderlich und setzen $q = 0$. Ein partikuläres Integral von (23) ist offensichtlich

$$(24) \qquad \varphi = - \frac{p}{H}, \qquad \chi = 0,$$

und dieses hat einen ganz einfachen Sinn. Es verhalten sich nämlich — zufolge ihrer eigentlichen Bedeutung — die Zahlen p und H wie die Fliehkraftbeschleunigung zur Schwerebeschleunigung, und somit stellt der Ausschlag φ (24) die natürliche Schräglage eines Pendels in der Kurve vor, und wir können sagen:

Der Wagen geht bei der Kurvenfahrt gedämpft schwingend in seine natürliche Schräglage; der Kreisel schwingt nach einem anfänglichen Ausschlage gedämpft in seine Ruhestellung zurück.

Diese Einstellung erfolgt nach (22) allerdings um so langsamer, je größer der Schwung Θ gewählt worden ist; denn gerade die Abdämpfung der hierbei maßgebenden langsamen Schwingung ($\varrho_{1,\,2}$) verringert sich mit wachsendem Schwung. Daraus folgt einerseits wieder, daß man die Stabilitätsgrenze (21) nicht zu weit überschreiten soll, andererseits, daß die Kurvenkrümmung von Null an nur ganz allmählich steigen darf und nachher ganz langsam auf Null zurücksinken muß, wofern man vermeiden will, daß die Kurvenfahrt für die Insassen, die doch physiologisch auf die natürliche Schräglage eingestellt sind, unbequem werde.

Was zweitens den Einfluß einer Änderung der Fahrtgeschwindigkeit betrifft, so finden wir mit $p = 0$ und q als fester Zahl die partikulären Integrale

$$(25) \qquad \varphi = 0, \qquad \chi = - \frac{q}{J},$$

entsprechend einer gleichförmig beschleunigten ($p > 0$) oder gleichförmig verzögerten ($p < 0$) Fahrt. Wir deuten dies so:

Beim Anfahren sowie beim Bremsen schwingt der Wagen nach einem kurzen Seitenausschlag gedämpft in die Ruhelage zurück; die Figurenachse des Kreisels geht gedämpft schwingend in eine schräge, einem mitgeführten Pendel zukommende Lage über.

Wenn die Fahrt wieder gleichförmig geworden ist, so geht der Kreisel gedämpft in seine Ruhestellung zurück; der Wagen erleidet dabei wieder einen vorübergehenden, gedämpft abklingenden Seitenausschlag.

Endlich betrachten wir drittens die Einwirkung von Schienenstößen in der Fahrtrichtung (Stöße in Richtung der Hoch- oder Querachse sind offenbar ohne Belang). Wählen wir etwa neben $p = 0$

$$(26) \qquad q = q_0 \sin a t,$$

unter q_0 den Höchstwert und unter a die Frequenz dieser Stöße (= Stoßzahl in 2π Sekunden) verstanden, so werden auch die dem Zwang folgenden partikulären Integrale Funktionen von der Frequenz a sein. Insofern es uns nur auf ihren Wert für sehr großen Schwung ankommt, dürfen wir die zweite Gleichung (23) in erster Annäherung ersetzen durch

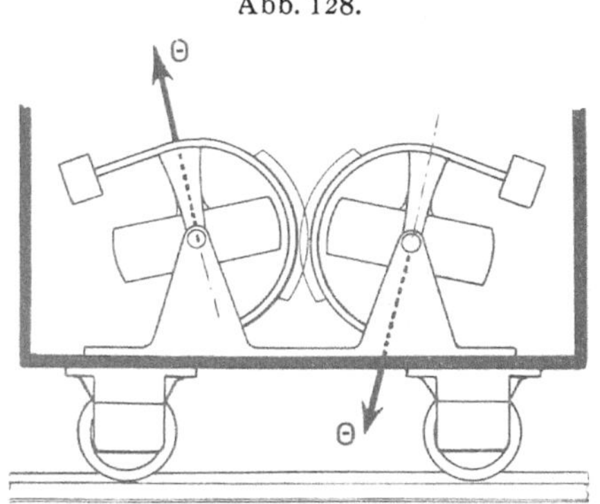

Abb. 128.

$$\Theta \frac{d\varphi}{dt} = q = q_0 \sin a t$$

und haben also angenähert das Integral

$$(27) \qquad \varphi = -\frac{q_0}{a\,\Theta} \cos a t,$$

und dies bedeutet eine mit den Stößen synchrone, ihnen der Phase nach um eine Viertelwelle nachhinkende Rollschwingung von der Amplitude $q_0/a\,\Theta$. Der Wagen gerät infolge periodischer Schienenstöße in Rollschwankungen.

Man kann diese höchst unerwünschte Nebenerscheinung, die namentlich auf Schiene und Unterbau stark abnützend zurückwirken würde, sehr einfach dadurch beseitigen, daß man, wie dies die Erbauer denn auch wirklich getan haben, zwei entgegengesetzt umlaufende Kreisel verwendet, welche so miteinander gekoppelt sind, daß ihre Schwungvektoren immer nur entgegengesetzt gleiche Winkel mit der Hochachse bilden können (Abb. 128). Der zweite Kreisel sucht dann einen Ausschlag

$$(28) \qquad \varphi = +\frac{q_0}{a\,\Theta} \cos a t$$

zu erzeugen, durch welchen (27) gerade aufgehoben wird. Die Schienenstöße äußern sich jetzt nur noch in inneren Spannungen des Rahmens der beiden Kreisel.

Würden wir von den ersten Annäherungen (27) und (28) zur genaueren Lösung übergehen, so blieben noch kleine Wirkungen nach außen übrig, die jedoch in der kleinen Größe $1/\Theta$ quadratisch werden, also praktisch jedenfalls ohne Belang sind.

Sodann wenden wir uns zu dem System Brennan (querliegende Figurenachse). Vor Störungen durch Änderung der Fahrtgeschwindigkeit und durch Schienenstöße sind diese Wagen von vornherein gefeit. Um so stärkeren Gefahren aber sind sie vermutlich in der Kurve ausgesetzt. Rechnen wir die unveränderliche Winkelgeschwindigkeit ω, mit welcher die Kurve durchfahren wird, positiv im Sinne der positiven Präzessionsdrehungen ψ, so müssen wir in den Gleichungen (13) offenbar ψ nun durch $\psi + \omega t$ ersetzen, wofern wir die Azimute ψ des Kreiselrahmens nach wie vor vom Wagen aus beurteilen wollen. Fügen wir noch das Moment p der Fliehkraft hinzu, so treten also an die Stelle von (13) die folgenden Gleichungen:

$$(29) \quad \begin{cases} A\dfrac{d^2\varphi}{dt^2} + L\dfrac{d\varphi}{dt} - H\varphi - \Theta\left(\dfrac{d\psi}{dt} + \omega\right) = p, \\[3mm] C\dfrac{d^2\psi}{dt^2} + N\left(\dfrac{d\psi}{dt} + \omega\right) - K(\psi + \omega t) + \Theta\dfrac{d\varphi}{dt} = 0, \end{cases}$$

und diese haben offensichtlich die partikulären Lösungen

$$(30) \qquad \varphi = -\frac{p}{H}, \qquad \psi = -\omega t,$$

von welchen die erste nur eben wieder besagt, daß sich auch der Brennansche Wagen ganz natürlich in die Kurve legt.

Der zweite Teil der Lösung (30) hingegen drückt aus, daß die Mittellage, um welche die Figurenachse gedämpft schwingt, sich gegen die Querachse des Wagens mit der Geschwindigkeit $-\omega$ dreht, so daß also nach kurzer Zeit, praktisch schon nach weniger als einer halben Wendung der Kreisel als Stabilisator nicht mehr zu gebrauchen wäre.

Die Verwendung eines zweiten gegenläufigen Kreisels ist also unbedingt nötig, und zwar muß er mit dem ersten zwangsmäßig so gekoppelt sein, daß die Schwungachsen immer nur entgegengesetzt gleiche Winkel mit der Querachse bilden können. Dann kann die Kurve ohne weiteres befahren werden.

Wirklich hat nun auch Brennan zwei Kreisel benutzt und für deren Anordnung und Koppelung eine große Zahl von Vorschlägen gemacht, von welchen wir wenigstens einen, der tatsächlichen Ausführung im wesentlichen zugrunde gelegten erwähnen (Abb. 129). Die beiden elektrisch auf 3000 minutliche Umläufe angetriebenen Kreisel (k_1 und k_2) von je 750 kg Gewicht befinden sich in luftleeren Büchsen (b_1 und b_2), welche um lotrechte Achsen drehbar an einem um die Querachse (a) stabil schwingenden Rahmen (r) aufgehängt sind. Ein konisches Zahnradgetriebe (g) sorgt dafür, daß die Figurenachsen stets entgegengesetzte Winkel ψ mit der Querachse (q) bilden. Ein zweites Getriebepaar (g_1 und g_2) überträgt die Eigendrehung der

Kreisel verlangsamt auf zwei Zapfen (z_1 und z_2), welche auf einseitig von der Querachse ausgehenden, am Wagengestell festen Sektoren (s_1 und s_2) nach Art des Kurvenkreisels (§ 7, 3.) abrollen können. Auf anderen, ebenfalls einseitigen Sektoren (s_3 und s_4) gleiten zwei mit den Büchsen (b) verbundene Rollen (r_1 und r_2). Zwischen den Zapfen, den Rollen und den Sektoren sind kleine Spielräume.

Wenn die Schwungvektoren etwa nach außen zeigen, so ist die Wirkungsweise der Kreisel die folgende. Der Wagen möge damit

Abb. 129.

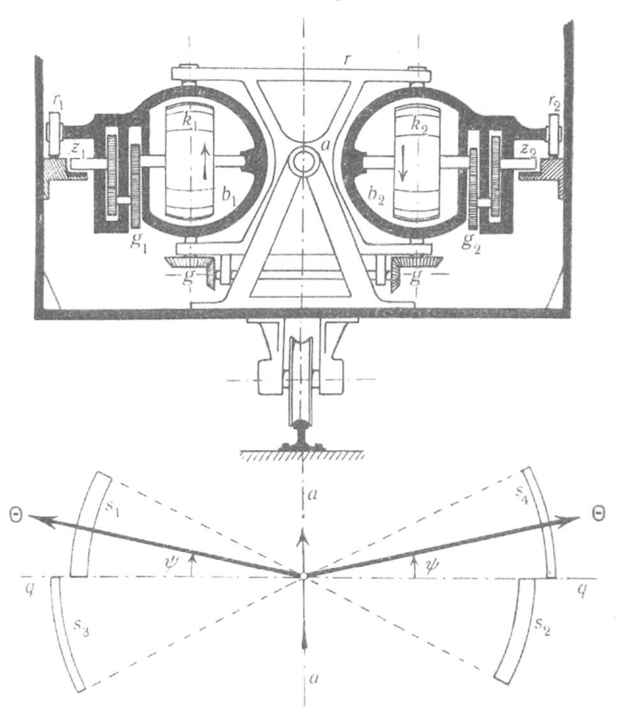

beginnen, sich nach rechts zu neigen. Dann kommt alsbald der Zapfen z_1 mit dem Sektor s_1 in Berührung und die Figurenachse des Kreisels k_1 präzessiert beschleunigt nach vorn und zieht durch Vermittelung des Getriebes g auch die Figurenachse des Kreisels k_2 in die gleiche Richtung. Dabei entstehen heftige linkskippende Kreiselmomente, welche sich über den Sektor s_1 auf den Wagen übertragen und dessen Rechtsneigung nicht nur aufhalten, sondern zur Umkehr bringen. In diesem Augenblick hört die Berührung des Zapfens z_1 mit dem Sektor s_1 und damit auch die beschleunigte Präzession im Drehsinne ψ auf. Alsbald aber preßt sich die Rolle r_2 auf den Sektor s_4, und dadurch werden einesteils die Kreisel im Sinne $-\psi$

in unbeschleunigter, eher durch die Reibung etwas verzögerter Präzession in ihre Nullage zurückgeführt, andernteils wird so das Aufrichten des Wagens verzögert, so daß er im günstigsten Falle in seiner Nullage zur Ruhe kommt. Schwingt er darüber hinaus, so beginnt das Kräftespiel von neuem, jetzt mit den Sektoren s_2 und s_3, sowie dem Zapfen z_2 und der Rolle r_1.

Wie man sieht, ist hier die Beschleunigung der Präzession untrennbar verknüpft mit der Instabilität der Kreisel überhaupt. Inwieweit unsere Gleichungen (13) dann noch gelten, möge dahingestellt bleiben.

Wir begnügen uns mit einer Bemerkung, welche den Energieausgleich des ganzen Systems betrifft. Wären die Dämpfungsglieder L, M, N nicht vorhanden, so könnten die einmal eingeleiteten Schwingungen des Wagens sowohl wie des Kreisels unbegrenzt lange weiter bestehen, ganz in der gleichen Weise wie bei einem reibungslos um seine obere Ruhelage schwingenden aufrechten Kreisel (§ 13, 3.). Nachdem aber zumindest die Bewegung des Wagens ohne Dämpfung nicht möglich ist, wird dem System fortwährend durch die Reibung der Luft und namentlich der Schiene bei allen Rollbewegungen Energie entzogen. Sein Energieinhalt setzt sich aber (abgesehen von der Fortschreitwucht der Fahrt) im wesentlichen zusammen aus der unveränderlichen Drehwucht der Kreisel und aus dem Vorrat der Arbeit, welche gegen die Schwere beim ursprünglichen Aufrichten des Wagens geleistet worden ist. Nur diesem Arbeitsvorrat, der sogenannten Energie der Lage, kann die durch Reibung verlorene Energie entnommen werden; und der Schwerpunkt des Wagens müßte unweigerlich sinken, wenn neue Vorräte nicht von außen zugeführt würden. Bei der Brennanschen Anordnung wird nun in der Tat anläßlich der Beschleunigung der Präzession und durch Vermittelung der Zapfen (z_1 und z_2) auf den Wagen Energie übertragen, und zwar von den Schwungrädern und auf Kosten ihres Eigenschwunges, der dann immer wieder vom Antriebsmotor aufzufüllen ist. Energetisch betrachtet, handelt es sich also bei der Einschienenbahn einfach darum, durch Reibung vernichtete Energie stets sofort von außen her zu ersetzen, damit der Vorrat an Energie der Lage unangetastet bleibe.

§ 23. Dämpfkreisel.

1. **Der Schiffskreisel im Wellengange.** Behalten wir den energetischen Standpunkt noch einen Augenblick lang bei, so läßt der Gedanke der Einschienenbahn eine unmittelbare Umkehrung zu. Der Kreisel ist nicht nur dazu geeignet, den Energieinhalt eines an sich labilen Systems immer so unversehrt zu bewahren, daß das System

seine labile Lage nicht aufzugeben Veranlassung findet; er ist auch
in hohem Maße dazu befähigt,. unerwünschte Bewegungsenergie eines
an sich stabilen Systems aufzuschlucken, um sie dann zu vernichten.
Man kann dies rasch einsehen, wenn man sich bei der Einschienenbahn sowohl den Kreisel wie den Wagen stabil gelagert denkt, den
letzteren also etwa nach Art der Hängebahn (§ 15, 3.). Jede dem Wagen
von außen mitgeteilte Schwingung überträgt sich dann vermöge der
Verkoppelung durch die Kreiselwirkung auch auf den Kreisel, so daß
dieser seinerseits gegen den Wagen zu schwingen anfängt. Indem

Abb. 130.

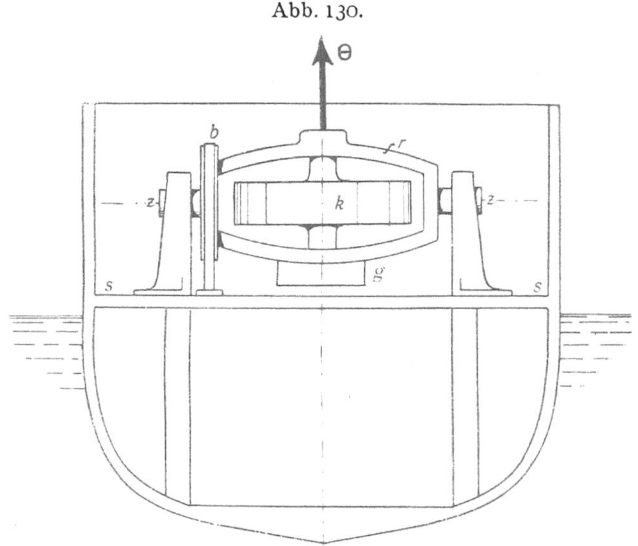

man vom Wagen aus diese Kreiselschwingung abdämpft, vernichtet
man also zugleich einen Teil der dem Wagen ursprünglich mitgeteilten Schwingungsenergie und bringt so mit der Zeit auch dessen
Bewegung zum Abklingen.

In der Tat ist schon oft vorgeschlagen worden, auf diese Weise
Schwingungen durch einen Hilfskreisel zu verhindern oder zu vernichten, beispielsweise bei den Kreiselkompassen. Als Kreiselanwen-
dung größten Stiles ist hier aber vor allem das Verfahren zu nennen,
welches O. Schlick zur Abdämpfung der unangenehmen Rollbewegungen der Schiffe im Seegang ausgedacht und mit großem Erfolg
erprobt hat.

Der Schlicksche Schiffskreisel, mit dessen Theorie wir uns hier
schließlich noch zu befassen haben, läßt sich eng an die Einschienenbahn angliedern, von deren Untersuchung wir soeben kommen. Analytisch haben wir offenbar nichts weiter zu tun, als die Vorzeichen

der destabilisierenden Momente H, J bzw. K des Fahrzeuges und des Kreisels umzukehren; denn weil jedes vernünftig gebaute Schiff stabil ist, so muß, wie wir schon wissen, auch der Kreisel stabil gelagert sein. Es bieten sich dann zwei Möglichkeiten dar, die den Systemen Scherl und Schilowsky einerseits, dem System Brennan andererseits entsprechen, nämlich Anordnung der Figurenachse entweder lotrecht oder querschiffs, jedesmal mit der Freiheit, in einer durch die Längsachse gelegten Ebene stabil zu schwingen.

O. Schlick hat der ersten Anordnung den Vorzug gegeben (Abb. 130). Der etwa mittschiffs liegende, als Dampfturbine angetriebene Kreisel (k) ruht in einem durch ein Übergewicht (g) beschwerten Rahmen (r), der sich um querschiffs gerichtete Zapfen (z) drehen kann, und dessen Schwingungen gegen den Schiffskörper (s) sich entweder durch eine Bandbremse (b) oder auf hydraulischem Wege abdämpfen lassen.

Wir dürfen die Bewegungsgleichungen des Systems ohne weiteres aus § 22 (12), S. 318, herübernehmen und haben für kleine Ausschläge aus der Ruhelage anzusetzen

$$(1) \qquad A\frac{d^2\varphi}{dt^2} + L\frac{d\varphi}{dt} + H\varphi - \Theta\frac{d\chi}{dt} = p,$$

$$(2) \qquad B\frac{d^2\chi}{dt^2} + M\frac{d\chi}{dt} + J\chi + \Theta\frac{d\varphi}{dt} = 0.$$

Und zwar bedeutet dabei φ den Rollwinkel des Schiffes um die Längsachse, χ die Neigung der Figurenachse gegen die Hochachse des Schiffes; A und B sind das Trägheitsmoment des Schiffes um die Längsachse und des Kreisels samt Rahmen um die Querachse durch die Zapfen (z). Ferner sind L und M die Dämpfungszahlen des Schiffes (infolge des Wasserwiderstandes) und des Kreiselrahmens (infolge der Bremsen und der Zapfenreibung); H ist das Produkt des Schiffsgewichtes in die Metazenterhöhe, J ebenso das Produkt des Gewichts von Kreisel und Rahmen in den Abstand ihres Schwerpunktes von der Querachse, unser früheres Stützpunktsmoment. Endlich bedeutet p das vom Wellengang auf das Schiff ausgeübte Moment des Zwanges, welches wir uns als Funktion der Zeit gegeben denken. Hinsichtlich der Vorzeichen wollen wir den Schwungvektor Θ positiv nach oben, die Krängung φ positiv nach Steuerbord (rechts), die Erhebung χ des Kreiselrahmens positiv so rechnen, daß das Übergewicht (g) dabei nach dem Schiffsbug (vorn) ausschwingt.

Wir werden uns nun am besten an den schon bei der Einschienenbahn erprobten Rechnungsgang halten und also zunächst durchweg den Schwung Θ als sehr groß voraussetzen.

Als fest vorgegeben haben wir die Schiffskonstanten A, H und L anzusehen, wogegen die Kreiselkonstanten J und M noch zu unserer Verfügung stehen. Geeignete Regeln für ihre günstigste Größe aufzufinden, wird gerade eine unserer Hauptaufgaben sein, wobei wir übrigens dahingestellt sein lassen, inwieweit der Ansatz $M d\chi/dt$ die wirklichen Bremsvorrichtungen trifft. Die ganze Bewegung sowohl von Schiff wie von Kreisel setzt sich wieder zusammen aus Eigenschwingungen und aus erzwungenen Schwingungen; die ersteren erhalten wir, indem wir in (1) die rechte Seite streichen, die letzteren, indem wir partikuläre Integrale suchen, welche das Zwangsglied p enthalten.

Wir beginnen mit den Eigenschwingungen. Ist der Schwung hinreichend groß, so sind beim Kreisel deutlich eine Präzessionsschwingung und eine Nutationsschwingung, beim Schiff eine langsame und eine rasche Schwingung zu unterscheiden. Setzen wir entsprechend mit § 22 (15), S. 318,

$$(3) \quad \begin{cases} a_0 = AB, & a_4 = HJ, \\ a_1 = AM + BL, & a_3 = HM + JL, \end{cases}$$

so sind die Kennziffern dieser Schwingungen gemäß § 22 (22), S. 320,

$$\varrho_{1,2} = -\frac{a_3}{2\,\Theta^2} + i\,\frac{\sqrt{a_4}}{\Theta}, \qquad \varrho_{3,4} = -\frac{a_1}{2\,a_0} + i\,\frac{\Theta}{\sqrt{a_0}}.$$

Indem wir überlegen, daß die Dämpfungszahl L des Schiffes — Versuche haben dies gezeigt — immer eine recht unbedeutende Größe ist, welche zudem in a_1 und a_3 nur multipliziert mit den gegenüber A und H ebenfalls kleinen Zahlen B und J vorkommt, so werden wir unbedenklich statt (3)

$$a_1 = AM, \quad \cdot \quad a_3 = HM$$

schreiben. Es ist zweckmäßig, die sogleich noch zu erläuternden Abkürzungen

$$(4) \quad \alpha = \sqrt{\frac{H}{A}}, \qquad \beta = \sqrt{\frac{J}{B}}, \qquad m = \frac{M}{B}, \qquad \sigma = \frac{\Theta}{\sqrt{A\,B}}$$

einzuführen, wonach die Kennziffern die Form annehmen

$$(5) \quad \varrho_{1,2} = -\frac{\alpha^2 m}{2\,\sigma^2} + i\,\frac{\alpha\,\beta}{\sigma}, \qquad \varrho_{3,4} = -\frac{m}{2} + i\,\sigma.$$

Die Größen (4) sind sämtlich von der Dimension einer Winkelgeschwindigkeit, und zwar stellen m und σ ein unmittelbares Maß für die Bremsung und für den Schwung dar; α und β aber bedeuten offensichtlich die Frequenzen der ungedämpften Eigenschwingungen des Schiffes und des Kreiselrahmens, wenn der Kreisel nicht läuft

und nicht gebremst ist. Wir wollen diese Schwingungen, um einen
kurzen Ausdruck dafür zu haben, die Pendelschwingungen des
Schiffes und des Kreisels heißen.

Die reellen Teile der Kennziffern (5) messen die Dämpfung der
Schwingungen, die recht groß sein soll; die imaginären sind ihre
Frequenzen, die man möglichst klein haben will. Obwohl wir die
Voraussetzung für die Gültigkeit der Ausdrücke (5), daß nämlich der
Schwung alle anderen Größen stark überwiegen soll, später aus praktischen Gründen ganz erheblich werden einschränken müssen, so
halten wir uns doch für berechtigt, zu schließen: Allzu großer
Schwung des Kreisels ist der Dämpfung der Schiffsschwingungen nicht eben förderlich, wohl aber kräftige Abbremsung
des Kreiselrahmens. Die Frequenzen der Schiffsschwingungen sind bei laufendem Kreisel um so kleiner, je kleiner
die Frequenzen der Pendelschwingungen von Schiff und
Kreisel sind.

Diese Ergebnisse sind zum Teil selbstverständlich: daß mit
wachsendem Schwung das System immer „steifer" wird, ist ebenso
klar, wie daß die Bremsung am Erlöschen der Schwingungen wesentlich beteiligt ist, — unsere vorangestellte energetische Abschätzung
zeigte dies bereits. Auf der anderen Seite muß man freilich mit der
Extrapolation dieser Ergebnisse außerhalb ihres stillschweigend von
uns umgrenzten Gültigkeitsbereichs äußerst vorsichtig sein. Weder
darf man schließen, daß die Dämpfung mit abnehmendem Schwung,
noch daß sie mit wachsender Stärke der Bremsung immer besser
würde. Denn die Formeln (5) haben weder bei kleinem Schwung
Anspruch auf Gültigkeit, noch dann, wenn die Bremsziffer die Größenordnung des Schwungs erreicht. Wir kommen darauf später zurück.

Sodann fragen wir nach den erzwungenen Schwingungen,
welche durch den Seegang hervorgerufen werden, und deren Entstehen
der Kreisel womöglich von vornherein verhindern soll. Das Moment,
welches die periodisch anlaufenden Wellen auf den Schiffskörper ausüben, wird jedenfalls eine periodische Funktion der Zeit sein und
ebenso seine Komponente p um die Längsachse des Schiffes. Ganz
allgemein haben wir uns p etwa durch eine Fouriersche Reihe dargestellt zu denken, d. h. durch eine Summe aus Gliedern von der Form

$$(6) \qquad\qquad p = p_1 \sin \gamma t,$$

wo p_1 und γ den Höchstwert und die Frequenz des Moments bedeuten. In der Regel überwiegt ein einziges Glied von dieser Form
alle anderen zusammen so erheblich, daß schon (6) allein die Wirkung
des Seeganges befriedigend wiedergibt. Es würde uns aber nichts

daran hindern, beliebige Glieder mit anderen Werten p_1 und γ zu (6) hinzuzunehmen; ihre Wirkung würde sich derjenigen von (6) ganz glatt additiv überlagern.

Für die durch den Zwang (6) geweckten Schwingungen, die nun zu den gedämpften Eigenschwingungen (5) des Systems hinzutreten, versuchen wir mit je einer Phasenverschiebung φ_0 und χ_0 die Ansätze

$$(7) \qquad \begin{cases} \varphi = \varphi_1 \sin(\gamma t + \varphi_0), \\ \chi = \chi_1 \sin(\gamma t + \chi_0), \end{cases}$$

unter φ_1 und χ_1 die Amplituden verstanden, deren sofortige Berechnung natürlich unsere wichtigste Aufgabe ist.

Setzen wir vorübergehend

$$\varphi_1 \cos \varphi_0 = a, \qquad \varphi_1 \sin \varphi_0 = b,$$
$$\chi_1 \cos \chi_0 = a', \qquad \chi_1 \sin \chi_0 = b',$$

so werden die Amplituden

$$(8) \qquad \varphi_1 = \sqrt{a^2 + b^2}, \qquad \chi_1 = \sqrt{a'^2 + b'^2},$$

und (7) ist dann gleichbedeutend mit

$$(9) \qquad \begin{cases} \varphi = a \sin \gamma t + b \cos \gamma t, \\ \chi = a' \sin \gamma t + b' \cos \gamma t. \end{cases}$$

Führen wir dies zusammen mit (6) in die Bewegungsgleichungen (1) und (2) ein und streichen wir dort weiterhin die Schiffsdämpfung L, so erhalten wir zwei Gleichungen, die, wenn unser Ansatz (7) richtig sein soll, identisch gelten müssen. Dies ist der Fall, wenn rechts und links je die Koeffizienten von $\sin \gamma t$ und von $\cos \gamma t$ übereinstimmen; und daraus fließen die vier Gleichungen

$$(10) \qquad \begin{cases} a(H - A\gamma^2) + b'\Theta\gamma = p_1, \\ b(H - A\gamma^2) - a'\Theta\gamma = 0, \end{cases}$$

$$(11) \qquad \begin{cases} -b\Theta\gamma + a'(J - B\gamma^2) - b'M\gamma = 0, \\ a\Theta\gamma + a'M\gamma + b'(J - B\gamma^2) = 0. \end{cases}$$

Aus (10) berechnet man

$$(12) \qquad a' = b\frac{H - A\gamma^2}{\Theta\gamma}, \qquad b' = \frac{p_1}{\Theta\gamma} - a\frac{H - A\gamma^2}{\Theta\gamma}$$

und führt dies in (11) ein:

$$(13) \qquad \begin{cases} aM\gamma(H - A\gamma^2) + b[(H - A\gamma^2)(J - B\gamma^2) - \Theta^2\gamma^2] = p_1 M\gamma, \\ a[(H - A\gamma^2)(J - B\gamma^2) - \Theta^2\gamma^2] - bM\gamma(H - A\gamma^2) = p_1(J - B\gamma^2). \end{cases}$$

Quadriert und addiert man diese beiden Gleichungen (wobei sich linkerhand die doppelten Produkte sofort wegheben), so kommt mit (8) das Quadrat der Amplitude

$$\varphi_1^2 = p_1^2 \frac{(J - B\gamma^2)^2 + M^2\gamma^2}{[(H - A\gamma^2)(J - B\gamma^2) - \Theta^2\gamma^2]^2 + M^2\gamma^2(H - A\gamma^2)^2}$$

oder mit den Abkürzungen (4)

$$(14) \qquad \varphi_1^2 = \frac{p_1^2}{A^2} \frac{(\beta^2 - \gamma^2)^2 + m^2\gamma^2}{[(\alpha^2 - \gamma^2)(\beta^2 - \gamma^2) - \sigma^2\gamma^2]^2 + m^2\gamma^2(\alpha^2 - \gamma^2)^2}.$$

Beschränken wir uns vorläufig immer noch auf große Werte des Schwunges, also auf große Zahlen σ, und lassen den offenbar ganz ungefährlichen Fall sehr kleiner oder sehr großer Zwangsfrequenzen γ beiseite, so kommt statt (14) wesentlich kürzer

$$(15) \qquad \varphi_1 = \frac{p_1}{A\,\sigma^2\gamma^2} \sqrt{(\beta^2 - \gamma^2)^2 + m^2\gamma^2}.$$

Weil zufolge (13) a und b von der Größenordnung p_1/Θ^2 sind, so dürfen wir folgerichtig in (12) sowohl a', wie das zweite Glied von b' als von der Ordnung p_1/Θ^3 weglassen und also für die Amplitude der Kreiselschwingungen setzen

$$(16) \qquad \chi_1 = \frac{p_1}{\Theta\gamma}.$$

Wir mögen aus (15) und (16) schließen: **Die Wirkung des Seeganges auf das Schiff (und auf den Kreisel) ist um so geringer, je größer der Schwung des Kreisels und je schwächer seine Bremsung gewählt wird, und außerdem je genauer seine ungebremste Pendelschwingung mit den Wellen in Resonanz wäre.**

Das alles sind Forderungen, welche den vorhin (S. 330) anläßlich der Dämpfung der Eigenschwingungen aufgestellten Leitsätzen vollkommen widersprechen, aber ebenso verständlich sind wie jene: den äußeren Störungen gegenüber sollte das System gerade recht „steif" sein und seine (durch die Bremsung beeinträchtigte) Freiheit möglichst vollkommen besitzen.

Der Kreisel soll mithin zwei Aufgaben erfüllen — einerseits Dämpfung der Schiffsschwingungen, andererseits Verhinderung solcher Schwingungen —, zwei Aufgaben, denen er zwar einzeln gewachsen ist, die er aber sozusagen nur in verschiedenen Kampfstellungen bewältigen kann: die erste nämlich — die Dämpfung — nur mit mäßigem Schwung und starker Bremsung, die zweite — die Verhinderung von Schwingungen — nur mit großem Schwung und schwacher Bremsung.

In Wirklichkeit wird hier ein sorgfältig abgewogener Ausgleich am Platze sein, und wir müssen vor allem entscheiden, inwieweit ein solcher Mittelweg Aussicht auf Erfolg haben mag.

2. Günstigste Wahl von Schwung und Bremsung. Man kann den erstrebten Ausgleich entweder dadurch versuchen, daß man Schwung sowohl wie Bremsung auf ein gewisses Mittelmaß beschränkt, oder dadurch, daß man dem einen mehr die Verhinderung, dem anderen mehr die Abdämpfung der Schiffsschwingungen überträgt. Der zuletzt genannte Weg ist entschieden vorzuziehen, und wir verfolgen ihn jetzt.

Indem wir dem möglichst groß gewählten Schwung die Aufgabe zuweisen, erzwungene Schiffsschwingungen möglichst zu verhindern, haben wir zweierlei nachzuprüfen: erstens wie stark die Bremsung sein muß, damit die Eigenschwingungen immer noch hinreichend gut abgedämpft werden, und zweitens, ob bei so starker Bremsung der Schwung immer noch dem Zwang der Wellen gewachsen ist. Hierbei wird es nötig sein, daß wir auf die (abgesehen von der vernachlässigbaren Schiffsdämpfung L) streng gültigen Formeln (1), (2) und (14) zurückgreifen.

Was zunächst die Eigenschwingungen von Schiff und Kreisel betrifft, so folgt aus (1) und (2) mit $p = 0$ (und $L = 0$) auf wiederholt beschrittenem Wege (vgl. S. 314) die Gleichung für die Kennziffern ϱ

$$(A\varrho^2 + H)(B\varrho^2 + M\varrho + J) + \Theta^2\varrho^2 = 0$$

oder mit den Abkürzungen (4)

$$(17) \qquad (\varrho^2 + \alpha^2)(\varrho^2 + m\varrho + \beta^2) + \sigma^2\varrho^2 = 0;$$

und daraus würden sich die Kennziffern ϱ in jedem Falle genauer als durch die Formeln (5) berechnen lassen.

Diese Berechnung durchzuführen, kann hier nicht unsere Absicht sein; wir wollen lediglich wissen, unter welchen Umständen, d. h. bei welchen Parameterwerten m, β und σ diese Kennziffern ihre vorteilhaftesten Werte annehmen.

Vor allem werden wir danach fragen, ob es nicht möglich ist, die sämtlichen Eigenschwingungen in aperiodisch gedämpfte Bewegungen umzuwandeln. Dazu ist nötig, daß die Kennziffern ϱ alle reell negativ werden. Wir hätten dann, den vier Wurzeln ϱ von (17) entsprechend, vier übereinander gelagerte partikuläre Lösungen von aperiodischem Gepräge, und die Dämpfung der Gesamtbewegung würde sich dabei im allgemeinen offensichtlich nach der am schwächsten gedämpften von den vier Partikularbewegungen richten. Infolgedessen ist es sicher am vorteilhaftesten, dafür zu sorgen, daß alle vier Kennziffern ϱ gleich stark negativ reell werden.

Die Bedingungen, bei welchen dies eintritt, werden wir unter der alle folgenden Rechnungen außerordentlich erleichternden Voraussetzung aufsuchen, daß

$$(18) \qquad \beta^2 = \alpha^2,$$

also die Frequenz der Pendelschwingung des Kreisels gleich derjenigen des Schiffes sei. Begründet ist diese Voraussetzung einerseits dadurch, daß man, wie wir bereits erkannt haben, β^2 möglichst klein wählt, daß man aber andererseits nicht wesentlich unter den Wert α^2 hinabkommt, insofern der Kreisel gegenüber der immer sehr erheblichen Zapfenreibung seines Rahmens doch mit einem hinreichend starken, die lotrechte Ruhelage der Figurenachse verbürgenden Übergewicht versehen sein muß.

Jetzt sind die gesuchten Bedingungen die folgenden

$$(19) \qquad m = 4\,\alpha, \qquad \sigma^2 = 4\,\alpha^2.$$

In der Tat, wenn wir diese Werte zusammen mit (18) in (17) einfügen, so kommt dort kurz

$$(\varrho + \alpha)^4 = 0$$

mit den vier gleichen, negativen Wurzeln

$$(20) \qquad \varrho_{1,2,3,4} = -\,\alpha.$$

Da die Frequenz α der Schiffspendelungen (also die Zahl dieser Schwingungen in $2\,\pi$ Sekunden) in der Regel mindestens etwa gleich 1 ist, so wird also die Partialbewegung

$$\varphi = a\,e^{-\alpha t}$$

schon nach höchstens

$$t = \log \operatorname{nat} 2 \approx 0{,}7 \operatorname{sek}$$

auf die Hälfte ihres Ausschlages herabgedämpft.

Der Wert $\sigma^2 = 4\,\alpha^2$ von (19) kann praktisch bei sorgfältiger Bauart und gutem Antrieb des Kreisels nicht nur erreicht, sondern sogar wesentlich überschritten werden — man vermag σ^2 zu steigern bis zu etwa $10\,\mathrm{sek}^{-2}$ —; und da wir nun übereingekommen waren, zur Behinderung der nachher zu besprechenden erzwungenen Schwingungen σ^2 so groß als irgend technisch möglich zu nehmen, so möchten wir gerne wissen, welchen Wert der Bremsziffer m wir diesem gesteigerten σ^2 zuordnen sollen.

Erstens wollen wir die Kennziffern ϱ nach wie vor reell negativ haben; zweitens suchen wir es zu erreichen, daß die vier Wurzeln ϱ, nachdem sie jetzt allerdings nicht mehr alle gleich sein können, doch wenigstens paarweise zusammenfallen. Dies beides trifft ein unter der Bedingung

$$(21) \qquad m = 2\,|\sigma|,$$

die schon durch (19) erfüllt war, und (17) überführt in

(22) $$(\varrho^2 + \varrho\,|\sigma| + a^2)^2 = 0$$

mit den paarweise gleichen Wurzeln

(23)
$$\begin{cases} \varrho_{1,2} = -\dfrac{|\sigma|}{2}\Big(1 - \sqrt{1 - \dfrac{4\,a^2}{\sigma^2}}\,\Big), \\[2ex] \varrho_{3,4} = -\dfrac{|\sigma|}{2}\Big(1 + \sqrt{1 - \dfrac{4\,a^2}{\sigma^2}}\,\Big). \end{cases}$$

Diese sind nur so lange reell negativ, als

(24) $$\sigma^2 > 4\,a^2$$

bleibt. Je höher freilich σ^2 über $4\,a^2$ hinaussteigt, um so mehr sinkt der absolute Betrag des absolut genommen kleineren Wurzelpaares $\varrho_{1,2}$ unter seinen besten Wert, nämlich a von (20). Und gerade die zu den Kennziffern $\varrho_{1,2}$ gehörenden Partialbewegungen sind die wichtigeren; die Kennziffern $\varrho_{1,2}$ gehen nämlich für viel kleinere m-Werte, als sie (21) vorschreibt, in die Kennziffern $\varrho_{1,2}$ (5) der langsamen Schiffsschwingung über.

Es ist jetzt vollends leicht einzusehen, daß die Vorschrift (21) für m unter der Bedingung (24) auch zugleich den günstigsten Wert von m ergibt. Ersetzen wir sie nämlich durch

$$m = 2\,|\sigma| + x,$$

unter x einen sehr kleinen positiven oder negativen echten Bruch verstanden, so kommt statt (22)

$$(\varrho^2 + \varrho\,|\sigma| + a^2)^2 + x\,\varrho\,(\varrho^2 + a^2) = 0.$$

Ist hier x negativ, so kann ϱ nicht mehr negativ reell sein, weil sonst die linke Seite aus zwei positiven Gliedern bestünde, deren Summe niemals verschwindet. Ist jedoch x positiv, so bleibt allerdings ϱ zunächst noch negativ reell; das zweite Glied stellt eine negative Zahl $-\varepsilon^2$ dar, die so nahe an Null liegt, wie wir nur wollen, und die Gleichung zerspaltet sich in

$$(\varrho^2 + \varrho\,|\sigma| + a^2 - \varepsilon)(\varrho^2 + \varrho\,|\sigma| + a^2 + \varepsilon) = 0,$$

wo wir ε positiv ansehen dürfen. Die Wurzeln sind in erster Näherung

$$\varrho'_{1,2,3,4} = -\frac{|\sigma|}{2}\Big(1 \mp \sqrt{1 - \frac{4\,(a^2 + \varepsilon)}{\sigma^2}}\,\Big)$$

und liegen offensichtlich je ein wenig über und ein wenig unter den Wurzelwerten (23); diese Doppelwurzeln werden durch einen kleinen positiven Bruch x mithin zerspalten: je zwei rücken von der Null etwas ab, je zwei nähern sich der Null etwas und verringern so die Dämpfung.

Wir fassen zusammen: Steigert man den Schwung so weit als möglich [jedenfalls über die Grenze (24)], so ist die günstigste Bremszahl m immer doppelt so groß als die Schwungzahl (6).

Mit dem so gewonnenen Werte m prüfen wir sodann noch die erzwungenen Schwingungen nach, indem wir auf den Ausdruck (14) für deren Amplitudenquadrat zurückgehen. Wir erhalten mit (18) und (21)

$$\frac{A\,\varphi_1}{p_1} = \frac{\sqrt{(a^2 - \gamma^2)^2 + 4\,\sigma^2\gamma^2}}{(a^2 - \gamma^2)^2 + \sigma^2\gamma^2}.$$

Man gewinnt am raschesten einen Überblick, wenn man den Ausdruck $A\,\varphi_1/p_1$ als Ordinate über den Abszissen γ^2 aufträgt oder noch besser die Koordinaten

$$(25) \qquad x = \frac{\gamma^2}{a^2}, \qquad y = a^2\,\frac{A\,\varphi_1}{p_1}$$

wählt und also die Kurve

$$(26) \qquad y = \frac{\sqrt{(1 - x)^2 + 4\,x\,\dfrac{\sigma^2}{a^2}}}{(1 - x)^2 + x\,\dfrac{\sigma^2}{a^2}}$$

aufzeichnet. Dies ist in Abb. 131 für drei Parameterwerte σ^2 geschehen, nämlich für den technisch in der Regel noch zu erreichenden hohen Wert $\sigma^2 = 20\,a^2$, sodann für den unteren Grenzwert $\sigma^2 = 4\,a^2$ [vgl. (24)], und endlich für den Fall

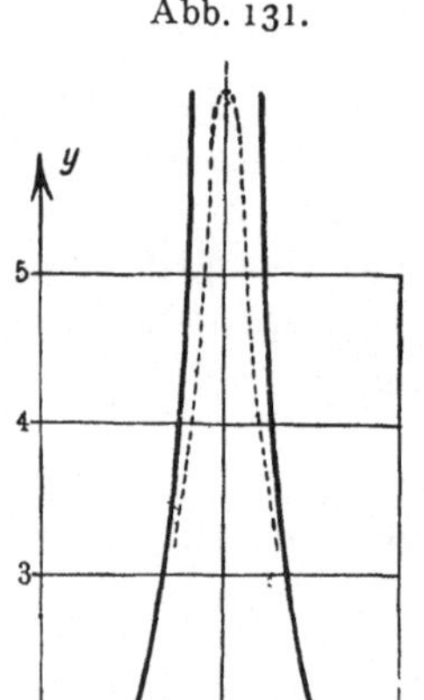

Abb. 131.

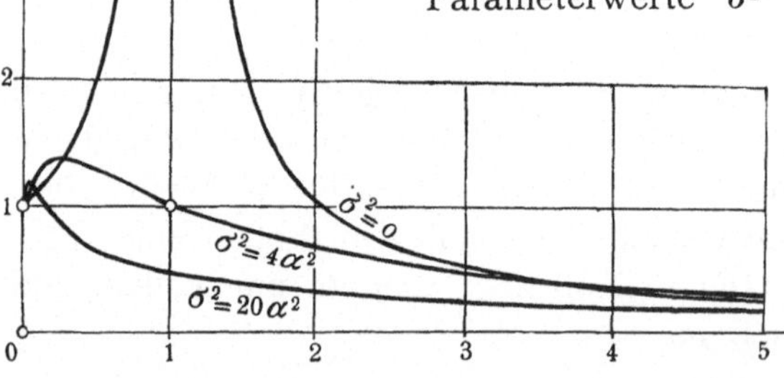

$\sigma^2 = 0$ des stillstehenden Kreisels. Hierbei entspricht der Abszisse $x = 1$ die Resonanz der Schiffspendelung mit dem Wellengang. Ohne Kreisel steigt dort die Amplitude zu sehr hohen Beträgen an, die allerdings, nicht wie in unserer Kurve unbegrenzt groß sind, sondern infolge der doch vorhandenen natürlichen Dämpfung (L) etwa den gestrichelt angedeuteten Verlauf haben werden. Und nun sieht man ganz klar, daß der Kreisel zwar bei den an sich ungefährlichen Wellen mit sehr kleiner und mit sehr großer Frequenz ohne Vorteil ist, ja sogar mitunter leicht schädlich sein kann, daß er aber

gerade im gefährlichen Gebiet der Resonanz zwischen Schiffspendelung und Wellenschwingung seine günstige Wirkung
voll entfaltet.

Es gelingt in Wirklichkeit, die Amplituden durch den Kreisel
im Falle der Resonanz, auch bei heftigem Seegange, etwa auf den
dreißigsten Teil herabzudrücken, ohne daß dabei der Ausschlag (16)
des Kreiselrahmens einen zulässigen Betrag überschreitet.

Beispielsweise bei den Versuchen, welche O. Schlick selbst mit dem Dampfer
„Silvana" angestellt hat, lagen die folgenden Zahlen vor. Aus der Wasserverdrängung
von 900 000 kg und der Metazenterhöhe 0,4 m ergibt sich zunächst

$$H = 360\,000 \text{ mkg}.$$

Aus der beobachteten Schiffspendelung von

$$t_0 = 8{,}6 \text{ sek}$$

Dauer folgt weiter die Pendelungsfrequenz

$$a = \frac{\pi}{t_0} = 0{,}73 \text{ sek}^{-1}$$

und dann das Trägheitsmoment des Schiffes

$$A = \frac{H}{a^2} = 680\,000 \text{ mkgsek}^2.$$

Für den Kreisel war bei einem Gewicht des Schwungrades von etwa 4200 kg das
axiale Trägheitsmoment zu 175 mkgsek² zu schätzen, woraus bei 1800 minutlichen
Umläufen und mit dem Trägheitsmoment um die Zapfenachse

$$B = 150 \text{ mkgsek}^2$$

die Schwungzahl sich zu

$$\sigma^2 = 10{,}7 \text{ sek}^{-2} = 2c\,a^2$$

ermittelt (vgl. Abb. 131).

Demzufolge war es geboten,

$$m = 6{,}5 \text{ sek}^{-1}$$

zu wählen; und dem entspricht eine Bremsziffer

$$M = mB = 980 \text{ mkgsek},$$

welche leicht zu erreichen war und in der Tat die erwartete gute Wirkung augenblicklich erzielte.

Wir könnten hier endlich noch verschiedene Bemerkungen an-
fügen, welche gelegentlich schon bei früher besprochenen Kreiseln
ausführlicher von uns durchgedacht worden sind und sich ohne jede
Schwierigkeit ganz von selbst hierher übertragen.

Vor allem wäre es angebracht, bei einem so schweren Kreisel,
wie er zur Erreichung eines hohen Schwunges nun einmal nötig ist,
auch die elastische Nachgiebigkeit der Aufhängung zu berücksichtigen,
etwa in der Weise, wie in § 18, 4., S. 250, anläßlich des Föpplschen
Kreisels entwickelt worden ist. Das Ergebnis würde sein, daß die
Wirkung des Kreisels dadurch ein wenig herabgesetzt wird.

Ferner hat man zu beachten, daß — ähnlich wie bei der Einschienenbahn — die bislang nicht weiter berücksichtigten Stampf-

bewegungen des Schiffes um die Querachse durch die Vermittelung des Kreisels entsprechende Rollbewegungen hervorrufen müssen und umgekehrt die Abbremsung des Rahmens auch wieder auf die Stampfschwingungen zurückwirken muß. Berechnet man diese Verkoppelung, so zeigt sich jedoch glücklicherweise, daß die Störungen nahezu unmerklich klein sind, — was ja bei der niederen Frequenz der Stampfschwingungen und dem außerordentlich großen Trägheitsmoment des Schiffes um seine Querachse von vornherein eigentlich zu vermuten stand. Wie bei der Einschienenbahn des Systems Scherl auseinandergesetzt worden ist, könnte man, soweit dies überhaupt noch nötig wäre, auch hier völlige Abhilfe durch Verwendung zweier gegenläufiger Kreisel mit zwangläufiger Verbindung schaffen. Ebenso könnte man natürlich daran denken, auch die dem System Brennan entsprechende Anordnung mit wagerechten Figurenachsen zu versuchen. Wesentliche Verbesserungen werden aber so doch wohl kaum mehr zu erzwingen sein.

3. Zwang auf den Kreiselrahmen. Indessen möchten wir zum Schluß noch die wiederholt aufgeworfenen Frage nachprüfen, ob es zweckmäßig wäre, die Bremsung zu ersetzen durch eine den Kreiselrahmen willkürlich steuernde Hilfsmaschine. Die teilweise unerwünschte Wirkung der Bremse rührt ja offenbar nur davon her, daß die Bremsung starr schematisch, sozusagen ohne Überlegung arbeitet. Eine Hilfsmaschine dagegen müßte aus dem Kreisel doch wohl einen viel schmiegsameren Stabilisator machen, der sich den mannigfaltig veränderlichen äußeren Einflüssen besser anpassen könnte.

Das Moment des Zwanges, welcher solchermaßen auf den Kreiselrahmen ausgeübt würde, drückt sich durch ein Glied q auf der rechten Seite der Gleichung (2), S. 328, aus. Und nun behaupten wir, daß die Wirkung eines Wellenzuges mit dem Rollmoment (6), nämlich

$$(27) \qquad\qquad p = p_1 \sin \gamma t$$

vollständig vernichtet werden kann, wenn man

$$(28) \qquad\qquad q = q_1 \cos \gamma t$$

wählt und die Zahl q_1 noch geeignet bestimmt.

In der Tat, wiederholen wir die Rechnung, welche uns von (8) über (9) bis (13) zu der Amplitude φ_1 in (14), S. 332, führte, so ist lediglich in der zweiten Gleichung (11) rechter Hand die Zahl q_1 zuzufügen und gleichzeitig überall M fortzustreichen (die Zapfenreibung wird von der Hilfsmaschine leicht überwunden). Dann ändern sich die Gleichungen (13) um in

$$b = 0,$$
$$a\,[(H - A\gamma^2)(J - B\gamma^2) - \Theta^2\gamma^2] = p_1\,(J - B\gamma^2) - q_1\,\Theta\,\gamma,$$

so daß mit a auch die Amplitude φ_1 selbst verschwindet, wenn

$$\eta_1 = p_1 \frac{J - B\gamma^2}{\Theta\gamma}$$

genommen worden ist.

Nachdem der Kreiselrahmen zwangsmäßig gesteuert ist, entfällt übrigens jeder Grund dafür, ihn auch noch durch ein Übergewicht zu belasten, und so wollen wir $J = 0$ setzen und haben dann

$$(29) \qquad q = - p_1 \frac{B\gamma}{\Theta} \cos \gamma t.$$

Es handelt sich mithin um ein Zwangsmoment auf den Kreiselrahmen, das mit dem Moment des Seeganges synchron schwingt, jedoch um eine Viertelswelle nachhinkend, und zwar mit einem Höchstwerte, der sich zum Höchstwert des Wellenmomentes ungefähr wie die Frequenz γ der Wellen zur Eigendrehgeschwindigkeit ν des Kreisels verhält. Es wird nämlich das axiale Trägheitsmoment des Kreisels etwa so groß wie B sein, also $\Theta \approx B\nu$. Bei hinreichend rascher Eigendrehung ν ist ein solches Moment ganz leicht zu erzeugen.

Der Ausschlag des Kreiselrahmens berechnet sich dann aus (9) und (12), S. 331, mit $a = b = 0$ zu

$$(30) \qquad \chi = \frac{p_1}{\Theta\gamma} \cos \gamma t;$$

er besitzt also die frühere Amplitude (16), wie sie durch Bremsung auch entstehen konnte.

Im allgemeinen Falle

$$(31) \qquad p = \sum_{1}^{\infty} \dot{p}_n \sin n\gamma t$$

einer nicht rein harmonischen Welle folgt natürlich statt (29) und (30) auf gleichem Wege

$$(32) \qquad q = - \frac{B\gamma}{\Theta} \sum_{1}^{\infty} n p_n \cos n\gamma t = - \frac{B}{\Theta} \frac{dp}{dt},$$

$$(33) \qquad \chi = \frac{1}{\Theta\gamma} \sum_{1}^{\infty} \frac{p_n}{n} \cos n\gamma t = - \frac{1}{\Theta} \int p\, dt.$$

Hier ist γ die Frequenz der Hauptwelle, welcher schwächere Nebenwellen überlagert sind.

Man hat vorgeschlagen, die durch (32) geforderte Steuerung der Hilfsmaschine dadurch einzuleiten, daß an der Schiffswand tastende Membranen den Wellendruck aufnehmen. Durch ein selbsttätiges Integrationsverfahren müßte das resultierende Moment p bestimmt werden und daraus, wieder selbsttätig, die zeitliche Ableitung dp/dt.

Daß eine Vorrichtung, wie wir sie hier ins Auge gefaßt haben, die Schiffsschwingungen auf die vollkommenste Weise verhüten würde, unterliegt keinem Zweifel; leider scheinen die Schwierigkeiten, die sich der Durchführung dieses Gedankens entgegenstellen, außerordentlich groß.

Überhaupt darf nicht verschwiegen werden, daß nach anfänglich glänzenden Erfolgen die Weiterentwickelung des Schiffskreisels vor einem unerwarteten Hemmnis stehen blieb, begründet in der gefährlichen Beanspruchung des Schiffsverbandes eben durch die großen Kreiselwirkungen. So mußte bei dem eigens mit einem Kreisel ausgestatteten Danziger Dampfer „Hela“ die Einrichtung bei schwerem Seegang ausgeschaltet und später ganz entfernt werden; und von weiteren Versuchen ist uns hinfort nichts mehr bekannt geworden. Man könnte daran denken, den Kreisel wenigstens in sehr stark gebauten Schiffen zur Lösung von Sonderaufgaben heranzuziehen, namentlich in der zuletzt vorgeschlagenen Form, welche natürlich erlaubt, Schiffsschwingungen durch rhythmische Bewegung des Kreiselrahmens auch künstlich zu erzeugen. So hat E. A. Sperry gelegentlich angeregt, auf diese Weise das Einfrieren von Schiffen hintanzuhalten oder eingefrorene Schiffe aus dem Eise zu befreien.

Auf alle Fälle aber, und unabhängig von dem weiteren Erfolg, wird der Schiffskreisel in der Geschichte der Technik immer bewertet werden müssen als einer der geistreichsten Versuche, gewaltige Naturkräfte mit den Gesetzen der Mechanik zu bemeistern.

Anhang.

Literarische Anmerkungen.

Die vier grundlegenden Werke der Kreiselliteratur sind:

L. Euler, Theoria motus corporum solidorum seu rigidorum, Rostock und Greifswald 1765 (auch deutsch von J. Ph. Wolfers, Greifswald 1853).

J. L. Lagrange, Mécanique analytique, Paris 1788, 4. Aufl. 1888/89 (auch deutsch von F. W. A. Murhard, Göttingen 1797, sowie von H. Servus, Berlin 1887).

L. Poinsot, Théorie nouvelle de la rotation des corps, Paris 1834 (auch deutsch von K. H. Schellbach, Berlin 1851).

F. Klein und A. Sommerfeld, Über die Theorie des Kreisels, Leipzig 1897/1910.

Eine vollständige Bibliographie der elementaren Kreiseltheorie bis Ende 1905 findet man im 4. Band der Encyklopädie der mathematischen Wissenschaften, 1. Teilband, Art. 6: P. Stäckel, Elementare Dynamik der Punktsysteme und starren Körper; sowie bis 1912 fortgesetzt in dem Buche von E. W. Bogaert; L'effet gyrostatique et ses applications, Brüssel-Paris 1912. Über die verwickelteren Teile der Kreiseltheorie soll künftig Art. 13 des 4. Bandes der Encyklopädie der mathematischen Wissenschaften (P. Stäckel) berichten. In besonderen Fällen wird man auch noch die seit 1868 jährlich erscheinenden Jahrbücher über die Fortschritte der Mathematik, Berlin, zu Rate ziehen, in welchen alle einschlägigen Veröffentlichungen (abgesehen etwa von den in technischen Zeitschriften erschienenen) mit Inhaltsangabe aufgezählt sind.

Die Theorie des Kreisels wird in den meisten Lehrbüchern der analytischen und der technischen Mechanik behandelt. Auch an elementaren Darstellungen ist kein Mangel. Außer einer Reihe von Aufsätzen von M. Koppe in den Bänden 4 bis 9 (1890—96) der Zeitschr. f. d. phys. u. chem. Unterricht erwähnen wir nur das eigenartige Buch von H. Crabtree, An elementary treatment of the theory of spinning tops and gyroscopic motion, London 1909; sowie das allerdings nicht allenthalben einwandfreie Büchlein von J. Perry, deutsch von A. Walzel, Drehkreisel, Leipzig 1904.

Zu § 1. Die hier entwickelten Gedankengänge rühren zum Teil her von A. Föppl, Zeitschr. f. Math. u. Phys. **48**, 272 (1903). Das Poinsotsche Bild der Bewegung findet sich in Poinsots oben angeführter Schrift [abgedruckt in Liouvilles Journ. de math. (1) **16**, 9 u. 289 (1851)]. Ein anderes, ebenfalls anschauliches und zum Poinsotschen duales Bild hat J. Mac Cullagh (vgl. Collected works, Dublin 1880, S. 239) erdacht. Vorrichtungen zur Verfolgung auch des zeitlichen Verlaufs finden sich schon bei Poinsot, dann bei J. Sylvester, London math. soc. Proc. 1866, Nr. 6, S. 3; man sehe auch L. Boltzmann, Vorlesungen über die Prinzipe der Mechanik, Teil II, Leipzig 1904, S. 74.

Zu § 2. Eine ausführliche Formelsammlung für die Trägheitsmomente vieler Körper findet man beispielsweise in dem auch sonst sehr empfehlenswerten Buche von E. J. Routh, Dynamics of a system of rigid bodies, London 1905 (auch deutsch von A. Schepp, Leipzig 1898), 1. Band, Art. 5 ff. Die elegante Methode für das Massen-

ellipsoid geht zurück auf Hearn, Cambridge and Dublin math. journ. **8**, 37 (1853).
Über anderweitige Untersuchung der Trägheitsmomente vgl. R. Mayr, Zeitschr. f.
Math. u. Phys. **47**, 479 (1902).

Zu § 3. Die Konstruktion des Drehvektors aus dem Schwungvektor hat
E. Stübler, Zeitschr. f. Math. u. Phys. **54**, 225 (1907) angegeben. Von den zahlreichen Modellen, die das Abrollen der Polhodie auf der Herpolhodie veranschaulichen
(vgl. Encykl. d. math. Wiss., IV', S. 612 f.), seien nur diejenigen von H. Graßmann d. J.,
Zeitschr. f. Math. u. Phys. **48**, 329 (1903) genannt. Die Bewegung selbst läßt sich
am besten entweder beim Kreisel von J. C. Maxwell (vgl. A. G. Webster, The
dynamics of particles etc., Leipzig 1912, S. 268, oder M. Winkelmann, Zur Theorie
des Maxwellschen Kreisels, Diss. Göttingen 1904) oder beim Kreisel von L. Prandtl
[vgl. F. Pfeiffer, Zeitschr. f. Math. u. Phys. **60**, 337 (1912)] verfolgen.

Zu § 5. L. Euler hat die nach ihm benannten äußerst wichtigen Gleichungen
im Jahre 1758 veröffentlicht (Berlin Mém. année 1758, S. 154), aber erst P. Saint-
Guilhem [Liouvilles Journ. de math. (1) **16**, 347 (1851); sowie ebenda **19**, 346 (1854)]
und unabhängig von ihm auch H. B. Hayward [Cambridge phil. soc. transactions
10¹, 1 (1858)] haben die außerordentlich einfache kinematische Bedeutung dieser
Gleichungen erkannt. Unser Integrationsverfahren folgt G. Kirchhoff, Vorlesungen
über math. Physik, 1. Band: Mechanik, 4. Aufl., Leipzig 1897, 7. Vorlesung. Andere
mathematisch elegantere Darstellungen der Integrale durch sogenannte ϑ-Funktionen
erfordern sehr viel weiter gehende Vorkenntnisse aus der Theorie der elliptischen
Funktionen, als wir sie hier voraussetzen; eine vorzügliche Einführung in diese
Theorie findet man bei F. Klein und A. Sommerfeld, a. a. O., Kap. VI. Die ele-
mentarsten Eigenschaften der Jacobischen und der Hyperbelfunktionen sowie die
zugehörigen Tafeln sind zusammengestellt bei E. Jahnke und F. Emde, Funktionen-
tafeln mit Formeln und Kurven, Leipzig und Berlin 1909.

Daß die Herpolhodiekurven ihren Namen eigentlich nicht verdienen, d. h. sich
nicht „schlängeln", hat zuerst W. Hess, Math. Annalen **27**, 465 u. 568 (1886), erkannt;
der von uns gegebene kinematische Beweis rührt her von G. Manoury, Bull. des
sciences math. (2) **19**¹, 282 (1895); ähnliche Beweise gaben L. Lecornu, Bull. math.
de France **34**, 40 (1906), und viele andere.

Zu § 6. Der von L. Foucault, Comptes rendus **35**, 602 (1852) geprägte
Ausdruck „tendance des rotations au parallélisme" geht der Sache nach schon auf
J. G. F. Bohnenberger, Gilb. Ann. **60**, 60 (1817), zurück.

Zu § 7. Die Berechnung des Kreiselmomentes wird von den Autoren in der
Regel nur für den symmetrischen Kreisel und auf wesentlich weitläufigere Weise
durchgeführt; man vgl. z. B. H. Scheffler, Imaginäre Arbeit usw., Leipzig 1866.
Über das Kreiselmoment des unsymmetrischen Kreisels sehe man R. Grammel,
Mathem. Zeitschr. **6**, 124 (1920).

Der Kurvenkreisel (vgl. G. Sire, Mém. de la soc. d'émulation du Doubs, 1861)
ist besonders ausführlich von D. Bobylew, Zeitschr. f. Math. u. Phys. **47**, 354 (1902),
behandelt worden. Man sehe aber auch M. Koppe, Zeitschr. f. phys. u. chem. Unterr.
4, 80 (1890), sowie R. Grammel, Zeitschr. d. Ver. d. Ing. 1917, S. 572.

Zu § 8. Wir folgen hier teilweise den Entwickelungen von F. Klein und
A. Sommerfeld, a. a. O. S. 584; merkwürdigerweise ist der Einfluß der bei den
meisten Kreiselapparaten ausschlaggebenden Lagerreibung bis jetzt noch nie genauer
erörtert worden.

Zu § 9. Die reguläre Präzession des schweren symmetrischen Kreisels ist zuerst
von L. Poinsot, Liouvilles Journ. de math. (1) **18**, 41 (1853), untersucht worden.

Zu § 10. Unsere Entwickelungen über die allgemeine Bewegung des schweren symmetrischen Kreisels gehen vorbehaltlich gewisser Vereinfachungen [vgl. R. Grammel,
Zeitschr. f. Math. u. Phys. **64**, 129 (1917)] auf J. L. Lagrange, a. a. O., 2. Band,
S. 233, zurück. Die genaue Berechnung der Bahn der Kreiselspitze auf Grund einer
mathematisch viel eleganteren Darstellung mittels ϑ-Funktionen ist von F. Klein und

A. Sommerfeld, a. a. O. Kap. VI, ausgeführt worden. Am deutlichsten sind die stereoskopischen Bilder von A. G. Greenhill und J. Dewar, London math. soc. proc. **27**, 587 (1896).

Der Satz über homologe Kreisel findet sich bei G. Darboux, Liouvilles Journ. de math. (4) **1**, 403 (1885).

Zu § 11. Die allgemeine Untersuchung des auf wagerechter Ebene tanzenden Spielkreisels hat zuerst S. D. Poisson, Traité de mécanique, Paris 1811, 2. Band, S. 198, gegeben; nach der mathematischen Seite hin sind diese Untersuchungen weitergeführt worden von F. Klein, The mathematical theory of the top, Princeton Lectures, London 1897.

Zu § 12. Der Einfluß der Reibung auf die Bewegung des Kreisels ist sehr eingehend behandelt von F. Klein und A. Sommerfeld, a. a. O. Kap. VII. Was den Spielkreisel betrifft, so sei verwiesen auf A. Smith, Cambridge math. journ. **1**, 47 (1848). Bezüglich des tanzenden Eies (des sogenannten Eies des Columbus) vgl. man H. W. Chapman, Philos. magaz. (6) **5**, 458 (1903), sowie L. Föppl, Rotierendes Ei auf horizontaler Unterlage, Habilitationsschrift Würzburg, Göttingen 1914.

Zu § 13. Mit dem Fall von S. Kowalewski, Acta math. **12**, 177 (1889), hat sich seither eine große Zahl weiterer Untersuchungen befaßt (vgl. darüber die Jahrbücher über die Fortschr. d. Math.); desgleichen mit dem Fall von W. Hess, Math. Annalen **37**, 153 (1890) [vgl. darüber Math. Annalen **47**, 445 (1896)]. Der Fall von O. Staude wird mitgeteilt in Crelles Journ. f. Math. **113**, 318 (1894); die Stabilität der Staudeschen Drehungen behandelt R. Grammel, Math. Zeitschr. **6**, 124 (1920). Über weitere Fälle sehe man die Encyklopädie d. math. Wiss. IV¹, S. 645 nach, sowie P. Stäckel, Jahresb. d. deutsch. Math.-Ver. **18**, 120 (1909), über die wagerechten pseudoregulären Präzessionen R. Grammel, Phys. Zeitschr. **20**, 398 (1919), über den Gyrostaten W. Thomson und P. G. Tait, Treatise on natural philosophy, 2. Aufl., Cambridge 1879/83, I, art. 345 x., über die Schwingungen des aufrechten Kreisels M. Winkelmann, Zur Theorie des Maxwellschen Kreisels, Diss. Göttingen 1904, S. 69, sowie schon L. Lecornu, Bull. de la. soc. math. de France **30**, 71 (1902).

Zu § 14. Die Theorie der Kollermühlen ist entwickelt worden von R. Grammel, Zeitschr. d. Ver. d. Ing. 1917, S. 572.

Zu § 15. Die Kreiselwirkungen bei Eisenbahnen hat zuerst F. Kötter, Sitzungsber. d. Berliner Math. Ges. **3**, 36 (1904), behandelt; man vgl. auch F. Klein und A. Sommerfeld, a. a. O. S. 771. Über die Hängebahn des Systems Langen (D. R.-P. Nr. 83047) sehe man das Buch Einschienige Schwebebahnen, hrsgeg. v. d. Continentalen Ges. f. elektr. Unternehmungen, Nürnberg, Elberfeld 1899; über andere Schwebebahnen einen anonymen Aufsatz im Zentralblatt der Bauverwaltung **19**, 553 (1899).

Die Theorie des sich selbst überlassenen Fahrrades hat im Anschluß an zwei Arbeiten von F. J. W. Whipple [Quart. journ. of math. **30**, 312 (1899)] und E. Carvallo [Journ. de l'école polyt. (2) **5**, 119 (1900) und ebenda **6**, 1 (1901)] F. Noether ausführlich erledigt in dem Buche von F. Klein und A. Sommerfeld, a. a. O. S. 863. Weitere Literatur über die Theorie des Fahrrades findet man in der Encyklopädie d. math. Wiss. IV, Artikel Spiel und Sport von G. T. Walker.

Auf die Kreiselwirkungen bei Schiffsturbinen hat zuerst A. Stodola (Die Dampfturbinen, 4. Aufl., Berlin 1910, N. 104) hingewiesen.

Zu § 16. Die für die aerodynamischen Grundlagen wichtigen Zahlengrößen der Beiwerte c_a, c_w usw. findet man in zahlreichen Mitteilungen der Göttinger Modellversuchsanstalt, veröffentlicht in den Techn. Berichten hrsgeg. v. d. Flugzeugmeisterei der Inspektion der Fliegertruppen, Charlottenburg, Bd. I bis III (1917—1919). Die Ansätze über die Stabilitätstheorie gehen im wesentlichen schon auf G. H. Bryan, Proc. royal society London 1904, S. 100, zurück; an neueren Arbeiten seien nur genannt: für die Längsstabilität die Aufsätze von V. Quittner, sowie Th. v. Kármán und E. Trefftz, Jahrbuch d. Wiss. Ges. f. Luftfahrt III (1914/15), S. 144 u. 116; für die Querstabilität die Dissertation von K. Gehlen, Querstabilität und Seitensteuerung

344 Anhang.

von Flugmaschinen, Aachen 1912, auch auszugsweise in Zeitschr. f. Flugt. u. Motorluftsch. **4** (1913).

Zum Propellerkreisel vgl. L. Prandtl, ebenda **1**, 25 f. (1910), A. Betz, ebenda
2, 229 (1911); sowie R. Grammel, ebenda **7**, Heft 9 u. 10 (1916).

Zu § 17. Wir biegen von der alten Theorie der sogenannten Selbsteinstellung
sich drehender Wellen [A. Föppl, Civilingenieur, S. 333 (1895), sowie S. Dunkerley,
Philos trans. of the royal soc. London 1894, Bd. I, S. 279; weitere Literatur bei
R. v. Mises, Monatsh. f. Math. u. Phys. **22**, 33 (1911), sowie Encyklopädie d. math.
Wiss., Band 4, Teilband 4, S. 380] in der Richtung ab, die durch A. Stodola, Schweiz.
Bauztg. **68**, 197 (1916) nahegelegt ist. Die Welle mit unendlich vielen Scheiben behandelte A. Stodola in seinem schon genannten Buche Die Dampfturbinen, 4. Aufl.,
S. 298 u. 634. Neuerdings hat wieder eine lebhafte Aussprache über kritische Umlauf-
zahlen, namentlich über deren Abhängigkeit von der Schwerkraft eingesetzt, jedoch
ohne Berücksichtigung der Kreiselwirkungen; man vgl. die abschließenden Arbeiten
von H. Lorenz, Zeitschr. d. Ver. d. Ing. **63**, 240 u. 888 (1919), wo auch die ein-
schlägige Literatur zusammengestellt ist. Die kritischen Geschwindigkeiten zweiter
Art sind aufgefunden worden von A. Stodola, Zeitschr. f. d. ges. Turbinenwesen **15**,
253 (1918), wo auch die Nutationsschwingungen berücksichtigt werden. Die Theorie
der Welle mit unendlich vielen Scheiben wird weitergeführt von R. Grammel in
einem demnächst erscheinenden Aufsatze in der Zeitschr. d. Ver. d. Ing.

Zu § 18. Über die Versuche L. Foucaults sehe man am besten nach in dem von
C. M. Gariel und J. Bertrand herausgegebenen Recueil des travaux scientifiques de
Léon Foucault, Paris 1878; ferner Person, Comptes rendus **35**, 417 u. 549 (1852)
und G. Trouvé, ebenda **101**, 357 (1890); weitere Literatur bei F. Klein und
A. Sommerfeld, a. a. O. S. 731 ff.

Eine genaue Beschreibung der Torpedos und ihrer Geradläufer findet man in dem
Buche von H. Noalhat, Les torpilles et les mines sousmarines, Paris 1905, namentlich
S. 223—238; vgl. auch W. J. Sears, Engineering **66**, 89 (1898), W. S. Franklin,
Phys. rev. **34**, 48 (1912), sowie D. R.-P. Nr. 273 561.

Einen astatischen Kreisel mit elektromotorischem Antrieb hat F. Drexler, Der
Motorwagen **16**, 69 u. 184 (1913), für die künstliche Stabilisierung von Flugzeugen
vorgeschlagen.

Über den Foucaultschen Inklinationskreisel vergleiche man die Aufsätze von
A. Denizot, Jahresber. d. deutsch. Math. Ver. **23**, 445 (1914), sowie Wiener Berichte
123, Maiheft, 1914. Auf die Kreiselwirkung von Zyklonen hat hingewiesen W. Koenig,
Meteorol. Zeitschr. **32**, 484 u. 560 (1915). Der Föpplsche Kreiselversuch zum Nachweis der Erddrehung wird mitgeteilt von A. Föppl, Münchener Berichte **34**, 5 (1904),
sowie Phys. Zeitschr. **5**, 416 (1904).

Der Delaportesche Flugzeugstabilisator wird, allerdings nicht ganz klar, beschrieben von L. Girardville, Comptes rendus **152**, 127 (1911) = Aérophile **19**, 84
(1911), der Drexlersche Steuerzeiger von A. Neuburger, Motor, März-Aprilheft, 1919.

Zu § 19. Zur Geschichte des Kreiselkompasses lese man nach: G. Trouvé,
Comptes rendus **101**, 359, 463 u. 913 (1890); M. E. Dubois, ebenda **98**, 227 (1887);
W. Thomson, Nature **30**, 524 (1884); sowie die deutschen Patentschriften Klasse 42c,
namentlich die Nummern 34 513, 167 262, 182 855, 236 200, 236 215, 241 096, 241 637;
ferner O. Martienssen, Phys. Zeitschr. **7**, 535 (1906); sodann H. Anschütz-Kämpfe
und M. Schuler, Jahrb. d. Schiffbautechn. Ges. **10**, 352 u. 561 (1909); endlich
H. Usener, Der Kreisel als Richtungsweiser, München 1917, sowie die Besprechung
des Usenerschen Buches durch A. Sommerfeld und die daran angeschlossene Aussprache, Phys. Zeitschr. **19**, 343 u. 487 (1918), ebenda **20**, 21 u. 192 (1919). Über
den Sperryschen Kompaß sehe man Engineering **91**, 427 (1911), sowie **93**, 722
(1912), ferner D. R.-P. Nr. 258 718, 288 818, 295 999, 304 614, 305 769; über einen
Kreiselkompaß der Firma Hartmann & Braun Zeitschr. f. Flugt. u. Motorluftsch.
4, 51 (1913), ferner D. R.-P. Nr. 227 212, 237 413, 240 369, 261 053, 269 266; über

einen solchen der Gesellschaft für nautische Instrumente D. R.-P. Nr. 263 798, 276 214, 281 307, 291 651, 307 847, 308 721, 308 722; über den Anschützschen Dreikreiselkompaß das auf Veranlassung des Reichsmarineamts herausgegebene Lehrbuch für den Unterricht in der Navigation an der Kaiserl. Marineschule, Berlin 1917 (E. S. Mittler & Sohn), Teil V, Abschnitt 4, S. 481, sowie D. R.-P. Nr. 241 637.

Zu § 20. Die Störungstheorie des Pendelkreisels behandelt R. Grammel, Zeitschr. f. Flugt. u. Motorluftsch. **10**, 1 (1919). Der sogenannte Horizontal Top von Serson ist beschrieben von J. Short, Philos. transact. London **47**, 352 (1751/52); vgl. auch J. A. Segner, Specimen theoriae turbinum (turbo = Kreisel), Halae 1755, sowie in der Encyclopaedia Britannica, Bd. 29, den Artikel Gyroscop and Gyrostat von A. G. Greenhill, S. 195, wo auch der Nautical Top von Troughton erwähnt wird. Über den Kreisel von Piazzi Smith vgl. Transact. naval architects (1863); über den Tracc-roulis von Pâris: Revue marit. et coloniale **20**, 273 (1867), auch Comptes rendus **64**, 731 (1867); über den Oszillographen von Frahm: E. W. Bogaert, a. a. O. S. 107; über das Towersche Podium: F. W. Lanchester, Aerodynamik (deutsch von C. und A. Runge) Bd. II, Leipzig 1911, Anhang, S. 322, sowie D. R.-P. Nr. 277 753 (Krupp); über den Fleuriaisschen Horizont: F. Klein und A. Sommerfeld, a. a. O. S. 919, sowie L. Favé, Revue marit. et coloniale **84**, 5 (1910), ferner D. R.-P. Nr. 286 498 (Zeiss), 281 952 (Anschütz) und 235 477; über den Anschützschen Fliegerhorizont die zugehörige Druckschrift von Anschütz & Co., Kiel-Neumühlen, sowie D. R.-P. Nr. 301 738 und 299 615; über den Stabilisator von H. S. Maxim dessen Buch Le vol naturel et le vol artificiel, Paris 1909, S. 124, sowie das britische Patent 19 228 vom Jahre 1891; über den Stabilisator von P. Regnard die Note von Carpentier, Comptes rendus **150**, 829 (1910) = Aérophile **18**, 204 (1910).

Zu § 21. Man findet die Präzessionsbewegungen der Erdachse, sowie alle Literatur dazu, mustergültig klar dargestellt bei F. Klein und A. Sommerfeld, a. a. O. S. 633—731. Wir haben die dortigen Entwickelungen, vielfach verkürzt und an einigen Stellen vereinfacht, wiedergegeben.

Über den Bumerang sehe man in der Encyklopädie d. math. Wiss., Band IV, den Artikel von G. T. Walker, Spiel und Sport. Über die Geschoßpräzession gibt Auskunft das Werk von C. Cranz, Lehrbuch der Ballistik, Band I, 10. Abschnitt, Leipzig u. Berlin 1910. Die analytische Theorie der Geschoßpendelungen hat kürzlich (im Anschluß an ein unveröffentlichtes Manuskript von A. Sommerfeld) F. Noether, Artill. Monatsh. 1919, Mai-Juniheft (auch auszugsweise in den Göttinger Nachr. 1919, math.-phys. Klasse), behandelt.

Zu § 22. Der Howell-Torpedo ist ausführlich beschrieben bei H. Noalhat, a. a. O. S. 283 ff., und zwar werden hier die stabilisierenden Eigenschaften seines Schwungrades stark gerühmt. Die gegensätzliche Auffassung wird im Anschluß an einen Aufsatz von Diegel, Marine-Rundschau 1899, 5. Heft, von F. Klein und A. Sommerfeld, a. a. O. S. 791 ff., vertreten; diese Auffassung wollen auch unsere Rechnungen stützen.

Die Kelvinschen Stabilitätssätze findet man bei W. Thomson und P. G. Tait, Treatise on Natural Philosophy, Cambridge 1879/83, I, art. 345 x.

Über die Einschienenbahn von A. Scherl sehe man den Bericht über einen Vortrag von Barkhausen, Zeitschr. d. Ver. d. Ing. **54**, 1738 (1910), sowie D. R.-P. Nr. 219 780, 220 368, 253 005, 253 006, 258 073, 264 190, 267 812; über diejenige von P. Schilowsky: Engineering 1910, I, S. 609, sowie D. R.-P. Nr. 237 702; über diejenige von L. Brennan den vorgenannten Vortrag von Barkhausen, ferner Engineering 1907, I, S. 623 u. 749, und ebenda 1910, I, S. 289, sowie D. R.-P. Nr. 174 402 und 259 791, schließlich den Bericht bei H. Crabtree, An elementary treatise etc., S. 70, und einen Aufsatz von J. Perry, Nature **77**, 447 (1908); endlich Drucker, De Ingenieur 1910, S. 959, sowie Th. Rosenbaum, D. R.-P. Nr. 244 182, und die zusammenfassende Darstellung von A. Föppl, Elektrotechn. Zeitschr. **31**, 83 (1910).

Auf die Kreiseleigenschaften eines Magneten hat zuerst J. C. Maxwell, Treatise on electricity and magnetism 1873, deutsch von B. Weinstein, Berlin 1883, Bd. II,

S. 265, hingewiesen. Man findet die weitere Literatur zusammengestellt bei F. Krüger, Ann. d. Phys. (4) **50**, 346 (1916) und **51**, 450 (1916), wozu neuerdings noch die Aufsätze von S. J. Barnett, Phys. rev. (2) **10**, 7 (1917), J. Q. Stewart, Phys. rev. (2) **11**, 100 (1918), E. Beck, Ann. d. Phys. (4) **60**, 109 (1919) und A. Arvidsson, Phys. Zeitschr. **21**, 88 (1920) getreten sind.   F. Krüger, a. a. O, behandelte auch den Einfluß der Kreiselwirkung der mehratomigen Moleküle auf die spezifische Wärme, auf die Elektrodynamik, auf die ultraroten Spektren und auf die Theorie des Para-, Meta- und Diamagnetismus.

Zu § 23. Über die Dämpfung der Schwingungen beim Kreiselkompaß vermittelst eines Hilfskreisels vgl. D. R.-P. Nr. 281 307.   Über den Schlickschen Schiffskreisel sehe man O. Schlick, Trans. naval architects **46**, Märzheft (1904), sowie Zeitschr. d. Ver. d. Ing. **50**, 1466 u. 1929 (1906), und Jahrb. d. Schiffbautechn. Ges. **10**, 111, (1909); ferner H. Lorenz, Phys. Zeitschr. **5**, 27 (1904); A. Föppl, Zeitschr. d. Ver. d. Ing. **48**, 478 u. 983 (1904); F. Berger, ebenda **50**, 982 (1906); A. Föppl, ebenda **50**, 983 (1906); R. Skutsch, ebenda **52**, 464 (1908); und dann noch insbesondere die analytisch sehr weit durchgeführte Theorie von F. Noether, in dem Buche von F. Klein und A. Sommerfeld, a. a. O. S. 794—844.   Auch ist hier noch die Patentschrift D. R.-P. Nr. 258 718 von E. A. Sperry zu erwähnen.

Schließlich sei hingewiesen auf eine soeben erschienene, auch als erweiterter Sonderabdruck herausgegebene Aufsatzreihe von H. Lorenz, Technische Anwendungen der Kreiselbewegung, Zeitschr. d. Ver. d. Ing. 1919, S. 1224, wo die praktisch wichtigsten Kreisel ausführlich behandelt werden.

Namenverzeichnis.

Sachverzeichnis.